大洋非线性编辑系列丛书

PRACTICAL COURSE
DAYANG NLE
大洋非线性编辑实用教程 · 基础篇

刘杰锋 / 张 俊 / 王 圆
赵 宇 / 王 涛 / 王 博 著

中国传媒大学出版社
·北京·

图书在版编目(CIP)数据

大洋非线性编辑实用教程·基础篇/刘杰锋等著. —北京:中国传媒大学出版社，2016.7

(大洋非线性编辑系列丛书)

ISBN 978-7-5657-1690-4

Ⅰ.①大… Ⅱ.①刘… Ⅲ.①非线性编辑系统—高等学校—教材 Ⅳ.①TN948.13

中国版本图书馆 CIP 数据核字(2016)第 080209 号

大洋非线性编辑实用教程·基础篇

DAYANG FEIXIANXING BIANJI SHIYONG JIAOCHENG·JICHUPIAN

著　者	刘杰锋　张　俊　王　圆 赵　宇　王　涛　王　博
策划编辑	王雁来
责任编辑	张　旭
责任印制	阳金洲
封面制作	拓美设计
出 版 人	王巧林
出版发行	中国传媒大学出版社
社　址	北京市朝阳区定福庄东街1号　邮编:100024
电　话	86—10—65450528　65450532　传真:65779405
网　址	http://www.cucp.com.cn
经　销	全国新华书店
印　刷	北京泽宇印刷有限公司
开　本	185mm×260mm
印　张	黑白:22　彩插:0.25
版　次	2016年7月第1版　2016年7月第1次印刷
书　号	ISBN 978-7-5657-1690-4/TN·1690　**定　价**　78.00元

图1　颜色平衡前

图2　颜色平衡后

图3　调整前

图4　调整后

图5　调整前

图6　调整后

图7　处理前

图8　处理后

图9　调节前

图10　调节后

目 录

第1编 基础知识

第2编 基础操作

第3编　基础问题解决

第1编 基础知识

本篇主要介绍非线性编辑所涉及的视、音频基础知识，掌握这部分知识，对更好地理解非线性编辑的概念，更好地进行非编软件的设置很有帮助。

对于“零基础”的初学者，可以从第1编开始按顺序阅读，也可以跳过本篇，直接从第2编入门。如果你已经初步掌握了软件的使用方法，建议你仔细研读这部分内容，理解里面涉及的概念，这对进一步提升制作水平很有帮助。

第1章 非线性编辑

1.1 什么是非线性编辑

1.1.1 线性编辑

线性（Linear）指的是连续的意思。线性编辑（Linear Editing）指的是一种需要按时间顺序从头至尾进行编辑的节目制作方式，它所依托的是以一维时间轴为基础的线性记录载体，其中最常见的就是磁带。在电视节目制作中，通常将基于磁带的编辑方式称为线性编辑，又称为传统编辑方式。

线性编辑中应用最广的是一对一编辑（又称对编）。对编系统一般由两台具有自动编辑功能的编辑录像机（一台为放像机、一台为录像机）、一台编辑控制器（又称自动编辑控制器）和两个彩色监视器组成。

线性编辑的工作原理：一台录像机重放素材带，将选好的素材镜头录制到另一台编辑录像机的磁带上，精确地控制两台录像机的伺服和同步，可以保证镜头之间连接点的准确性和稳定性。线性编辑的本质是对节目进行有选择的复制。

由于是基于磁带介质进行的编辑，线性编辑具有以下缺点：

（1）素材不能做到随机存取；

（2）难以对节目进行修改，牵一发而动全身；

（3）由于线性编辑的实质是复制，即将源素材的有用信号复制到另一盘磁带上的过程，多代复制会造成信号的劣化；

（4）由于磁带和录像机磁头之间是直接接触，长时间使用后录像机会有磨损，磁带也容易受损；

图1-1 典型的线性编辑对编系统

(5)系统构成比较复杂,可靠性相对降低。

20世纪90年代之前,线性编辑是电视节目编辑的唯一方式。之后,非线性编辑的出现和普及,使线性编辑的应用越来越少,现在已逐渐被非线性编辑所取代。

1.1.2 非线性编辑

非线性(Non-Linear)一词是针对线性(Linear)而来的。非线性编辑(Non-Linear Editing,NLE)是一种基于计算机和随机存储技术的节目编辑方式,可按任意顺序对节目片段进行存取和编辑。这种编辑方式在目前的影视后期制作中被普遍采用。

20世纪90年代之后,计算机的运算能力和存储容量有了很大的提升,非线性编辑方式得以逐渐普及。与过去需要两台以上的录像机,从不同的磁带合成到一盘磁带的机对机的线性编辑方式相比,非线性编辑方式以硬盘等取代磁带作为数据记录载体,将视音频素材转换为计算机数据,并以文件形式存储于硬盘或硬盘阵列中,再通过利用计算机和剪辑软件进行节目的编辑。

非线性编辑和线性编辑在记录介质方面的区别,使得两者在编辑方法、工作流程上也存在着很大的差异。在线性编辑中,只能按时间顺序来编辑素材,而非线性编辑则没有这样的限制。

非线性编辑能够很容易地存取视频片段中的任意一帧,快速实现对素材的增加、替换、重排、删除或修改等处理,其剪辑手段非常灵活方便,可高效地完成剪辑工作。

从制作的角度看,非线性编辑应该具备两个基本特征:

(1)在素材的选择上,能够做到随机存取,也就是说,不必进行顺序查找就能瞬间找到素材中的任意片段;

(2)在编辑方式上,呈非线性的特点,能够容易地完成镜头顺序的改变,而这些改动并不影响已编辑好的素材。

相比于线性编辑，非线性编辑具有诸多优势：

（1）系统集编辑、特技、字幕等多功能于一身；

（2）内部处理全部采用数字信号，对节目的修改不会影响最终输出的图像质量；

（3）改变了传统的按时间顺序编辑素材的方式，可任意加长和删除画面，借助高性能的软件可以随心所欲地添加任何特技；

（4）系统成本和制作成本大大降低；

（5）可以实现网络化，资源共享，提高工作效率。

非线性编辑是现代影视制作领域的一场深刻革命，它掀开了数字技术在现代影视领域应用和推广的序幕，在媒介融合时代背景下，为影视节目全媒体平台的呈现提供了核心的支撑和保障，对于影视行业发展具有重要的里程碑意义。

1.2 单机非线性编辑系统

单机非线性编辑系统由硬件和软件两部分构成。

其中，计算机是非线性编辑最基本的硬件，最早，非线性编辑板卡也是硬件之一，主要完成视音频信号的实时采集、压缩、解压缩和回放。随着计算机技术的不断发展，有些计算机本身提供的输入输出接口已经承担了这部分功能，因此，不再需要专门的非线性编辑板卡了。

1.2.1 硬件

- 基于专用板卡的非线性编辑系统

传统的非线性编辑系统是基于板卡的，它以专用的处理板卡为核心，计算机仅仅负责实现交互界面和文件系统数据存储的功能，视音频信号的输入、压缩、解压缩、特技、合成、输出等处理工作全部通过板卡完成。系统在视频处理方面基本不占用计算机的资源，对于计算机的配置要求相对较低，通过采用专门设计的芯片来实现视频解码、特技处理和画面合成等功能，可以保证系统的实时性。

基于板卡的非线性编辑系统有两点明显不足：（1）采用专用板卡完成各种功能所必需的复杂结构导致了板卡价格昂贵并且兼容性、稳定性较差；（2）采用专用板卡的非线性编辑系统的功能和性能完全取决于板卡，编解码器的规格和性能决定了所能够编辑的压缩视频格式和实时编辑、播放的视频层数，DVE处理器的数量和性能决定了实时特技轨道数和特技效果。由于硬件板卡所固有的不可升级特性，用户一旦选用了某个板卡，编辑系统的功能和性能就完全受限于板卡的性能，除了增加一些可选的特技卡或接口卡之外，没有任何进一步升级的空间和可能。

- CPU+GPU+I/O架构

随着计算机硬件技术的迅猛发展，计算机性能有了很大的提升。高性能的计算机所能够提供的运算能力已经接近甚至超越了专用板卡，同时，非编系统的软件架构也发生了革命性的变化，CPU + GPU + I /O架构系统逐渐成为新一代的非线性编辑系统主流。

在CPU + GPU + I /O 架构的非线性编辑系统中，CPU从硬盘中读取视频数据，由软件编解码器解码为基带视频数据，然后通过PCI Express 总线发送给GPU，GPU 完成二维、三维特技处理和视频数据的合成，再通过PCI Express 总线回传给CPU，CPU 将数据通过PCI 总线传输给I /O 板卡转换成基带信号输出。相对于基于板卡的非编系统，CPU + GPU + I /O 架构系统突破了专用硬件结构的局限，利用通用的硬件系统资源实现了高性能的视频编辑和处理。

CPU + GPU + I /O 架构的非线性编辑系统主要优点如下：

（1）性能较强。CPU + GPU + I /O 架构系统的性能主要取决于计算机主机的性能，采用当前主流配置的计算机主机已经可以轻松实现4—6 层三维特技的实时输出，超越了主流的基于专用板卡的非编系统；

（2）可灵活扩展。由于系统完全采取软件架构，一方面通过提高计算机的配置来获得更高的硬件性能，从而直接提高非编系统的性能；另一方面，通过软件模块的添加和升级，可以支持更多的编辑格式，获得更多的特技效果；

（3）稳定性好。由于抛弃了专用的硬件板卡，改用结构简单的I /O 板卡实现基带信号输出，系统的故障率、功耗、发热量等都大大下降，从而大大地提高了系统的稳定性；

（4）成本具有优势。基于CPU + GPU 的非编系统，主要的投入在于计算机，由于计算机技术快速发展和性价比不断提高，基于CPU + GPU 的非编系统在性能不断提高的同时，总体成本却大幅度下降。

1.2.2 软件

非线性编辑软件是指运行在计算机硬件平台和操作系统之上、在开发软件平台上发展的用于非线性编辑的应用软件系统，是非线性编辑系统的核心。非线性编辑软件一般具有编辑、特技、动画、字幕等多重功能。

在此，给大家介绍一些常见的非线性编辑软件。需要指出的是，这些软件虽然由不同的厂商开发，但都遵循相同的工作流程，从软件界面到操作方式，也有很多共通之处，只是在具体的某些功能上各具特色、各有所长。我们可以根据自己的需要选择最合适的软件，在学习的过程中，重点把握好共性，做到触类旁通。

1. 国外主流非线性编辑软件

Avid公司的Media Composer 是业界首选的专业电影与视频编辑工具。Media Composer 是美国电影电视剪辑师协会 (American Cinema Editors，简称ACE) 的认证产品，并同时荣获过奥斯卡奖和艾美奖。Media Composer系统已经成为非线性影片和视频编辑的标准，深受全球大多数创新影片和视频专业人士、独立艺术家、新媒体开拓者和后期制作工作室的喜爱。Media

图1-2 Avid MediaComposer8软件界面

Composer同时支持MAC和Windows平台。

Final Cut Pro是苹果公司推出的MAC平台下的非线性编辑软件。它不但在独立制片电影中占有很高的市场份额，而且得到许多商业公司的重用，不少电视台更是使用 Final Cut Pro 作为剪辑制作的工具。

最新推出的Final Cut Pro X重写了代码，除了底层的改变之外，在界面上也有较大改动，可视化剪辑功能则是这次改版的重点，相对以往版本有多项重大突破，用户接受程度越来越高。

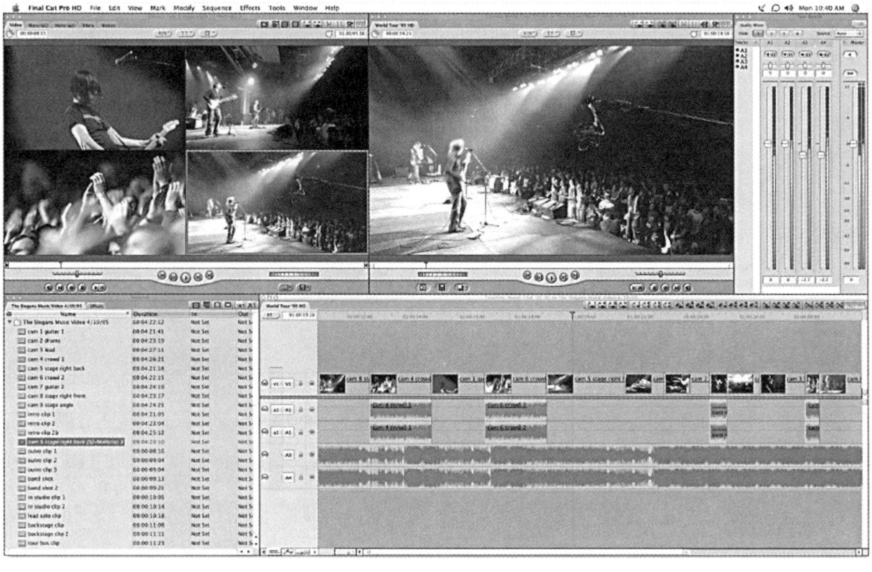

图1-3 Apple Final Cut Pro 7软件界面

图1-4 Apple Final Cut Pro X软件界面

此外，草谷（Grass Valley）公司推出的Edius、Adobe公司推出的Premiere Pro以及索尼（Sony）公司推出的Sony Vegas，也因其各自的特点和优势，被专业人士和个人用户广泛使用。

图1-5 Grass Valley Edius7软件界面

草谷公司的Edius6，这一业界广泛使用的强大的多格式编辑平台赢得了由TVB Europe和The IBC Daily的众多编辑共同评选的“IBC2010最佳产品”奖项。在荷兰阿姆斯特丹举行的IBC2010展会上，Edius6非线性编辑软件被评为最具创新和智能的产品之一。Edius6支持业界使用的所有主流编解码器的源码编辑，甚至当不同编码格式在时间线上混编时，都无须转码。另外，用户无须渲染就可以实时预览各种特效。

Edius7延续了Grass Valley的传统，展现了编辑复杂压缩格式时无与伦比的优势。

图1-6 Adobe Premiere ProCC软件界面

图1-7 Sony Vegas 12软件界面

2. 国内主流非线性编辑软件

由于先天的地域优势和中文字幕的领先性，以及更加符合电视台节目生产的制作流程，国产非线性编辑软件在国内的各级电视台具有很高的占有率，广泛应用于各类电视节目制作。常见的有大洋公司的D-Cube-Edit（最新版本为3.0）、索贝公司的EditMax系列（最新版本为E10）和新奥特公司的喜马拉雅（Himalaya）系列。

图1-8 大洋D-Cube-Edit3.0软件界面

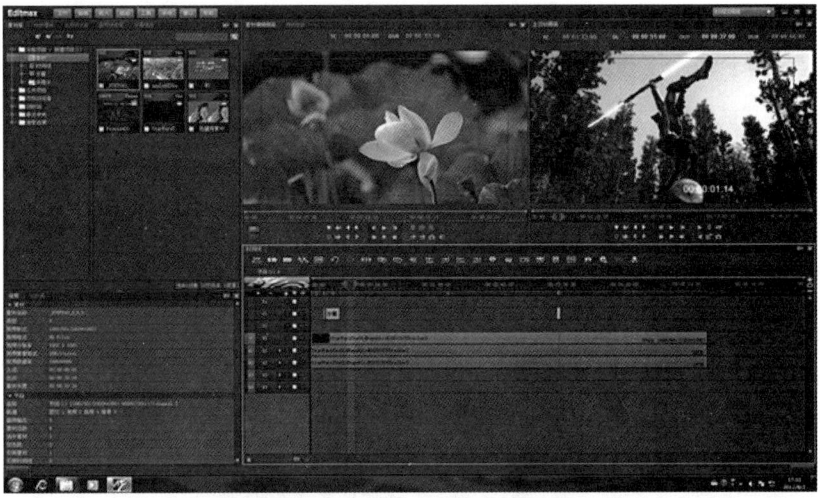

图1-9 索贝E10后期制作系统界面

图1-10 新奥特喜马拉雅（Himalaya）系列软件界面

1.3 网络非线性编辑系统

1.3.1 网络非线性编辑系统的现状

在数字化与网络化技术飞速发展的时代，越来越多的信息技术被运用到影视后期编辑中，网络化的后期制作模式已经普及，通过网络环境使多台非编站点构成非线性编辑网络，简称非编制作网，可以实现资源共享、多人协同工作，大大地提高了工作效率，用更低的投入换来更高的收益。

非编制作网也不断扩展，与播出网、媒资网等新的网络化系统构成全台网架构，既保障节目的高效率制作、播出和存储，也为未来多平台推送不同内容提供了有力保障。

1. 网络非线性编辑的系统架构

在非编网络架构中，非编工作站点通过网络交换机构建网络，访问文件服务器和数据库服务器。其中，文件服务器外接磁盘阵列，其作用是建立磁盘阵列存储的网络磁盘映射，各个非编工作站点以共享的方式读写网络磁盘映射上的文件，以达到共享制作素材的目的；数据库服务器提供网络用户认证服务和保存各个网络用户的素材目录结构信息。在此架构中，通过改变非线性编辑工作站点数量、网络传输介质、网络存储设备、设备连接模式等方法，可以构建不同规模、不同级别的网络非编工作系统。如下图所示：

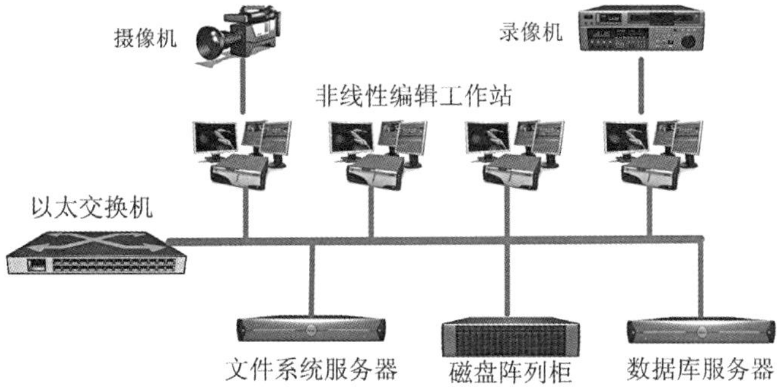

图1−11 最基本的非编网络架构

可以看到，在网络非编的架构中，很多资源是共用的，如存储设备、采集设备、输出设备等。

2. 网络非线性编辑系统的优势

网络非编的优势主要体现在以下几个方面：

（1）素材共享。多个用户可以在同一时间针对同一条素材在不同编辑站点进行不同的处理；

（2）设备共用。非编工作站点可以多人复用，团队中的成员通过账号管理模式可以互相分享设备资源，站点所连接的附加设备如上下载设备等都可以通过网络系统实现共享；

（3）操作中继。利用网络中的站点可以随时恢复之前所中断的操作，即使单台工作站出现故障，还可以在另一台站点继续，而不影响工作；

（4）团队合作。现在的节目后期制作由于制作量的大幅增加，已经由以前的单人制作方式发展到多人团队制作方式，网络非编合理的管理方式有利于团队的协同工作，能够使每个团队成员的工作能力得到充分利用。

在网络非编的工作模式下，通过共享可以实现多人同时工作，大幅提高了工作效率，这是网络非编的最大优势。

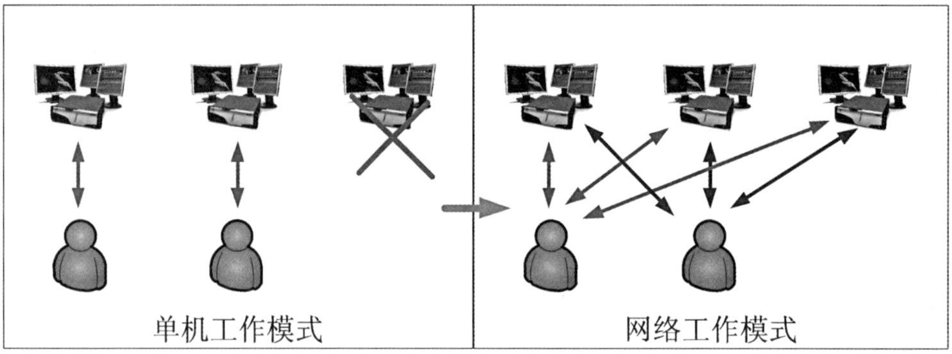

图1-12 两种工作模式的对比

3. 网络非线性编辑系统的安全性

在广电应用领域中，安全性是最重要的。有人觉得非编系统的网络化会带来不安全的因素，例如网络病毒、网络故障等，让我们来对比单机版的非编系统，分析一下网络非编是否安全。

安全的单机非编工作模式需要工作站不与任何外接非认证的存储设备连接，并将素材存储于具有冗余备份功能的存储设备中。在网络非编系统环境下，虽然每台非编工作站都连接了网线，但通常部署非编制作网络时均会采取闭环网络，即非编制作网络不与公共网络连接。同时，网络非编所依托的网络存储均是采用了多重冗余安全方案的成熟存储产品。

因此，从以上来看，网络非编的安全性并不低于单机非编。同时，网络非编还具有其他更安全的运行机制。比如，在网络内所有设备都是可以复用的，在单机环境下任何设备出现故障都要等待修复后才能再开始工作，而网络非编系统里只需要换一个站点登录就行了。

1.3.2 网络非线性编辑系统的工作流程

网络非编与单机版非编在软件用户界面和用户体验上没有很大的区别，从工作原理上可以用一句话概括，即用网络存储上的硬盘代替单机版使用的工作站本地硬盘。对使用者来说，由于网络版涉及数据安全问题，所以需要用户保管好自己的网络账户信息。

在工作流程方面，网络版与单机版非编没有本质上的区别，即使稍有不同，我们也可以解释为将整个单机版工作流程进行了空间上的扩展。

单机版非编的工作流程通常可以归纳为以下几个阶段：（1）上载素材，（2）剪辑素材，（3）精编包装，（4）特技制作，（5）音效调整，（6）字幕制作，（7）合成输出。

在这七个环节中，网络版非编将每个环节的时空进行了扩展，即单机版所有流程都必须在同一台工作站上进行且要按顺序进行，而在网络非编工作模式下，每个流程都可以在网络架构内的任意一台工作站上完成，且前后多个环节可以同时进行。

制作网内网络的连通使所有非编工作站点连接起来，节目组的后期编辑人员可以在任意一台工作站点上导入和导出自己的节目。我们将工作站点平均分布在台里的各个工作机房和演播室，节目在演播室录制时直接采集到每个栏目组自己的账号空间里，然后后期人员在工作机房使用同一个账号登录非编系统，即可开始非编系统的主流程工作。

1.3.3 网络非线性编辑系统的未来

1. 网络非线性编辑系统存在的问题

随着网络非线性编辑系统规模的不断扩大，这种共享存储式的网络系统逐渐暴露出一些不足，其中最大的问题是，在后期编辑的不同阶段，非线性编辑软件处理不同负载任务时对系统运算资源占用的程度不一样，而系统本身不能动态调配资源。使整个网络中的运算资源按需分配到每台终端设备上，从而有效解决在系统建设成本不增加的前提下，既能兼顾解决局部运算能力不足，又能有效避免运算资源浪费的问题。

2. 基于云的非线性编辑制作系统

云计算是近年来信息行业中最热门的话题之一，它通过虚拟化技术将服务器的硬件处理能力抽象为标准化的逻辑处理能力，形成计算池，再将不同类型的处理任务分配到计算池中相应的虚拟服务器上，这样就实现了服务器运算处理能力的动态分配，对于负载较高的任务增加逻辑处理单元，对于负载较少的任务减少逻辑处理单元，从而提高服务器处理资源的平均利用率，达到减少系统建设成本并降低能耗的目的。因此，如果能将云计算与非线性编辑应用相结合，就可以消除现有网络非线性编辑制作网资源分配不均衡的弊端。

如果在网络非线性编辑系统中直接采用标准的云计算技术，首先就需要对其中的工作站进行虚拟化，即根据需要将工作站资源划分为虚拟机，再利用相对低端的瘦客户端，以远程桌面的方式进行操作，这种简单的方案还存在以下限制和不足：

首先，虚拟机在资源调配上存在先天的劣势，其本身的运行需要耗费一定的运算资源，无形中造成了服务器资源的浪费，特别是目前的虚拟化技术对GPU 运算性能造成的损失很大，而非线性编辑处理对GPU 的要求很高。

其次，虚拟机资源设定好并启动后，是无法动态调整的，相当于把渲染资源人为地分成了若干份，当遇到突发情况，需要提高虚拟机使用的运算资源时，则需要在管理软件中设置虚拟机参数，并重新启动虚拟机。对非线性编辑应用来说，一个故事板内部就存在有些片段非常简单，而有些片段非常复杂的情况，此时要求渲染资源在极短的时间内重新进行分配。

另外，虚拟机无法在客户端配备视音频采集板卡，无法完成非线性编辑的信号采集和监看工作，而且通过远程桌面回传的图像画面都是经过压缩的，视频回显质量差。

最后，如果采用虚拟机方案，就无法将多台虚拟机的运算能力合并起来支撑某个复杂处理任务，而这是我们期望在云编辑环境中实现的一个非常重要的功能。

事实上，在高端三维动画合成领域，有相当多成熟的商业解决方案可以实现集群式的渲染农场（Render Farm），其基本思路是：通过任务分配端将渲染任务分成多个子任务，交给多台运算设备同时计算；利用多台设备形成集群效应，提高整个网络的计算能力；将各个运算设备的渲染结果进行合并，生成最终的渲染结果。通过集群式的渲染农场，我们可以缩短单个渲染任务的渲染时间，提高渲染任务的处理效率，对于渲染任务的提速是非常有益的。在好莱坞，集群渲染系统已经在很多商业影片中得到应用。

集群渲染系统虽然拥有强大的处理能力，但也不适于直接应用在非线性编辑环境之中，这是因为集群渲染系统主要是为离线渲染合成应用而设计的，即编辑制作端先要生成渲染任务，由集群渲染系统将矢量的工程渲染成视频，再到编辑制作站点播放，可以理解为它是一个高端的后台打包中心，但对于要求高实时性的非线性编辑应用来说，虽然能起到很好的辅助效果，但并不能直接支持在线编辑。

那么，云技术怎样才能真正解决大型网络非线性编辑系统中资源的动态分配与灵活调度呢？下面以大洋公司的云非线性编辑系统为例进行简单介绍。

大洋公司在充分调研了虚拟机方案和渲染农场方案的优势和不足后，采用了一种全新的技术架构：即通过自主研发将传统的以单机方式工作的视音频渲染引擎扩展为一个实时的集群化视音频渲染引擎，并将人机交互界面与视音频渲染引擎分离，前端人机交互界面可以实现对后端渲染引擎提供的处理能力之间的动态调用，这样就既能实现多台制作终端共享一台渲染引擎服务器，又能做到一台制作终端利用多台渲染引擎服务器的资源，还可以实现制作终端与渲染引擎服务器之间多对多的动态匹配。

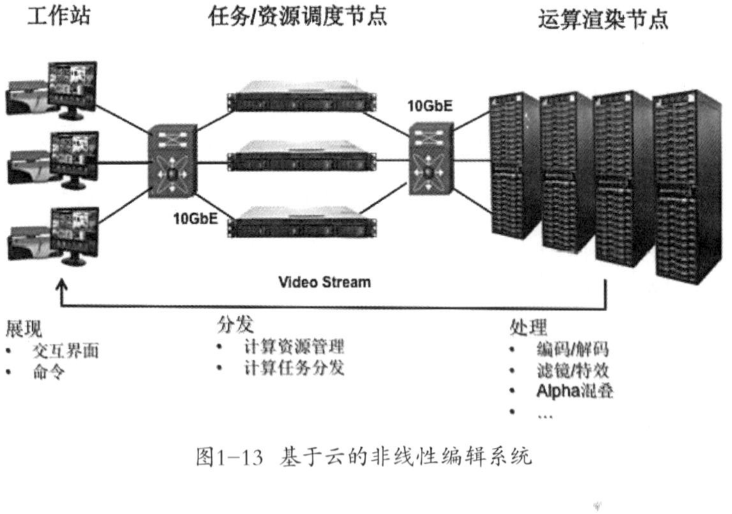

图1-13 基于云的非线性编辑系统

整个系统的结构分为前端工作站、任务资源调度服务器和运算渲染服务器集群三部分，前端工作站是用户进行编辑操作的节点，负责人机交互界面的展现和响应，由于不进行高负荷的画面渲染处理，前端工作站的配置要求可以很低；任务资源调度节点接收前端工作站发出的编辑任务请求，并对后台运算渲染服务器集群的工作状态、负载情况等进行监控，根据任务的复杂度和后台可利用资源的情况进行任务分发，调用足够的后台处理资源，响应前端的编辑请求；运算渲染服务器集群是整个系统的核心，负责完成编解码、特效处理、三维合成、多层混叠的工作，可以多台服务器并行工作，每台服务器既可以承接多个渲染任务，也可以将一个复杂的渲染任务分割后由多台渲染服务器执行，运算渲染服务器处理后的结果以流的方式直接传回前端工作站回显。

大洋的云非线性编辑系统采用直接调用渲染服务器的CPU、GPU和内存资源，并实时回传视频数据的方案，避免了使用虚拟机产生的以下问题：

第一，避免了渲染任务调度过程中资源的浪费；

第二，相当于所有的渲染服务器被所有的客户端共享，调度服务器根据渲染服务器的繁忙程度分配渲染任务，均衡了各渲染工作站的任务量；

第三，渲染服务器可随时添加，调度服务器可实时监测渲染服务器数目的增减，及时调用新添加的运算资源。

与传统集群渲染软件相比，现有系统的最大优势就是支持实时画面回显，渲染结果直接逐帧传回前端编辑界面，无须等待打包生成文件，保证了编辑人员操作的流畅性，这种实时调度的操作模式极大地提高了集群运算效率，渲染服务器处理的将不是最终的渲染任务，而是客户端的每一步操作；同时，渲染服务器集群强大的运算能力，使特技运算、视频编解码操作的响应速度也大大提高。

在大洋的云非线性编辑系统中，前端工作站可以支持视音频板卡，后台渲染集群也能够将无压缩的画面传回到前端，通过视音频板卡输出或预监，保证最优的画面质量。

3. 基于云编辑的节目生产模式

以往，由于不同类型的节目制作特点各异，所要求的编辑系统会有所不同，当采用云编辑解决方案后，由于可以灵活、动态调配资源，这样对于云编辑模式下的节目制作、生产可以做到更加灵活多变。

（1）新闻编辑业务

特点是站点数量多，高峰时段并发访问量大，节目制作时效性强，系统安全性高，但节目制作相对简单，基本以单轨画面为主，同时在报道大型赛事、会议或活动时要考虑外场远程编辑的需求。

通过使用云编辑方案，可以配置少量高性能渲染服务器，支撑大量并发的简单编辑需求，而前端编辑站点可以使用配置较低的瘦客户端，从而降低系统建设成本。当需要为临时性活动建设外场编辑系统时，可以直接将编辑终端从系统中移至外场，通过广域网访问后台集群渲染系统，而此时集群渲染系统生成的画面也将经过压缩后传回前端，降低对网络带宽的压力。此外，后台渲染集群除了支持实时处理之外，也可以作为高速并行打包中心工作，在新闻成片制作完成，需要打包送演播室播出时，可以调用多台渲染服务器的处理能力进行超实时的快速合成，从而提高送播效率。

（2）面向高端制作的复杂编辑系统

特点是故事板结构复杂，画面质量要求高。

通过应用云编辑系统，前端编辑站点可以从后台渲染集群获取到无压缩原始画质的画面用于监看，同时当进行复杂效果处理时，编辑操作的实时程度远超过单机工作的效果，例如当进行多级颜色校正时，单机编辑很容易出现因处理能力不足而无法实时播放的情况。在云编辑环境下，通过将颜色校正任务进行分割，可以由多台渲染服务器同时进行局部校色运算，保证多级校色之后的故事板仍可以实时播放，而且系统可以在编辑相对空闲的时间进行故事板已完成部分的自动预渲染，充分利用空闲运算资源，提升编辑实时性。

（3）面向新媒体的节目生产

特点是编辑要求相对简单，但由于业务发展通常比较迅速，经常需要扩充生产制作能力。

可以充分利用云编辑系统易于扩展的特点，通过增加前端瘦终端，实现制作能力的低成本扩张，而当后台运算渲染能力需要增加时，直接将新的渲染服务器并入集群中，就可以立即为前端提供服务，整个扩容过程无须停机。

由于自身诸多的特殊性，非线性编辑系统的“云化”技术研讨及实施，行业内外大量的生产厂家还在进一步的探索之中，我们相信，随着技术的进一步发展，非线性编辑系统与云计算技术的结合将会越来越紧密，而随着媒介融合的进一步深入，包括非线性编辑系统在内的传媒行业更多的硬件系统也必将全面实现向云计算平台的迁移。

1.4 大洋Post Pack电视制作软件套装

随着高清时代的到来，电视节目无论从视觉上还是听觉上都有了比以往更大的表现空间，粗编节目精编化、精编节目包装化、包装节目精品化。这就对电视节目制作的工艺水平提出了更高的要求。与此同时，留给后期制作的时间却越来越紧迫，剪辑、特效、校色、字幕、音频、包装、合成输出等多个工艺环节必须环环相扣，分工加合作，才能有高效的产出。

面对这些挑战，我们从不缺少创意，很多时候我们只是缺少合适的工具帮助实现创意。单一的编辑软件从来不能独立完成整个节目的后期制作，多人、多部门协同制作成为常态。无论是剪辑、音频，还是校色、三维，他们都需要专门定制的软件来完成各自的工作。

继D^3-Edit HD系列广播级高标清非线性后期编辑系统全线采用Red Bridge III（红桥三代）高清处理板卡之后，中科大洋公司又为之配备了全新一代后期制作软件套装Post Pack，从而实现了软硬件的全面更新换代。

Post Pack软件套装不同于通常非线性编辑产品，它提供的是面向专业广播电视节目后期制作的完整后期制作工具集，在统一的平台架构体系中，通过软件间的相互配合实现节目后期制作全流程。Post Pack软件套装由6个软件组成，分别为：

D^3-Edit 3.0是Post Pack软件套装的主体部分，提供视音频的编辑功能及字幕、特效处理，支持视音频信号和XDCAM、P2、EX、E2等非线性存储介质上下载，支持素材和输出信号的上下变换功能，以故事板的形式对素材进行剪辑、特效、混音、字幕加工。该部分为标配的主软件，其他软件为选配件，用户可以根据需要选配。

三维合成与包装	POST PACK D³-Crystal
节目剪辑与输出	POST PACK D³-Edit 3
音频制作与混音	POST PACK D³-Soundwork 2
颜色校正与分级	POST PACK D³-Color
栏目包装及三维	POST PACK D³-CG Designer 2
地球地形与模拟	POST PACK DAURIC-3DMAPS

D^3-Crystal 主要用于包装合成、复杂特技制作。它提供三维的制作环境，对于空间内的视频、字幕、三维模型、摄像机、光源均可进行位移、旋转、缩放及动态关键帧操作。提供节点视图、四视图操作模式，支持摄像机光圈、焦距、景深处理，支持多种光源类型，支持具有烘焙贴图和变形动画的三维模型的引入。可在非编故事板上替换文字、图片、视频、模型等元素，方便以模板化方式快速制作片头片花。

D^3-Crystal 还提供丰富的三维包装合成特技，可进行三维模型转场、手绘动画、涂威亚等电影级影片包装工作。全面应对高端合成工作中片头、片花、片尾的制作要求。

图1-14 D^3-Edit 3.0非线性编辑系统软件界面

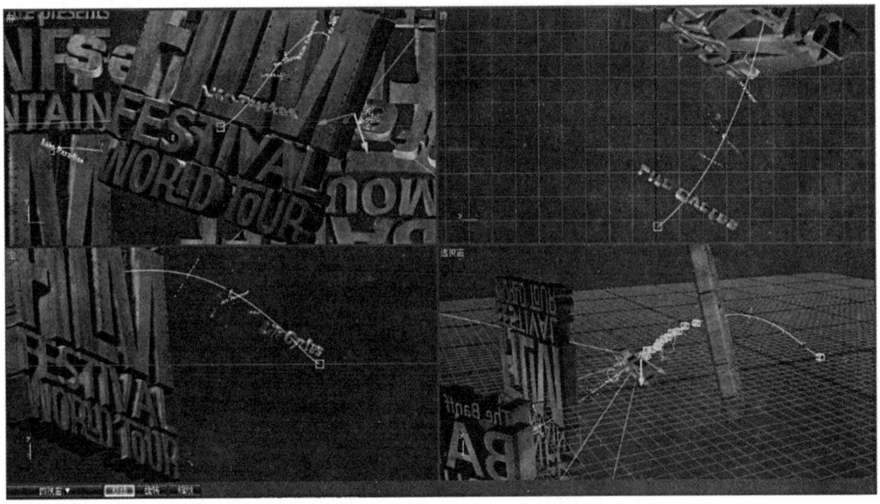

图1-15 D^3-Crystal “水晶”三维合成系统软件界面

全新的D^3-Color软件，是大洋Post Pack后期制作软件套装中新增的模块，是面向高清影视制作中必不可少的校色和颜色分级所全新开发的工具。

D^3-Color特有的片段比对、风格预制以及示波器工具，都可以让你对节目的色彩做统一把控。无限级的分段校色，让你能对画面的不同细节部分作独立的颜色处理，而不会互相影响。

图1-16 D^3-Color颜色校正分级系统软件界面

D^3-Soundowrk 2是针对广播电视、电台应用的多通道的、实时的音频编辑软件，可以满足高质量音频的多轨录制、编辑、混音和输出的需要。

它可与专业声卡搭配，实现高精度音频后期处理。支持单声道、立体声、5.1环绕声输出，提供声场空间定位功能。具有众多基于DSP的专业效果，支持第三方插件的扩展。

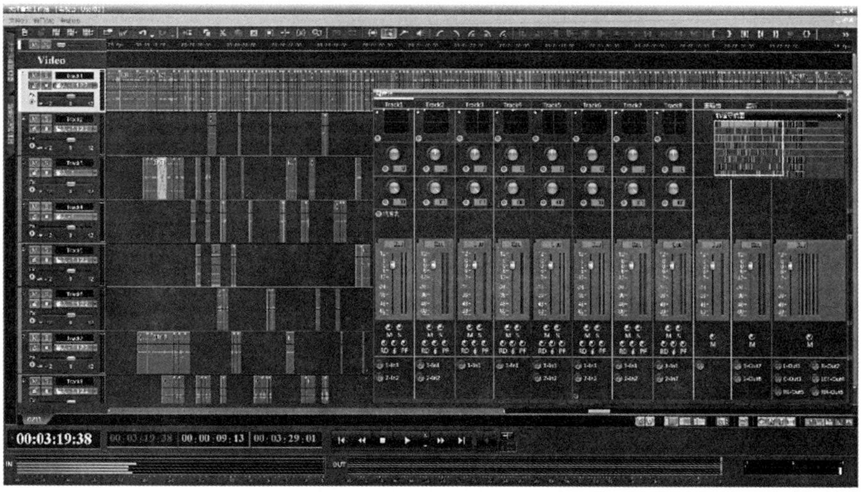

图1-17 D³-Soundwork 2音频工作站软件界面

D³-CG Designer 2是一个三维的图文动画制作系统。它提供专业的三维制作工具，可以通过简单的操作，将动态的、三维的图文效果直观美化地展现出来。它还提供了全新的模板制作模块，可高效地完成模板制作任务。

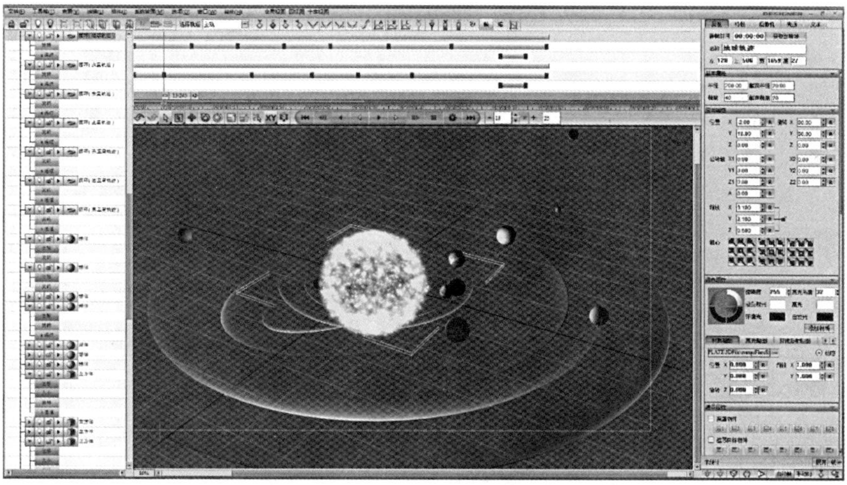

图1-18 D³-CG Designer 2软件界面

DAURIC-3DMAPS是完全建立在真正三维空间下的地图系统，可以广泛应用于气象、交通、时事等栏目，为用户提供专业地图制作服务，极大地丰富了节目的表现形式。它具有三维地形编辑、全球地标点的精确定位等多项独特工具及技术。

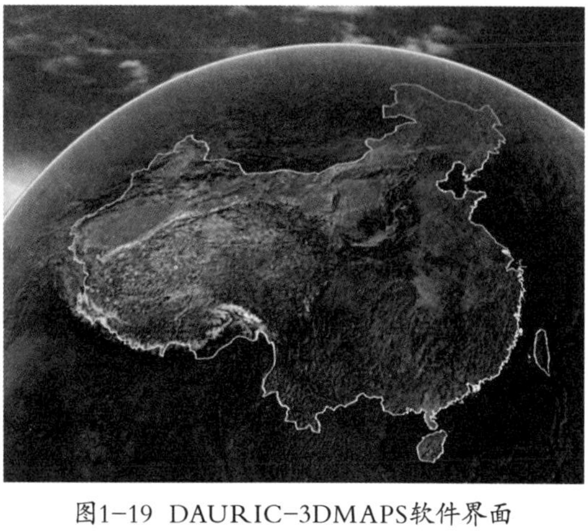

图1-19 DAURIC-3DMAPS软件界面

第2章　视频基础知识

2.1 帧、行、场和扫描

1. 帧

电视系统拍摄和显示的图像序列是由一幅幅图像构成的，其中，每一幅电视图像被称作一帧（Frame）。

帧是电视中的一个重要概念，也是一个基础的单位，通常在后期编辑中都是要求精确到帧的。

帧率

每秒钟显示的图像幅数称为帧速率，简称帧率，单位是帧/秒（frame per second，简称fps）。电影和电视使用的帧率是不同的；同样是电视，不同地区所使用的帧率也不同。我国电视标准规定的帧率为25帧/秒，制式采用PAL制。

表2-1　常见的帧率

	帧率（帧/秒）
电影	24（格）
电视（PAL）	25
电视（NTSC）	29.97（更准确的数字是30/1.001，通常也被记做30）

通常用时间码（Time Code，简称TC）来识别和记录视频中的每一帧，从一段视频的起始帧到终止帧都有一个唯一的时间码地址相对应。根据动画和电视工程师协会（SMPTE）使用的时间码标准，其格式是小时：分钟：秒：帧。例如，00:05:20:15表示5分20秒15帧。

2. 行、场与扫描

一幅完整图像的摄取或重现，需要将构成一幅画面的所有像素的亮度值或电平值按照一定的顺序（即从左到右、从上到下）有规律地进行光电转换或电光转换来实现，实现这一规律的过程称为扫描。沿水平方向的扫描称为行扫描，完成一行扫描所用的时间称为行周期；沿垂直方向的扫描称为帧扫描或场扫描，完成一帧或一场扫描所用的时间称为帧周期或场周期。

电视图像的扫描方式主要有两种：逐行扫描方式和隔行扫描方式。

在对一帧电视图像进行光电转换或电光转换的过程中，若扫描是一行一行从上到下依次进行，则称为逐行扫描（Progressive Scanning）。

由于早期电视工业技术的限制，电视显示格式如果采用逐行扫描会对信号频谱及信号的信道传输带宽提出很高的要求，从而大大提高电视接收机的技术难度及实现成本。为压缩光电转换后所产生的视频信号的频带，电视专家想出了一个方法，即把一幅图像分成两场，经两次扫描来完成。第一场称为奇数场，依次扫描1、3、5、7、9等所有奇数行；第二场称为偶数场，依次扫描2、4、6、8、10等所有偶数行。奇数场和偶数场的图像嵌套在一起，形成一幅完整的图像。一帧分为两场来拾取、传送和显示，即一次帧扫描由奇数场扫描和偶数场扫描构成，这就是隔行扫描（Interlace Scanning）。这样可以达到减少闪烁感、改善视觉效果以及压缩带宽的目的。

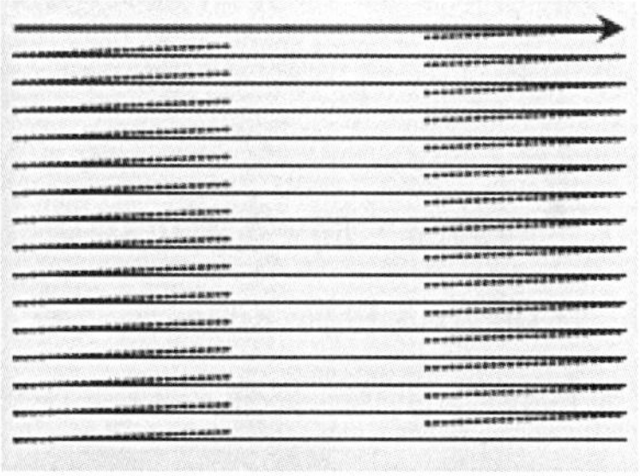

图2-1 逐行扫描示意图

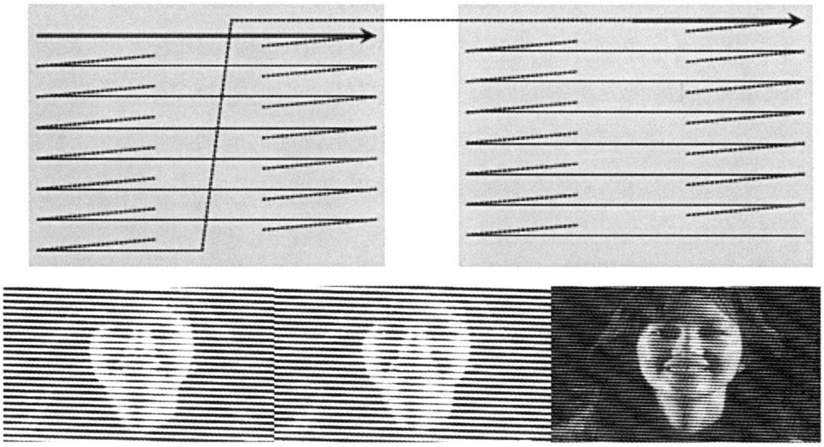

图2-2 隔行扫描示意图

两种扫描方式各有优缺点：

隔行扫描的优点是，与相同垂直扫描频率的逐行扫描方式相比，数据量只有逐行的一半，可以压缩带宽；缺点是场间闪烁感明显，不利于图形和图像的计算机处理，长时间观看眼睛容易疲劳。当图像上下两行的对比度差别很大时会产生行间闪烁，当屏幕的内容为横条纹时，这种闪烁尤其明显。图像中如有快速运动的物体时，还可能会在轮廓边缘出现锯齿等现象。

图2-3 锯齿现象

逐行扫描是最简单的扫描方式，它的优点是有利于图形和图像的计算机处理，没有隔行扫描所特有的场间闪烁感，长时间观看眼睛不易疲劳，在帧频和总行数相同的情况下，重现运动画面性能较好；它的缺点是与相同垂直扫描频率的隔行扫描方式相比数据量大一倍。

目前，我国的标清、高清电视的制作和播出都采用隔行扫描的方式，计算机显示则采用逐行扫描的方式。

与标清时代隔行扫描一统天下的局面不同，高清电视从诞生之日起就采用了逐行与隔行两种扫描方式。高清电视采用逐行扫描拍摄和制作的原因之一是拍摄和显示器件的逐行化。近年来随着显示屏幕尺寸的扩大，显像管类的传统显示器件正在逐步让位给等离子（PDP）、液晶（LCD）、LED和OLED这样的平板显示器件，采用LCD或DLP芯片的投影显示设备也有了长足的发展。显像管的光栅是通过电子束扫描形成的，这种灵活的扫描寻址方式不需要逐一驱动每个像素，因此既适用于隔行也适用于逐行显示。PDP、LCD、LED、OLED、DLP的图像显示原理与显像管完全不同，他们是有限像素的面阵列显示器件，这种采用XY寻址的显示方式需要逐一驱动每个像素单元，不论输入信号是何种扫描方式也不论他们的清晰度高低，都要被转换成与显示面板物理像素数量相同的清晰度显示，因此这类新型的平板显示器件更适于显示逐行扫描信号。实际上采用PDP、LCD、LED、OLED、DLP等器件的电视显示的都是逐行扫描图像，即使输入的是隔行扫描信号也会在显示驱动电路中转换成逐行扫描。因此，也可以把PDP、LCD、LED、OLED、DLP等称为逐行扫描显示器件。如果在拍摄、制作和显示等环节都采用逐行扫描方式，就可以避免信号的隔行、逐行转换带来的图像质量损失。

随着技术的不断成熟，逐行扫描已经越来越广泛地应用在数字电视和数字电影系统中，逐渐成为高端制作的主流扫描方式。

2.2 模拟电视和数字电视

电视的发展最早是从模拟电视（Analog TV）开始的。模拟电视从图像信号的产生、处理、传输到接收机的还原，整个过程几乎都是在模拟体制下完成的，使用的是模拟信号。

在确定模拟电视主要技术参数时，受当时相关理论和技术的限制，传统的模拟电视存在易受干扰、色度畸变、亮色串扰、行串扰、行蠕动、大面积闪烁、清晰度低和临场感弱等缺点。在模拟领域，无论怎样更新、改进硬件结构，这些问题也难以有大的改善。

数字电视（Digital TV）则是指在电视信号的产生、处理、记录、传输和接收的所有环节中，都使用数字信号来表示电视图像信号、伴音信号和数据信息的电视系统。

按照图像清晰度划分，数字电视主要有标准清晰度电视（Standard Definition Television，英文缩写：SDTV）和高清晰度电视（High Definition Television，英文缩写：HDTV）两种。

按照传输方式划分，主要有地面数字电视、卫星数字电视和有线数字电视。

随着数字技术的迅猛发展，世界广播电视已经进入数字化时代。目前很多国家和地区已积极开展数字电视广播，以取代旧有的模拟电视广播。我国广播影视“十二五”规划要点就明确提出："全面推进科技创新和数字化发展，到2015年，全国各级广播电台、电视台基本实现数字化、网络化，2020年停播模拟电视。"因此，当前我们正处于从模拟电视到数字电视的过渡时期，模拟电视和数字电视同时存在，在制作领域其实已经基本实现了数字化，各类型的摄像机以及后期的非线性编辑设备，都是基于数字信号进行处理的。然而，由于少量的用户还在使用模拟接收端装置，全面数字化，特别是终端的数字化还将需要一段时间。

2.2.1 模拟电视制式

电视制式（Television System），是根据一整套完整的技术要求，能全面确定电视信号的形成、传输以及图像和伴音重现方法的一种方案。包括扫描方式、同步信号形状、伴音和图像传送方法、频道带宽、频率间隔及载频位置等。

电视制式可以简单理解为用来实现电视图像或声音信号所采用的一种技术标准。通常，一个国家或地区播放节目时会采用特定制式或技术标准。

彩色电视制式，是在满足黑白电视技术标准的前提下研制的。为了实现黑白和彩色信号的兼容，色度编码对副载波的调制有三种不同方法，形成了三种彩色电视制式：NTSC制式、PAL制式和SECAM制式。

NTSC 制式

NTSC是National Television Standards Committee的缩写，是1952年由美国国家电视标准委员会指定的彩色电视广播标准，它采用正交平衡调幅的技术方式，故也称为正交平衡调幅制。美国、加拿大等大部分西半球国家以及中国台湾、日本、韩国、菲律宾等均采用这种制式。

PAL 制式

PAL是英文Phase Alteration Line的缩写，它是原西德在1962年指定的彩色电视广播标准，它采用逐行倒相正交平衡调幅的技术方法，克服了NTSC制相位敏感造成色彩失真的缺点。德国、英国等一些西欧国家，新加坡、中国内地及香港，澳大利亚、新西兰等采用这种制式。PAL制式根据不同的参数细节，又可以进一步划分为G、I、D等制式，其中PAL-D制是我国内地采用的制式。

SECAM 制式

SECAM是法文Sequentiel Couleur A Memoire的缩写，意为顺序传送彩色信号与存储恢复彩色信号制，是由法国在1956年提出，1966年制定的一种新的彩色电视制式。它克服了NTSC制式相位失真的缺点，采用时间分隔法来传送两个色差信号。使用SECAM制的国家主要集中在法国、东欧和中东一带。

三种彩色电视制式部分主要参数对比见下表。

表2-2　三种彩色电视制式部分主要参数对比

参数	NTSC	PAL	SECAM
帧频（帧/秒）	29.97	25	25
场频（帧/秒）	59.94	50	50
每帧扫描行数（行）	525	625	625
每帧有效行数（行）	480	576	576

制式是模拟电视时代的产物，由于不同电视制式的存在，各国在进行节目交换时会存在制式转换的问题。

到了数字电视时代，实际上已经没有了制式的概念，但是由于使用习惯等原因，相关的概念还在沿用。

2.2.2 数字电视标准

正如模拟电视有NTSC、PAL、SECAM三种制式，数字电视同样有遵循不同标准的系统，我们称之为数字电视的标准。

数字电视标准是指数字电视采用的视音频采样、压缩格式、传输方式和服务信息格式等的规定。

目前主要存在三种比较成熟的数字电视标准，即美国的ATSC标准、欧洲的DVB标准和日本的ISDB标准。每一种标准，又可分为卫星传输、有线传输和地面传输三种不同的方式。

我国数字电视标准以DVB标准为主，具体来说，卫星传输是DVB-S，有线（电缆）传输是DVB-C，地面传输是TDMB。

无论哪一种标准，在视频压缩方面采用的都是同样的技术，但是由于各国模拟电视的制式的差别，为了做好兼容，它们的视频采样格式也存在差别，主要体现在分辨率及场频等方面，这就形成了不同的图像格式。

2.2.3 数字电视图像格式

对数字电视来说，根据扫描方式、帧/场频、图像宽高比、纵横像素数、像素宽高比等参数的不同，存在多种不同的图像格式。在不同的文献资料中，数字电视图像格式的表示方法不尽相同，常见有：

SMPTE 表示法

表示方式为：每行采样点数量×每帧有效扫描行数/场频/扫描方式，例如1920×1080/50/I表示每行采样点数量1920，每帧有效扫描行数1080，50场隔行扫描（I）。

其中每行采样点数量×每帧有效扫描行数理解为纵横像素数，即画面的分辨率。

EBU 表示法

表示方式为：每行采样点数量×每帧有效扫描行数/扫描方式/帧率，例如1920×1080/I/25表示每行采样点数量1920，每帧有效扫描行数1080，25 帧（50 场）隔行扫描。还可以简化表示为1080/I/25。

简化表示法

为求简便在很多文件中经常把SMPTE表示法简化使用。例如1920×1080/50/I表示为1080/50i，这是目前使用最多的表示法。

其他表示法

目前数字电视格式并没有统一的表示法，因此在各种文献中也经常可以见到其他的表示法。例如，已知帧/场频时用1080i、720P 表示有效扫描线数和扫描方式，已知扫描线数时用50i 或60P 表示帧/场频和扫描方式。有些资料用1080/50/2:1表示1080/50i，720/60/1:1表示720/60P。有时用@代替/，如1080@60i、720@60P。有的文件用扫描线总数代替有效扫描线，如1125/60i、750/60P、625/50i、525/60i。

总之，无论采用什么样的方式，把握几个重点参数，就可以做到万变不离其宗。

在数字电影等高端制作中，我们还会经常接触到诸如2K、4K等概念。

在数字技术领域，通常采用二进制运算，而且用构成图像的像素数来描述数字图像的大小。由于构成数字图像的像素数量巨大，通常以K来表示2^{10}，即1024，因此：$1K=2^{10}=1024$，$2K=2^{11}=2048$，$4K=2^{12}=4096$。

在数字电影应用中，通常2K图像是由2048×1080个像素构成的，其中，2048表示水平方向的像素数，1080表示垂直方向的像素数；4K图像是由4096×2160个像素构成的，其中4096表示水平方向的像素数，2160表示垂直方向的像素数。在实际的数字母版制作和数字放映中，还需根据不同的画幅宽高比来对图像水平方向或垂直方向的像素数进行调整。

为简化起见，也常常以构成数字图像水平方向上的像素数来描述图像大小。这样，1K图像即水平方向上有1024个像素的图像，2K图像即水平方向上有2048个像素的图像，4K图像即水平方向上有4096个像素的图像，如下图所示。

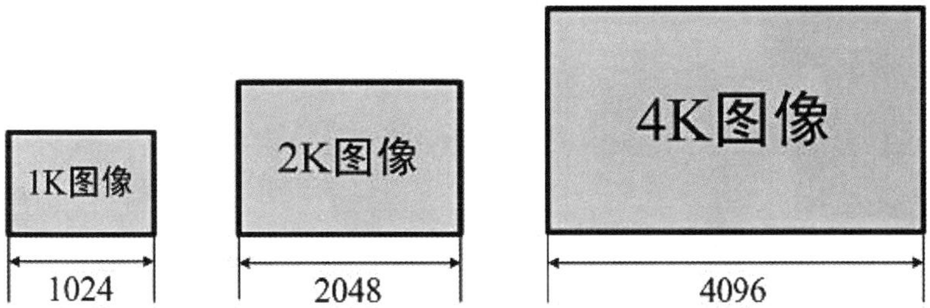

图2-4 1K/2K/4K图像示意图

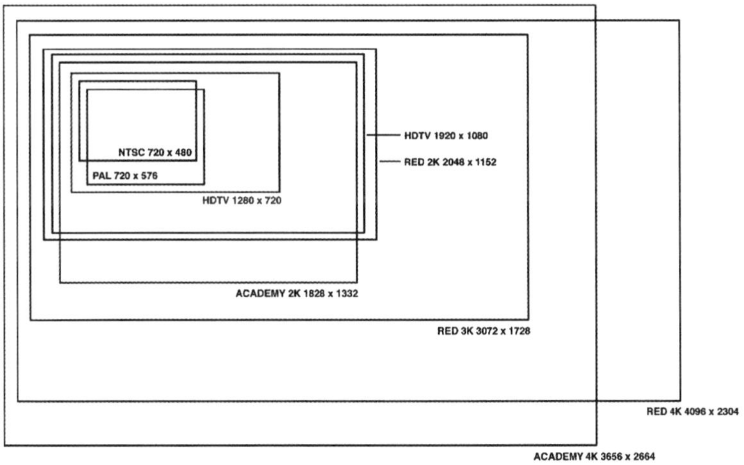

图2-5 常见图像格式大小示意图

2.3 标清电视和高清电视

2.3.1 基本概念及参数

数字电视从清晰度上可分为标准清晰度电视和高清晰度电视。

标准清晰度电视(Standard Definition Television),简称标清电视(SDTV)。标清常用两种模式:一种是576i(分辨率720×576,隔行扫描),另一种是480i(分辨率720×480,隔行扫描)。有时又称为576i(PAL)或480i(NTSC),用以对应模拟电视当中的制式。中国的标清数字电视节目采用的是576i图像格式。

高清晰度电视(High Definition Television),简称高清电视(HDTV),按照国际电联的描述:高清晰度电视是指一个具有正常视力的观看者在大约画面高度3倍的距离处观看图像时,系统能够或接近提供像观看原始场景那样的感觉。高清电视包括三种格式,即720P(1280×720,逐行扫描)、1080i(1920×1080,隔行扫描)和1080P(1920×1080,逐行扫描)。目前经常说的全高清(FULL HD)是指1080P,即采用逐行扫描方式,水平方向像素数为1920,垂直方向像素数为1080。中国的高清数字电视节目采用的是1080i图像格式。

标清电视一般采用4:3的屏幕宽高比,或表示为1.33:1。

高清电视的屏幕宽高比是16:9,或表示为1.78:1。美国、欧洲和澳大利亚的部分标清数字电视也采用16:9,但在中国和其他大多数国家和地区只有高清采用16:9。

2.3.2 高、标清上下变换

由于处于高标清过渡时期,在后期中会经常遇到混合素材的制作,这时高、标清之间的变换就不可避免了。

将高清信号转换为标清信号称为下变换,将标清信号转换为高清信号称为上变换。高标清上下变换的一般流程为去隔行、空间转换、图像增强、色度转换、输出格式化,这些流程需要使用去隔行技术、运动补偿技术、宽高比转换技术等算法来处理。

这其中,幅型变换起着关键作用,不当的幅型变换会降低高标清混合制作的图像质量。

标清到高清的幅型变换方式主要有:

(1)左右加边模式(Pillar Box):在原有4:3图像的左右各加一条黑边,原始图像全部内容全部保留,画面比例正常,但有两条黑边。

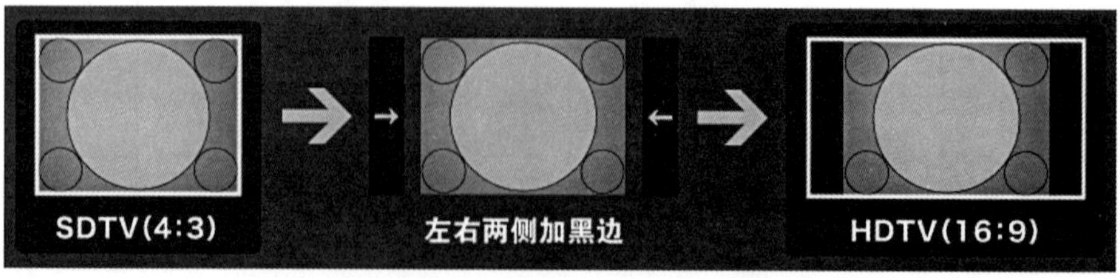

图2-6

（2）上下切边模式（Full Width）：原4:3图像上下各切掉一部分内容，变换后的图像占满整个16:9屏幕。变换后画面比例正常，但损失了图像信息。

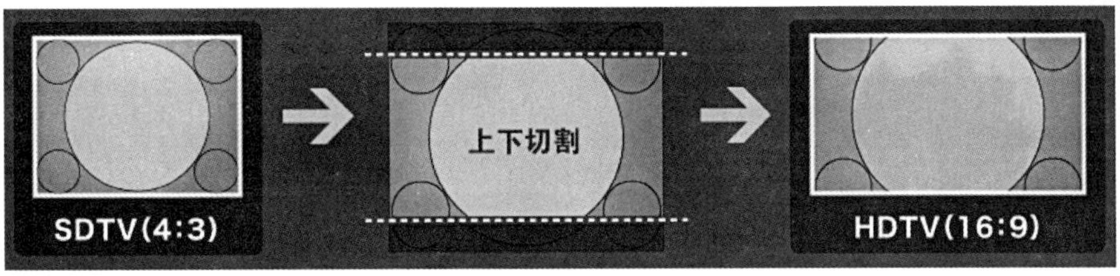

图2-7

（3）拉伸模式（Stretch）：将原有4:3图像横向拉伸，占满整个16:9屏幕。保留了全部原有图像内容，但所得图像在16:9监视器上观看产生横向变形。

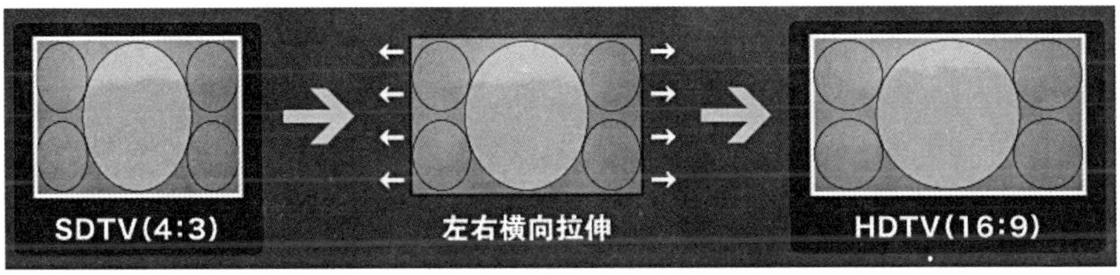

图2-8

高清到标清的幅型变换方式主要有：

（1）切边模式（Edge Crop）：将原有16:9图像的左右各切掉一部分内容，变换后的图像占满整个4:3屏幕。画面左右各损失部分内容。

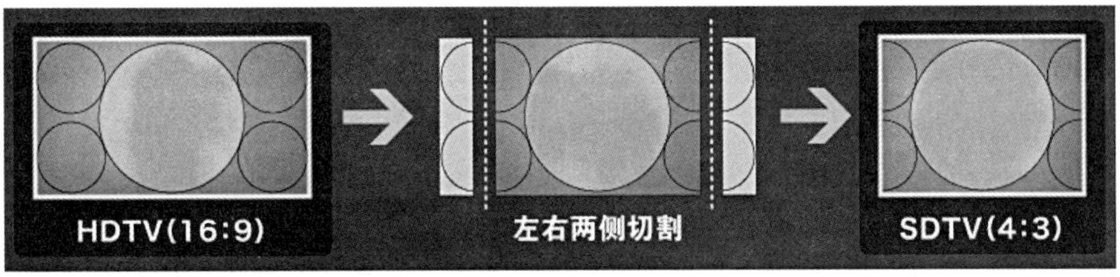

图2-9

（2）信箱模式（Letter Box）：原16:9图像上下加两条黑边，变换为4:3图像。保留原有画面的所有信息，画面比例正常。

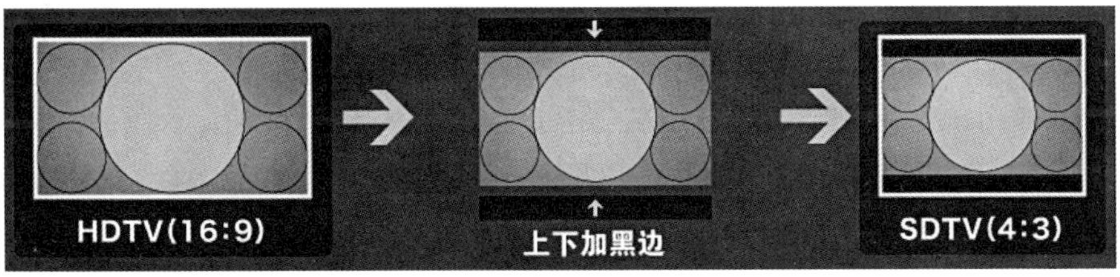

图2-10

（3）挤压模式（Squeeze）：将原有16:9图像全部横向挤压到4:3的区域内。保留了全部原有图像内容，所得图像在4:3监视器上观看横向产生变形。

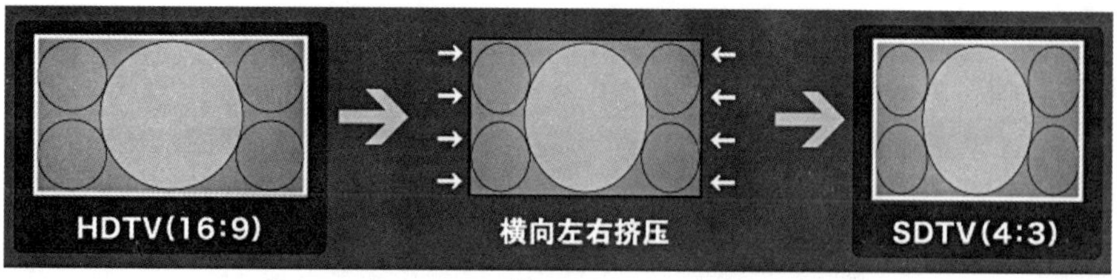

图2-11

2.4 视频数字化

包括电视信号在内的各种信息的原始形态都是模拟的，在数字时代，为了方便进行处理，需要将模拟的信息进行数字化。电视信号的数字化就是把在时间轴和电平轴上连续变化的模拟电视信号在时间轴和电平轴上离散化，即用有限的采样点和有限的电平阶去表现在时间和电平上无限变化的模拟信号。

在电视信号的数字化处理中，目前主要使用数字分量编码方式。分量编码是将三基色信号R、G、B分量或亮度Y和两个色差信号R-Y、B-Y分别编码。

数字化的过程主要经历三个步骤：采样、量化和编码。

1. 采样

之前提到，我国电视标准规定的帧率为25帧/秒，这实际上就是一种采样，这种采样是用有限数量的静止画面来表达在时间上连续运动的景物。

扫描也是一种采样，这种采样就是在垂直方向上对两维空间画面离散化，用有限数量的水平扫描线表达完整的静止画面。可以想象成在电视屏幕前面加一个百叶窗，百叶窗的缝隙相当于扫描线，观众只能透过缝隙观看景物，缝隙数量越多，相当于扫描线越多，图像的垂直清晰度就越高。

电视信号数字化后原来在时间轴上连续变化的每行信号被离散化成有限的采样点，这就相当于隔着一个筛子观看景物。筛子水平方向上的孔越多，相当于采样点越多，也就是采样频率越高，图像的水平清晰度就越高。

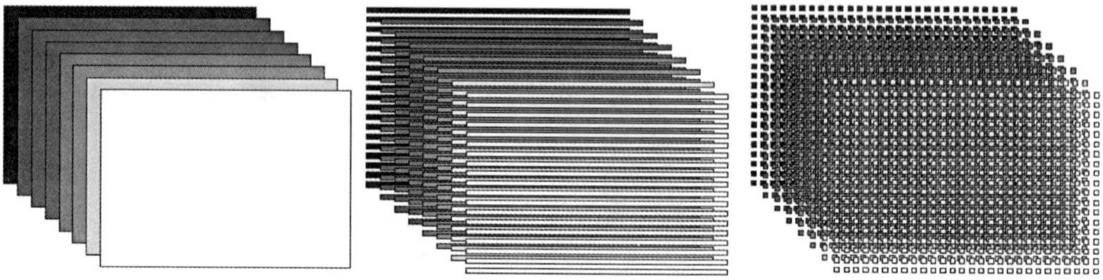

图2-12 电视信号采样示意图

综上所述，采样就是把电视信号在时间、空间上进行离散化，用有限像素表现无限清晰的景物。

了解了采样的基本原理之后，下面介绍采样涉及的几个主要概念。

（1）采样结构

目前所有的演播室分量数字电视标准采用的都是正交采样结构，如图2–13所示：正交采样结构在图像平面上沿水平方向采样点等间隔排列，沿垂直方向采样点上下对齐排列。在每行扫描线上的采样点都处于相同的位置，把这些样点用直线连接起来，连线与扫描线正交。正交采样是图形和图像计算机处理的基础，这种采样结构对人的视觉干扰小。

实现正交采样的条件是采样频率必须是水平扫描频率（行频）的整数倍。

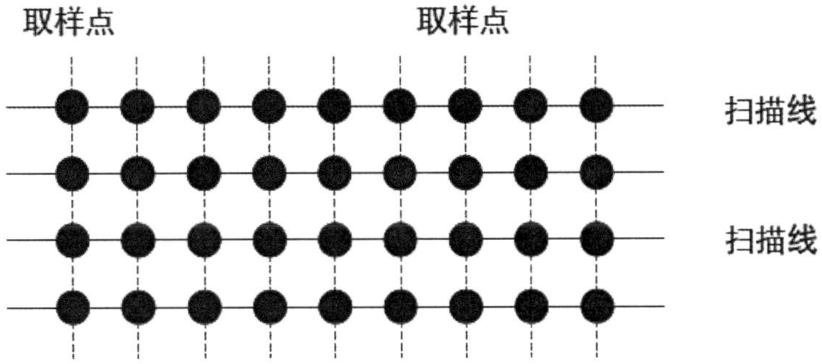

图2–13 正交采样结构示意图

（2）采样频率

在数字电视中亮度信号采样频率的选择应考虑到以下三个方面：

①满足采样定律，即采样频率应该大于视频带宽的两倍；

②为了保证采样结构是正交的，采样频率应该是行频的整数倍；

③为了便于节目的国际交流，必须兼顾国际上不同的扫描格式。

在标清数字电视演播室编码参数标准中，亮度信号采样频率为13.5MHz，在高清数字电视演播室编码参数标准中，亮度信号采样频率为74.25MHz。

（3）采样格式

在数字电视技术中经常用4:2:2、4:2:0等方式表达数字分量电视信号的采样结构，这种表示法的原始含义是亮度与色度信号的采样频率之比。

例如：在4:2:2中，4表示亮度信号的采样频率，2和2表示两个色差信号的采样频率。4的原始含义是亮度信号的采样频率是彩色副载波的4倍，即13.5MHz，2的含义是色差信号的采样频率是副载波的2倍，即6.75MHz。

这种表达方式还可以用来表示亮度与色度的清晰度，也就是采样点数量的比例。

例如：标清数字分量信号的4:2:2表示每行亮度信号的采样点数量是720个，色度信号的采样点数量是亮度信号的一半，360个；高清数字分量信号的4:2:2表示每行亮度信号的采样点数量是1920个，色度信号的采样点数量是亮度信号的一半，960个。

4:4:4

4:4:4是指对色度信号进行原始采样，而不做压缩处理，又称全带宽或全色度方式，用于XYZ/RGB等色彩空间中，这种方式对图像质量的要求最高，广泛应用于数字电影摄影、数据存储记录和解码放映等领域，适合复杂特技如高精度色键合成等应用。例如：HDCAM-SR格式可使用Dual link HD-SDI（双通道高清串行数字接口）记录4:4:4 RGB信号。

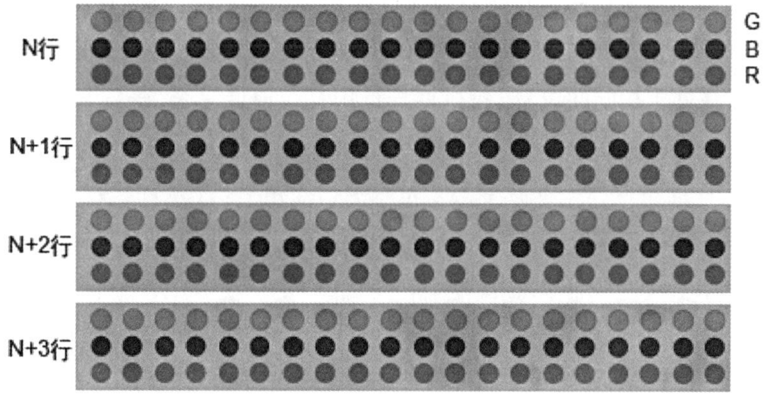

图2-14 4:4:4（RGB）采样结构

为了降低数字电视信号源的码率，电视制作时很少采用4:4:4的RGB全带宽采样结构，实际使用的大多是Y/B-Y/R-Y采样，因为人眼对色度信号的分辨率低于对亮度信号的分辨率，可以对B-Y/R-Y色度信号采用亚采样处理，使其采样点数量少于亮度信号，减少视频信号的总带宽，有利于信号存储和传输。

4:2:2

4:2:2是指将色度信号的采样率选为亮度信号的1/2，色度信号在水平方向上的采样点数量是亮度信号的1/2。4:2:2用于YUV/YCbCr等色彩空间中，这种方式对图像质量的要求较高，广泛应用于电视演播室等领域，是电视台高质量节目制作的标准。

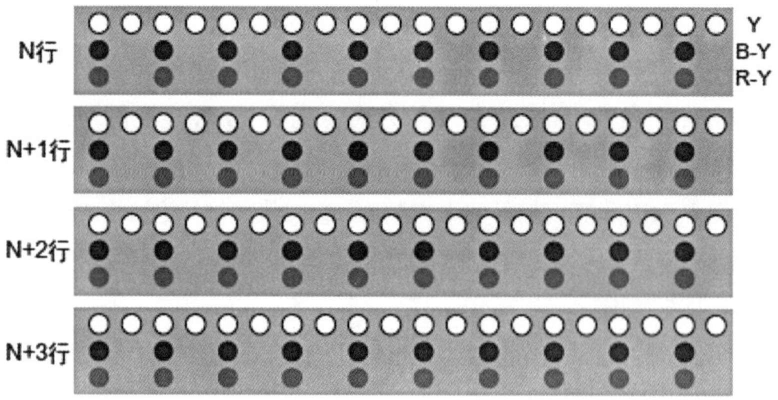

图2-15 4:2:2采样结构

4:1:1

4:1:1表示色度信号在水平方向上的采样点数量是亮度信号的1/4。

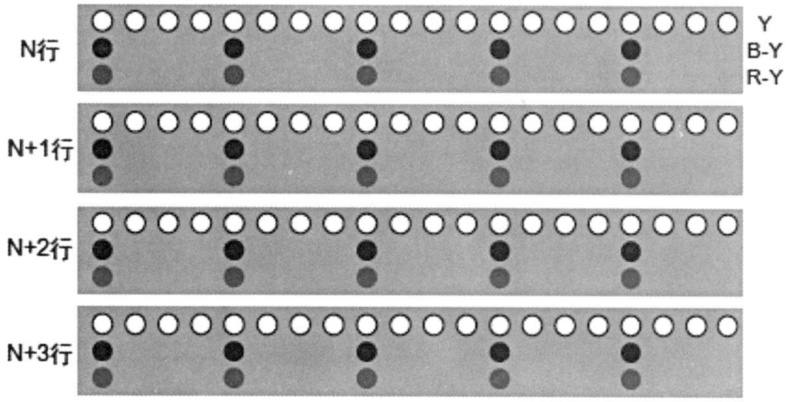

图2-16 4:1:1采样结构

4:2:0

4:2:0表示色度信号的采样点数量在水平和垂直方向上都是亮度信号的1/2。但在不同的技术标准中, 4:2:0的色度信号采样结构是不一样的。

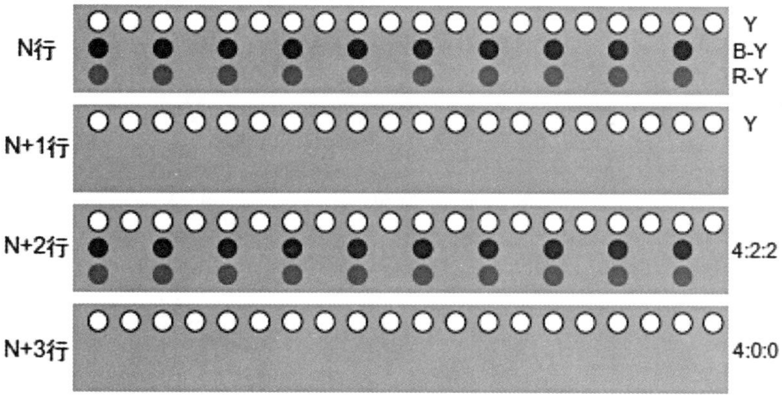

图2-17 4:2:0采样结构(MPEG-2)

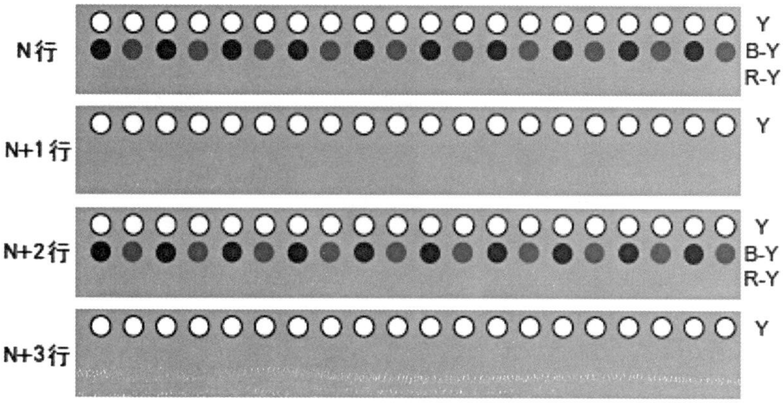

图2-18 4:2:0采样结构(MPEG-1)

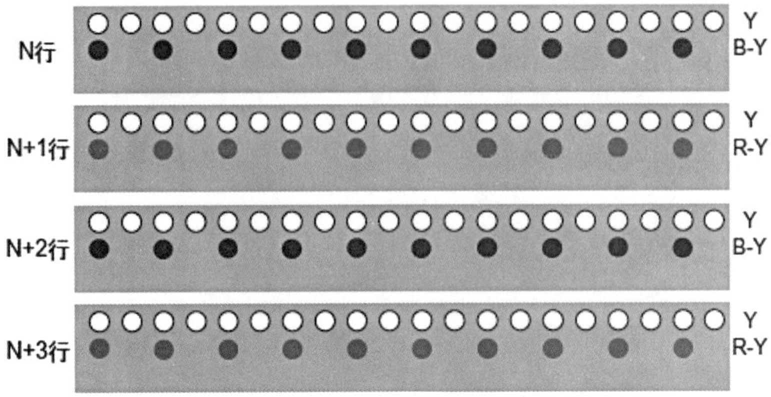

图2-19 4:2:0采样结构(DVB)

如果换一个角度，用像素数量来表示不同的采样结构，可以参见下图。

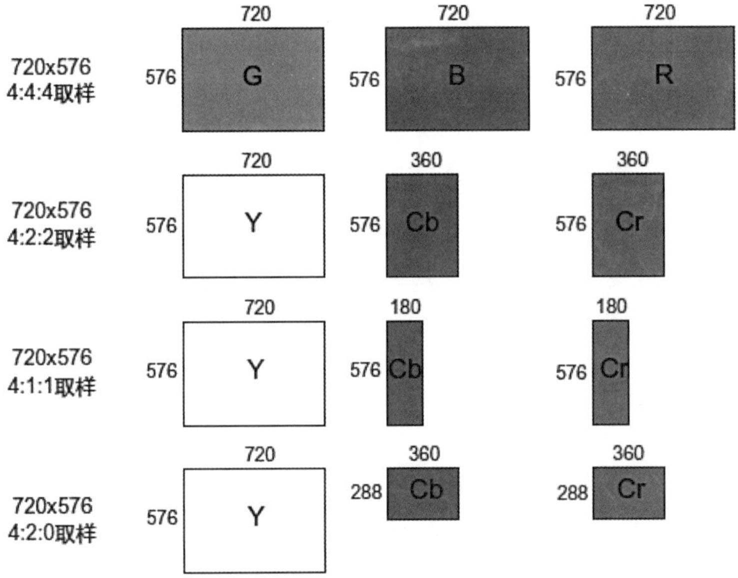

图2-20 用像素数量表示的标清电视不同采样结构示意图

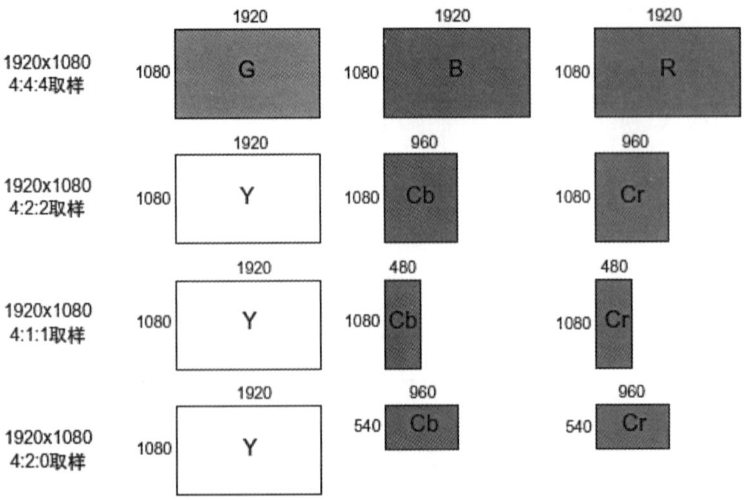

图2-21 用像素数量表示的高清电视不同采样结构示意图

实际应用中，还有3:1:1和3:1.5:0的采样结构。HDCAM是目前市场上广泛使用的高清拍摄/制作格式，每行亮度信号的采样点数量是1440，色度信号是480。如果把ITU的高清采样点数量1920:960:960称为4:2:2，那么很显然，可以把HDCAM的1440:480:480称为3:1:1。HDV/XDCAM HD的亮度信号的采样点数量是1440，色度信号是720，色度信号垂直方向上的采样点数量是亮度信号的1/2，仿照4:2:0的说法可以称之为3:1.5:0，或叫做基于1440的4:2:0。

采用4:1:1和4:2:0等采样方式，色差信号的采样频率相对于4:2:2格式来说减半，丢失了后期制作中的一些重要色彩信号信息。由于色彩信号带宽信息的减半，此信号也就不再适合后期制作中高质量的多代编辑、复杂特技、校色等。但是，对于普通的新闻采访和专业级的节目制作编码可采用4:1:1或4:2:0非标准采样方式，牺牲图像质量，换得设备费用的节省。

在高级的后期制作中，尤其是特效合成和新一代的数字电影，4:4:4 无疑带给人们最好的色彩和清晰度。

总之，4:2:2、4:1:1、3:1:1、4:2:0或3:1.5:0（基于1440的4:2:0）等都是把4:4:4经预滤波、亚采样等处理转变得到的。其目的是用不压缩的方法通过降低彩色分辨率的方式降低数字电视信号的码率。

2. 量化

量化就是把电视信号在电平（幅度）轴上离散化，用有限的灰度阶表现无限的灰度。量化的比特（bit）越高传输电平的精度越高，只要了解了量化比特数就知道了该系统所能达到的最高信噪比。印刷、数字影像以及电视行业的经验表明，8比特（256灰度阶）是再现图像连续灰度的最低要求，低于8比特时人眼就会分辨出灰度层级中的灰度差，呈现版画感。高质量记录和制作至少需要10比特量化（1024灰度阶）。

目前，在制作环节8比特较为常用；在包装、校色环节，10比特应用较多；在摄像机等的前期采样量化环节，通常量化数都高于10比特，甚至达到16比特。

8比特
256灰度阶

4比特
16灰度阶

3比特
8灰度阶

图2－22

8比特和10比特在量化误差上也不一样。假设一个真实的模拟信号范围在0到1V之间，如果用8比特量化，则最低级0代表0V，最高级255代表1V，相当于把0到1V范围分为256份；如果用10比特量化，则最低级0代表0V，最高级1023代表1V，相当于把0到1V范围分为1024份。

当编码一个0.489844V的信号时，对于8比特量化系统，理想的量化值为125.4，就近取整数为125，误差是1.653mV；对于10比特量化系统，理想的量化值为503.0753，就近取整数为503，误差是73.6μV。就这两个例子来说，两者的误差相差21倍之多。平均来看，8比特量化是10比特量化误差的4倍左右。见下图。

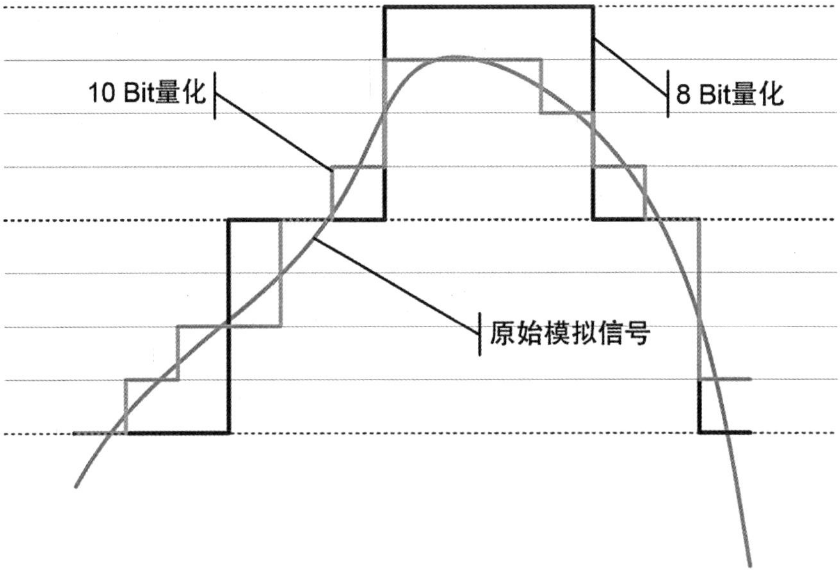

图2-23 8bit与10bit量化关系

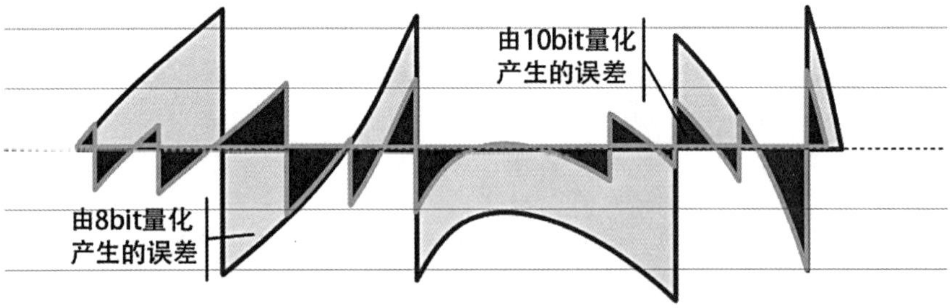

图2-24 量化误差的比较

3. 编码

经过采样、量化两个步骤后，视频信号就已经在时间和幅度上完成了离散化，接下来的步骤就是编码了。

编码是按照一定规律，将时间和幅度上离散的信号用对应的二进制代码表示。对于模拟视音频信号要变成数字信号，除了采样、量化和二进制编码过程外，还需要通过信源编码和信道编码两个过程。

信源编码的目的就是通过压缩编码技术来减少初始数字视音频信号的数码率，从而提高数字信号的传输效率和记录效率。信道编码的目的就是通过纠错编码、交织编码、均衡等技术来提高数字信号的抗干扰能力，从而增强数字信号传输的可靠性。

其中，与后期制作相关的就是信源编码里的压缩编码技术，有关这部分的内容，我们将在后文详细阐述。

2.5 视频压缩与格式

2.5.1 为何要压缩

数字视频之所以需要压缩，是因为它原来的形式占用的空间大得惊人。广播级标清无压缩视频数据率在200Mb/s以上，而高清无压缩视频数据率则超过1000Mb/s。

视频经过压缩后，存储时会更方便。数字视频压缩以后并不影响作品的最终视觉效果，因为它只影响人的视觉不能感受到的那部分视频。例如，有数十亿种颜色，但是我们只能辨别大约1024种。因为我们觉察不到一种颜色与其邻近颜色的细微差别，所以也就没必要将每一种颜色都保留下来。还有一个冗余图像的问题：如果在一个60秒的视频作品中每帧图像中都有位于同一位置的同一把椅子，有必要在每帧图像中都保存这把椅子的数据吗？

压缩视频的过程实质上就是去掉我们感觉不到的那些东西的数据。标准的数字摄像机的压缩率为5∶1，有的格式可使视频的压缩率达到100∶1，但过分压缩也不是件好事。因为压缩得越多，丢失的数据就越多。如果丢弃的数据太多，产生的影响就显而易见了。过分压缩视频会导致无法辨认。

2.5.2 压缩方式

1. 有损压缩和无损压缩

在视频压缩中有损（Lossy）和无损（Lossless）的概念与静态图像中基本类似。无损压缩即压缩前和解压缩后的数据完全一致。多数的无损压缩都采用RLE行程编码算法。有损压缩意味着解压缩后的数据与压缩前的数据不一致，在压缩的过程中要丢失一些人眼和人耳所不敏感的图像或音频信息，而且丢失的信息不可恢复。几乎所有高压缩的算法都采用有损压缩，这样才能达到低数据率的目标。丢失的数据率与压缩比有关，压缩比越大，丢失的数据越多，解压缩后的效果一般越差。此外，某些有损压缩算法采用多次重复压缩的方式，这样还会造成额外的数据丢失。

2. 帧内压缩和帧间压缩

帧内（Intraframe）压缩也称为空间压缩（Spatial Compression）或I帧压缩（I-frame Compression）。当压缩一帧图像时，仅考虑本帧的数据而不考虑相邻帧之间的冗余信息，这实际上与静态图像压缩类似。

帧内压缩一般采用有损压缩算法，由于帧内压缩时各个帧之间没有相互关系，所以压缩后的视频数据仍可以以帧为单位进行编辑。帧内压缩的压缩率一般不会太高。

帧间（Interframe）压缩也称为时间压缩（Temporal Compression），是基于许多视频或动画的连续前后两帧具有很大的相关性，或者说前后两帧信息变化很小的特点。连续的视频其相邻帧之间具有冗余信息，根据这一特性，压缩相邻帧之间的冗余量就可以进一步提高压缩量，减小压缩比。帧间压缩一般是无损的。

2.5.3 视频编码标准

1. 视音频压缩标准的国际化组织

（1）ISO MPEG

运动图像专家组（MPEG）是国际标准化组织（ISO）和国际电工委员会（IEC）的一个工作组，官方名称为ISO/IEC JTC1/SC29/WG11，致力于制订运动图像（视频）和音频的压缩、处理和播放标准。它开发了一系列重要的音视频标准，例如MPEG-1、MPEG-2、MPEG-4、MPEG-7和MPEG-21。MPEG的标准主要由视频、音频和系统三个部分组成，是一个完整的多媒体压缩编码方案。

（2）ITU-T VCEG

视频编码专家组（VCEG）是国际电信联盟标准化部门的一个工作组，下设16个子小组。第16个子小组致力于制订多媒体、系统和终端的国际标准，其官方名称为ITU-TSG16。VCEG制订了一系列与电信网络和计算机网络有关的视频通信标准，例如H.261、H.263、H.263+、H.263++和H.264。与MPEG标准不同，H.26X系列标准只是定义了对视频的压缩编码。

（3）JVT

联合视频小组（JVT）的成员来自ISO/IEC JTC1/SC29/WG11（MPEG）和ITU-T SG16（VCEG），它的成立源于MPEG对先进视频编码工具的需求。JVT的主要工作是推动H.264、MPEG-4第十部分的发布。

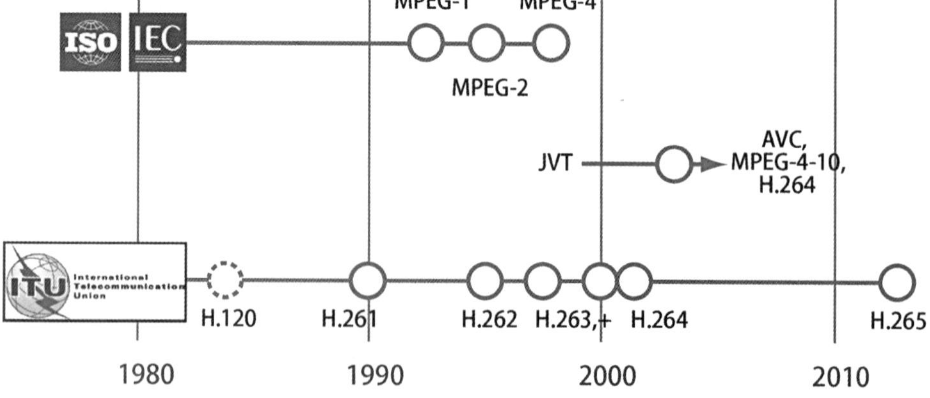

图2-25　主要视频编码标准化组织标准制订路线图

算法是信号编解码器(Codec) 压缩/解压缩的运算法则，也就是压缩与解压缩所使用的压缩标准。常见的视频压缩标准有MPEG-1、MPEG-2、MPEG-4/AVC/H.264、H.265、M-JPEG、JPEG 2000、DV等。

2.MPEG系列压缩编码标准

MPEG（运动图像专家组）制订的压缩编码标准主要有MPEG-1、MPEG-2和MPEG-4。

（1）MPEG-1

MPEG-1是MPEG针对码率在1.5Mb/s以下的数字存储媒体应用所指定的音视频编码标准，于1992年11月发布。它的正式名称为“用于数字存储媒体的1.5Mb/s以下的活动图像及相关音频编码”（ISO/IEC 11172）。

MPEG-1视频压缩算法采用三个基本技术：运动补偿、DCT（离散余弦变换）编码技术和熵编码技术。

MPEG-1仅研究逐行扫描的视频。为了达到1.5Mb/s的目标速率，输入的视频首先要转换成MPEG-1标准中的通用中间格式（CIF）输入视频格式，包括352×288×25（对应PAL制）和352×240×30（对应NTSC制）两种。

MPEG-1技术应用最成功的产品是VCD（Video Compact Disc），即将压缩后的视频存储在CD-ROM光盘上（650MB存储约72分钟的视频）。VCD作为价格低廉的影像播放设备，曾在90年代广泛应用。MPEG-1也被用于数字电话网络上的视频传输，如：非对称数字用户线路（ADSL）、视频点播（VOD）以及教育网络等。

（2）MPEG-2

MPEG-2制订于1994年，是MPEG工作组制订的第二个国际标准，其正式名称为“通用的活动图像及其伴音编码”（ISO/IEC 13818）。MPEG-2标准设计的主要目标是作为一个通用的视音频编码标准，具有高级工业标准的图像质量和更高的传输率，适应广阔的应用范围，包括各种形式的数字存储、标清数字电视、高清电视以及高质量视频通信。根据应用的不同，MPEG-2的码率范围为1.5Mb/s~100Mb/s。

MPEG-2在MPEG-1的基础上做了重要的改进和补充：

①支持帧场自适应编码，能够有效支持电视的隔行扫描格式；

②支持可分级的编码；

③扩大了重要的参数值，允许更大的图像格式和码率；

④在编码算法细节上做了很多补充。

与MPEG-1相同，MPEG-2采用分层结构组织数据，视频数据流为六层结构，从上到下分别是：图像序列（Video Sequence）、图像组（Group of Picture，GOP）、图像（Picture）、片（Slice）、宏块（Macro Block）和块（Block）。

MPEG-2技术利用视频帧之间的相似度，将视频分割成不同的帧类型，或称为编码帧，主要包括三种：I 帧、P帧和B帧。

● I帧即Intra-coded Picture（帧内编码图像帧），不参考其他图像帧，只利用本帧的信息进行编码。它是其他帧产生的基础。

● P帧即Predictive-coded Picture（预测编码图像帧），利用之前的I帧或P帧，采用运动预测的方式进行帧间预测编码。与I帧相同的信息不传送，只传送主体变化的差值，这样就省略了大部分细节信息。新生成的P帧又可以作为下一帧的参考帧。

● B帧即Bidirectionally Predicted Picture（双向预测编码图像帧)，是利用前、后的I帧或P帧进行运动补偿预测所产生的图像，它只反映I、P画面的运动主体变化情况，因此在重放时既要参考I帧内容，又要参考P帧内容，它既需要之前的图像帧(I帧或P帧)，也需要后来的图像帧(P帧)。B帧提供最高的压缩比。

从数据量上看，一个I帧所占用的字节数大于一个P帧，一个P帧所占用的字节数大于一个B帧。

由此可见，MPEG-2编码除了帧内压缩方式以外，通过基于运动补偿的帧间压缩技术，提高了数据压缩的比率。

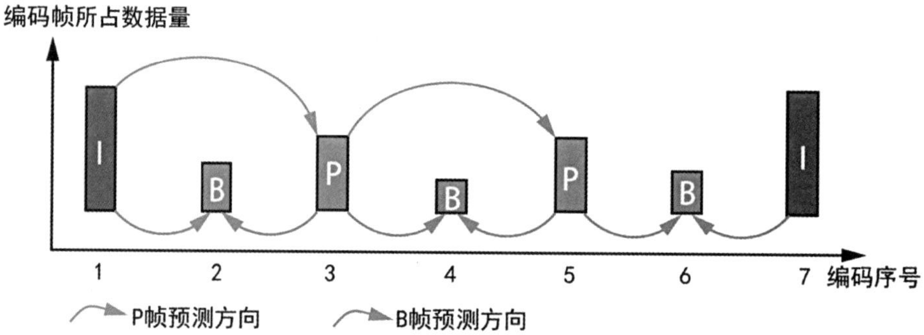

图2-26 I、P、B帧示意图

一个GOP由I为起始的一串IBP帧组成，GOP的长度是前一个I帧到下一个I帧之前的B帧之间的间隔，如I1B2B3P4B5B6P7B8B9I10中从I1到B9就是GOP的长度。

帧重复方式为只有I帧（又称为全I帧压缩，I Only）时，GOP最短；帧重复方式为IB时，GOP较短；帧重复方式为IBP或IBBP时，GOP较长，有延迟，影响存取速度。总之，GOP越短，码率越大，图像质量越好；GOP越长，码率越小，图像质量也会随之降低。从编码效率上看，GOP越长，效率越高，编辑上越困难。

全I帧压缩和长GOP压缩的特点可以通过下表进行比较。

为了适应不同应用需求，MPEG-2还提出了档次（Profile）和级别的概念。每种档次对应一种不同复杂度的编解码算法。MPEG-2定义了简单档次（SP）、主用档次（MP）、MPEG-2 422（422）、信噪比可分级档次（SNRP）、空间域可分级档次（SSP）、高档次（HP）6个档次。在每个档次内，利用级别来选择不同的参数，如：图像尺寸、帧率、码率等，以获取不同的图像质量。MPEG-2定义了低级别（LL）、主用级别（ML）、高1440级别（H14L）和高级别（HL）4个不同的级别。

表2-3 全I帧压缩和长GOP压缩的比较

	全I帧压缩		长GOP压缩	
压缩方法	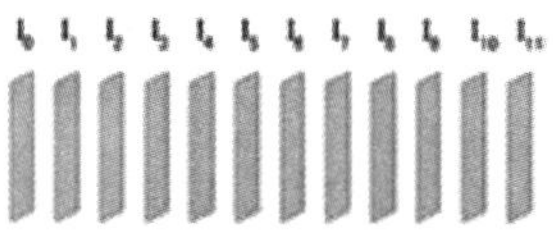		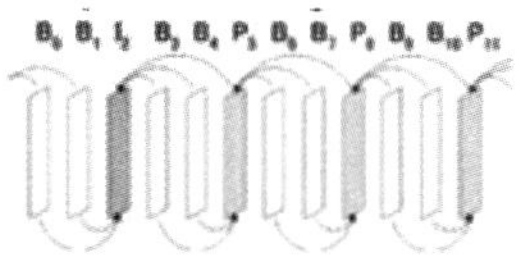	
节省比特率	更小	只使用空间关联	更大	使用空间和时间关联
处理延时	更小	1帧	更大	多帧
编辑难易程度	更容易	逐帧	较困难	基于GOP
多代劣化	更小	帧内结构	更大	长GOP结构
误差传递	更小	最大1帧	更大	多帧
并行处理	更容易	最大1帧	较困难	多帧

6个档次和4个级别一共有24种组合，MPEG-2选取了其中11种作为应用选择，用“档次@级别”来表示，例如MP@ML表示主用档次/主用级别。各种组合方式的参数如图所示，其中主用档次/主用级别的参考表示：采用I、B、P三种图像编码方式，采样率为4∶2∶0，采样速率上限为720×576×30，最大码率为15Mb/s。

表2-4 MPEG-2的档次和级别

	低级别（LL）	主用级别（ML）	高1440级别（H14L）	高级别（HL）
简单档次（SP）		I、P 4:2:0 720×576 30 15Mb/s		
主用档次（MP）	I、B、P 4:2:0 352×288 30 4Mb/s	I、B、P 4:2:0 720×576 30 15Mb/s	I、B、P 4:2:0 1440×1152 60 60Mb/s	I、B、P 4:2:0 1920×1152 60 80Mb/s
MPEG-2 4:2:2档次（422P）		I、B、P 4:2:0 720×576 50Mb/s		
信噪比可分级档次（SNRP）	I、B、P 4:2:0 352×288 30 4Mb/s	I、B、P 4:2:0 720×576 30 15Mb/s		

续表

	低级别（LL）	主用级别（ML）	高1440级别（H14L）	高级别（HL）
空间域可分级档次（SSP）			I、B、P 4:2:0 1440×1152 60 60Mb/s	
高档次（HP）		I、B、P 4:2:0 4:2:2 720×576 30 20Mb/s	I、B、P 4:2:0 4:2:2 1440×1152 60 80Mb/s	I、B、P 4:2:0 4:2:2 1440×1152 60 100Mb/s

（3）MPEG-4 Part10/AVC/H.264

AVC/H.264由ISO/IEC MPEG（Moving Picture Experts Group，运动图像专家组）与ITU-T VCEG（Video Coding Experts Group，视频编码专家组）联合成立的JVT（Joint Video Team，联合视频工作组）于2003年5月制订。名称方面：一个是沿用ITU-T组织的H.26x名称，叫H.264；另一个则是ISO/IEC命名的AVC（Advanced Video Coding，高级视频编码），这个标准也被MPEG-4标准的第10 部分（Part 10）采纳。

因此，对视频编码来说，MPEG-4 Part10、AVC、H.264指的都是同一个标准。（方便起见，以下均称为H.264。）

作为新一代的视频压缩标准，H.264的主要目标是：与其他现有的视频编码标准相比，在相同的带宽下提供更加高质量的图像。通过该标准，在同等图像质量下的压缩效率比以前的标准（MPEG2）提高了2倍左右。

H.264标准的主要特点如下：

①更高的编码效率。与H.263等标准的编码效率相比，能够平均节省大于50%的码率。

②高质量的视频画面。H.264能够在低码率情况下提供高质量的视频图像，在较低带宽上提供高质量的图像传输是H.264的应用亮点。

③提高网络适应能力。H.264可以在实时通信应用（如视频会议）低延时模式下工作，也可以在没有延时的视频存储或视频流服务器中工作。

④采用混合编码结构。与H.263相同，H.264也使用采用DCT变换编码加DPCM的差分编码的混合编码结构，还增加了如多模式运动估计、帧内预测、多帧预测、基于内容的变长编码、4×4二维整数变换等新的编码方式，提高了编码效率。

⑤H.264的编码选项较少。在H.263中编码时往往需要设置相当多的选项，增加了编码的难度，而H.264做到了力求简洁的“回归基本”，降低了编码时的复杂度。

⑥H.264可以应用在不同场合。H.264可以根据不同的环境，使用不同的传输和播放速率，并且提供了丰富的错误处理工具，可以很好地控制或消除丢包和误码。

⑦错误恢复功能。H.264提供了解决网络传输包丢失的问题的工具，适用于在高误码率传输的无线网络中传输视频数据。

⑧较高的复杂度。H.264性能的改进是以增加复杂性为代价而获得的。据估计，H.264编码的计算复杂度大约相当于H.263的3倍，解码复杂度大约相当于H.263的2倍。

现今网络上大约80%的视频流都采用的是这一编码解码标准。

MPEG制订的一系列标准，只是定义了编解码技术及数据流的传输协议等，但实际上并没有给出具体统一的实现方式，算法、编解码器等则需要通过各个厂商的研发人员来实现，才可以具体应用。例如：我们经常接触到的遵照MPEG-1标准制造的VCD、MP3产品，符合MPEG-2标准的DVD产品、多种磁带记录格式，遵循MPEG-2和MPEG-4标准的高清电视等。

3. H.26x系列压缩编码标准

（1）H.264

关于H.264，上节已有介绍，这里不再赘述。

（2）HEVC（H.265）

在数字视频应用产业链的快速发展中，面对视频应用不断向高清晰度、高帧率、高压缩率方向发展的趋势，当前主流的视频压缩标准协议H.264（AVC）的局限性不断凸显。同时，面向更高清晰度、更高帧率、更高压缩率视频应用的HEVC（H.265）协议标准应运而生。

2010年1月，ITU-T VCEG（Video Coding Experts Group）和ISO/IEC MPEG（Moving Picture Experts Group）联合成立了JCT-VC（Joint Collaborative Team on Video Coding）组织，统一制订下一代编码标准：HEVC（High Efficiency Video Coding，高效率视频编码）。

国际电信联盟（ITU）2013年1月正式批准了新的视频压缩标准HEVC（H.265），ITU-T第16小组已同意第一阶段批准此标准（正式名称为ITU-T H.265，建议或ISO/IEC 23008-2）。它的最大特点是比特率减少了50%，比传统版本少一半的带宽占用率，这样能大大降低对网络带宽的需要，而且还有效降低了系统的负载，但计算的复杂性与H.264相比提升了3倍。它支持的最高分辨率可达8192×4320。

4. 其他压缩编码标准

（1）M-JPEG

M-JPEG（Motion-JPEG）是一种基于静态图像压缩技术JPEG发展起来的动态图像压缩技术。其主要特点是不考虑视频流中不同帧之间的变化，单独对每一帧进行帧内压缩。

由于采用帧内压缩方式，M-JPEG可以很容易做到精确到帧的编辑，适合于视频编辑，设备也比较成熟。

M-JPEG的主要缺点是压缩效率较低，数据量较大。在一定的视频图像质量前提下，压缩比难以提高。

需要注意的是，M-JPEG不是一个统一的压缩标准，不同厂家的编解码器和存储方式并没有统一的规定格式。也就是说，不同厂家可能会有不同的M-JPEG版本，生成的文件无法进行交换。

（2）DV

DV（Digital Video）是索尼、松下、JVC等10家公司于1995年联合发布的。它一方面是一种编码标准，对记录数据格式和数据压缩编码方式进行规定；另一方面也是一种对记录磁带、记录格式的规定（下节会提及）。

DV采用基于DCT的帧内压缩编码方式，这点与M-JPEG类似，但由于它采取了一些优化措施，每帧图像的数据率更加稳定，并且提高了压缩比。

（3）VC-1（WMV9）

VC-1（Video Codec 1）是2006年4月由美国电影与电视工程师协会（SMPTE）发布的视频编码标准，基于微软公司专有的WMV9（Windows Media Video 9）视频压缩编码技术，而WMV9现在已经成为VC-1标准的实际执行部分。

VC-1与H.264/AVC编码性能相当，且复杂度略低于H.264/AVC。这实际上是以牺牲部分性能为代价，通过简化算法从而获得较低的运算复杂度。

VC-1在基于PC平台的Windows系统和互联网中有独特优势，得到了广泛的应用。

2.5.4 记录格式

格式是指表达、记录图像信息的方式，如视频标准中最基本的参数是扫描格式，这种扫描格式规定了每行像素数、每帧行数、每秒场数和帧数。录像机的记录方式也称为格式，如DVCAM格式、DVCPRO格式等。

记录格式根据存储的介质不同，可以分为磁带类和文件（非磁带）类。以前是磁带记录一统天下，近些年来基于使用/采用文件的记录方式逐渐增多，为此，分两类介绍常用的记录格式。

对不同的记录格式来说，重点要把握几个参数：视频编码方式、采样格式、量化数、码率、压缩比以及音频的采样频率、量化数等。

图2-27 磁带和非磁带记录介质

1. 磁带记录格式

磁带记录格式可以分为模拟记录格式和数字记录格式两种，鉴于模拟记录格式应用越来越少，这里我们重点介绍数字记录格式。

（1）标清记录格式

MiniDV格式是在家用数码录像机开发研制阶段，为了避免重演模拟录像机格式之争，由世界上一些知名的电器公司共同制订的一个标准。目前，已有55家大公司宣布支持这一格式，使其成为国际标准。对PAL制信号来说，它采用4∶2∶0的采样格式、8bit量化和DCT帧内压缩方式，压缩比为5∶1，记录码率为25Mb/s，信噪比可达54dB；对于音频，可采用32KHz采样，16bit量化的双声道立体声方式，也可采用32KHz采样，12bit量化的四声道方式。MiniDV格式的图像质量是较高的，远远超过了常见的S-VHS和Hi8，因为其亮度信号频带带宽达6MHz，色差信号的带宽也分别达到了1.4MHz和3MHz。MiniDV格式采用1/4英寸金属微粒带，磁迹宽度10μm。

图2-28

DVCAM是在MiniDV格式的基础上成功开发的专业数码分量录像格式。它的目标是高画质、小型轻量和低价格。它采用4∶2∶0采样格式、8bit量化和DCT帧内压缩方式，压缩比为5∶1，记录码率为25Mb/s，信噪比大于54dB，具有2通道48KHz采样，16bit量化的数码音频。它采用1/4英寸金属微粒带，磁迹宽度15μm，与MiniDV格式双向兼容，即MiniDV格式磁带可以在DVCAM录像机上重放，DVCAM录像机也能在MiniDV格式录像机上重放，其图像质量相当于标准型的模拟格式Betacam-SP。

图 2-29

DVCPRO格式又称为DVCPRO25，也是在MiniDV格式的基础上成功开发的专业用数码分量录像格式。它采用4∶1∶1采样格式，8bit量化和DCT帧内压缩方式，压缩比为5:1，记录码率为25Mb/s，信噪比大于54dB，具有2通道48KHz采样，16bit量化的数码音频。它使用1/4英寸金属微粒带，磁迹宽度18μm，具有兼容重放家用DV格式录像带的能力，其图像质量相当于标准型Betacam-SP。

图 2-30

DVCPRO 50格式为标准的4∶2∶2输入和输出，内部处理也是4∶2∶2格式，视频数据率为50Mb/s，压缩比=165.9Mb/s/50Mb/s≈3.3:1，确保了高画质图像，为高档次广播级数字录像格式。它也使用1/4英寸MP磁带，而且能够以DVCPRO格式记录并可重放DVCPRO格式记录的节目磁带。

图2-31

Digital Betacam，即数字Betacam格式。它是日本索尼公司1993年推出的分量数字记录格式。

数字Betacam格式采用DCT离散余弦变换和电平自适应压缩处理的方法进行场内压缩(不影响以帧为单位的编辑)，使记录数码率降低一半。由于采用10bit量化，图像信号的信噪比可高达62dB，从而使数字Betacam录像机成为性能最好的分量数字录像机。

数字Betacam与模拟的Betacam和BetacamSP具有兼容能力，能够确保Betacam及BetacamSP格式存档素材可以直接用于数字节目制作。

图2-32

Betacam SX是数字版的Betacam SP，于1996年推出，被定位为较廉价的Digital Betacam替代品。该格式采用先进的MPEG—2 4∶2∶2 P@ML压缩算法，压缩比10∶1，可录制8bit 4∶2∶2数字分量视频信号，并可记录重放4通道16bit不压缩数字音频信号，使用1/2英寸金属粒子带，还可兼容重放模拟信号的Betacam和Betacam SP格式带。

图2-33

MPEG IMX是日本索尼公司推出的记录格式。它采用 MPEG-2 4∶2∶2P@ML 50Mb/s I帧压缩方式，可以确保较高品质的数字后期制作。

MPEG IMX录像机同样使用了索尼公司在视频制作领域公认的1/2英寸格式磁带：Betacam、Betacam SP、Digital Betacam、Betacam SX中广泛使用的专业技术，确保了广播级品质对高稳定性的要求，同时，MPEG IMX录像机可以兼容重放所有索尼公司1/2英寸格式的磁带。

图2-34

(2)高清记录格式

HDV

HDV格式设计的初衷是利用原有的MiniDV磁带实现高清画质的记录，是由Canon、Sharp、

Sony及JVC四家公司在2003年9月联合发布的。HDV主要针对消费娱乐类用户，定位为DV格式在高清电视时代的升级换代产品。

图2-35

HDV格式采用4:2:0采样结构，8bit量化，采用长GOP MPEG-2压缩（MP@H-14），视频码率为25Mb/s，和DV格式相同。声音采用MPEG-1 Layer 2压缩方式，可记录采样频率为48kHz的2个声道或32kHz的4个声道，码率为384 Kb/s。

HDV格式有两种：1080i和720p。其中，1080i格式分辨率为1440×1080，720p分辨率为1280×720。

DVCPRO HD

图2-36

DVCPRO HD是松下公司在1999年开始推出的比DVCPRO 50更高级的产品，用于高清记录。由于码率为100Mb/s，因此又称为DVCPRO 100。该格式采用4:2:2采样结构，帧内压缩。在音频方面，具备未经压缩的16比特、4通道数字音频录制能力。

HDCAM

图2-37

HDCAM格式由索尼公司于1997年推出，是已经在标清电视制作中广泛采用的数字格式Digital Betacam的升级版本，旨在满足高清电视制作的需求，因此又被称为“高清版本的Digital Betacam”。

HDCAM格式采用3:1:1采样结构，8bit量化，DCT帧内压缩方式，视频码率为144 Mb/s。HDCAM格式记录的是在1440×1080下采样的分辨率，采用非正方形像素，在重放时再上采样至1920×1080。声音可记录采样频率为48kHz的20bit 4个声道。

HDCAM格式记录的码率总共约为185Mb/s，记录存储介质为1/2英寸磁带。

HDCAM-SR

图2-38

高清晰度节目制作已在全球范围内成为主流，而HDCAM格式已成为最普及的格式。这一普及性促使人们进一步要求更高的图像质量和更高的录制水平。针对这些要求，索尼公司推出了一种新的尖端格式，提供了一个更高的平台，它可以比现在的HDCAM设备具备更大的录制容量、更高的数据传输率和更多的音频通道，这种新的格式就是HDCAM-SR。HDCAM-SR格式有比常规的录像带格式大好几倍的录制力，是专门为适合极高质量的数字现场拍摄而开发的。它专门用于高质量数字电影、国际化高清晰度节目的创作和交流。它采用MPEG-4 Studio Profile近似无损压缩，以及多达12通道的数字音频通道。HDCAM-SR不仅可支持所有高清格式，如：1080i/P, 720P; 4:4:4, 4:2:2 采样，而且其记录数码率可高达880Mb/s，所以它既可以满足4:2:2 时50P/60P制作的要求，也可以录制4:4:4时HQ模式的素材。

HDD5

目前松下公司的最高级别的记录格式是码率235Mb/s的D-5 HD（此系统的码流高于HDCAM的144Mb/s，但远远低于HDCAM-SR的880Mb/s的水平）。D-5HD的诞生时间比索尼公司的HDCAM-SR早两年，基本与HDCAM差不多时间诞生。目前D-5HD也是被广泛应用于商业广告和胶转磁的电影母版的记录领域中，在HDCAM-SR诞生之前，D-5HD甚至是最理想的数字电影和商业广告母带系统。当然其价格也比较昂贵（只低于HDCAM-SR，却要高于HDCAM）。不过目前松下只有D-5HD的母带录影机，并没有D-5HD的数字影像采集系统。

2. 文件记录格式（无带化记录格式）

文件类的主要记录在蓝光盘、P2、SD 卡等介质上。

XDCAM

XDCAM

图2-39

XDCAM是索尼公司在2003年推出的无带化专业标清记录格式。它使用Professional Disc（专业蓝光盘）作为储存媒体。XDCAM可使用多种不同的压缩方式和存储格式。

XDCAM HD（XDCAM HD420, MPEG HD420）

XDCAM HD

图 2-40

XDCAM HD是第二代XDCAM格式，支持高清记录，支持多种画质模式。HQ模式码率可达35 Mbit/s，使用可变码率 (VBR) MPEG-2长GOP式压缩。可选的18 Mbit/s (VBR) 及25 Mbit/s (CBR)模式可增加录制时间，相对地降低画质。

XDCAM HD422

XDCAM HD422是第三代XDCAM格式，使用4:2:2采样的MPEG-2编码，最大码率增加至50 Mbit/s。

XDCAM EX

图2-41

索尼公司于2007年11月发布了XDCAM EX标准和PMW-EX1摄像机。该标准使用与XDCAM相似的编码格式，只是存储介质换成了S×S内存卡，且能够以25 Mbit/s的固定码率存储高清格式（1440x1080）或以35 Mbit/s的浮动码率存储高清格式（1920x1080）的视频。相比于XDCAM标准的MXF文件格式，已编码的视频存储为MP4格式。

AVCHD

图2-42

AVCHD 符合MPEG-4 AVC/H.264 High Profile的电影压缩技术标准。这个高级视频文件格式具有的压缩效率是MPEG-2 系统（比如HDV）的两倍，实现卓越的图像质量和低数据率。

AVCHD高清视频摄像格式是松下电器产业株式会社和索尼株式会社联合推出的一项高清视频摄像新格式，该格式将现有DVD架构(即8cm DVD光盘和红光)与一款基于MPEG-4 AVC/H.264先进压缩技术的编解码器整合在一起。H.264是广泛使用在高清DVD和下一代蓝光光盘格式中的压缩技术。

AVCHD格式将不仅用于基于DVD格式的摄像机，而且还用于采用SD卡的摄像机中。松下公司开发了专用高清摄像机，利用SD卡、硬盘作为录制媒介。

AVC-Intra

图2-43

AVC-Intra是松下公司发布的完全符合H.264/MPEG-4 AVC，用于高清摄像机和P2卡的编码方式。

AVC-Intra是基于H.264的一种编码技术，采用小波变换。松下公司在AVC-Intra中提供两种码流：50Mb/s和100Mb/s。50Mb/s提供1440×1080的分辨率，4:2:0采样；100Mb/s可提供1920×1080的分辨率，4:2:2采样。这两种码率都采用帧内压缩，10bit量化。与其他一些编码格式相比，H.264引入了一些新的技术，在预测编码技术上，H.264提供了帧内预测编码，针对不同尺寸编码单元在空间域设计了多个方向预测编码模式，力图以此消除帧内编码图像的空间冗余。

H.264带来了高效率压缩和高质量的解码图像，但这一切是以增加系统的复杂度为代价的。芯片制造业认为，采用H.264标准的编解码器与现有的采用MPEG-2标准的芯片相比，起码要增加3倍以上的门数，对软件编解码来说，同样地对CPU、内存等提出了更高的要求。

表2-5 常用记录格式的技术参数对比

		DV (PAL*)	DVCAM (PAL)	DVCPRO (PAL)	DVCPRO 50 (PAL)	Digital Betacam (PAL)	Betacam SX (PAL)	MPEG IMX (PAL)	DVCPRO HD	HDV	
										HDV (1080i)	HDV (720p)
视频	采样结构	4: 2: 0	4: 2: 0		4: 2: 2			4: 2: 2	4: 2: 2	4: 2: 0	4: 2: 0
	记录样值(分辨率), Y	720×576	720×576		720×576			720×576		1440×1080	1280×720
	记录样值, Cb									720×540	
	记录样值, Cr									720×540	
	量化比特	8bit	8bit		8bit			8bit	8bit	8bit	8bit
	视频记录码率*	25Mb/s	25Mb/s	25Mb/s	50Mb/s			30, 40或50 Mb/s	100 Mb/s	25Mb/s	18 Mb/s
	压缩比	5: 1			3.3: 1				6.7: 1	22: 1	
	压缩类型、算法	DV(帧内)	DV(帧内)	DV(帧内)	DV(帧内)			MPEG-2 422P@ML, I帧帧内	DV(帧内)	MPEG-2 MP@HL (1440), 帧间长GOP	MPEG-2 MP@HL (1440), 帧间长GOP
	封装格式										
音频	声道数量		2或4						8	2或4	2或4
	音频编码									MPEG-1音频Layer2	MPEG-1音频Layer2
	采样频率		48kHz或32kHz						48kHz	48kHz	48kHz
	量化比特		16bit						16bit	16bit	16bit
记录介质		1/4英寸磁带	1/4英寸磁带	1/4英寸磁带	1/4英寸磁带	1/2英寸磁带	1/2英寸磁带	1/2英寸磁带	1/4英寸磁带	1/4英寸磁带	1/4英寸磁带

*因篇幅有限，本表中涉及的标清格式只列出与PAL制（即我国使用的标准）相关的参数。

**典型值，针对某种特定的分辨率和帧率组合，随分辨率和帧率不同会有所变化。

续表

XDCAM EX		XDCAM	XDCAM HD	XDCAM MPEG HD422	HDCAM	HDCAM SR		AVCHD（AVCCAM& NXCAM）	AVCIntra	Canon XF
XDCAM EX（SP）	XDCAM EX（HQ）					HDCAM SR（4：2：2）	HDCAM SR（4：4：4）			
4：2：0	4：2：0									
1440×1080	1920×1080		1440×1080	1920×1080	1440×1080	1920×1080	R：1920×1080			
720×540	960×540		720×540	960×1080	480×1080	960×1080	G：1920×1080			
720×540	960×540		720×540	960×1080	480×1080	960×1080	B：1920×1080			
8bit	8bit		8bit	8bit	8bit	10bit	10bit			
25Mb/s	35Mb/s		35，25或18 Mb/s	50Mb/s	140Mb/s	SR-Lite：220 Mb/s SR-SQ：440 Mb/s SR-HQ：880 Mb/s				
22：1	21：1		16：1@35Mb/s 22：1@25Mb/s 31：1@18Mb/s	20：1	4.44：1					
MPEG-2 MP@HL（1440），帧间长GOP	MPEG-2 MP@HL，帧间长GOP		MPEG-2 MP@HL（1440），帧间长GOP	MPEG-2 422@HL，帧间长GOP	专有，基于DCT，帧内	MPEG-4 SStP（Simple Studio Profile），帧内/场内	MPEG-4 SStP（Simple Studio Profile），帧内/场内			
MP4	MP4					MXF	MXF			
2	2		4	4或8	4	12	12			
PCM	PCM		PCM	PCM	PCM	PCM	PCM			
48kHz	48kHz		48kHz	48kHz	48kHz	48kHz	48kHz			
16bit	16bit		16bit	24bit	20bit	24bit	24bit			
SxS专业闪存卡	SxS专业闪存卡		专业蓝光盘（12cm）	专业蓝光盘（12cm）	1/2英寸磁带	1/2英寸磁带	1/2英寸磁带			

2.5.5 封装容器（Wrappers 、Containers）

视频编码是对视频进行压缩的算法，而视频的封装格式才是我们看到的视频文件类型（具有相应的文件后缀名）。封装格式仅仅是一个外壳、一个容器，就是将已经编码压缩好的视频流和音频流按照一定的格式放到一个文件中。通俗地说，视频相当于饭，而音频相当于菜，封装格式就是一个碗或者一个锅，是用来盛放饭菜的容器。

文件封装格式也称多媒体容器（Multimedia Container），它只是为多媒体编码提供了一个外壳，将所有处理好的视频、音频都放到一个文件容器的过程就叫封装。例如：DVD是将标准清晰度的MPEG-2视频封装到VOB文件内，Blu-ray（蓝光）是将H.264等编码的高清晰度视频封装到M2T文件内。

后期编辑中常见的封装格式有：

Quicktime（.mov）

Quicktime格式是美国苹果（Apple）公司开发的一种视频格式，后缀名为.mov，默认的播放器是苹果的QuickTimePlayer。它最大的特点还是跨平台性，既能支持MacOS平台，也能支持Windows系列平台。Quicktime格式支持很多种编码方式，如H.264、MPEG、DV等。

在很多单反相机中，如佳能550D，默认的视频录制格式就是.mov。

AVI（.avi）

AVI是英文Audio Video Interleave（音频视频交错）的首字母缩写。它是由微软公司在1992年11月推出的一种多媒体文件格式，用于对抗苹果Quicktime的技术。现在所说的AVI多是指一种封装格式。

它支持很多种编码方式：DivX、Xvid、WM、H.264、MPEG、DV等。

例如：可以将一个DivX或Xvid视频编码文件和一个MP3视频编码文件按AVI封装标准封装，就得到一个AVI后缀的视频文件。很多从网上下载的影片就是这种格式。

由于很多种视频编码文件、音频编码文件都符合AVI封装要求，这意味着即使是AVI后缀，里面的具体编码方式也可能不同。因此在一些设备上，同是AVI后缀文件，一些能正常播放，还有一些就无法播放。对非线性编辑软件来说，AVI文件有些支持导入，有些则不支持，就是这个原因。

MXF（.mxf）

MXF是英文Material eXchange Format（文件交换格式）的首字母缩写。它是由SMPTE（美国电影与电视工程师学会）组织定义的一种专业音视频媒体文件格式。它不但包含了影音数据，还包含了元数据，元数据可以包含摄像机的多种拍摄参数、拍摄者信息等数据。例如：佳能XF系列摄像机所采用的存储方案就是封装成为MXF文件。MXF文件中封装了MPEG-2长GOP编码视频、PCM线性音频和元数据。元数据部分则包含光圈F值、变焦倍数等信息。松下的P2摄像机记录的视频也是采用MXF格式进行封装的。

MPEG（.mpg / .mpeg）

MPEG是基于MPEG-1/MPEG-2/MPEG-4系列标准的封装格式。

MP4（.mp4）

MP4支持的编码方式包括MPEG-1、MPEG-2、MPEG-4、VC-1/WMV、H.264/MPEG-4/AVC等。

索尼公司的EX系列摄像机记录的视频就是采用MP4格式进行封装的。

在编辑过程中涉及文件支持格式时，除了要看文件封装格式外，最关键的是要看编码方式。

2.5.6 中间编码技术（Intermediate Codecs）

非线性编辑软件对大部分的主流视频格式都支持原生格式编辑（Native Format Editing），即用户不需转换格式，直接将这些格式用于视频编辑制作，将不同分辨率、不同采样格式、不同宽高比、不同编码格式的视频在一个项目的时间线中透明使用。由于省去了格式转换的步骤，原生格式编辑给用户带来很大的便利。

然而，对于某些格式，特别是编码复杂、压缩比高的格式，在进行多层复杂编辑时，原生格式编辑可能需要占用很多的系统资源，不能获得很高的编辑和预览效率（无法实时预览）。在这种情况下，可以采用中间编码技术，将视频转码成中间编码格式进行编辑。

中间编码格式主要面向后期制作，一般是由软件厂商开发的，通常都支持多种码率以适应不同类型的需求。常见的中间编码格式有Apple ProRes、Avid DNxHD、Canopus HQX和CineForm等，它们都是基于I帧编码，在画面质量、处理效率和数据存储需求等方面提供了很好的平衡。

其中，Apple ProRes和Avid DNxHD已经成为一种标准。很多前期设备（包括摄像机和硬盘录像机）也支持直接记录这些格式，以方便直接和后期编辑设备无缝衔接。

1.Apple ProRes

Apple ProRes 编解码器以较低储存速率完美结合了多流实时编辑性能及超高图像质量。

特别是Apple ProRes 编解码器已被设计为Final Cut Pro的出色的高质量、高性能编辑编解码器，其中充分利用了多核处理且具备快速但分辨率较低的解码模式。

Apple ProRes 编解码器系列的所有成员都以全分辨率支持任何帧尺寸（包括SD、HD、2K和4K）。Apple ProRes 的数据速率会因编解码器类型、图像内容、帧尺寸和帧速率而异。

Apple ProRes 包括以下格式：

Apple ProRes 4444：此编解码器可针对4:4:4:4源和涉及Alpha通道的工作流程提供最佳质量。它具备：

（1）全分辨率、母带录制质量的 4:4:4:4 RGBA 颜色，在视觉上与原始素材没有明显区别，且具有卓越的多代性能；

（2）数学上无损且可实时回放的 Alpha 通道（最多 16 位）；

(3)用于运动图形和复合的存储和交换的高质量解决方案;

(4)与未压缩的 4:4:4 HD 相比,具有超低数据速率(1920 x 1080和29.97fps的4:4:4源的目标数据速率约为330Mb/s)。

RGB 和 YCbCr 像素格式的直接编码和解码

Apple ProRes 422 (HQ):此编解码器与Apple ProRes 4444具有相同高水平的视觉质量,但它适用于4:2:2图像源。Apple ProRes 422 (HQ) 以视觉上无损的方式保留了单链接HD-SDI信号可携带的最高质量的专业HD视频,在视频后期制作行业中被广泛采用。此编解码器以10位像素深度支持全宽4:2:2视频源,同时通过多代解码和重新编码保留视觉上无损的效果。Apple ProRes 422 (HQ) 的目标数据速率在1920 x 1080和29.97 fps时约为220Mb/s。

Apple ProRes 422:此编解码器几乎具有Apple ProRes 422 (HQ) 的所有优点,但仅需Apple ProRes 422 (HQ) 66%的数据速率即可实现更高的多流实时编辑性能。

Apple ProRes 422 (LT):目标数据速率约为Apple ProRes 422数据速率的70%,文件大小比Apple ProRes 422小30%,此编解码器适用于储存容量和带宽不足的环境。

Apple ProRes 422 (Proxy):此编解码器旨在用于需要低数据速率但全分辨率视频的离线工作流程。目标数据速率约为Apple ProRes 422 数据速率的30%。

2. Avid DNxHD

Avid DNxHD的设计目标就是基于利用较少的存储空间与带宽来满足多次合成需要的理念,打造一款具备母带品质的高清编解码器。

Avid DNxHD是革命性的高清编解码器技术,为创建母带制作品质的高清媒体设计,文件大小极大地降低。同时,无论使用本地存储还是在实时协作性工作流中,Avid DNxHD 都可以打破实时制作高清产品的障碍。

原始高清摄像机压缩格式效率很高,只是无法在复杂的后期制作效果处理过程中保持品质。虽然未压缩的高清媒体能够实现卓越的图像品质,但是数据传输速率和文件大小会导致工作流停滞在其音轨上。

主要优势:

(1)优化了母带制作图片品质;

(2)多次生成后,品质退化最少;

(3)降低了存储要求;

(4)允许实时高清共享与协作;

(5)改进了多码流性能。

Avid DNxHD技术以MXF标准为基础,确保可与任何其他符合MXF规范的系统交换文件。

表2-6 不同Avid DNxHD格式与常见高清磁带记录格式的参数对比

格式	Avid DNxHD 36	Avid DNxHD 100	Avid DNxHD 145	Avid DNxHD 220	Avid DNxHD 444	DVCPRO HD	HDCAM	HDCAM SR
比特数	8-bit	8-bit	8-bit	8-bit和10bit	10bit	8-bit	8-bit	10-bit
采样格式	4:2:2	4:2:2	4:2:2	4:2:2	4:4:4	1280亮度采样，4:2:2	1440亮度采样，3:1:1	4:2:2
码率	36Mb/s	100Mb/s	145Mb/s	220Mb/s	440Mb/s	100Mb/s	135Mb/s	440Mb/s

3. Cineform

保持元数据的最佳选择是Cineform编解码器，这是一种高精度的（10比特）中间编解码器，可将几乎任何摄像机格式（包括RAW和DPX）转换为最高8K分辨率、4:2:2或4:4:4（:4）色度空间文件，消除胶转磁和隔行扫描，并提供批预处理和后期处理[使用内含的HDLink（Windows）或ReMaster（Macintosh）应用程序]以及无损的元数据处理（用于颜色校正、文字和时间码叠加以及摄像机和镜头数据的迁移）。Cineform软件包的上层还提供对3D摄像机文件的支持。Cineform解决方案的优点是它实现了极高质量编辑并支持元数据几乎无损编解码的工作流程。

表2-7 常见中间编码格式的对比

编解码器	压缩比	码率（Mb/s）	量化比特	采样格式	是否支持Alpha通道
ProRes	8:1（ProRes422）	147	10	4:2:2（YCbCr）	否
	5:1（ProRes422）（HQ）	220	10	4:2:2（YCbCr）	否
	7:1（ProRes444）	330	最高12	4:4:4（RGB）	是
DNxHD	8:1	145	8	4:2:2（YCbCr）	否
	5:1	220	8或10	4:2:2（YCbCr）	否
HQX	25:1至2:1	45至600	10	4:2:2（YCbCr）	是
CineForm	10:1至3:1	120至400	最高12	4:2:2（YCbCr）或4:4:4（RGB）或RAW	否

2.6 数据率及其计算方法

视频、音频经过数字化后，变成由0、1组成的数据流。这些数据的统计，就涉及另一个重要概念：数据率，又称码率。它是指系统在单位时间内传送的数据量。对后期编辑来说，存储空间规划、带宽规划等都与数据率密不可分，会涉及相关的计算，因此需要掌握基本的方法。

2.6.1 数据率

比特（bit）是计算机中数据量的单位，用小写字母b表示，英文bit来源于binary digit，意思是一个“二进制数字”，因此一个比特就是二进制数字中的一个1或0。速率的单位是b/s（比特每秒，或bit/s，有时也写成bps，即bit per second）。当数据率较高时，就可以用Kb/s（$K=10^3$）、Mb/s($M=10^6$)、Gb/s（$G=10^9$）或Tb/s（$T=10^{12}$）。

字节（byte）是用于计量存储容量和传输容量的一种计量单位，用大写字母B表示。一个字节等于8位二进制数，即1B=8b。

比特（b）通常用来描述数据流、带宽或传输速率。例如HD-SDI的带宽是1.485Gb/s，意思是每秒钟有1.485×10^9比特数据从线缆中流过。这一数值通常也被称作比特率或数据率。

字节（B）通常用来描述存储需求。例如硬盘上标记的500GB，是指它可以存储最高500G字节的数据信息；一个文件大小是300KB，是指它需要占用300K字节的存储空间。

在涉及数据的计算时，应注意分清上述两个单位。

2.6.2 数据率的计算

为了在PAL、NTSC和SECAM电视制式之间确定共同的数字化参数，国家无线电咨询委员会（CCIR）制订了广播级质量的数字电视编码标准，称为CCIR 601标准。在该标准中，对采样频率、采样结构、色彩空间转换等都作了严格的规定，主要有：

（1）采样频率为f s=13.5MHz；

（2）分辨率与帧率；

（3）根据f s的采样率，在不同的采样格式下计算出数字视频的数据量。

这种未压缩的数字视频数据量对于目前的计算机和网络来说无论是存储还是传输都是不现实的，因此在多媒体中应用数字视频的关键问题是数字视频的压缩技术。

数字电视信号的码率

码率的计算公式为：采样频率×量化比特数。

总码率应该是亮度信号码率和色差信号码率的和。

对于标清数字电视信号，在ITU-R601数字电视标准中，如果采用10比特量化，亮度信号的码率为采样频率×量化比特数 = 13.5（MHz）×10（Bit）= 135Mb/s，2个色差信号的码率为2×6.75（MH）×10（Bit）= 135Mb/s，那么总的码率为亮度信号码率+色差信号码率 = 135 + 135 = 270Mb/s。

对于高清数字电视信号，在SMPTE 274M数字电视标准中，如果采用10比特量化，亮度信号的码率为采样频率×量化比特数 = 74.25（MHz）×10（Bit）= 742. 5Mb/s，2个色差信号的码率为2×37.125（MHz）×10（Bit）= 742.5Mb/s，那么总的码率为亮度信号码率+色差信号码率=742.5 + 742.5 = 1485Mb/s。

数字电视信号的有效码率

有效码率（视频有效码率）是在单位时间内与视频信号有关的数据量。因为在电视信号的水平和垂直消隐期间内没有视频信息，所以有效码率一般只是码率的60%~80%。当使用磁带、硬盘或光盘存储数字视频信号时，可以只记录有效码率代表的视频信息。

有效码率的计算公式为：每行的采样点数×有效扫描行数×量化比特数×帧频。

对于标清数字电视信号，在ITU-R601数字电视标准中，采用10比特量化时576/50i（PAL）亮度信号的有效码率为720×576×10×25=103.68Mb/s，2个色差信号的有效码率为2×360×576×10×25= 103.68Mb/s，总的有效码率为亮度信号有效码率+色差信号有效码率=103.68+ 103.68=207.36Mb/s。

对于高清数字电视信号，在SMPTE 274M数字电视标准中，采用10比特量化时1080/50i信号格式亮度信号的有效码率为1920×1080×10×25=518.4Mb/s，2个色差信号的有效码率为2×960×1080×10×25 = 518.4Mb/s，总的有效码率为518.4+518.4=1036.8Mb/s。

2.6.3 文件大小的计算

通过非线性编辑软件采集或最终输出的文件，是由音频流与视频流两个部分组成的，对这些文件大小的计算方法如下：

音频和视频分别使用的是不同的编码率，因此一个视频文件的最终所占存储空间的大小=（音频数据率+视频数据率）×时长。

有很多专门为专业人员设计的计算工具，可以很方便地计算后期制作的存储需求。例如AJA DataRate Calculator就包含了各类常见的格式和压缩方法。

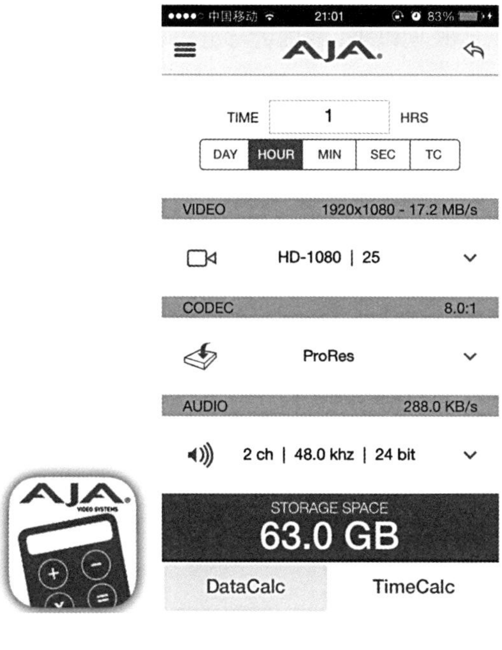

图2-44 AJA DataRate Calculator IOS版手机应用截图

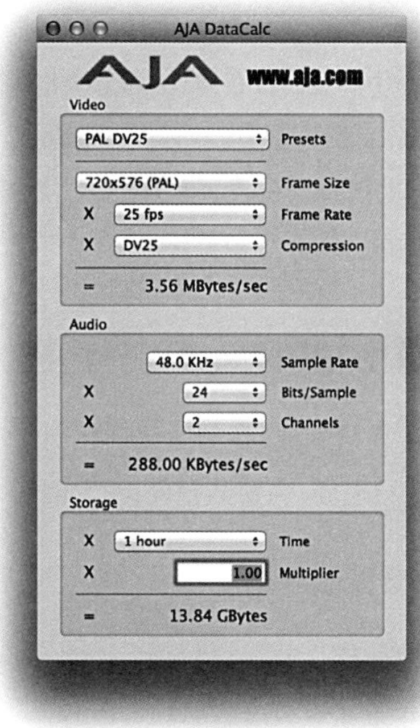

图2-45 AJA DataRate Calculator MAC版截图

第3章　音频基础知识

3.1 基本概念

单声道、立体声和环绕声

单声道

单声道，是指把不同方位的音频信号混合后，统一由录音器材把它记录下来，再由一个声道进行重放。目前国内的电视节目绝大多数为单声道，只能感受到声音、音乐的音色、音量大小和远近位置，而不能感受到声音的方位。

立体声

立体声，是指具有立体感的声音，能够把不同声源的空间位置反映出来，让人们在聆听的时候就好像直接听到各方的声源发音一样，这种放声系统重放的具有立体感觉的声音，就是立体声。立体声除了能够感受到声音的响度、音调和音色外，还能感受到它们的方位和层次。

最简单的立体声为双声道立体声，通过左、右两个声道可以感受声音左、右的方位感。

环绕声

环绕立体声，是指声音好像把听者包围起来的一种重放方式。这种方式所产生的声音，除了保留着原信号的声源方向感外，还伴随产生围绕感和扩展感的效果。环绕立体声是多声道的，在聆听环绕立体声时，聆听者能够区分出来自前、后、左、右的声音。

多声道环绕立体声有DOLBY、DTS、DRA等多种声音压缩、编码和传输标准，他们都能提供高质量的5.1声道（左、右、中置、左环绕、右环绕）的数字音频。其中，DRA已经列入国家标准。

目前的标清电视节目主要还是采用单声道伴音，长期以来，我国大部分电视台的频道播出一直采用单声道节目，只有部分节目采用立体声伴音。

提供完整高清电视体验是国际趋势，这需要高清画面与优质环绕声的完美结合。近年来，国内的电视台正在越来越多地采用5.1环绕声制作和播出高品质内容，包括重大体育赛事、精品电视剧和热播综艺节目等，为广大电视观众带来突破性的聆听体验。

3.2 数字音频

和视频一样，音频的数字化同样需要经历采样、量化和编码的过程，即将模拟信号在时间轴上进行采样，再对其幅度进行量化，然后用二元数字码组表示幅度量化后的离散值。

3.2.1 音频数字化

1. 采样

数字音频通过将模拟的声音波形转换成一连串的二进制数据来再现原始声音，实现的方法是用模/数转换器（A/D）以每秒上万次的速率对声波进行采样，每一次采样都记录下了原始模拟声波在某一时刻的状态，称之为样本。将一串样本连接起来，就可以描述一段声波了。每一秒钟所采样的数目称为采样频率，单位为赫兹（Hz）。采样频率越高，录音的频率响应越广，声音的质量越好。

CD使用44.1kHz采样率，频率上限可达到22.05kHz。用于高质量音频的采样率可以为44.1kHz、48kHz、88.2kHz、96kHz或192kHz。顶级的是超级音频CD（SACD）或是线性PCM（脉冲编码调制），采样率为192kHz/24bit。近年来有2.8224MHz或5.6448MHz采样率的1bit（比特流）编码，它们采用直接码流数字（DSD）处理。

目前音频工程学会（AES）推荐的音频信号采样频率有48kHz、44.1kHz和32kHz，其中优选为48kHz，也可选用32kHz或44.1kHz。而44.1KHz相当于标准的CD音质。

2. 量化

量化是对模拟音频信号的幅度进行数字化，它决定了模拟信号数字化以后的动态范围。

量化级简单地说就是描述声音波形的数据是多少位的二进制数据，通常用bit做单位，如16bit、18bit、20bit、24bit。例如：CD采用16bit量化，已足够用于高保真重放（但不是最好）。大多数的数字录音机（如DAT、硬盘录音机等）采用24bit量化。量化级越高，信号的动态范围越大，数字化后的音频信号就越可能接近原始信号，但所需要的存储空间也越大。

量化级也是数字声音质量的重要指标，形容数字声音的质量，通常就描述为采样频率和量化级，比如标准CD音乐的质量是44.1KHz/16bit.

量化分为线性量化和非线性量化。线性量化在整个量化范围内，量化间隔均相等；非线性量化采用不等的量化间隔。

3. 编码

把量化的抽样信号变换成给定字长的二进制码流的过程称为编码。

PCM（脉冲编码调制）是一种将模拟声音信号变换为数字信号的编码方式。经过抽样、量化后，编码过程将信号编码成为一个二进制码组输出，是一种非压缩音频数字化技术，也是一种未压缩的原音重现，相当于原始数字音频信号流。由于是无损编码，它代表了数字音频中最佳的保真水准，最大限度地接近原始信号。

PCM音频流的码率计算公式是：采样率值×量化级×声道数(bps)。一个采样率为44.1KHz，采样级为16bit，双声道的PCM编码的WAV文件，它的码率为44.1K×16×2 =1411.2 Kbps。

PCM的数据量过高，从而造成存储和传输方面的障碍，因此必须使用相应的技术降低数字信号源的数据率，又尽可能不对节目造成损伤。有关这部分的内容，我们将在后文详细阐述。

3.2.2 音频压缩与格式

1. 音频压缩编码标准

音频压缩技术指的是对原始数字音频信号流（PCM编码）运用适当的数字信号处理技术，在不损失有用信息量，或所引入损失可忽略的条件下，降低（压缩）其码率，也称为音频压缩编码。

当前音频编码标准有两个系列：一个是ISO和ITU-T联合制订的标准，被称为MPEG-音频，它是动态图像编码的国际标准MPEG的一个部分；另一个是先进电视系统委员会（Advanced Television System Committee，ATSC）制订的Dolby AC-3音频编码标准。

（1）MPEG-音频

MPEG-1音频编码

MPEG-1音频编码标准（ISO/IEC 11172-3）是世界上第一个高保真声音数据压缩标准，得到极其广泛的应用。编码器的输入信号为线性PCM信号，支持采样率为32kHz、44.1kHz、48kHz的单声道（Mono）、双声道（Dual Mono）及立体声（Stereo）、联合立体声（Joint Stereo）编码模式，编码器输出信号的数据率为32~384Kb/s。

MPEG-1音频压缩分为3层，分别是MPEG Audio Layer-1、Layer-2、Layer-3。

①Layer-1：又称为MP1音频，算法复杂度最低，压缩比为4∶1，典型的数据率为192Kb/s。应用于数字式盒式磁带录音机中。

②Layer-2：又称为MP2音频，算法较Layer-1复杂，压缩比为6∶1~8∶1，典型的数据率为128Kb/s，广泛应用于数字音频广播、数字演播室等数字音频专业的制作、交流、存储和传送。

③Layer-3：又称为MP3音频，算法最为复杂，压缩比为10∶1~12∶1，典型数据率为64Kb/s，声音质量接近CD-DA（Compact Disc-Digital Audio），广泛应用于互联网广播。

MPEG-2音频编码

MPEG-2音频标准（ISO/IEC DIS 13818-3）是在1994年11月为数字电视而提出的，是对MPEG-1的发展与扩展。

MPEG-2委员会定义了两种声音数据压缩格式：一种称为MPEG-2 Audio（ISO/IEC 13818-3），也称MPEG-2多通道声音，因为它与MPEG-1 Audio是兼容的，所以又称后向兼容MPEG-2 BC（Backward-Compatible）标准；另一种称为MPEG-2 AAC（Advanced Audio Coding，ISO/IEC 13818-7），因为它与MPEG-1声音格式不兼容，因此通常称为非后向兼容MPEG-2 NBC（Non-Backward-Compatible）标准。

MPEG-2音频是在MPEG-1音频之上发展的，它们都使用相同种类的编解码器，Layer-1、Layer-2和Layer-3的结构也相同，MPEG-2音频的成功之处就在于它在低比特率情况下对音质的提高和对声音信号空间表现的改善，这其中包括多声道立体声（环绕声）和多语种节目。与MPEG-1音频相比，MPEG-2音频标准作了一些补充：增加了16kHz、22.05kHz和24kHz采样频率；扩展了输出速率范围，由32~384Kb/s扩展到8~640Kb/s；增加了声道数，支持5.1声道和7.1声道的环绕声。

MPEG-2 AAC支持的采样率可以从8k~96kHz，AAC编码器的音源可以是单声道、立体声和多声道的声音，可支持48个主声道、16个低频音效加强通道LFE（Low Frequen Effects）、16个配音声道（多语言声道）和16个数据流。

MPEG-2 AAC在压缩比为11:1，即每个声道的数据率为（44.1×16）/11=64Kb/s，而5个声道的总数据率为320Kb/s的情况下，很难区分还原后的声音与原始声音之间的差别。与MPEG的

Layer-2相比，MPEG-2 AAC的压缩率可提高1倍，而且质量更高；与MPEG的Layer-3相比，在质量相同的条件下数据率是它的70%。

MPEG-4音频编码

MPEG-4版本1是1998年12月通过的，1999年12月的版本2在主要功能方面进行了扩展，并因此结束了MPEG-4音频编码的定义。此外，还开发了透明的EPAC(Enhanced Perceptual Audio Coding，增强感觉音频编码)、ATRAC3和WMA(Windows Media Audio)等系统。

根据编码的对象，MPEG-4音频标准（ISO/IEC 14496-3）分为自然音频编码和合成音频编码两大类。MPEG-4音频部分得到了广泛的应用，这些应用可能包括从智能语音到高质量多声道音频、从自然声音到合成声音。

（2）杜比 AC-3 数字音频编码技术

1994年，日本先锋公司宣布与美国杜比实验室合作研制成功一种崭新的环绕声制式，并命名为“杜比AC-3”（Dolby Surround Audio Coding-3）。1997年初，杜比实验室正式将“杜比AC-3环绕声”改为“杜比数字环绕声”（Dolby Surround Digital），我们常称为Dolby Digital。

它是杜比公司开发的新一代家庭影院多声道数字音频系统。杜比定向逻辑系统是一个模拟系统。它的四个声道是从编码后的两个声道中分解出来的，因此难免有分离度不佳、信噪比不高，环绕声缺乏立体感，并且环绕声的频带窄等缺点。AC（Audio Coding）指的是数字音频编码，它抛弃了以往的模拟技术，采用的是全新的数字技术。

Dolby AC-3支持5个全频带声道（左、中、右、左环绕、右环绕）和一个超低音声道，声音样本精度为20bit，每个声道的采样率可以是32kHz、44.1kHz或48kHz。它将5个独立声道和一个频带为全频带1/10的辅助低音声道的信号实现统一编码，输出单一的复合数据流，其数据率比CD唱片一个通道的数据率705Kb/s还低。

前面的三个声道（左、中、右）负责实现清晰干脆的对话及准确的音频同步，而两个环绕声道（左环绕和右环绕）则负责将观众沉浸在动作之中。

低频特效(LFE)声道提供不仅能听到而且能切实感受到的震撼低音效果。因为LFE声道所需的带宽仅为其他声道的1/10，因此又称为“.1”声道。

AC-3主要应用于数字电视系统和DVD影音光盘、蓝光光碟中。

杜比数字技术已成为全球DVD音频标准：几乎所有的DVD视频播放器都采用了杜比数字解码技术，提供面向5.1声道环绕声的数字输出及面向杜比数字电影声轨双声道下混音的双声道输出。

杜比数字技术也是蓝光光碟的标准音频编解码技术。在采用ATSC电视标准的所有国家，包括美国、加拿大等国家，其数字电视(DTV)广播都使用杜比数字音频，无论是高清(HD)还是标清(SD)。澳大利亚等国也与其他传输标准一同使用杜比数字音频。在英国等欧洲国家，杜比数字音频是DVB及直接入户(DTH)广播系统中采用的可选多声道音频交付格式。

杜比数字采用恒定比特率系统，支持码率范围从64～640Kb/s，单声道为64Kb/s，双声道是192Kb/s（大约是未压缩数据的1/8大小）；DVD5.1声道音频码率为384Kb/s或448Kb/s，蓝光光碟

（Blu—ray）5.1声道音频码率为640 Kb/s。

2. 文件格式

这里说的文件格式，实际上指的是音频文件的封装格式。常见的音频文件格式有：

WAV格式

WAV格式是微软公司开发的一种声音文件格式，也叫波形声音文件，是最早的数字音频格式，被Windows平台及其应用程序广泛支持。所有的WAV都有一个文件头，这个文件头包含了音频流的编码参数。

WAV支持许多压缩算法，支持多种音频位数、采样频率和声道，对音频流的编码没有硬性规定，除了PCM之外，几乎所有支持ACM规范的编码都可以为WAV的音频流进行编码。

在Windows平台下，基于PCM编码的WAV是被支持得最好的音频格式，所有音频软件都能完美支持，由于本身可以达到较高音质的要求，因此，WAV也是音乐编辑创作的首选格式，适合保存音乐素材。因此，基于PCM编码的WAV被作为一种中介的格式，常常使用在其他编码的相互转换之中，例如：MP3转换成WMA。但WAV格式的缺点是对存储空间需求太大，不便于交流和传播。

MP3

MPEG-1和MPEG-2 Audio Layer-3经常被称作MP3，是目前最流行的音频编码格式，有损压缩，相关的规范标准为ISO/IEC 11172-3、ISO/IEC 13818-3。它是在1991年由位于德国埃尔朗根的研究组织Fraunhofer-Gesellschaft的一组工程师发明和标准化的，它用来大幅度地降低音频数据量，将声音以10∶1甚至12∶1的压缩率，压缩成容量较小的文件。

对MP3来说，码率是可变的，原则是码率越高，声音文件中包含的原始声音信息越多，这样回放时声音品质也越高。

根据码率不同，MP3可以分为两种：

（1）MP3CBR（Constant Bit Rate）固定码率；

（2）MP3VBR（Variable Bit Rate）可变码率，在保证音质的前提下最大限度地限制文件的大小。

WMA（Windows Media Audio）

WMA为英文Windows Media Audio的英文缩写，是微软公司制订的音乐文件格式。WMA Codec 是Microsoft音频技术的首要Codec。

与MP3类似，WMA也是一种失真压缩，损失了声音中人耳极不敏感的甚高、甚低音部分。但与MP3相比较起来，仍然具有不少优势：

（1）它具有与MP3相当的音质，但容量更小；

（2）更先进的压缩算法在给定速率下可获得更好的质量；

（3）特别适合于低速率传输；

（4）除了损失了的音频成分外，WMA相对于MP3在频谱结构上更接近于原始音频，因而具有更好的声音保真度。

AIFF

AIFF是音频交换文件格式（Audio Interchange File Format）的英文缩写，AIFF是一种文件格式存储的数字音频（波形）的数据。是苹果公司开发的一种声音文件格式，被Macintosh平台及其应用程序所支持，属于QuickTime技术的一部分。标准AIFF文件的扩展名是.aiff或.aif。

第4章　视音频接口和控制接口

4.1 视频接口

4.1.1 基本概念

在进行后期节目制作的时候，我们不可避免地要与各种不同的设备（如摄像机、录像机、非线性编辑系统、监视器等）打交道，这些设备之间的连接就涉及如接口、连接器、电缆这些基本概念。

接口

接口（interface），是指不同实体之间的互联协议，包括机械、电气、信号格式等。简单地说，就是不同设备之间相互连接的协议。

连接器

连接器（connector），或称接头、插座，是视频、音频等设备间进行信号传递的物理接口。

常用的视频连接器有两种：RCA和BNC。

RCA，是Radio Corporation of American的英文简写，以发明它的公司名字来命名，俗称莲花头。几乎所有的电视机、影碟机类产品都有这个接口。但它并不是专门为哪一种接口设计。

图4-1 RCA接头和插座

通常，传输不同信号的RCA连接器会使用不同的颜色进行区分：

颜色	用途	信号类型
白色或黑色	左声道	模拟音频
红色	右声道	模拟音频
黄色	VIDEO （视频）	模拟复合视频
绿色	Y	模拟分量视频
蓝色	Cb/Pb	模拟分量视频
红色	Cr/Pr	模拟分量视频
桔色/黄色	Audio SPDIF	数字音频

图4-2 RCA连接器颜色区分

BNC，是一种用于同轴电缆的连接器，全称是Bayonet Nut Connector（刺刀螺母连接器，这个名称形象地描述了这种接头外形），又称为British Naval Connector（英国海军连接器，可能是英国海军最早使用这种接头）。BNC接头可以让视频信号互相间干扰减少，以达到最佳信号响应效果。此外，由于BNC接口的特殊设计，连接非常紧，因此不必担心接口松动而产生接触不良。

电缆

大部分的专业视频电缆，使用的是75Ω的同轴电缆（Coaxial Cable）。同轴电缆由里到外分为四层：中心铜线（单股的实心线或多股绞合线）、塑料绝缘体、网状导电层和电线外皮。其中中心铜线和网状导电层形成电流回路，因为中心铜线和网状导电层为同轴关系而得名。

4.1.2 模拟视频接口

通常，模拟视频设备提供三种视频信号的接口，它们是复合接口、S-Video接口和分量接口。

1. 复合接口

复合（Composite）接口由一根特性阻抗为75Ω的视频电缆传输彩色全电视信号，包括亮度信号（含复合消隐）、复合同步和色度副载波信号（含色同步）。

复合接口传输的是一种亮度/色度（Y/C）混合的视频信号，在显示端需要对其进行亮色分离和色度解码才能成像，这种先混合再分离的过程会造成色彩信号的损失，色度信号和亮度信号之间也会互相干扰，最终影响输出的图像质量。

复合接口只支持传输模拟标清视频。广播级设备的复合接口采用BNC接头，消费级设备则采用RCA接头。

2. S-Video 接口

S-Video接口也称S端子，它使用四芯电缆传输，其中1号芯传输亮度Y信号（包括复合同步）、2号芯传输色度副载波C信号（含色同步）、3号芯为Y信号的地线、4号芯为C信号的地线。S端子采用亮度和色度分离输出设计，克服了视频节目复合输出时的亮度和色度的互相干扰，提供比复合更好的效果。

和复合接口一样，S-Video接口只支持传输模拟标清视频。

3. 分量接口

分量（Component）接口通过三根特性阻抗为75Ω的视频电缆分别传输信号。

根据传输信号的不同，分量接口可分为色差分量接口和基色分量接口两种。色差分量接口传输的是亮度信号（Y）和两个色差信号（PB和PR），基色分量接口传输的是R、G、B三个基色信号。

与复合接口和S-video接口相比，分量接口可以提供更高的图像质量。广播级设备的分量接口采用BNC接头，消费级设备则采用RCA接头。

4.1.3 数字视频接口

1. SDI

SDI是Serial Digital Interface（串行数字接口）的英文简称。所谓串行接口，是相对于并行来说的，是把数据字的各个比特以及相应的数据通过单一通道顺序传送的接口。

SDI是一种广播级的数字视频接口，用于传输无压缩的数字视频数据，电视节目制作中常用的摄像机、录像机及非编设备上经常会见到这样的接口。

按照传输码率的不同，SDI接口可分为以下几种：SD-SDI、HD-SDI、Dual Link HD-SDI和3Gb/s SDI。

SDI最初是在ITU-R BT.656和SMPTE 259M标准中规定的，这种最早的SDI也被称为SD-SDI，通常称为标清串行数字接口。

后来，随着高清晰度电视技术的发展，采用串行数字接口传输高清信号已在行业内达成共识，为此，SMPTE在292M标准中定义了时钟频率达1.5 Gb/s级别的串行数字接口，相应的国际标准为ITU-R BT .1120。GY/T 157-2000为我国根据ITU建议书制订的行业标准，这便是HD-SDI接口，通常称为高清串行数字接口。

为了满足4∶4∶4/12bit、1080p50/59.94等高质量节目制作格式内容的传输，SMPTE在372M标准中定义了一种双通道HD-SDI的混合模式接口，即Dual Link HD-SDI，通常称为双通道高清串行数字接口，码率可达2.97Gb/s。所谓双通道，是指采用两根独立却协同工作的同轴电缆，每个接口的传输速率为1.485Gb/s，总的传输速率就是2.97Gb/s。

高速接口芯片技术的进步使3Gb/s级别的串行接口成为可能。SMPTE 424M标准定义了码率为2.97Gb/s的单通道串行数字接口，通常简称为3Gb/s SDI，它的出现满足了之前需要双链接HD-SDI的场合。

各种SDI接口多以75Ω同轴电缆与75ΩBNC连接器实现，这与模拟视频信号采用的电缆一样，所以易于进行设备升级。在不使用中继器时，SDI在270Mb/s的码率下可传输300米，但平时使用时推荐采用低于300米的距离。HD-SDI接口采用同轴电缆，以BNC接口作为线缆标准，传输的有效距离为100M。

表4-1 数字视频接口参数对比

相关标准	名称	比特率	支持视频格式举例
SMPTE 259M ITU-R BT.656-2 EBU Tech.3267	SD-SDI	270 Mb/s, 360 Mb/s, 143 Mb/s和177 Mb/s	480i, 576i
SMPTE 292M, ITU-R BT .1120, GY/T 157-2000	HD-SDI	1.485 Gb/s和1.485/1.001 Gb/s	720p, 1080i
SMPTE 372M	Dual Link HD-SDI	2.970 Gb/s和 2.970/1.001 Gb/s	1080p
ITU- BT.1120-6 SMPTE 424M	3G-SDI	2.970 Gb/s和2.970/1.001 Gb/s	1080p

SDI接口传输的是无压缩数字信号，压缩的数字信号是不可以通过SDI接口传输的。数字录像机、硬盘等设备记录的压缩信号重放后，必须经解压才能通过SDI接口输出。

SDI信号不但传输数字视频信号，还可以嵌入数字音频信号及其他信息，即将数字音频信号及其他信息插入到视频信号行、场消隐期间与数字分量视频信号同时传输。

2. IEEE1394

IEEE1394是1995年由美国电气和电子工程师学会(IEEE)IEEE1394-1995技术规范定义的一个串行数字接口。

它的前身是由苹果电脑(Apple)公司1986年起草的火线（Fire Wire）技术。“火线”一词为苹果电脑登记之商标，因为其他制造商在运用这项科技时，会采用不同的名称。如索尼公司称之为i.Link，德州仪器公司则称之为Lynx。实际上，上述商标名称都是指同一种技术，即IEEE1394。

目前常用的1394接口有两种版本：

①IEEE 1394a-2000

它和IEEE 1394-1995几乎相同，是改良数个地方之后制定的新规格。传输速率可以达到400Mb/s，为了和后述的IEEE 1394b区分，因此称为“Fire Wire 400”。

②IEEE 1394b-2002

IEEE 1394b传输速率可以达到800Mb/s，兼容于IEEE 1394a，因此称为Fire Wire 800。但是接头的形状从IEEE 1394a的6 Pin变成9 Pin。

IEEE1394接口已经在一些厂家的摄录机中使用，如：家用DV设备，索尼推出的DVCAM系列摄录设备，松下公司推出的DVCPRO25系列设备。

相对于其他技术而言，1394技术具备以下几个优点：

（1）通过同步的数据传输，保证多路数据流的传送；

（2）不需要添加额外的硬件（如网络集线器），就可以将多达63个设备连接在一起；

（3）可变的，6条线路的电缆；

（4）完善的即插即用技术，包括对设备的热插拔。

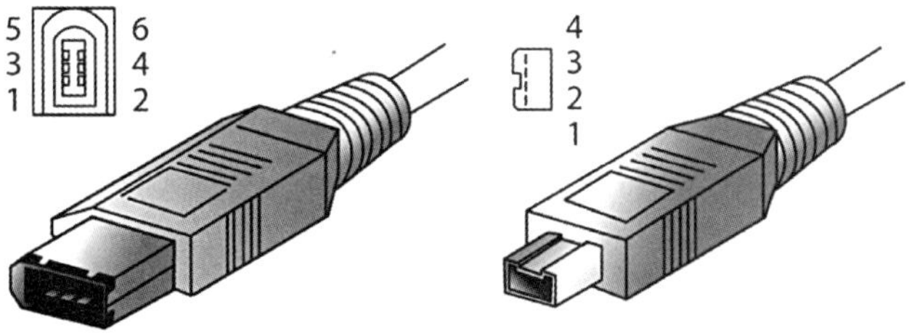

图4-3 IEEE 1394a 6Pin（左）与IEEE 1394a 4Pin（右）的接头

图4-4 IEEE 1394b9 Pin插座

3. HDMI

HDMI是High Definition Multimedia Interface（高清晰度多媒体接口）的英文缩写，是一种数字化视频/音频接口技术。该标准由索尼、日立、松下、飞利浦、东芝、Silicon image、Thomson（RCA）七家公司在2002年4月开始发起，其推出是为了取代传统的DVD播放机、电视机及其他视频输出设备的已有接口，统一并简化用户终端接线，提供更高带宽的数据传输速度和数字化无损传送音视频信号。

图4-5 HDMI接口

HDMI规范自诞生以来就经历了数次升级，从最初的HDMI 1.1到如今的HDMI 1.4，目前主流的为HDMI 1.3和HDMI 1.4。两者数据带宽都是10.2Gb/s。HDMI 1.4规范为HDMI设备定义了常见的3D格式与分辨率，此规格将家用3D系统的输入和输出部分标准化，规范的分辨率最高达到双通道1080p。

应用HDMI的优点：只需要一条HDMI线，便可以同时传送无压缩的视频和音频信号，大大简化了系统的安装。

4.2 音频接口

4.2.1 平衡类接口与非平衡类接口

接口类型按接线方法可分为平衡类接口与非平衡类接口。

1. 平衡类接口

专业音响和广播设备中大部分都具有平衡的输入/输出电路接口。输入和输出端一般为XLR卡侬式插座，插座上有三个端子：+、—、地。其+(—)的意义是指输出信号与输入端的+信号同相(或反相)。平衡式接法的输入/输出设备抗噪声能力较强，因为串进电缆或设备内的噪声一般同时出现在正负输入端，对地电压大小相等而相位相同，也就是我们通常所说的共模噪声。但是接在后面的平衡输入电路仅传输正负两端信号的差，能够抑制共模噪声。

2. 非平衡类接口

该接口常用于民用的音频设备，其输入/输出端对机架为热端，接头一般为RCA唱机型接头。非平衡接法的抗噪声能力较弱，此连接方式一般用于1m左右的短线连接且噪声较小的环境，或低阻高输出信号的连接，如功放与扬声器之间。

4.2.2 音频接插件

常用音频接插件包括卡侬（CANNON、XLR）插头座、TRS三芯插头座和TS二芯插头座、小型三芯插头座和二芯插头座、莲花接插件（RCA）等。

1. 卡侬插头座

卡侬插头座是使用最多的接插件之一。

卡侬插头座具有锁定功能，插头插入插座后能将插头锁在插座上，连接牢靠，在使用中不会脱落，只有按下解锁钮后才能将插头从插座中拔出来。

卡侬插头和插座都有公母之分，即有公插座和母插座、公插头和母插头，如图4-6所示。

公插座和母插头相连接，母插座与公插头相连接。所谓公母之分是以插座或插头的电接触件是针或孔来区分的，凡是电接触件是针的，称之为“公”，凡是电接触件是孔的，称之为“母”。在相关设备中，通常将公插座作为信号输出口，与之相连接的插头必定是母插头；母插座作为信号输入，与之相连的是公插头，这样可以一眼就看出哪些口是信号输出口，哪些口是信号输入口，方便连接。

通常用XLR表示卡侬插头座，XLR-M表示公卡侬，XLR-F表示母卡侬。常见的卡侬插头座是三芯的，绝大部分情况下用于平衡传输。

图4-6 依次为公卡侬插座、母卡侬插座、公卡侬插头、母卡侬插头

2. 大三芯插头座和二芯插头座

大三芯（TRS）或大二芯（TS）是指插头直径为6.35mm（1/4英寸），插座孔内径为6.35mm的插头座。

平衡传输常用大三芯插头座，非平衡传输常用大二芯插头座。但是有时用大三芯插头座并不是平衡传输。

3. 小三芯插头座和二芯插头座

小型三芯插头座和二芯插头座有两个规格：一种是插头外径为3.5mm，插座内径为3.5mm的；另一种是插头外径为2.5mm，插座内径为2.5mm的。前者多做耳机插头、计算机声卡音频输入输出口等，后者在手机类便携轻薄型产品上比较常见，因为接口可以做得很小。

4. 莲花接插件

莲花接插件（RCA）外观看来像个小莲花，因此而得名。莲花插头座主要用于设备之间高电平非平衡线路输入、输出，例如调音台的立体声输入通道、输出通道，并且在家用设备中应用较广。

以上是按照接插件的形状进行划分的。音频接插件还可分模拟信号用和数字信号用两类。

模拟用接插件有：卡侬三芯插头座、莲花型两芯插头座、大三芯插头座和大二芯插头座等；数字用接插件常用卡侬三芯插头座、莲花二芯插头座及光端接插件，它们的外形与模拟用插头座相同，但是参数不同，数字用插头座的阻抗为110Ω，模拟插头座的阻抗为600Ω。

在卡侬卡座之下标有AES/EBU符号时，说明该单个插头座的输入或输出信号为两路数字立体声信号；同样，在莲花插头座下方标有S/PDIF符号时，说明该单个插头座的输入或输出信号为两路数字立体声信号。而两个并列的卡侬头座或莲花头座下方标有L和R符号时，说明该插头座的输入或输出信号分别为模拟左右声道信号。

4.2.3 音频接口标准

模拟音频设备在进行连接时要注意设备之间的电平匹配、阻抗匹配以及连接方式的一致（指平衡与非平衡的一致性），即使产生一些偏差也不会造成很大的信号失真，因此一般不会特意提及模拟音频接口。

但在数字音频设备的互联系统中，接口模式至关重要。其原因在于数字设备在进行A/D、D/A转换以及数字信号处理时所采用的采样频率及量化比特数彼此存在差异，因此要求互联设备的采样频率及量化比特数应保持一致，否则对传输的信号将产生损伤乃至不能工作。为了实现不同格式的数字音频设备之间的相互连接，需要制定出统一的、共同遵守的数字音频信号输入/输出格式对接，即数字音频接口标准。

数字接口的优势在于它在传输中有较强的抗干扰能力，即便出现误码，一些编码方式也能够对其进行修正，因此信号的可靠性对比模拟信号有着不可比拟的优势。

常见的数字音频接口有：

AES/EBU

AES/EBU是由Audio Engineering Society和European Broadcast Union（音频工程师协会和欧洲广播联盟）共同开发的数字音频接口，现已成为专业数字音频较为流行的标准。专业音频数字设备如CD机、DAT、MD机、数字调音台、数字音频工作站等都支持AES/EBU。

AES/EBU是一种串行传输被复用的双通道数字音频信号的传输协议。它的传输介质是同轴电缆或双绞线。它无须均衡即可在长达100m的距离上传输数据，但如果均衡，则可以传输更远距离。该接口可传送两路24bit量化（或低于24bit量化）声音信号和辅助数据。声音可以是两路独立的单声道信号或一路立体声。

AES/EBU数字音频支持XLR接插件和BNC接插件。

S/PDIF

S/PDIF（Sony/Philips Digital Interface，索尼和飞利浦数字接口）是由索尼公司与飞利浦公司联合制定的一种数字音频输出接口。该接口广泛应用于CD播放机、声卡及家用电器等设备。该接口传输的是数字信号，所以不会像模拟信号那样受到干扰而降低音频质量。需要注意的是，S/PDIF接口是一种标准，同轴数字接口（Coaxial）和光纤接口都属于S/PDIF接口的范畴。

SDI

SDI除了传输视频之外还可以传输音频，称之为嵌入音频（Embedded Audio）。利用SDI信号的辅助数据区把数字音频信号嵌入到SDI信号中一起传输，可以消除分离的视音频系统因为传输路径不同而产生的延时等问题。SDI最高可传输8通道无压缩音频。

HDMI

与SDI一样，HDMI也可以传输音频信号。如HDMI1.3标准扩展了音频支持。

4.3 控制接口

在后期制作编辑中，编辑人员还会经常遇到设备控制的问题，即用计算机通过控制接口对视频设备（如录像机等）进行控制，播放、停止、快进、快退等操作可以在电脑上通过界面操作实现而不需要用手对视频设备进行操作，还可以进行时间精确的自动控制。最典型的应用场合就是磁带素材的采集，以及将编辑完成的成片回录到磁带上。

计算机控制的接口主要有串口、并口、IEEE1394、以太网接口等，这里仅就后期制作编辑中常见的几种控制接口进行简单介绍。

4.3.1 RS-232、RS-422

RS-422是一种串行数据接口标准，由RS-232发展而来，全称是“平衡电压数字接口电路的电气特性”，它定义了接口电路的特性。RS-422 支持点对多的双向通信。

RS-232、RS-422标准只对接口的电气特性做出规定，而不涉及接插件、电缆或协议。我们在实际工作中使用最多的串口插口是DB9（9脚插口插座）。

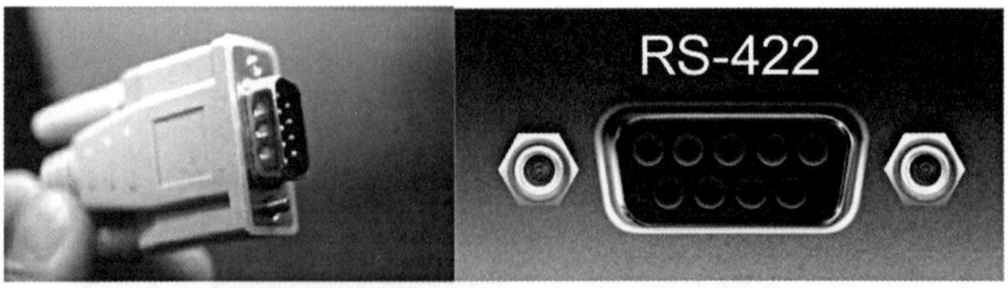

图4-7

4.3.2 IEEE1394

IEEE1394接口除了能够传输视频和音频数据之外，还可以传输设备控制指令。相比较RS-422而言，IEEE1394设备控制协议在精确度、可靠性上则要差一些。

4.3.3 HDMI

与IEEE1394相同，HDMI接口除了能够传输视频和音频数据之外，也可以传输设备控制指令。

第5章　电视制作相关规范

5.1 视频制作规范

我国的广电行业标准GY/T 223-2007《标准清晰度数字电视节目录像磁带录制规范》规定了视频信号的等效模拟参数。

为了满足当前模拟传输通路及模拟播出的要求，视频信号的等效模拟参数见下表。

表5-1 GY/T 223-2007视频信号的部分等效模拟参数

序号	项目	技术要求
1	消隐电平（标称值）	0mV
2	峰值白电平（标称值）	700mV
3	黑电平与消隐电平差	0mV~50mV
4	Y信号电平	-7mV~721mV
5	R、G、B电平	-35mV~735mV
6	模拟复合信号电平	≤800mV

从上表可以简单总结：

（1）视频信号技术指标规定，节目全电视信号峰值不大于0.8V；

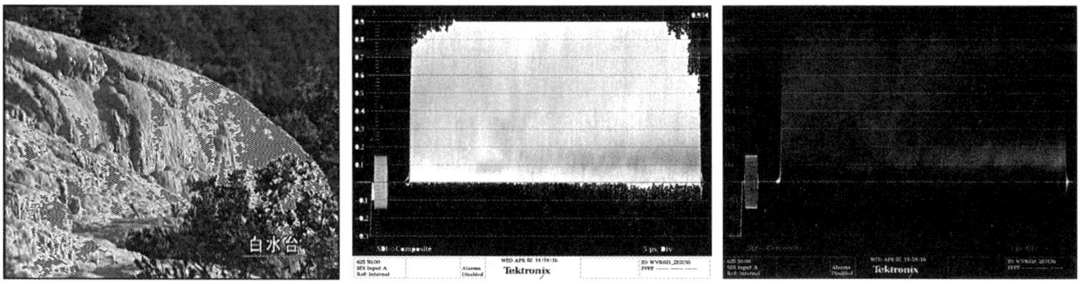

图5-1 视频信号技术指标

（2）节目亮度信号峰值电平不大于0.721V；

（3）节目基色信号峰值电平峰值不大于0.735V（RGB不大于0.735V）；

（4）黑电平与消隐电平差（底电平）标准为0~0.05V；

（5）字幕电平不大于0.8V。

5.2 音频制作规范

声音是节目整体的一部分。除了注意图像质量外，音频指标也非常重要。

分贝是一种计量单位，通常被用来作为音频电平的计量。最常用的dBu是相对于0.775伏参考值时的分贝数；dBv是相对于0.776伏参考值时的分贝数；dBm是相对于1毫瓦参考值时的分贝数；而dBV则是相对于1伏参考值时的分贝数。上述单位是为模拟音频电平的计量时用。在模拟调音台或录音机、录像机上常使用一种音频单位表头——VU表。VU表是以音量单位指示的具有特定瞬态响应的伏特表。它近似地指出被测音频信号的相对音量或响度。

在VU表读数为0VU时，不同类型的设备会产生不同的电平。0VU相当于：

* 在平衡的音响录音设备上为+4dBm；

* 在非平衡的音响录音设备上为-10dBV；

* 在数字调音台、录音机或录音软件内的峰值读数表头上的读数为-20dBFS。

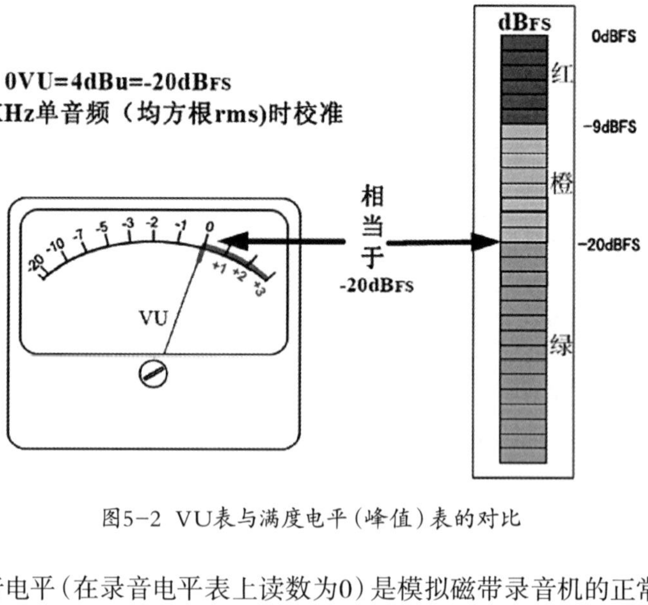

图5-2 VU表与满度电平（峰值）表的对比

一个0VU的录音电平（在录音电平表上读数为0）是模拟磁带录音机的正常工作电平。

在数字录音机、数字调音台或数字音频工作站内，音频电平的计量单位为dBFS。一种LED（发光二极管）或LCD（液晶显示）或OLED（有机发光二极管）的光柱表的最大读数为0dBFS（FS意为满刻度）。光柱表顶部附件的OVER（过载）灯有闪亮指示时，意味着输入电平已超过了产生0dBFS所需要的电压，因此，在输出的模拟波形上会有短时间的削波现象。

GY/T 223-2007《标准清晰度数字电视节目录像磁带录制规范》对音频记录也提出了要求。

声音校准信号应符合GY/T 192-2003的规定，为1kHz的正弦波，校准电平为-20dBFS，对应的模拟信号电压电平为+4dBu。

数字音频电平的要求：节目电平最大值不超过-6dBFS（通常节目电平在-9dBFS以下），语言电平最大值不超过-12dBFS。

声音通道分配见下表。

表5-2 声音通道分配

<table>
<tr><th>声音通道</th><th>单声道</th><th>立体声</th></tr>
<tr><td>声道1</td><td>混合声</td><td>左声道</td></tr>
<tr><td>声道2</td><td>国际声*</td><td>右声道</td></tr>
<tr><td>声道3</td><td rowspan="2">多语种混合声及其他用途</td><td>国际声左声道</td></tr>
<tr><td>声道4</td><td>国际声右声道</td></tr>
<tr><td colspan="3">*国际声是指节目拍摄现场声、音乐和效果声等。</td></tr>
</table>

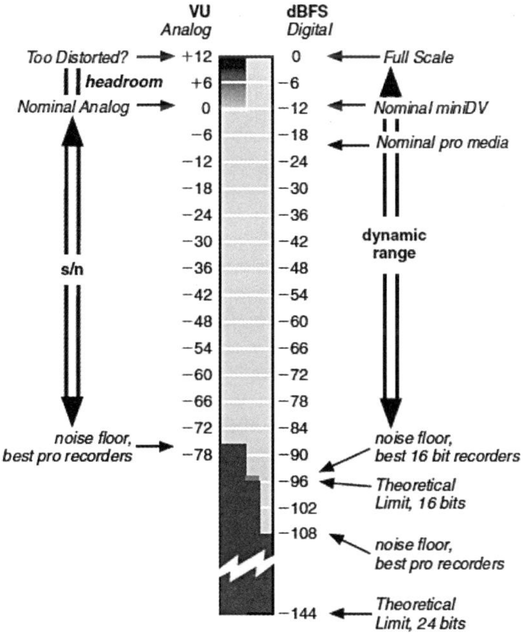

FIGURE 3.1
Analog and digital recording ranges. Note how 0VU analog is equivalent to −12 dBFS digital in miniDV.

图5-3 模拟/数字音频录音范围对照

在数字音频技术中，有一个很重要的概念是数字满度电平（Digital full scale），它是指数字音频设备中A/D（模拟/数字）或D/A（数字/模拟）转换器所能转换的最大不削波模拟信号电平。国家新闻出版广电总局关于数字音频设备满度电平的规定为：0dBFS对应模拟信号的+24dBu，因模拟信号采用+4dBu作为0VU，故0VU对应-20dBFS。

上述表述中涉及的几个概念说明如下：

dBFS

dBFS(dB Full Scale) 是数字音频信号电平单位，简称满度相对电平。Full Scale指0dBFS的位置，0 dBFS就是最大编码电平，不同设备的0dBFS实际对应值可能不同，它也是数字峰值表满度的数字音频参考电平。数字音频信号以系统能处理的最大音频信号的编码为最大值，即0 dBFS，实际数字音频信号的幅度的编码相对于这个最大值的音频编码所代表的幅度之比，即为满度相对电平。因为规定最大值为0，所以，实际数字音频信号的满度相对电平都是负值。

VU表

Volume Unit Meter(音量单位表)，用于测量声音信号强度，刻度用对数和百分数表示，单位为VU，0VU对应于100%。

GY/T 192-2003《数字音频设备的满度电平》中解释："在广播电视音频系统中(包括节目的制作、播出及传输)，在混合使用数字和模拟设备时，如果数字音频设备的满度电平值选择不恰当，会造成系统工作电平起伏变化，甚至导致失真增大、信噪比减少，使系统性能变差，同时还影响到不同广播电视系统的节目交换。"

5.3 交换或者播出用的节目磁带录制要求

交换或者播出用的节目磁带录制要求见下表。

表5-3 节目磁带制作规范

<table>
<tr><th colspan="2" rowspan="2">磁带段</th><th rowspan="2">持续时间(S)</th><th rowspan="2">图像</th><th colspan="4">声 音</th><th rowspan="2">场逆程时码</th><th rowspan="2">纵向时码</th></tr>
<tr><th>声道1</th><th>声道2</th><th>声道3</th><th>声道4</th></tr>
<tr><td rowspan="3">引带部分</td><td>保护</td><td>≥10</td><td>空白或黑底</td><td colspan="4">无 声</td><td colspan="2"></td></tr>
<tr><td>校准</td><td>60</td><td>视频校准信号[2]</td><td colspan="4">音频校准信号[3]</td><td rowspan="4">连续</td><td rowspan="4">连续</td></tr>
<tr><td>提示</td><td>30</td><td>黑底</td><td colspan="4">无声</td></tr>
<tr><td colspan="2">节目部分</td><td>节目实际运行时间</td><td>节目图像</td><td>立体声左声道</td><td>立体声右声道</td><td>混合声</td><td>国际声</td></tr>
<tr><td colspan="2">带 尾</td><td>≥30</td><td>黑底</td><td colspan="4">无 声</td></tr>
</table>

参考资料：

GB/T 7400-2011《广播电视术语》。

《广播电视术语及溯源——国家标准GB/T 7400-2011详解》，《广播与电视技术》2012增刊。

《高清100问》，国家新闻出版广电总局广播电视规划院。

《数字电影技术术语普及读本》编写组：《数字电影技术术语普及读本》，中国广播电视出版社2010年版。

《高清晰度数字电视技术简介》。

翁志清、陈伟平编著：《数字电视制播系统》，上海大学出版社2009年版。

杨杰、姜秀华主编：《数字电视制作与播出技术》，电子工业出版社2008年版。

徐品等编著：《媒体资产管理技术》，电子工业出版社2012年版。

朱慰中编著：《实用音响录音技术》，中国传媒大学出版社2010年版。

Final Cut Pro 7Professional Formats and Workflows.

The Digital Fact Book（20 Anniversary Edition）A Reference Manual for the Television Broadcast & Post Production Industries Includes Stereoscopic 3D.

"Final Cut Pro Workflows", *The Independent Studio Handbook.*

第2编 基础操作

第1章 准备工作

影视后期编辑是指把前期拍摄获取的素材经过剪辑、艺术加工，最终形成一个可以表达导演创作意图的作品的过程。随着电视节目制作技术的不断进步，影视后期编辑已经成为电视节目制作过程中极其重要的一个环节，制作水平的高低直接关系到节目的质量。

本书中将以大洋D^3-Edit3.0非线性编辑系统为例，详细讲解影视后期编辑的工作流程以及具体操作。

1.1 非线性编辑工作流程

在学习D^3-Edit3.0非线性编辑系统之前，除了需要了解影视后期编辑的工作流程，更应该强调对项目进行管理的理念。无论是哪一种非线性编辑系统，其操作都可以大致分为素材获取、视音频编辑、成片输出这三个步骤，而对于项目的管理则贯穿了整个工作过程。

在D^3-Edit3.0非线性编辑系统中，项目管理通过大洋资源管理器实现，包括对素材、故事板、特技模板、字幕模板等一切资源的管理。我们对项目进行管理，主要是为了建立规范、整合资源、提高效率。相对于工作流程，项目管理是一个隐形的理念，读者需要在学习过程中不断体会和加深了解。对初学者来说，建立完善的项目管理理念是极其重要的。

下面从操作层面简单介绍非编的工作流程。

1. 素材获取

素材获取是影视后期编辑的第一步。前期拍摄得到的原始视音频信息以各种不同的格式存储在不同的媒介中，非线性编辑系统无法直接读取和调用这些信息。通过素材获取，可以将原始视音频信息采集到非线性编辑系统的素材库中，以便在随后的操作中对其进行编辑。

2. 视音频编辑

视音频编辑是影视后期编辑中最主要的一步。在这一步中，操作者根据节目需要选取镜头、组合镜头并对视音频内容进行艺术加工（如添加特技和字幕），使其呈现出编导需要的效果。视音频编辑可以大致分为粗编和精编两步。

顾名思义，“粗编”即相对较粗略的编辑。原始素材中并非所有镜头都会出现在成片中，粗编即是在素材中剪辑出节目需要的镜头和声音，并将剪辑得到的视音频片段按影片需要大致串接在一起。通过粗编，操作者能大致确定节目的表现内容、搭建出节目的结构。粗编是编辑中最为基础的部分。

相应地，“精编”是指在粗编基础上对镜头进行更精细的调整，包括进一步的剪辑，以及对节目添加特技和字幕以达到更丰富的表现效果。因为拍摄条件的限制，很多时候无法通过直接拍摄得到编导需要呈现的画面和声音效果，添加合适的特技能对节目的视音频内容进行修饰，令成片的表现形式更加丰富；而添加合适的字幕则能让画面表意更加明确，字幕动作的变换也能提升视觉观感。

3. 成片输出

将编辑后的素材片段合成为成片的过程称为输出。在这一步中，根据用户的需要可以选择不同的操作，将成片以各种形式输出，如输出回录到磁带上、生成各种格式的文件，或者刻录到光盘等。

1.2 登录D^3-Edit3.0

后期编辑的第一步是登录D^3-Edit3.0非线性编辑系统。在登录之前，系统需要进行相应的设置，用户也应对D^3-Edit3.0非线性编辑系统的基本管理有大致的了解。本节将对以上几点作出详细说明。

1.2.1 进入D^3-Edit3.0

为了保证D^3-Edit3.0非线性编辑软件工作在合适的模式下，登录前需进行相应设置。

1. 设置视频制式

设置视频制式，指的是设置非线性编辑系统中视音频信息的输入输出制式。需注意该项内容仅在软件启动之前进行设置才能生效；若在软件运行过程中更改设置，需重启软件以令其生效。

启动软件前，单击Windows开始菜单，选择【所有程序】/【DaYang】/【设置】/【系统参数设置】，弹出设置对话框。

点击对话框的第一个页签【视频格式设置】，在“视频制式”项选择相应的制式，点击【确定】生效。根据我国的电视制式标准，当输入输出的信号为标清时，“视频制式”选择PAL；当输入输出高清信号时，“视频制式”选择1080/50i。

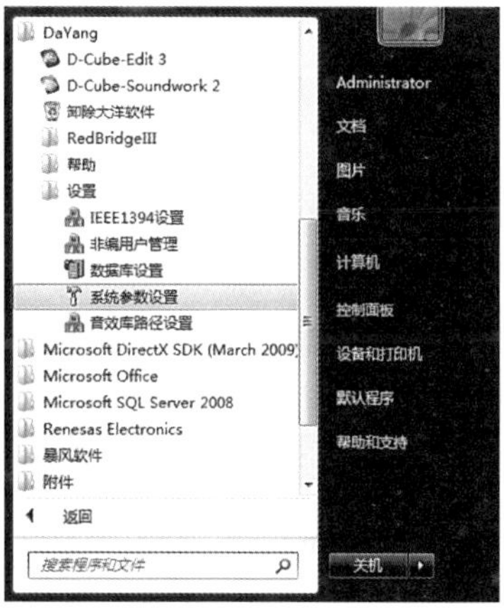

图1-1 系统参数设置

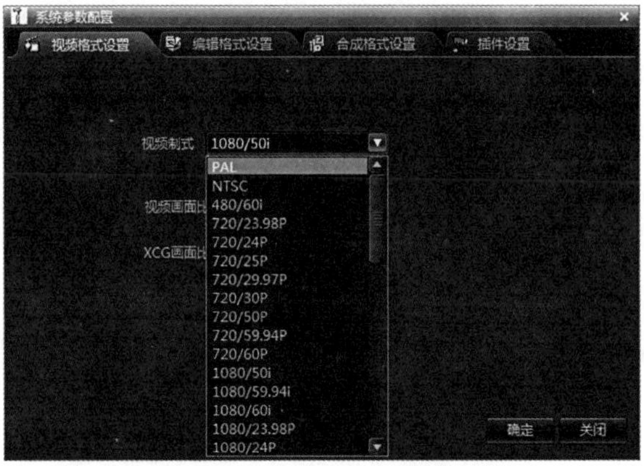

图1-2 视频格式设置

通过设置视频制式，可以设置D³-Edit3.0主机板卡输入和输出的视频信号的制式，使其在与外部设备连接时能够与该设备的信号制式相匹配，从而成功进行信号的传输。举例来说，若需要采集高清磁带上的内容，因为输入信号为高清，则需要将视频制式设置为“1080/50i”，再启动程序采集素材。

系统设置工具中除【视频格式设置】还有三个其他页签，通常保持默认参数即可，无须额外进行设置。如想了解其详细内容，可参考说明书。

2. 登录

完成登录环境设置之后，就可以启动D³-Edit 3.0非编软件了。鼠标左键双击桌面图标，将会弹出登录对话框。默认用户名为user01，密码为空，点击【确定】进入大洋非编系统。

图1-3 系统登录页

对于网络非线性编辑系统，则使用网管提供的用户名和密码进行登录。

1.2.2 创建项目

成功登录D³-Edit3.0系统后，系统会自动弹出【打开项目】对话框，通常，大洋非线性编辑软件出厂时都会自带一个名为“demo”的项目，该项目会出现在列表中。

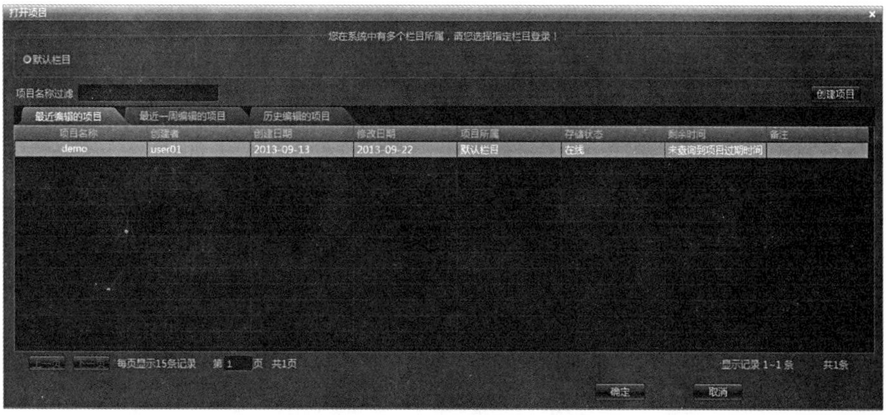

图1-4　打开项目对话框

在D^3-Edit3.0 系统中，“项目”是资源管理的最高管理层级。当需要编辑一个新节目时，通常会新建一个项目，同时将所有与该节目有关的视音频素材、字幕素材、故事板文件等都存储在该项目中。登录时打开该项目，即可浏览和调用该项目下存储的所有资源，而编辑时所有的素材调用、资源管理也都在该项目下进行。

对于初次使用的用户，登录后首先应当创建一个项目（如非初次使用，可直接在该对话框中选择已有的项目打开）。

1. 新建项目

点击对话框右上方的【新建项目】，将会弹出新建项目对话框。

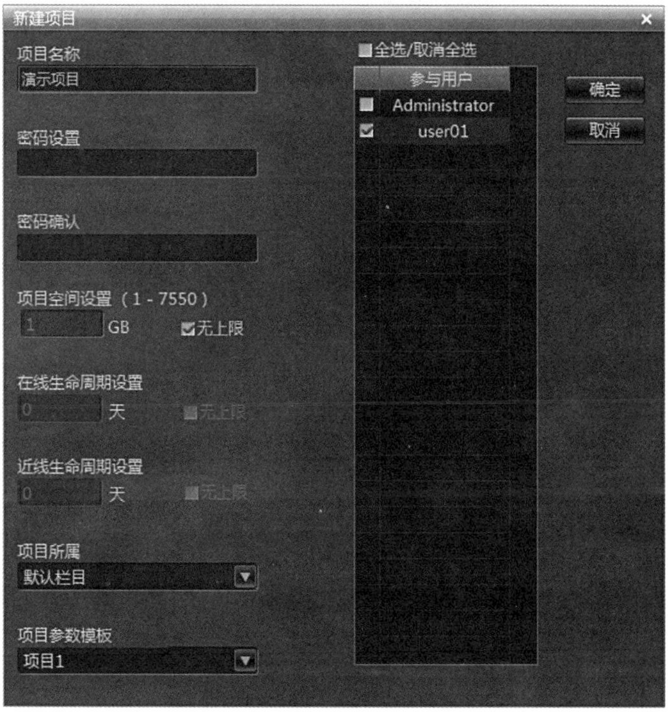

图1-5　新建项目

在“项目名称”项对项目进行命名，其他部分保持默认，点击【确定】则新项目创建成功（其他设置项的意义将在后文中详细解释）。

2. 大洋资源管理器

打开项目后，系统将自动弹出“大洋资源管理器”窗口，该窗口用于管理D³-Edit 3.0系统中各类型资源，如素材、故事板、特技模板等。当用户需要使用某个素材时，需要在大洋资源管理器中找到该素材并进行调用。

图1-6 大洋资源管理器

大洋资源管理器分为四个页签：

图1-7

素材库：用于存储、管理素材和故事板。在D³-Edit 3.0非编系统中将素材库里的视音频文件、图片和字幕文件统称为“素材”，用于编辑素材的工程文件则称为“故事板”。每当打开一个项目时，资源库页签中会显示该项目内存放的所有素材和故事板，不同类型的素材和故事板可以通过文件夹进行分类管理。

字幕模板：用于存储和管理字幕模板。用户可挑选自己喜欢的字幕模板直接应用到影片编辑中，也可以自己制作字幕模板存放在此页签下。

特技模板：用于存储、管理常用的特技模板，主要包括转场特技和视频特技。使用时用鼠标直接拖拽特技模板添加到对应的素材上，用户也可将自定义的特技存为模板。

音效库： 用于管理系统自带的常用音频音效，编辑时用鼠标将其直接拖拽到故事板上即可调用。

如果不小心将资源管理器关闭，可以在D³–Edit 3.0主菜单内点击【窗口】/【大洋资源管理器】将其再次打开。

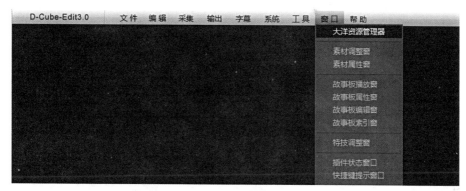

图1–8

大洋资源管理器是进行资源管理的主界面，前文中提到的"项目管理"的理念也是在大洋资源管理器中具体实现的。项目管理要求用户在使用的过程中，将不同的资源按照栏目、类别、时间等进行分类，从而规范制作流程，达到更高的工作效率。

此外，在大洋资源管理器中选中资源，然后单击鼠标右键，在右键菜单中选择相应的选项可以实现复制、粘贴、剪切、删除、导出、查看属性等操作。

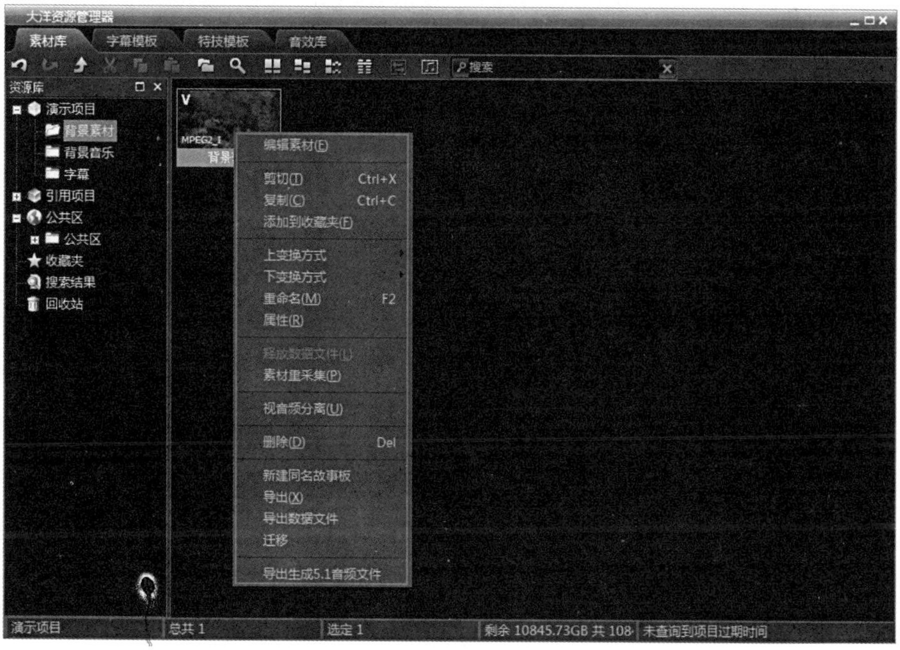

图1–9

需要注意的是，如果在资源管理器中删除了某个素材，素材会进入非编回收站而非被直接彻底删除。在大洋资源管理器右侧的资源库中点击进入回收站，可对素材进行还原或彻底删除的操作。

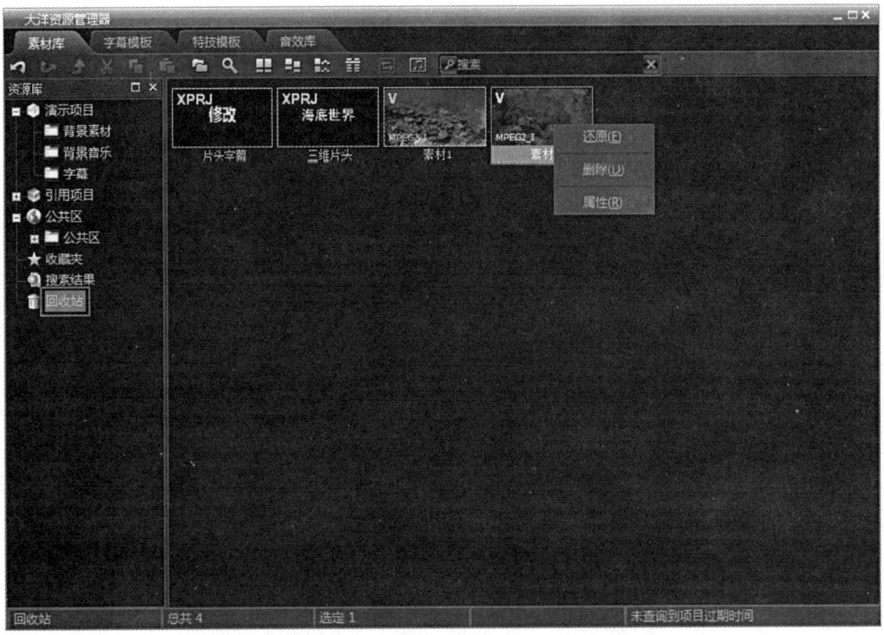

图1-10

不选中任何资源，在大洋资源管理器的空白处单击鼠标右键，可新建文件夹。建立不同的文件夹来对资源进行分类管理，可以让资源的归类更加规范，令编辑过程更加高效、顺畅。

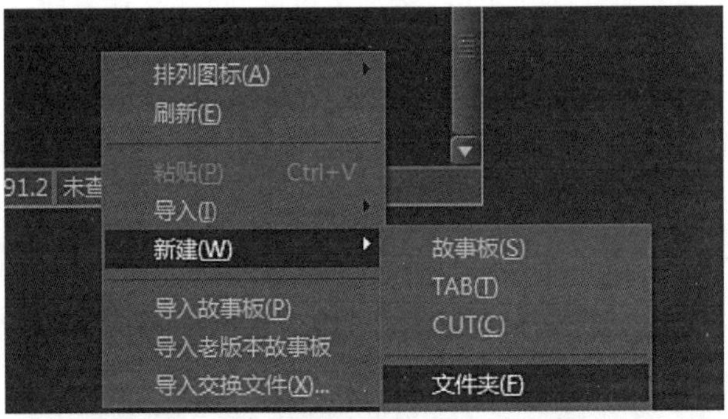

图1-11

大洋资源管理器是进行资源管理的主界面，所有的视音频信息导入到非编素材库中之后，都会显示在大洋资源管理器中，编辑时所有的素材调用也在此界面操作。前文中提到的“项目管理”的理念也是在大洋资源管理器中具体实现的，项目管理要求用户在使用的时候，将不同的资源按照栏目、类别、时间等进行分类，从而规范制作流程，达到更高的工作效率。

思考题

1. 非线性编辑的主要工作流程是什么？
2. 视频制式的设置主要根据什么因素决定？
3. 项目管理的意义是什么？

第2章　素材获取

素材获取是影视后期编辑的第一步。前期通过拍摄或者其他路径得到的视音频信息，必须通过一定的途径存储到D^3-Edit3.0非线性编辑系统素材库中才能调用，如果不能适当地获取素材，影视后期编辑中的剪辑、包装、合成等一切步骤均无法实现。

在D^3-Edit3.0系统中，素材的来源主要有三个方面：一是存储在磁带中的素材；二是存储在非磁带介质上的素材，如P2存储卡、XDCAM蓝光盘、SXS存储卡（又称EX卡）等；第三种是已经存在于电脑中的视音频文件以及图像文件。

针对第一种素材，根据走带设备连接方式的不同，D^3-Edit3.0提供了视音频采集、1394采集两种素材获取方式；针对第二种素材，根据存储介质的不同，D^3-Edit3.0提供了导入P2素材、EX卡采集、XDCAM采集等多种有针对性的素材获取方式；针对第三种素材，根据文件性质的不同，D^3-Edit3.0提供了导入素材、文件采集、图文采集三种素材获取方式。

2.1 磁带信号采集

磁带是一种传统的存储介质，也是以往最常见的存储介质之一。在D^3-Edit3.0系统中针对磁带信号的采集提供了视音频采集和1394采集两种方式，简单来说，这两种采集方式的主要区别在于走带设备和非线性编辑主机的连接方式。当两者通过IEEE1394接口进行信号传输时选用1394采集，当采用红桥卡接口（如复合接口、分量接口、SDI数字接口等）传输信号时则选用视音频采集。

本节将视音频采集作为重点进行示范。

2.1.1 视音频采集

首先，采集磁带信号时需要一个走带设备，将磁带中的视音频信息读取并传输到D^3-Edit3.0非线性编辑系统主机上。当走带设备与D^3-Edit3.0非线性编辑系统主机通过主机后面板的红桥卡接口相连时，可使用视音频采集。

1. 基本采集流程

当视音频信息能够正常地输出到非线性编辑系统主机时，就可以开始视音频采集了。本小节将介绍一种最基本的采集流程，俗称“硬采集”。

点击主菜单栏【采集】/【视音频采集】，打开视音频采集窗口。

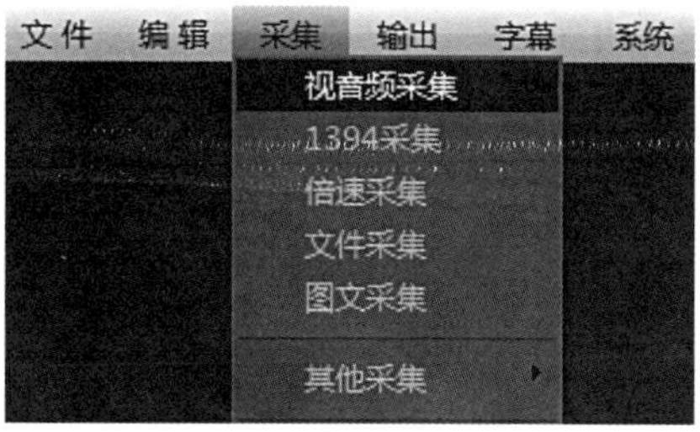

图2-1

视音频采集界面左侧为源信号浏览区，右侧为设置区，用于设置采集时的各项参数，根据参数的不同性质分有【基本信息】、【高级设置】、【参数设置】三个页签。

图2-2

（1）设置素材信息

为了保证非线性编辑主机能正确接收信号，首先需要设置视频输入类型和音频输入类型（如果浏览区已经能够正常浏览信号，此步操作可省略）。

在右侧【参数设置】页签中，通过下拉菜单选择此时的视音频信号输入类型即可。例如：录像机将信号通过SDI接口以嵌入音频方式传输到非编主机，则设置“视频输入类型”：SDI，“音频输入类型”：SDI。

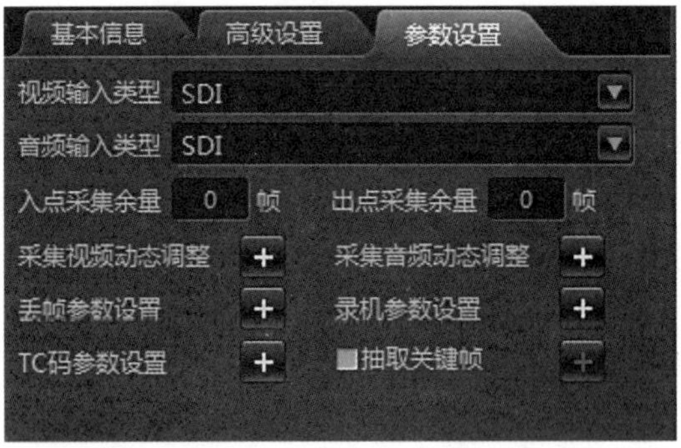

图2-3

设置完成后播放信号源，在源信号浏览窗口观察画面和音频，确认信号正常传输到非编主机，然后设置素材的基本信息。在【基本信息】页签下，点亮按钮，表示采集信号源中的1路视频信号（V代表Video）和2路音频信号（A代表Audio，A1、A2分别对应两路音频输入信号）。

点击视音频通道下方的展开按钮，选择素材的存储格式。如采集高清信号，在下拉菜单中选择勾选格式“hd-1”，如采集标清信号，则勾选格式“sd-1”。

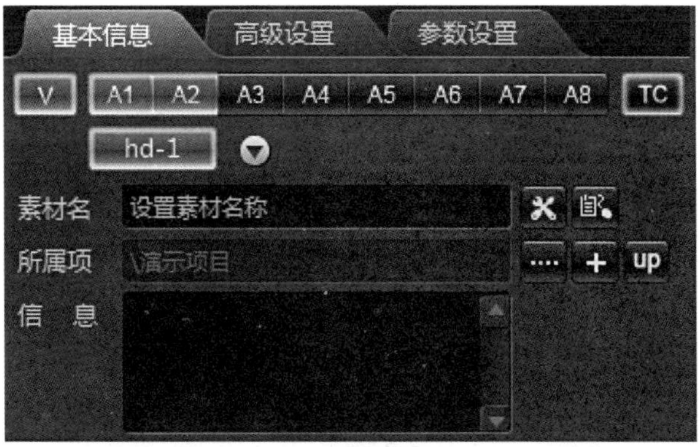

图2-4

在“素材名称”一栏为素材命名；在“所属项”中设置存储路径。为方便以后的素材管理以及使用，建议命名时采用有意义的名字而不是随意输入一些字符或者数字，同时设置正确的存储路径。名称和路径越具体，编辑和管理就越方便。

上述各项设置完成之后，就可以开始采集了。

（2）开始采集

硬采集时，需要将源信号浏览区左下方的按钮点成灰色。

再次播放信号源，通过浏览窗口浏览信号的视音频信息，并搜索需要采集的片段。当视频播放到需要采集的片段时，点击【开始采集】按钮开始采集，在整个采集过程中该按钮将一直处于点亮状态。

采集时可以随时点击【停止采集】按钮结束采集，结束后采集好的素材会按照设置的素材名称存储到设置好的路径下；也可以点击【取消采集】按钮取消此次采集，取消之后素材不会被保存。

本节中示例的采集方式俗称“硬采集”，也叫“直接采集”，是一种最简单的采集方式。其特点是所见即所得，缺点是采集精度不高。操作时建议在开始采集和结束采集的位置留出一定的时间冗余，以保证需要的镜头被完整地采集到素材库中。

2. 遥控采集

遥控采集又称为打点采集，指通过在磁带的时间码上设置入点和出点来精确地采集入出点之间的这段视音频信息。入点和出点可理解为时间码上的开始点和结束点，采集时通过设置入点和出点，来标示磁带上需要采集的视频片段。

如果使用遥控采集，首先需满足以下条件：

①磁带时码连续：必须保证磁带的时码连续才能进行遥控采集，如磁带有“断磁”等现象，只能采取硬采集方式。

②遥控线正常连接：走带设备与D^3-Edit3.0主机连接了遥控线，且遥控信号能正常传输。

③设置远程开关：在遥控采集时，如果走带设备有本地/远程（local/remote）开关，必须将其设置到“远程”（Remote）；同时非线性编辑系统的主机后面板上，在遥控线接口下方也有本地/远程开关，将其设置为“远程”（Remote）。如此才能让走带设备正确接收遥控信号。

遥控采集中，一次只采集一个视音频片段称为“单采集”，一次采集多个视音频片段称为“批量采集”。

（1）单采集

点击主菜单栏【采集】/【视音频采集】，进入视音频采集界面后，首先设置视音频输入类型。播放信号源，确定系统能接收到视音频信号。

如上文所述，在【基本设置】页签下设置素材信息如采集通路、素材格式、素材名称、存储路径等。

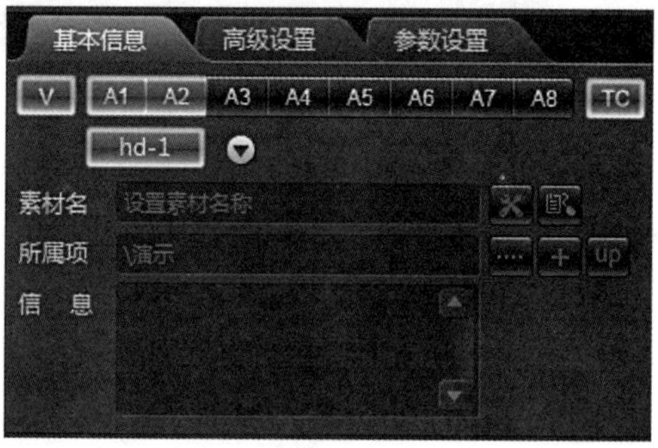

图2-5

点亮源信号浏览区左下方的【VTR】按钮，使走带设备处于遥控状态，此时采集方式切换到打点采集。若遥控信号能正常连通，则通过视频播放窗下方的按钮可以遥控走带设备的播放、暂停、快进、快退等动作，对素材进行浏览。

图2-6

浏览素材找到需要采集的片段，在片段开始的时候点击按钮设置该时码为入点；在片段结束的时候，在结束时间位置点击按钮设置该时码为出点；设置完成后左侧时码框内的数字实时更新。如果事先知道准确的入出点时码信息，也可以直接将数据输入到时码框中。

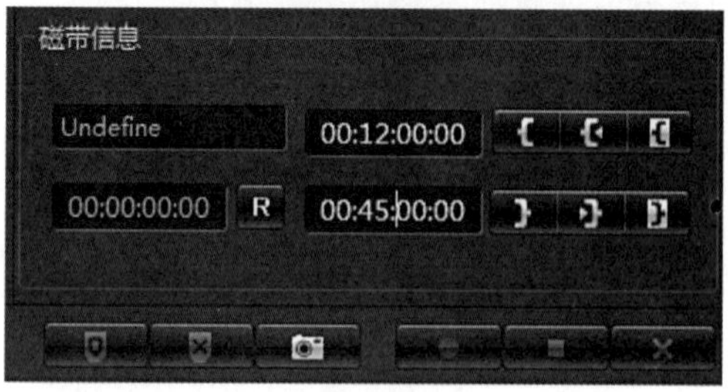

图2-7

设置好入出点之后，点击【开始采集】按钮，弹出如下对话框

图2-8

点击确定，则电脑会自动遥控录像机到达磁带入点位置开始采集，直到出点位置结束采集。采集获得的素材会按照设定的名称存储到之前指定的路径中。

（2）批量采集

和单采集一样，批量采集时也需要点亮VTR按钮，使走带设备处于遥控状态VTR。

在视音频采集界面左下角，点亮【批采】按钮，打开批采集界面。

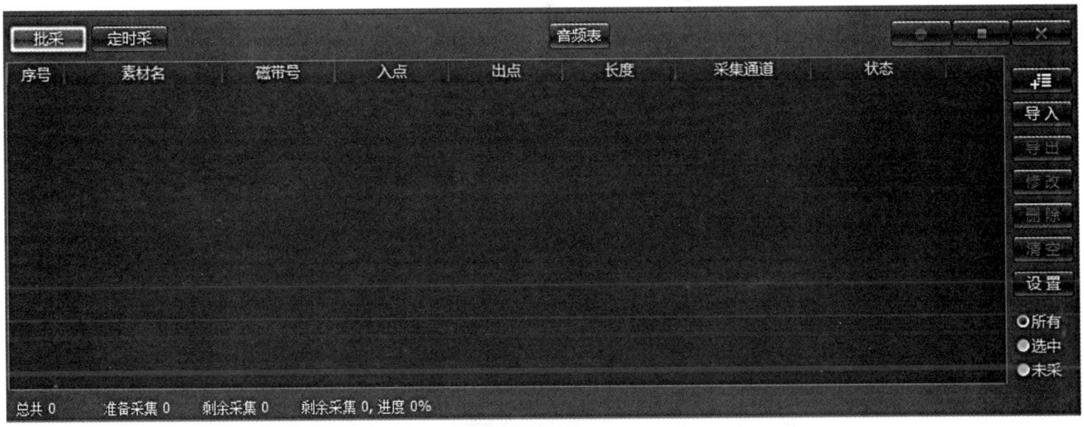

图2-9

和单采集一样，在【基本设置】页签下设置好磁带入出点信息和素材基本信息，设置完成之后点击批量采集左上方的上【添加】按钮，则该项采集任务即被添加到批量采集列表中。

重复以上操作，直到将需要采集的片段都添加到批量采集列表。

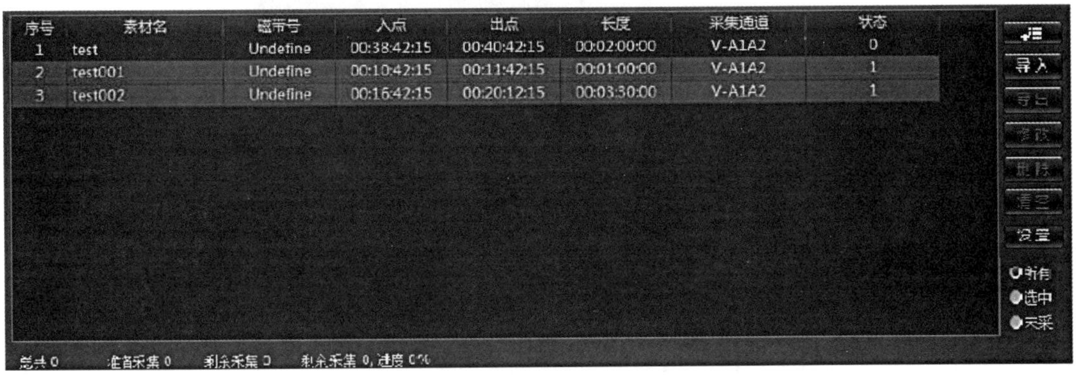

序号
素材名
磁带号
入点
出点
长度
采集通道
状态
1 test Undefine 00:38:42:15 00:40:42:15 00:02:00:00 V-A1A2 0
2 test001 Undefine 00:10:42:15 00:11:42:15 00:01:00:00 V-A1A2 1
3 test002 Undefine 00:16:42:15 00:20:12:15 00:03:30:00 V-A1A2 1
导入
选中

图2-10

在此过程中，批量采集界面右侧的工具栏可修改、删除某项采集任务，清空采集任务栏，或者导入、导出采集列表。

采集列表完成后，点击按钮，系统将按照任务列表一次性完成多个素材片段的采集。

3. 采集参数设置

前文中粗略介绍了采集时常用的参数设置，本节中将详细介绍其各个设置项，令采集时有更多的选择。

（1）素材采集通道

在【基本信息】页签下设置采集通道时，常用的通道设置通常如图所示，表示采集源信号的1路视频信号和2路音频信号。

图2-11

在实际的采集过程中，有时只需单独采集视频信号，有时需单独采集音频信号甚至单路音频信号（例如在只采集信号源中的左声道），这就需要对采集通道进行更细化的设置。

在这排按钮中，按钮代表Video，即视频信号；按钮代表Audio，即音频信号中的第1路；按钮代表磁带时码信息。按钮点亮时处于激活状态，采集时只需点亮相应按钮即可设置采集通路，例如：只点亮按钮，则只采集信号源中的视频信息。

其中每个按钮又分别对应后面板的输入接口。以音频信号为例，信号源输出一个双声道的模拟音频信号，其中一声道连接到非编主机的模拟音频接口IN1，二声道连接到IN2。当只点亮A1时，系统只能采集到音频接口IN1中输入的信息，即只能采集信号源中的一声道内容；同时点亮A1和A2，则能同时采集音频的双声道内容。

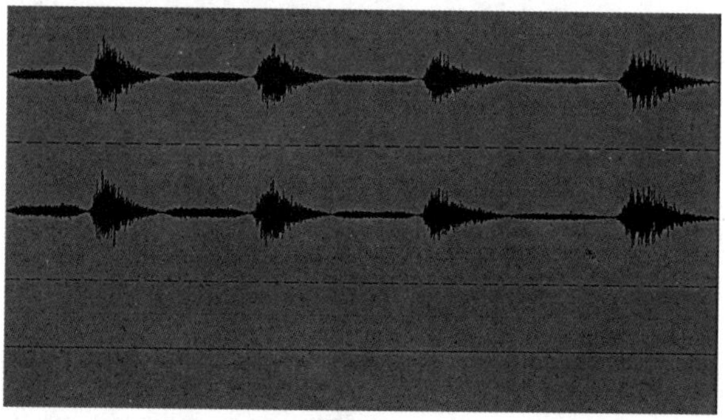

图2-12

（2）自定义采集格式

D^3-Edit3.0为标清信号采集预置了采集格式sd-1和sd-2，这两种格式都能采集视音频组合素材。简单地说，其中格式sd-1采集视频清晰度较高；格式sd-2采集视频清晰度较低，但占用的硬盘空间更小。

除此之外，用户也可自定义采集格式，但此操作不建议初学者使用。该操作在【高级设置】的页签下进行。点击右侧按钮【设置】，可弹出格式设置对话框。

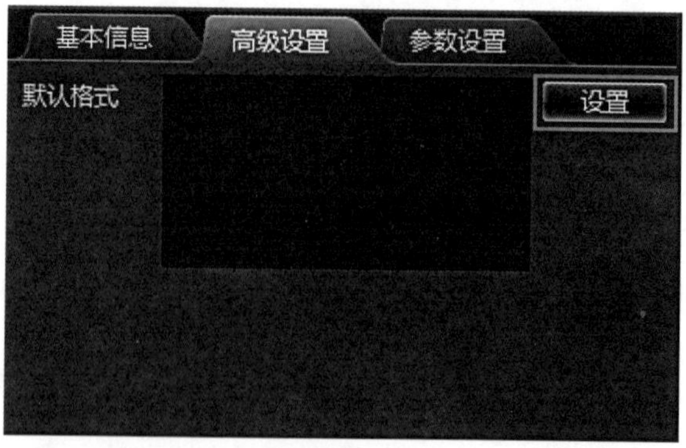

图2-13

对话框中列出了所有的已有格式及其大致参数。在列表中选中某个格式后，可通过对话框下方的按钮修改格式参数，或删除该格式。

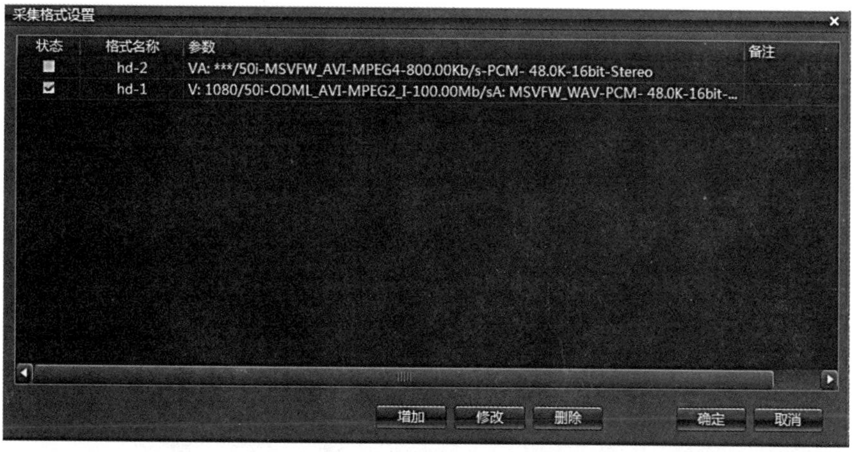

图2-14

需要自定义新格式时，点击对话框下方【增加】按钮，会弹出格式设置对话框。

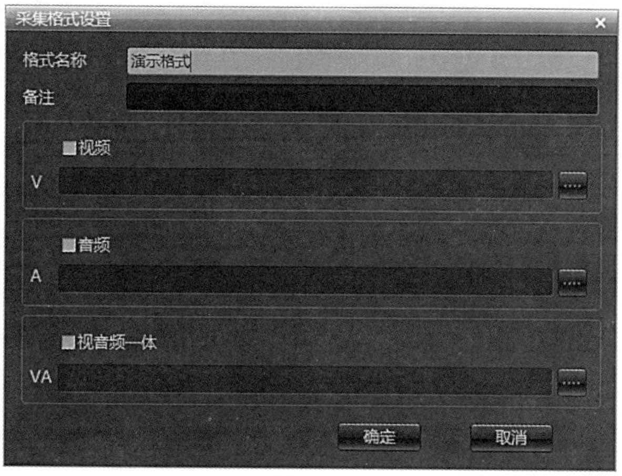

图2-15

在“格式名称”输入新建格式名称。建议同时勾选“视频”和“音频”，表示采集格式既包含视频，又包含音频，且采集得到的素材是视音频分离的；也可勾选“视音频一体”，得到视音频一体的素材。这里所说的视音频一体或者视音频分离指的是底层文件，不论选择何种方式，在资源管理器中看见的素材都只有一个。

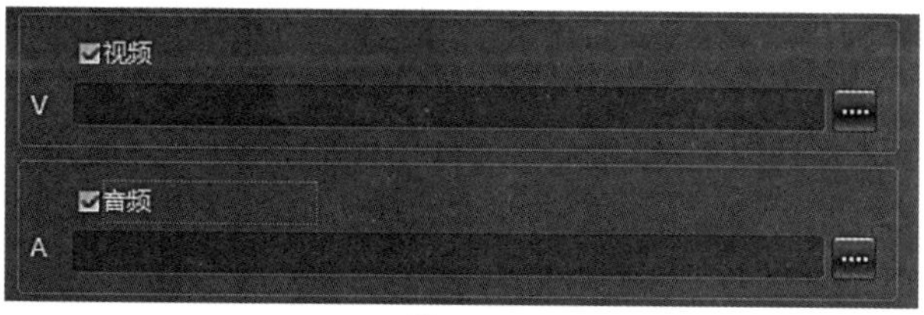

图2-16

点击每个栏目后方的拓展按钮，可设置具体的视频/音频文件格式以及参数，如视频文件的文件格式、视频类型、码率等，音频文件的取样精度等。用户根据需要进行选择，这里不作赘述。

需要强调的是，根据我国的播出标准，视频格式中的【视频制式】有一定的限制，高清格式一定要设置为1080/50i，标清格式一定要设置为PAL。

图2-17

设置完成之后，点击【确定】保存。回到【基本信息】页签时即可在格式中看到自定义的格式。

图2-18

注意：常用采集格式只有两种，自定义格式属于临时格式，无法保存，只针对本次采集有效。

2.1.2 1394采集

对于DV磁带等素材，走带设备常常通过1394接口连接到非线性编辑系统的主机上，此时就需要采用1394采集。1394采集的操作界面和操作流程与视音频采集十分相似，但进行设备连接时需要特别注意连接步骤。

1. 1394 采集注意事项

IEEE1394接口不可热拔插，否则极易使接口烧坏。为了保证设备的安全性，需严格注意连接步骤。正确的操作步骤如下：

- 关闭走带设备电源，将设备通过1394连接线连接到D^3-Edit3.0主机；
- 打开电源，此时Windows操作系统可识别1394设备；
- 放入磁带，开始1394采集；
- 采集完成之后，关闭1394的采集窗口；
- 关闭DV电源，拔出1394连接线。

此外采集中还需要注意的是：

● 确保1394设备的工作模式（DV或HDV）、磁带记录的文件格式（DV或HDV）与非编的编辑环境（PAL或HD）保持一致，其中PAL和DV对应、HD和HDV对应；

● 为确保采集的实时性，不建议使用自定义采集格式，直接采集磁带上的默认格式即可（打开1394界面系统会自动识别）。

● 有的走带设备利用IEEE1394接口输出时必须进行相应的设置，否则无法通过该接口正常输出信号。

2. 采集

点击菜单栏【采集】/【1394采集】,如果系统可正确识别1394设备，即弹出1394采集界面。

1394采集界面与视音频采集的界面大致相同，左侧源信息浏览区可监看源信息的视频和音频信息，右侧信息设置区可设置采集相关参数。

图2-19

操作时首先设置素材信息。与视音频采集有所区别的是，当使用1394接口采集信号的时候只设置素材名称和素材存储路径即可。其视频输入类型、视音频采集通道和采集格式均建议保持系统默认值不变。

设置完素材信息后，当VTR按钮为灰色时可进行硬采集；当VTR按钮点亮时，可在磁带信息区域设置磁带的入出点信息，从而进行单采集或者批量采集。具体步骤参见“视音频采集”。

思考题

1. 硬采集和遥控采集的定义是什么？二者的区别是什么？

2. 什么叫入点与出点？它们的意义是什么？

3. 遥控采集时有什么注意事项？

4. 1394采集时正确的操作步骤是什么？

2.2 非磁带介质采集

除了磁带和文件以外，现在还有很多其他的存储介质都得到了广泛的应用，例如松下公司的P2卡，索尼公司的EX卡、XDCAM（蓝光盘）等。D³-Edit3.0支持其他常用的存储介质采集。

这些存储介质的采集界面和操作方式都十分相似，因此本节中将着重介绍P2卡采集，其操作步骤可以推广到其他所有常用的操作，比如EX卡采集、XDCAM采集等。

2.2.1 P2卡采集

P2卡是一种常见的存储介质，D³-Edit3.0非线性编辑系统全面支持松下公司P2技术。P2卡采集功能可以方便地将P2卡中的视音频文件导入到非编系统中形成素材。

点击主菜单【采集】/【其他采集】/【导入P2素材】，弹出P2采集界面，如下。

图2-20

界面的左侧为P2卡结构目录，用于显示P2读卡器的结构，以及每张P2卡中的素材片段的信息；中上部为信号浏览区，中下部为素材信息设置区；右侧为批量采集区。

P2卡采集也分为单采集和批量采集两种方式。单采集指只采集一个视音频片段，批量采集指根据采集列表，一次性采集多个任务。

1. 单采集

当P2卡读卡器与电脑正确连接时，系统会自动获取P2卡素材目录。一个P2卡读卡器可能含有多个卡槽，在P2卡结构目录区选择目标卡。

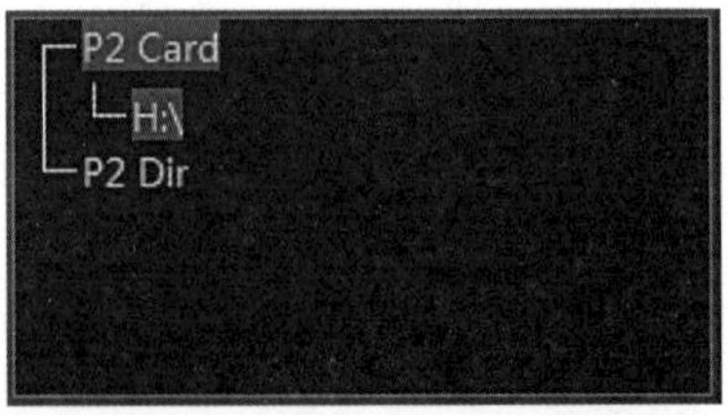

图2-21

该卡中存储的视音频片段内容会在内容显示区中出现。

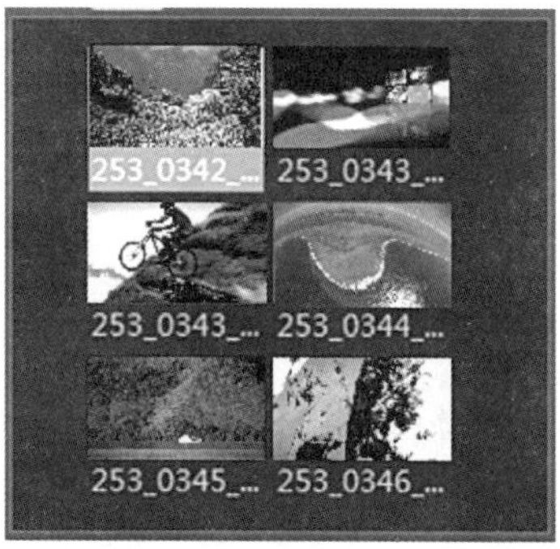

图2－22

选中某个素材片段双击，可在浏览区浏览其详细的视音频信息。浏览完成后通过设置入出点选择需要的镜头（默认的入出点在文件首帧和末帧）。

图2－23

设置素材基本信息：包括素材名称以及在大洋非线性编辑系统中的存储路径，其余部分保持默认值不变即可。

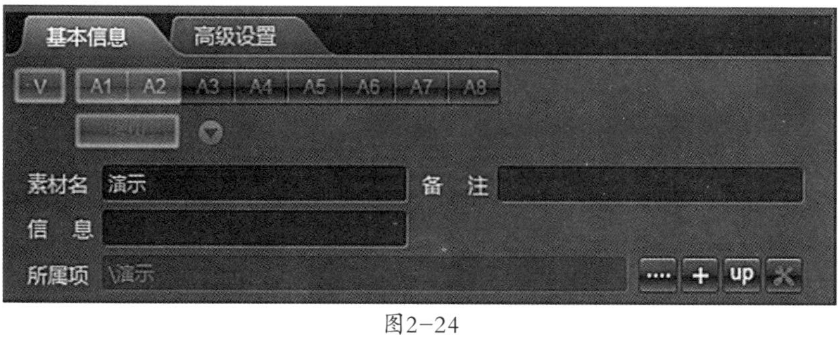

图2－24

点击浏览区下方的【导入】按钮，即可导入该片段。

2. 批量采集

批量采集的前部分操作与单采集相同，首先在结构目录中选择视频片段，再对该片段设置入出点，然后设置素材基本信息。

完成以上步骤后，点击【添加到任务列表】按钮，将此段任务添加到导入列表。

图2-25

重复以上操作，直到完成列表。

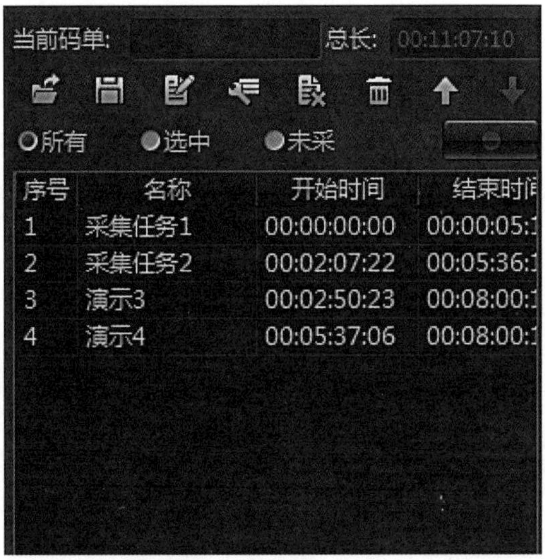

图2-26

点击批量采集区的【导入】按钮，系统即按照列表执行导入存在于任务列表中的所有视频片段。

批量采集时，如P2卡中的某个视频片段不用选择入出点，需要全部采集到素材库中，可用鼠标点住这个片段，将其直接拖拽到采集列表区。这是一个相对较为快捷的操作，此时该视频文件默认以原始格式被拷贝到素材库中，素材名称与视频片段的名称相一致。

采集多个视频片段时，也可按住Ctrl键后用鼠标选择多个视频片段，然后直接拖拽到采集列表中，从而便捷地一次添加多个采集任务。

2.2.2 其他介质采集

在主菜单栏【采集】/【其他采集】下，提供了针对常用的介质采集选项，选择相应的项目即可进入界面。

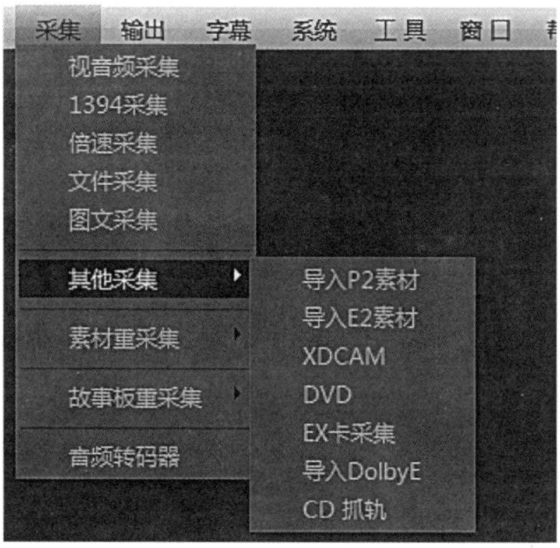

图2-27

常见的非磁带存储介质除了P2卡，还有蓝光盘（XDCAM）和EX卡，如前文所述，虽然信号来源不同，这些采集选项的界面和操作方式是大体一致的。所有的其他采集都支持单采集和批量采集两种采集方式，操作步骤也遵循“选择片段、设置入出点、设置素材信息、开始采集”的顺序，因此本节中不再赘述，具体参照P2卡采集。这里只就采集时的不同点作讲解。

1. XDCAM 采集

XDCAM光盘是索尼公司在2003年推出的无影带数字存储介质，又称“蓝光盘”，XDCAM专业光盘系统突破了传统意义上专业广播电视设备的范畴，是集传统视音频采集、编辑、制作设备功能和网络化应用功能于一身的新一代节目制作设备。

在主菜单栏点击【采集】/【其他采集】/【XDCAM】，进入XDCAM采集界面。

图2-28 XDCAM采集界面

如图所示，该采集界面与P2卡的采集界面非常相似，不同点在于采集时首先需要在左上角设置XDCAM导入路径：如读取设备与非编系统用1394线连接，则导入路径选择“1394”，同时提供盘符；若读取设备与非编系统以FTP方式连接，则导入路径选择“FTP”，同时在下方提供相应的IP地址和端口号；如XDCAM读取设备为Sony的PDW-U1驱动器，则导入路径选择“U1”，同时提供光盘号。

图2-29

设置导入路径后，依次选择视频片段、设置入出点、设置素材信息、完成采集列表，就可以开始采集了。具体操作参见前文“P2卡采集”。

2. EX卡（SXS卡）采集

SXS存储卡是由Sony公司与SanDisk共同开发研制的专业闪存记忆卡，符合ExpressCard行业规范，可通过高速PCI-Express总线与计算机系统直接连接。目前SXS卡主要应用在Sony公司的“XDCAM EX”系列专业摄录一体机中，例如：PMW-EX1和EX3，故也称为“EX卡”。

在主菜单栏点击【采集】/【其他采集】/【EX卡采集】，进入EX卡采集界面。

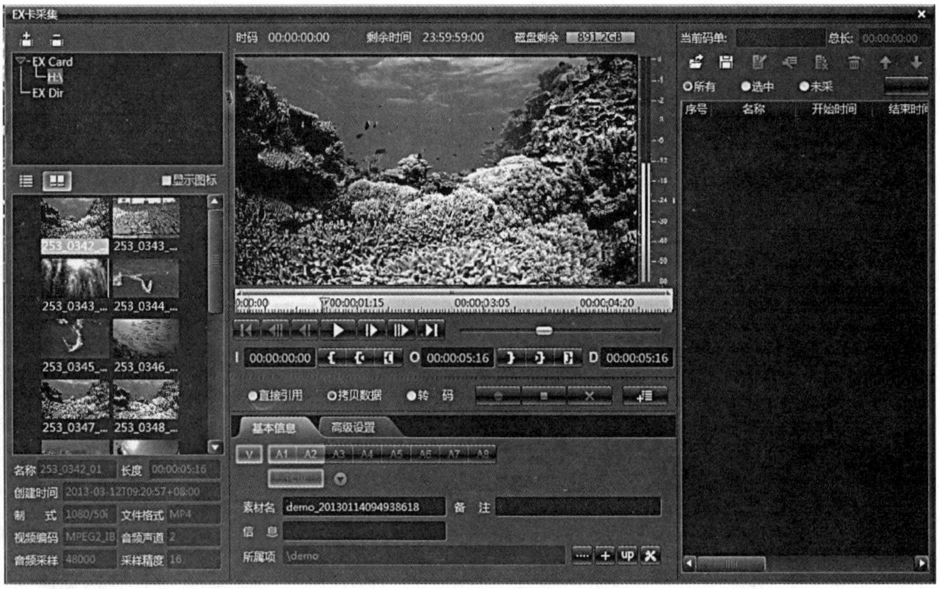

图2-30 EX卡采集界面

如图所示，EX卡采集界面与P2卡采集界面非常相似，只要依照“选择目录结构、选择视频片段、设置入出点、设置素材信息、完成采集列表、开始采集”的顺序操作即可，具体操作方式详见前文“P2卡采集”。

思考题

1. 以P2卡为例，P2卡中的信息可以使用“视音频采集”来进行采集吗？如果能，具体操作是什么？

2. 常见的非磁带存储介质有哪些？常用的存储介质有什么优缺点？

2.3 文件导入

在D^3-Edit3.0中针对文件的采集统称为“文件导入”。针对不同的文件类型以及不同的采集需要，D^3-Edit3.0提供了三种文件导入的方式，分别是导入素材、文件采集、图文采集。其中导入素材针对视音频文件以及图片，文件采集主要针对常规的视音频文件，图文采集针对图片序列。

2.3.1 导入素材

导入素材是最常用也最简便的一种文件获取方式。通过导入素材，可以一次性导入多个文件（包括视音频文件和图片）到素材库中，还能在导入过程中对视音频文件进行转码。

1. 常规导入

在大洋资源管理器的主项目下选择一个文件夹，在空白处单击鼠标右键，在右键菜单中选择【导入】/【导入素材】。

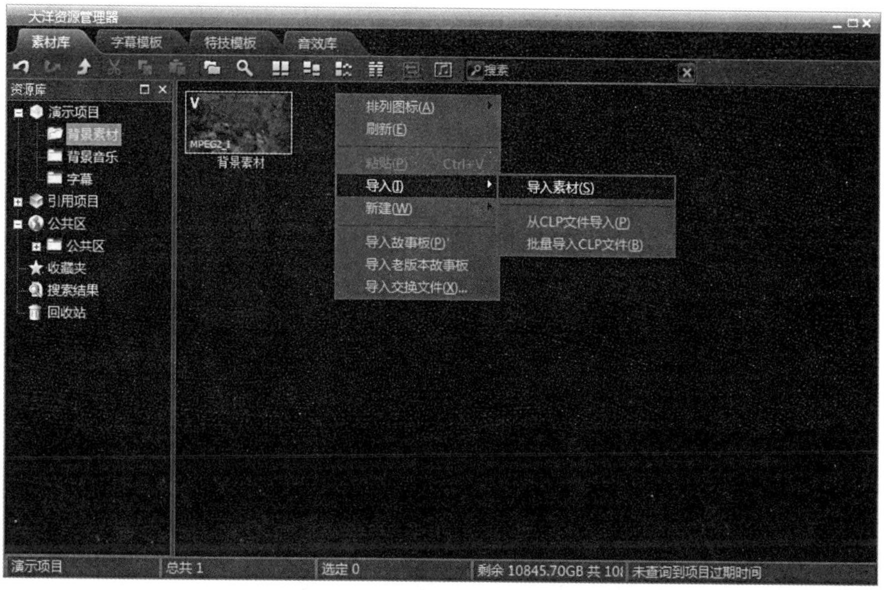

图2-31

在素材导入对话框中，点击【添加】按钮，在弹出的对话框中选取需要的文件，点击【确定】将其添加到导入列表。重复以上步骤，将需要导入的素材全都添加到列表中。

此时选中某个素材，可以在右方页签中查看文件信息、素材信息，以及浏览文件的视音频内容。

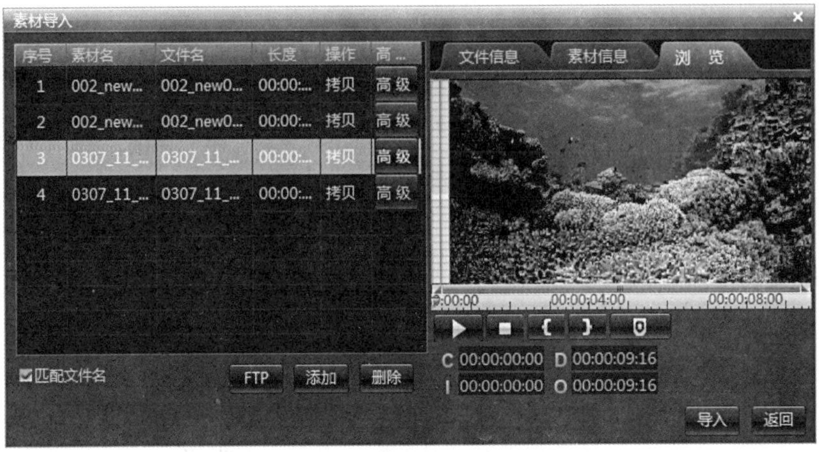

图2-32

列表添加完成后，点击【导入】按钮，导入列表中存在的所有文件。

2. 特殊设置

导入素材时，可根据具体需要进行设置，以满足不同素材、不同情况下的需求。

（1）导入方式

选中列表中的某一个文件，在【操作】一栏上单击鼠标右键，可以看到右键菜单里出现了“保留”“拷贝”“移动”“转码”四个选项，这四个选项对应了四种不同的素材导入方式。

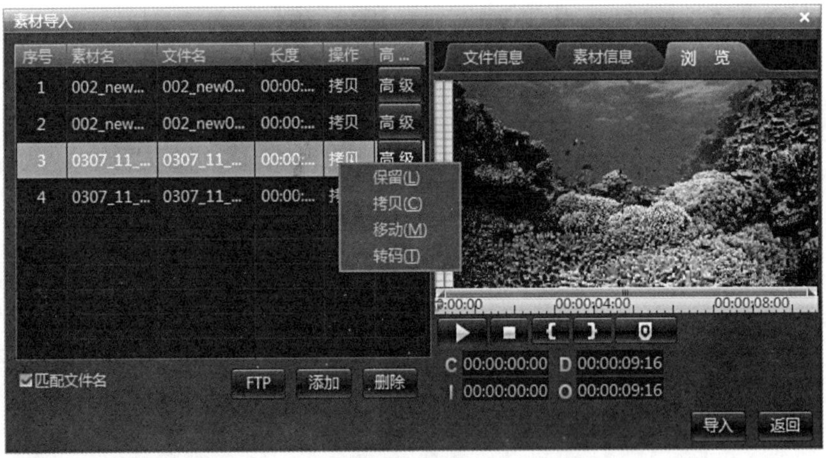

图2-33

拷贝：“拷贝”是系统默认的导入方式。当选择“拷贝”时，系统将源文件的数据拷贝到D^3-Edit3.0非编系统的素材库中，这种素材导入方式会占用一定时间和电脑硬盘空间，但素材安全性较高。一般编辑时都建议采用拷贝的导入方式。

保留：选择“保留”方式时，系统将直接引用原地址的文件。选用此种导入方式时必须保证源文件的安全性，如果源文件被误删，那么编辑时引用的此段素材将全部作废。其优点是快捷且不额外占用本地硬盘空间，缺点是安全性较差。此种导入方式适用于快捷编辑，即导入素材后只需要简单编辑即输出为成片的情况。

移动：“移动”方式将会把源文件数据拷贝到素材库中，且拷贝完成后自动删除源文件。

转码："转码"的导入方式是先将源文件进行转码（即改变原有媒体文件的编码类型，并生成一个新的数据文件），然后再将转码后的数据文件导入素材库。此时素材库中的素材与源文件相比编码方式已经改变，并不是相同的数据文件。

转码导入素材的操作方式也与前三种稍有不同。首先在操作栏通过右键菜单将导入方式设置为"转码"，然后点击"转码"后方的【高级】按钮，弹出转码设置窗口。

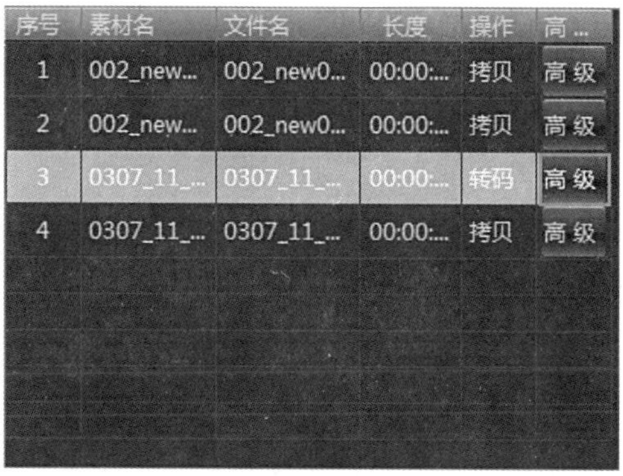

图2-34

在转码设置窗口的左下方，点击【添增】。

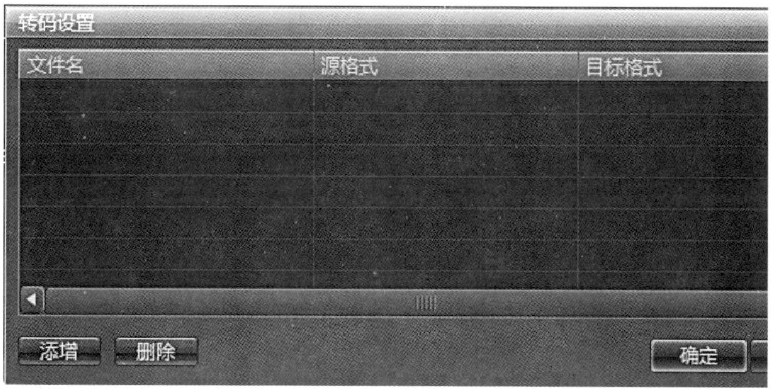

图2-35

此时弹出采集格式设置窗口，转码的目标格式即在此窗口中进行设置。格式具体设置方式参见"自定义采集格式"。设置时注意，根据我国的播出标准，"视频制式"建议设定为1080/50i（高清）或者PAL（标清）。

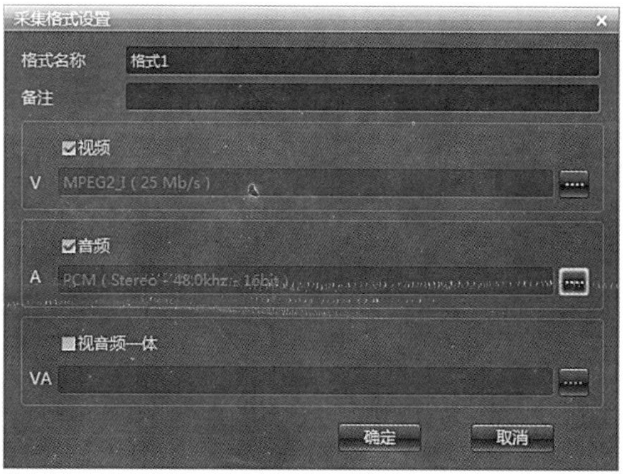

图2-36

设置完成之后点击【确定】返回素材导入窗口，再点击导入按钮，素材会被转码之后导入。

（2）匹配文件名

在导入素材窗口的左下方，有【匹配文件名】的选项，默认为勾选状态。

图2-37

摄像机常使用记忆卡作为存储工具，用户采集时为了更快捷，常通过读卡器将记忆卡中的文件拷贝到电脑本地硬盘，然后利用导入素材的方式将其直接导入素材库。但有的摄像机在录制时会将视音频分别存储，如果直接导入到D^3-Edit3.0素材库中，视音频会存储为单独的素材，不方便调用。或者其他非编系统输出视音频分离文件时，这些文件在导入过程中也会有相似的情况。

针对这种情况，可将视音频文件进行重命名，当其命名规则符合D^3-Edit3.0中的命名规则时，勾选“匹配文件名”，系统会把分离的视音频文件自动匹配为一个视音频组，导入后调用更方便。

例如，有一个视频文件、两个音频文件，其命名规则符合D^3-Edit3.0中的命名规则：视频命名为“名称V0”；音频依次命名为“名称A0”“名称A1”……

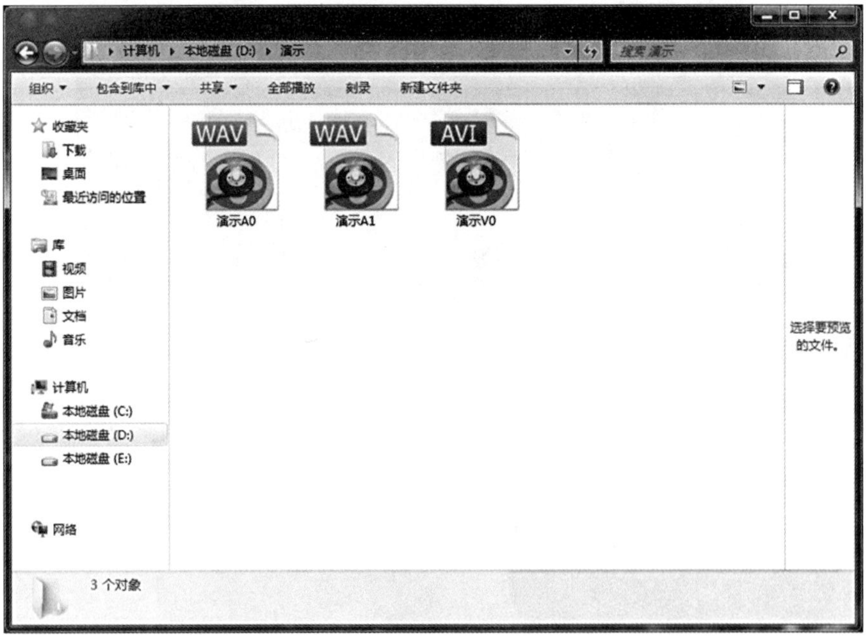

图2-38

勾选“匹配文件名”后，将上述三个素材添加到导入列表，则列表上只显示一个任务，此任务包括了视频和音频；导入非编系统后，得到一个视音频组合素材。

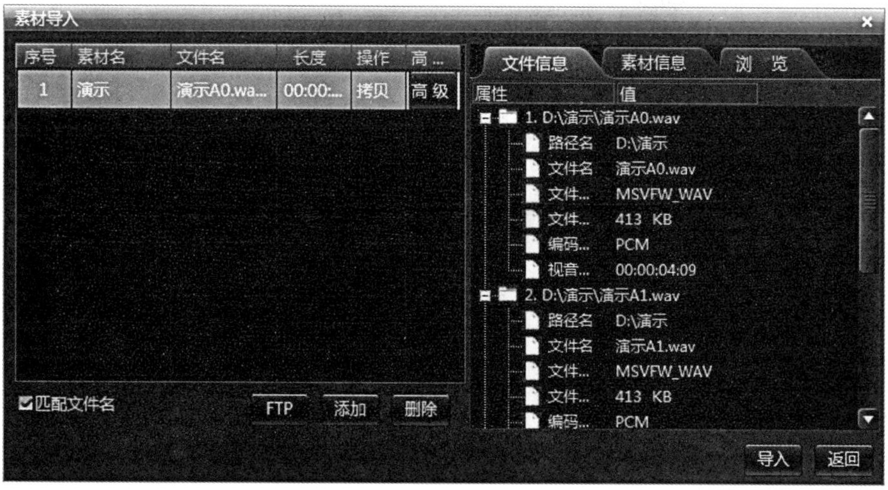

图2-39

若不勾选，则素材在列表中显示为三个独立的任务，导入到非编系统中之后也是三个独立的素材。

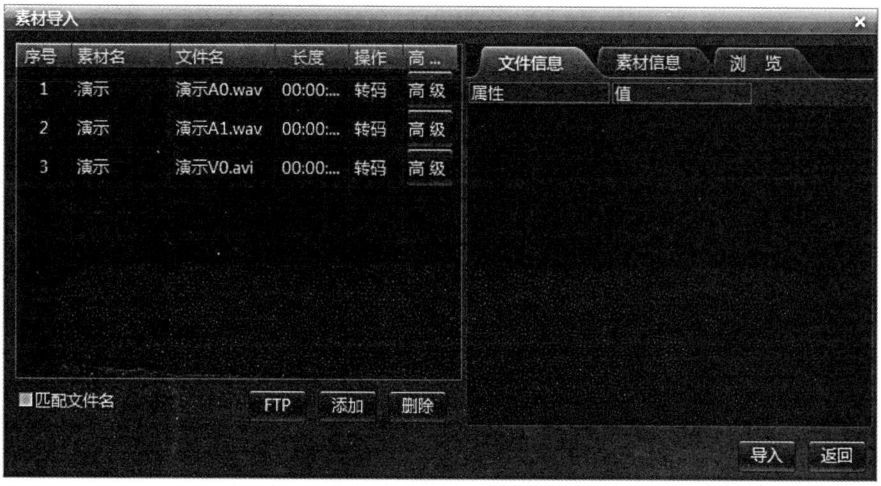

图2-40

（3）图片导入

导入素材功能不仅可以导入视频文件或者音频文件，还可以导入图片。具体操作方式与导入视音频文件一样，只要将需要导入的图片添加到列表，点击导入即可。

图片导入可能出现如下问题：在高清编辑模式下，屏幕分辨率为1920×1080，示例图片分辨率为500×375，导入时系统默认按照原始分辨率导入，图片无法占据整个屏幕，其呈现的效果如下：

图2-41

虽然可以在后期编辑中对图片进行进一步修改使其占满屏幕，但需要大量导入图片时，逐个修改显然是很费时的，此时可以通过更改设置使图片一步到位地达到需要的效果。

在主菜单栏选择【系统】/【用户喜好设置】。

图2-42

在弹出对话框中，选择【字幕设置】/【导入图片设置】。

其中的【资源管理器模块中导入方式】，默认为【原始尺寸】，根据需要将其修改为其他选项即可，修改完成后点击【确定】保存退出。

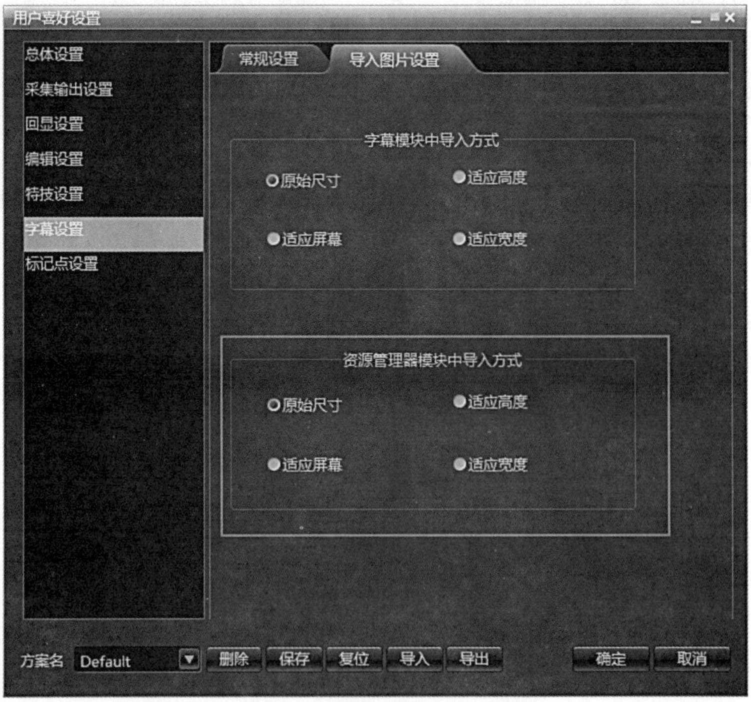

图2-43

除“原始尺寸”外，其余三种导入方式导入后效果如下。

图2-44 适应高度

图2-45 适应宽度

图2-46 适应屏幕

2.3.2 文件采集

使用文件采集功能，可以在原始素材中有针对性地选择需要的片段进行采集。这种采集方式精简了原始素材，能很好地节约硬盘空间，但采集时无法对源文件进行转码，采集后的素材格式与源文件格式一致。文件采集主要针对常规的视频或者音频文件，无法采集图片。

点击菜单栏【采集】/【文件采集】，进入文件采集界面。

如图所示，文件采集界面与视音频采集的界面也很相似，界面左上方用于浏览视音频信息，右上方用于设置相应的采集选项，界面下方为批量采集区。

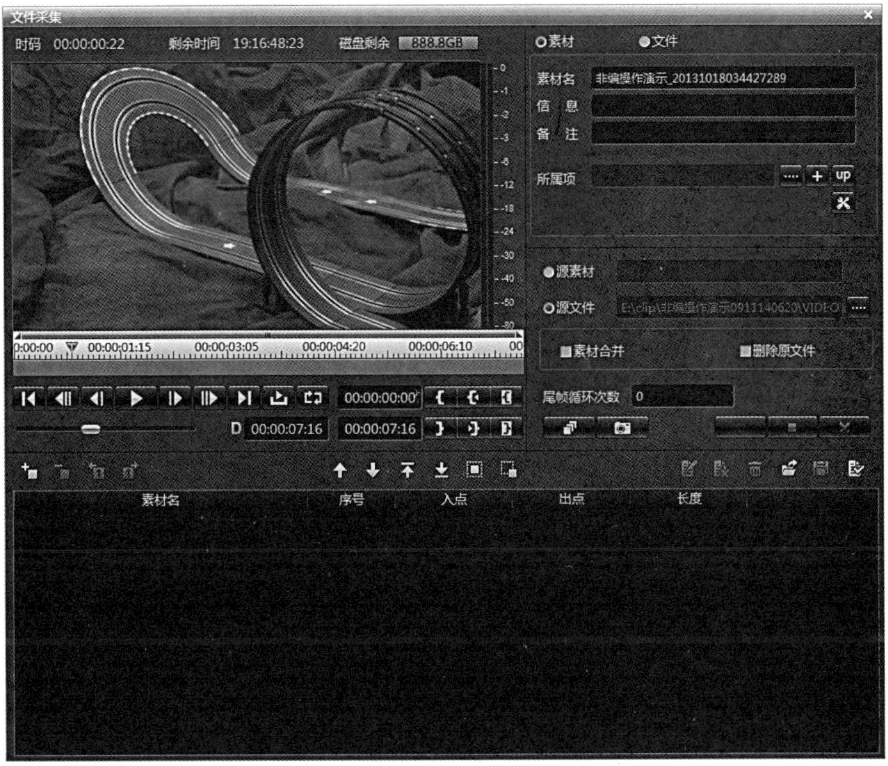

图2-47

使用文件采集时，首先在源文件选择区选择需要采集的文件。点击浏览按钮 ···· ，在弹出的对话框中选择需要采集的文件。

图2-48

打开源文件后可在浏览区浏览文件的视音频信息。浏览时通过预览区下方的播放控制按钮进行播放、暂停、快进、快退等操作，也可在时间标尺上用鼠标拖动时码线前后移动，对素材内容进行快速的预览和查找。

浏览完成后，在时间标尺栏里将时码线移动到该片段的起始时码位置，点击按钮（或其快捷键“I”）设置入点；在时间标尺栏里将时码线移动到该片段的结束时码位置，点击按钮（或其快捷键“O”）设置出点。入出点设置完成后，可看见在时间标尺上该段素材的颜色与其他不同。

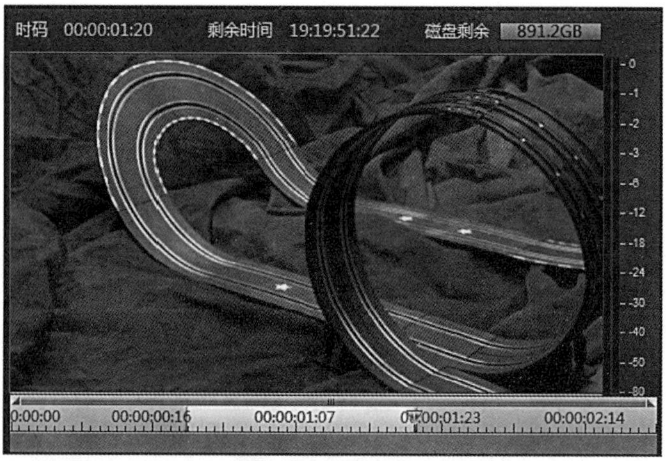

图2-49

每一对入出点定义了一个片段，采集后这个片段会成为一个独立的素材。设置好入出点后在右侧的素材信息设置区勾选“素材”，并设置素材名称和素材存储路径。

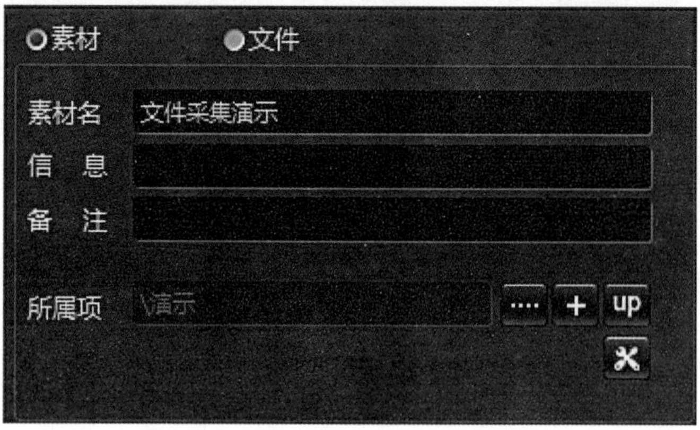

图2-50

完成片段的选取及素材的信息设置后，在批量采集区点击【添加块】按钮，将这个采集任务添加到采集列表上。重复以上操作，选取片段二、片段三……直到选取完了所有的片段，

得到一串相应的采集列表。

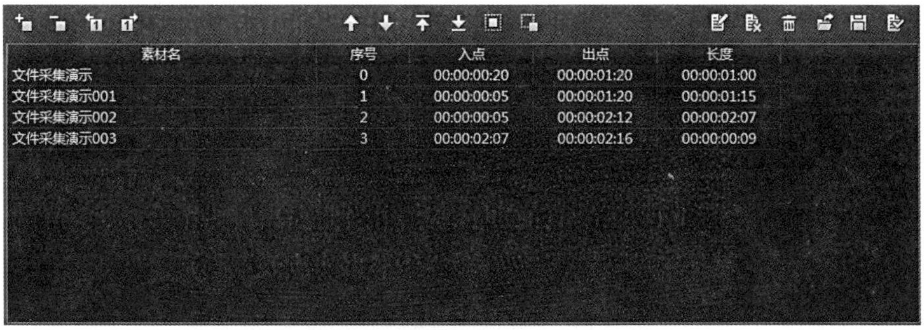

图2−51

此过程中可通过批量采集列表区上方的操作按钮对采集任务进行删除、清空等管理操作。

完成采集列表后，点击【开始采集】按钮，系统将根据列表进行采集。

采集时如果勾选“素材合并”，则列表中的多个片段将最终被采集成为一整段包含所有片段的素材；勾选“删除源文件”，则采集后将自动删除源文件。

2.3.3 图文采集

利用图文采集功能，可以将图像序列文件串采集成为一个带通道的视频素材，采集得到的视频素材可剪辑和添加视频特技。采集时需要注意采集格式的选择，正确的格式才能够保证采集得到的视频素材仍然保存有通道信息。

选择主菜单【采集】/【图文采集】，进入采集界面。与大多数的采集界面相类似，界面可大致分为源文件浏览区、信息设置区。

图2−52

点击“文件名”一栏的【浏览】按钮。

图2−53

在弹出的对话框中找到需要采集的图像序列文件，选择其中任意一张点击确定，即可打开整个图片序列。值得注意的是，当用其他系统输出图片序列时，若希望输出图片序列带通道，建议输出为32位TGA文件序列，或者PNG文件序列。

图2−54

打开后在源文件浏览区即可浏览该图像序列的内容，也可对其入出点设定采集区域。

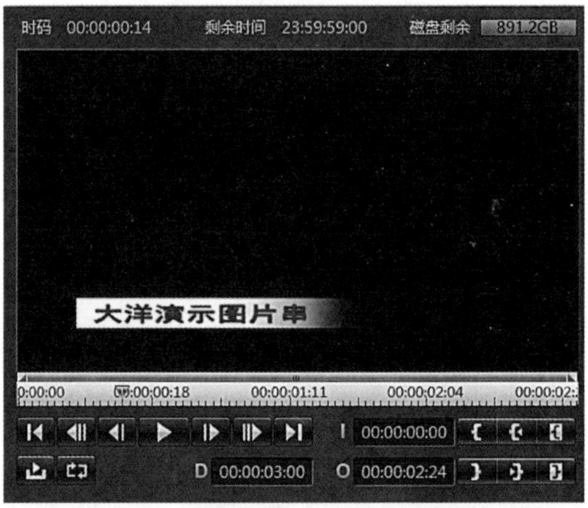

图2−55

在【基本信息】页签下，点亮按钮，表示将图像序列采集为视频素材，并在下方选择素材的存储格式。系统默认的格式中，格式1不带α通道，格式2带α通道，通常情况下我们选择格式2。

勾选“素材”，表示将该存储称为D³–Edit3.0素材库中的素材，为素材设置素材名称以及存储路径。

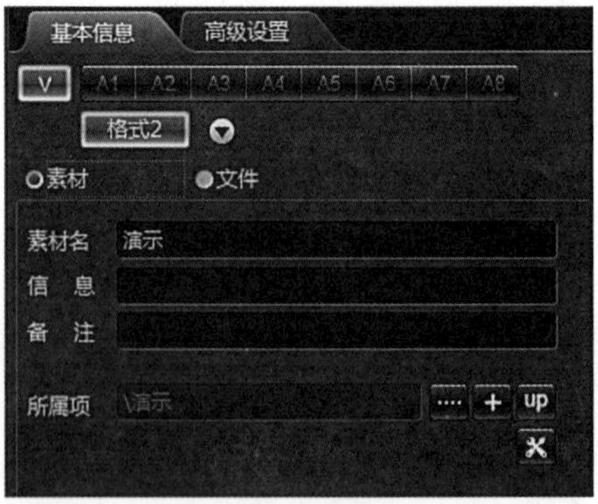

图2−56

设置完成后，点击采集按钮开始采集，图像序列将被采集成一个带通道的视频素材，以指定的素材名存储在预设的存储路径下。采集时可以随时点击【停止采集】按钮结束采集，也可以点击【取消采集】按钮取消此次采集。

思考题

1. P2卡中的信息可以用本节中介绍的方式导入素材库吗？如果可以，应该怎样导入？
2. 导入图片素材时，如何设置图片的显示方式？
3. 导入素材时勾选“匹配文件名”，要如何才能令文件名匹配？
4. 图文采集时，若要将图片序列采集为带通道的格式，需要如何设置？

2.4 素材管理

通过各种不同的获取方式获得的素材，以及各种工程文件、系统自带的各类模板等资源最终都存放在D^3-Edit3.0非线性编辑系统的素材库中，用户通过大洋资源管理器对其进行选择和调用。默认情况下，D^3-Edit3.0非线性编辑系统的素材库在电脑中的物理地址为E:\clip，**因此使用时务必注意，不能在该文件夹随意删除或移动文件。**

在D^3-Edit3.0非线性编辑系统中，通过项目、文件夹等对各类资源进行分级、分类管理。前文中提到过，规范管理素材的思想贯穿了整个编辑过程，在获取素材时，就可以对素材的名称和存储路径（所属文件夹）进行设置，将素材按照栏目、内容、时间等进行初步的分类。养成良好的资源管理习惯，可以有效整合资源，大大提高工作效率。

2.4.1 项目管理

项目是D^3-Edit3.0非线性编辑系统的最高管理层级。登录系统之后，用户只能打开一个主项目，并调用、编辑存储于该项目下的资源。因此，通常在制作一档新的栏目时，会在系统中新建一个项目，并将所有与该栏目有关的视音频素材、字幕素材、故事板文件等都存储在该项目中，以便编辑时随时调用。

前文中已经简单介绍过如何新建项目，这里补充讲解在新建项目时应注意的其他设置。

密码设置和密码确认：可在新建时为该项目设置密码，以后每次打开该项目时需要输入密码，此举可提高项目的安全性。

项目空间设置：为项目分配硬盘存储空间，一般勾选“无上限”，也可根据具体需要为不同项目配置不同的存储空间。

参与用户设置：此项设置也是用于提高项目安全性的，当系统中存在多个用户时，设置参与用户可赋予用户打开此项目的权利，设置时勾选希望参与编辑该项目的用户即可。

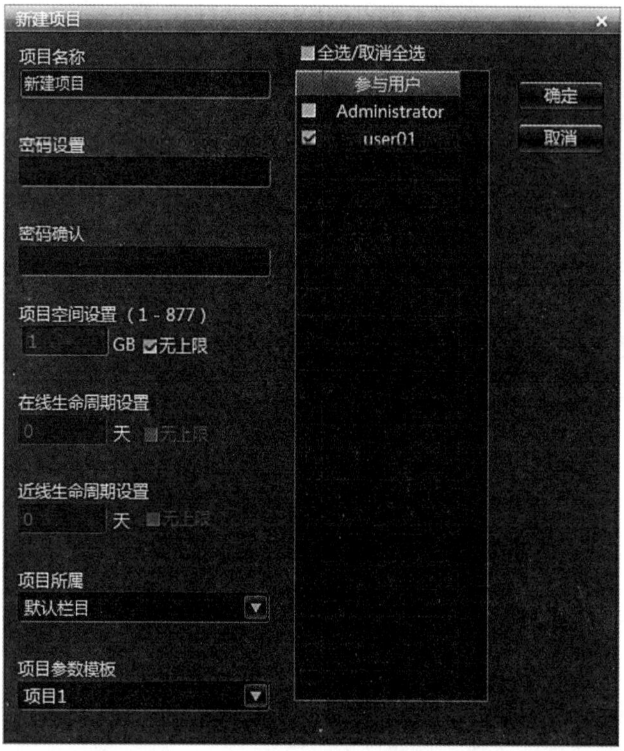

图2-57

新建完成后即可打开项目。在大洋资源管理器左侧可以看到当前打开项目的名称，展开此项目，则会显示该项目下的所有文件夹。

若系统中存在多个项目，则启动时会弹出对话框，要求用户选择其中的一个项目打开。

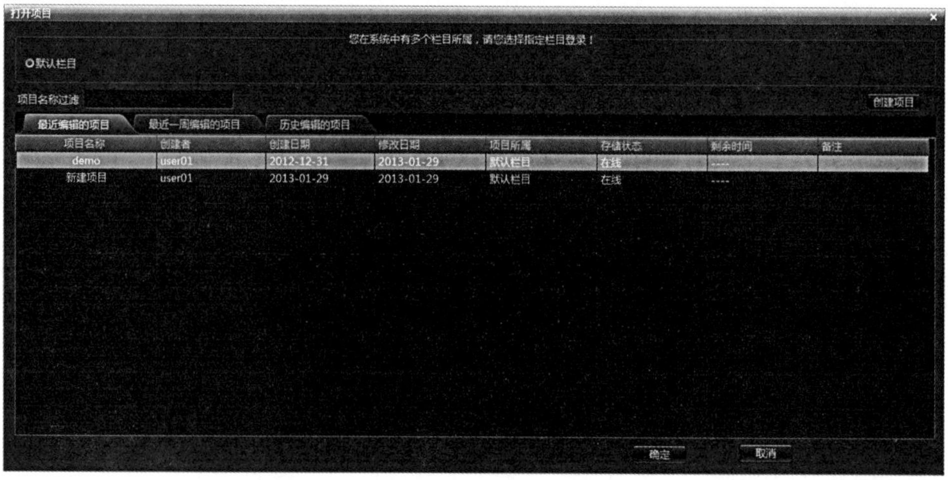

图2-58

在大洋资源管理器左侧可以看到当前打开项目的名称，展开此项目，则会显示该项目下的所有文件夹。

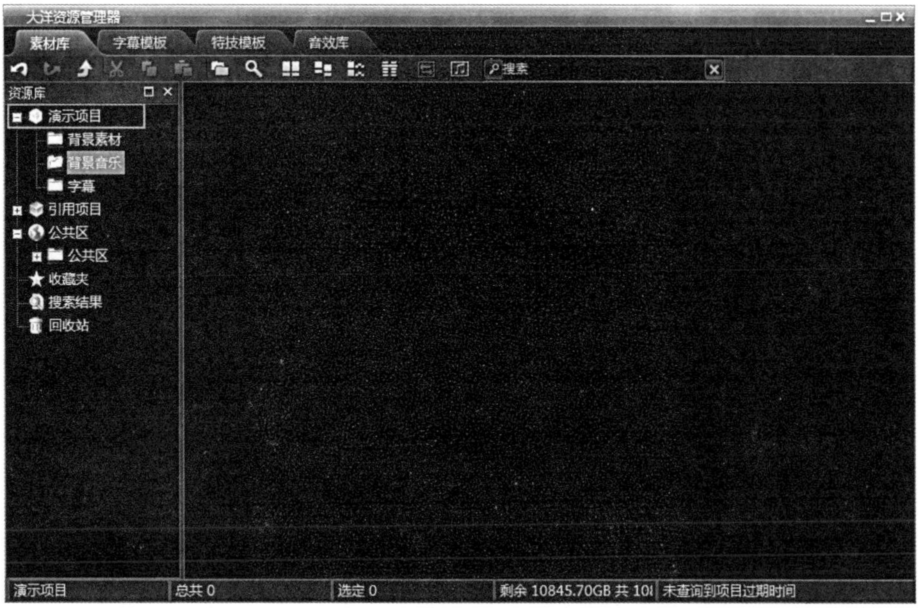

图2-59

由于编辑时每次只能打开一个主项目，所以在管理素材的时候必须十分注意，制作一档栏目所需要的素材最好都放在同一个项目下，以免在使用中造成不便。

如果编辑时需要使用其他项目中的素材，可以通过引用项目来达到目的。点击主菜单栏【文件】/【引用项目】，然后选择需要引用的项目打开即可。

在资源管理器左侧的文件夹列表里可以看到当前打开的项目和引用的项目排列在不同的区域中。编辑时可以引用多个项目，但对引用项目中的素材只有浏览和调用的权限，无管理的权限（如删除素材、新建文件夹、修改故事板等），即引用的项目具有只读属性。

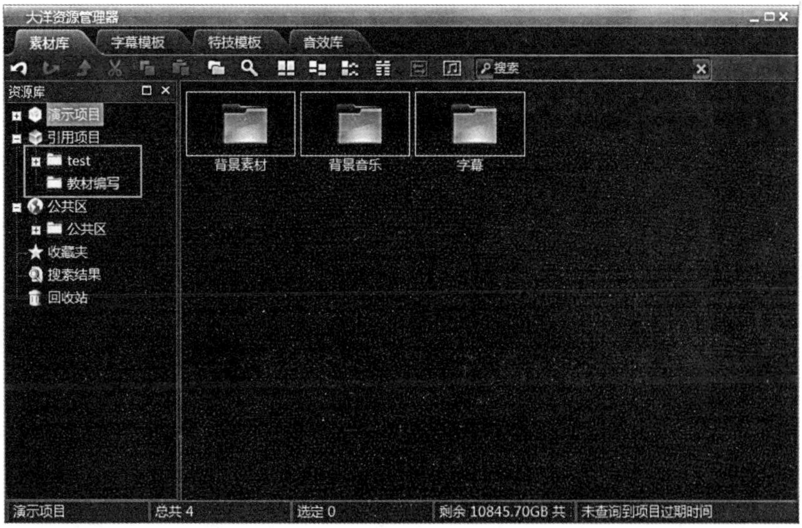

图2-60

除此之外，菜单栏的【文件】中关于项目管理的选项还有很多，可选择进行相应的操作。

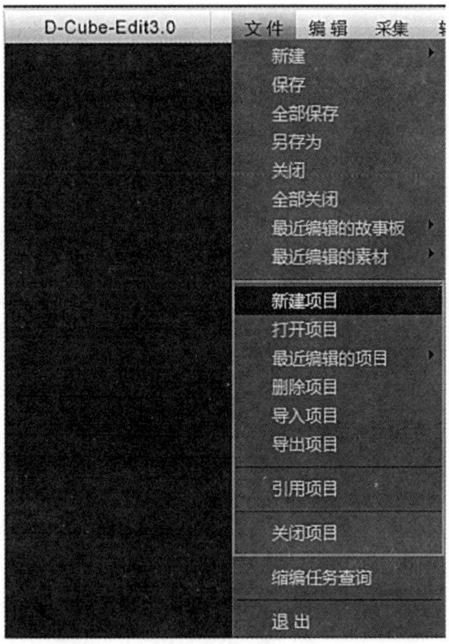

图2-61

其中，点击【导出项目】可将所选项目中的所有资源全部导出，导出后该项目下所有内容存储在同一个文件夹中。

点开文件夹，可看见项目下每一个素材都被存储为一个单独的文件夹，此外还有一个后缀名是.proj的索引文件。

在导入项目时只要选择这个后缀名为.proj的文件，即可导入此项目包含的全部资源。项目的导入导出不仅可用于资料备份，也可令没有联网的两台计算机非编进行信息交换。

2.4.2 文件夹管理

存储于同一个项目下的资源可以通过文件夹来进行分类管理。在大洋资源管理器【资源库】页签下，在右侧素材列表的空白处单击鼠标右键，选择【新建】/【文件夹】，即可新建一个文件夹。

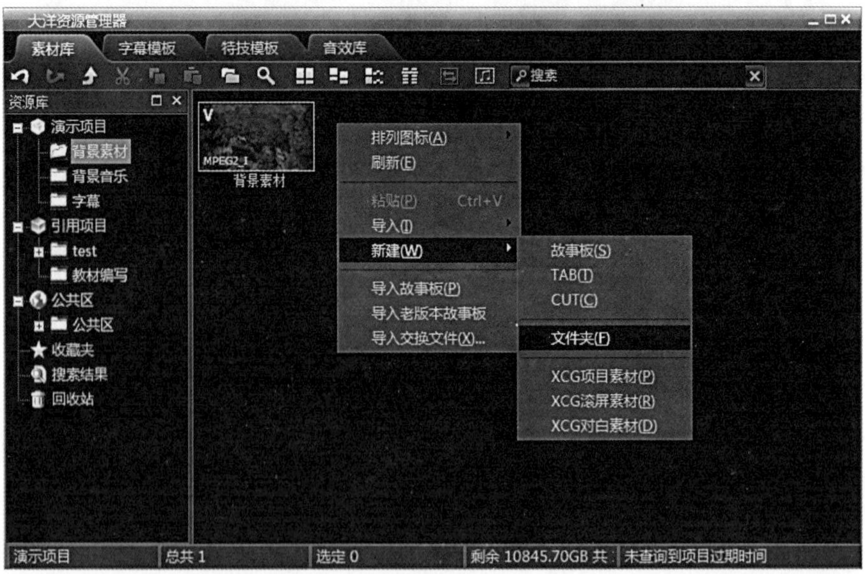

图2-62

展开主项目，可看见所有文件夹的树状结构图。文件夹下还可新建文件夹，多级文件夹层层嵌套，方便管理大量的、繁杂的文件。

对于每个文件夹中的文件，可通过资源管理器上方的工具栏或者右键菜单对其进行操作。其操作与Windows中的基础操作类似，在此就不一一赘述了。

思考题

1. 如何理解素材管理在非线性编辑过程中的真正意义？
2. 在D^3-Edit3.0非线性编辑系统中主要可以通过哪几种方式对素材进行分级管理？

第3章　故事板剪辑

获取素材之后，素材库中已经得到可供编辑的素材，这时就可以开始视音频编辑了。D^3-Edit 3.0中用于剪辑操作的主要界面称为“故事板”，因此素材剪辑也可称为“故事板剪辑”。

故事板剪辑的目的是根据脚本对素材进行编辑、修剪，以得到合适的镜头，并将剪辑好的镜头根据节目需要串接在一起。视音频编辑可以大致分为粗编和精编两步。

粗编：浏览素材，根据影片需要选取合适的镜头，并在故事板上把镜头大致串接在一起，基本完成节目形态。粗编时得到的影片时长应该略大于成片规定的时长，以便于后期进行进一步的修改。

精编：在粗编的基础上对影片进行更加精细的调整、修改，从而达到播出要求。例如：镜头的进一步调整、镜头串接方式的修改等。精编也包括对节目进行包装，例如：添加特技以及字幕，这些内容在以后的章节中会进行详细叙述。

本章将着重介绍如何在故事板上剪辑素材，以及剪辑时常用的操作。除此之外，本章中还将介绍不同的剪辑方式。

3.1 故事板粗编

前文中介绍过，粗编是对影片进行粗略的编辑。经过粗编，可以粗略搭建好影片构架，并大致确定成片的内容。粗编的操作步骤并不复杂，但却是后期编辑中重要的一环。

3.1.1 新建故事板

故事板是D^3-Edit3.0中用于编辑影片的操作界面，若要编辑影片，首先需要新建一个故事板。

在主菜单栏点击【新建】/【故事板】；或者在大洋资源管理器当前项目的任意一个文件夹，鼠标右键单击空白处，选择【新建】/【故事板】。

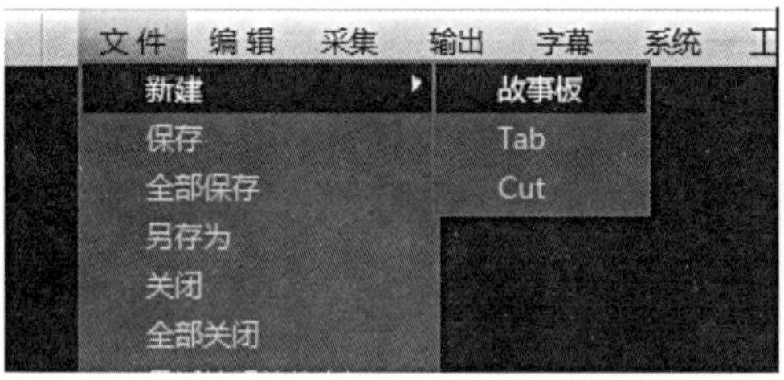

图3-1

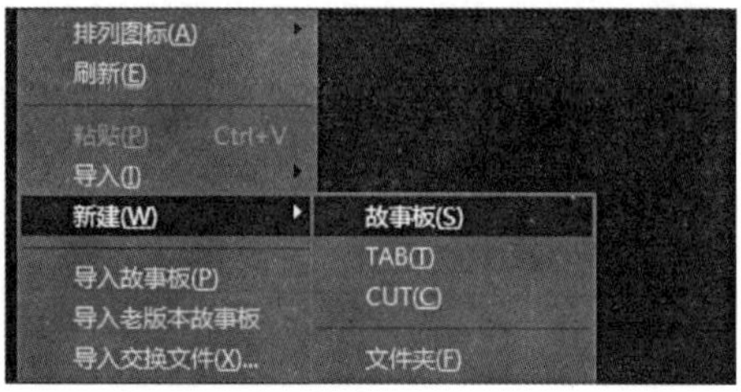

图3-2

此时弹出如下对话框：

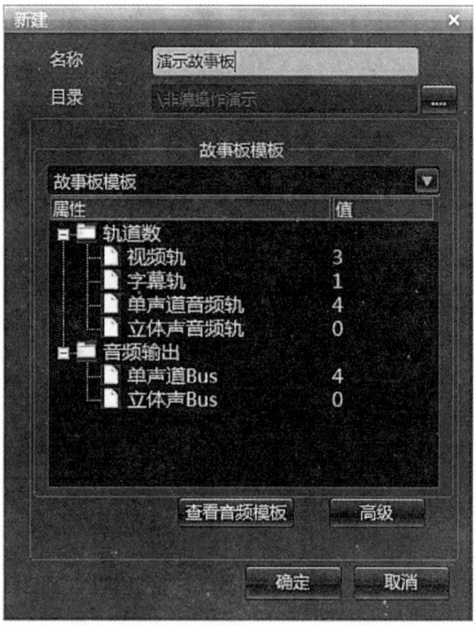

图3-3

在"名称"一栏输入故事板的名称，在"目录"一栏设置故事板的存储路径，设置完成后点击【确定】，将会弹出新的故事板和故事板播放窗。

故事板是进行影片编辑的主要面板，它在横向上基于时间标尺，纵向由各种类型的轨道组成。

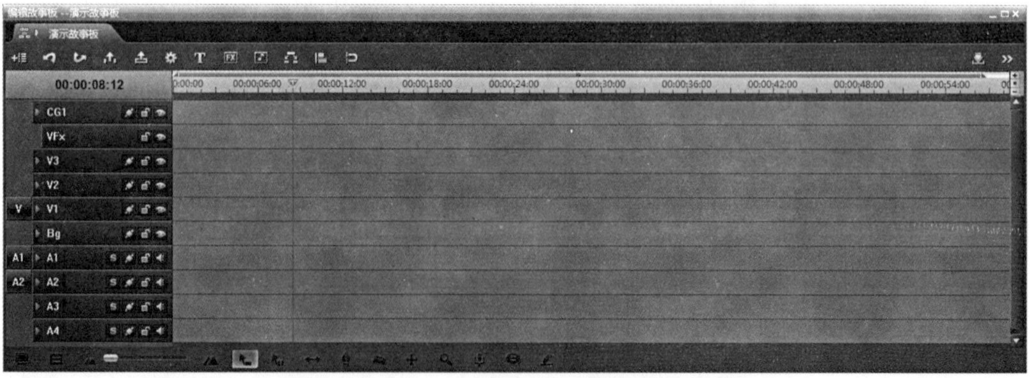

图3-4

轨道是故事板的主要组成部分，故事板剪辑所有的具体操作几乎都在此区域完成。影片编辑时将素材片段放置在轨道上，放在轨道上的素材显示为一个个长方形的小块。在轨道上选中某个素材，可对其进行剪辑、修改、添加特技等操作；也可以用鼠标拖动素材，使其在时码线上前后移动，以改变素材的组合次序。轨道有不同的类型，具体将在后文中进行说明。

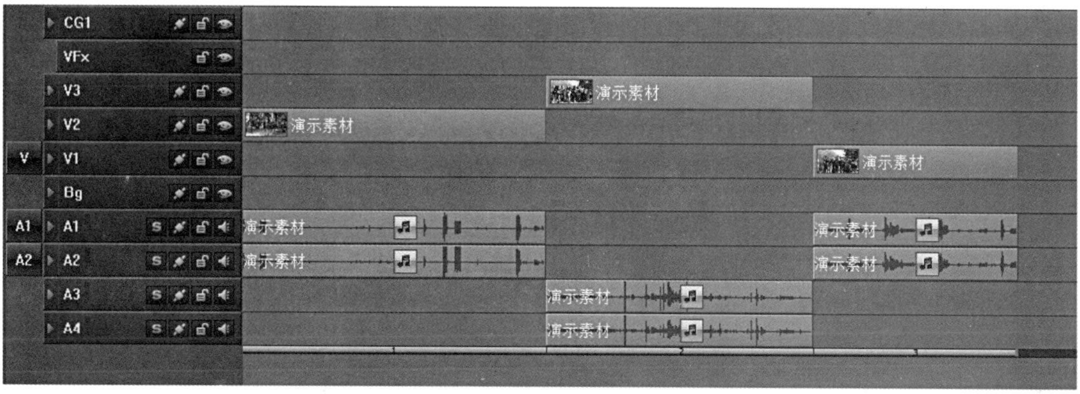

图3-5

故事板轨道的上方是时间标尺，主要由时间标尺和时码线组成，时码线的位置标示了当前画面在故事板时间标尺上的位置。用鼠标拖动时码线前后移动，可以对故事板上的内容进行快速浏览。

当新建一个故事板，或打开已有故事板的时候，随着故事板编辑界面一起出现的还有故事板播放窗。

图3-6

故事板播放窗的主要作用是实时地显示编辑后的视音频信息，预览输出时得到的成片效果。

故事板播放窗下方也有时码轨，其中的时码信息和时码线都与故事板上的时码轨联动。通过窗口下方时码线控制按钮可以控制故事板上内容的播放、暂停等。在故事板播放窗上也可以进行一些编辑操作，这在以后的章节中会进行详细介绍。

如果编辑时故事板播放窗不小心关闭，可以通过点击主菜单栏【窗口】/【故事板播放窗】

将其再次打开。

3.1.2 选取镜头

粗编的第二步是在素材中选取合适的镜头添加到故事板上。选取镜头时必须要先浏览素材库中的素材，再根据节目内容的需要对素材进行修剪和取舍，这个操作是在素材调整窗中实现的。

1. 浏览素材

在大洋资源管理器中，鼠标双击某个素材，即可将其载入到素材调整窗中，此时窗口中显示的内容即是该素材的视音频内容。**值得注意的是，该操作仅针对视音频素材，如果素材为字幕或者图片，双击会进入字幕编辑界面而非打开素材调整窗。**

素材调整窗可浏览素材的视音频信息，并通过设置入出点进行镜头的选取。

图3-7

在素材调整窗下方有时间标尺，通过鼠标拖拽时间标尺上方的蓝色横条可以横向放大或者缩小标尺，便于时码线的精确定位；用鼠标拖动时码线前后移动可以快速浏览素材。

图3-8

除了直接使用鼠标拖拽时码线来浏览素材之外，还可以通过按钮控制素材的播放、暂停、快进、快退等。

点击按钮可令素材正常播放或暂停，其快捷键为“Space”。

点击按钮可令时码线左移1帧，其快捷键为“←”。

点击按钮可令时码线右移1帧，其快捷键为“→”。

点击按钮可令时码线调至素材首帧，其快捷键为“PageUp”。

点击按钮可令时码线跳至素材末帧，其快捷键为“PageDown”。

2. 设置入出点

浏览完素材之后，将时码线定格在所选镜头的起始位置，点击或其快捷键“I”，设置镜头的入点；再将时码线拖动到该镜头的末尾位置，点击或其快捷键“O”，设置镜头的出点。设置时点击快捷键“Alt+I”可以取消入点；点击快捷键“Alt+O”可以取消出点。

设置好了入出点之后，入出点之间的素材就是选取完成的镜头。在时间标尺上可以看出，这一段的显示颜色和其他部分的颜色不同。

图3-9

此外，也可以在素材调整窗左上角的信息栏内直接输入入点和出点的具体时码信息来设置入出点。如下图所示，素材的入点时码为00秒17帧，出点时码为10秒06帧，镜头长度为09秒14帧。

图3-10

3.1.3 镜头组接

所谓粗编，其实就是把不同的镜头按照一定的顺序放置到故事板上，从而搭建出影片的大致构架。在素材调整窗中设置好入出点之后，将鼠标置于浏览窗口的画面，长按住鼠标右键，同时直接把画面拖拽到故事板轨道上，此时故事板上放置的素材即为选中的片段。

图3-11

故事板的轨道总体可分为视频轨道和音频轨道，不同的轨道类型可从轨道头名称上区分。以A1、A2、A3、A4……标示的为音频轨，用以放置音频素材；以V1、V2、V3……标示的为视频轨，用以放置视频素材。拖拽时将视频素材拖拽到视频轨道上、音频素材拖拽到音频轨道上，否则会出现禁止图标，表示素材不能放置到该轨道上。

若素材为视音频素材，即素材同时包含视频和音频信息，拖拽时其视音频内容会自动地分别放置到对应的轨道上。

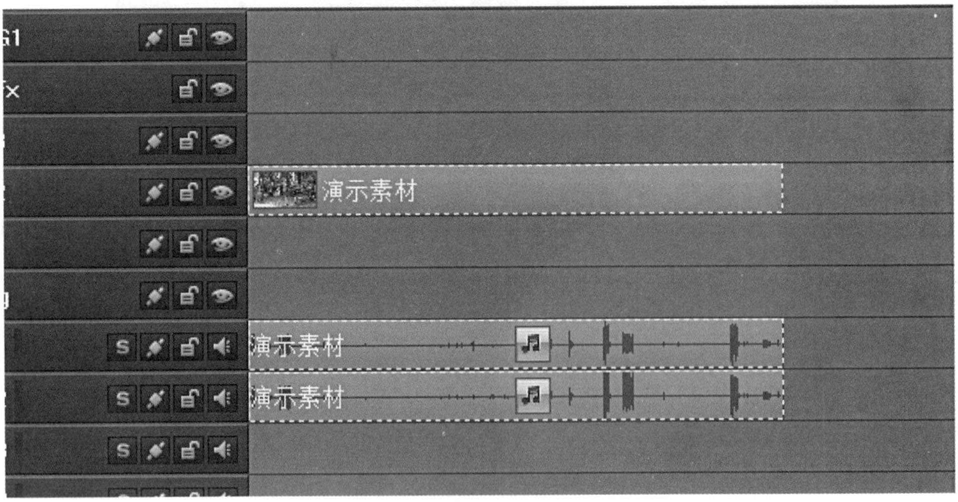

图3-12

拖拽视音频素材时，在鼠标拖拽的同时按住Alt键可分离其视频和音频的内容。此时若鼠标最后停留在视频轨道上，那么添加到故事板上的只有其中的视频片段；若鼠标最后停留在音频轨道上，那么添加到故事板上的只有音频片段。

在后期编辑中，大多数的素材都是视音频素材，熟练运用此功能可令编辑过程大大简化，提高其工作效率。

重复以上操作，在不同的素材中剪辑需要的镜头，将其拖拽到故事板上进行排列组合，就能搭建出影片的大致构架了。这就是故事板的粗编。

1. 通过操作按钮添加

除了使用鼠标直接拖拽之外，也可以利用素材调整窗下方的操作按钮将镜头添加到故事板上。利用按钮添加时，镜头添加到故事板上的时码线所在位置，相比直接拖拽可以更加精确地定位素材时码位置。

在素材调整窗的时间标尺上设置好入出点之后，在素材调整窗的右下角点击按钮【插入添加】，素材将被以“插入”的方式添加到故事板时码线所在位置。

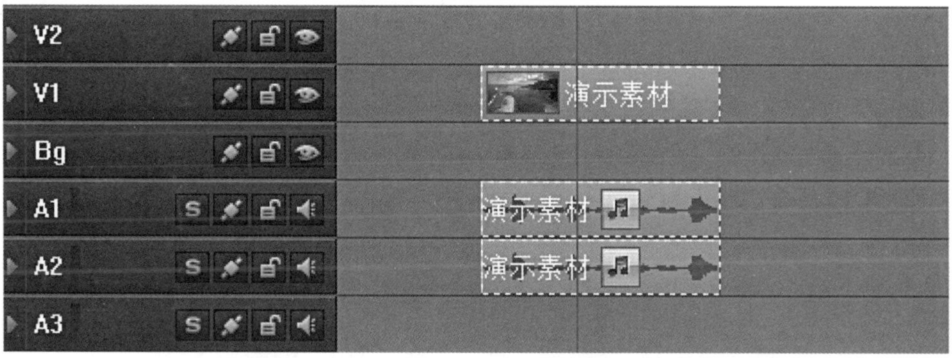

图3-13 添加素材前

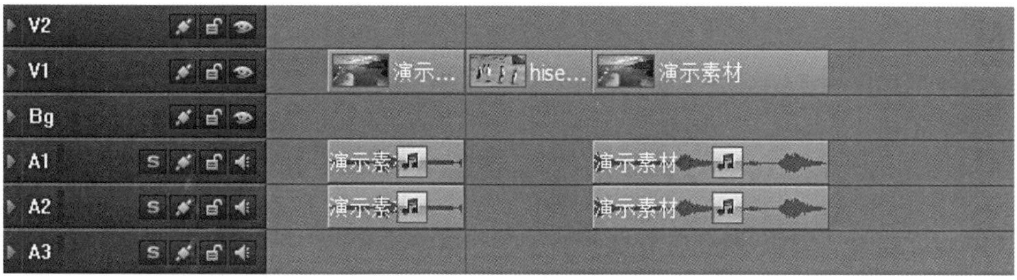

图3-14 插入添加

点击按钮【覆盖添加】，素材将以“覆盖”的方式添加到故事板上。

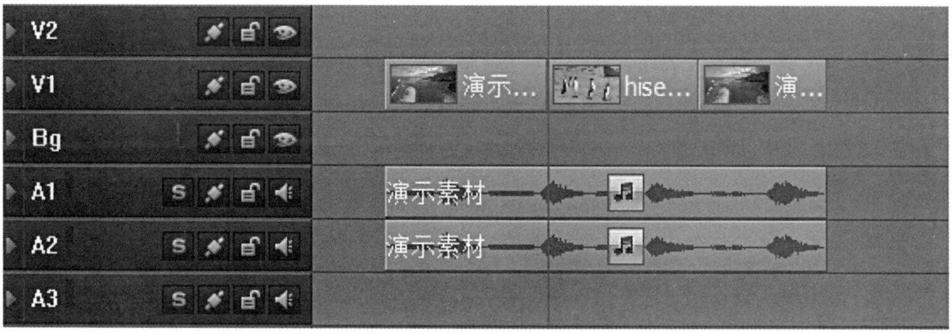

图3-15 覆盖添加

2. 通过故事板播放窗添加

除了以上介绍的两种方法，还可把素材直接拖拽到故事板播放窗口上方，以将其添加到故事板上。

在素材调整窗中设置好入出点之后，把鼠标置于素材调整窗的画面上，然后长按鼠标，把画面直接拖拽到故事板播放窗口上。

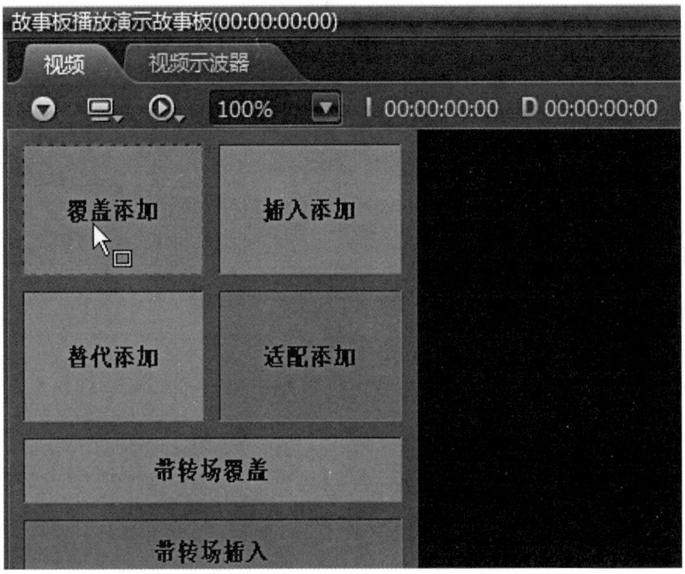

图3-16

通过故事板播放窗把素材添加到轨道上时，因为鼠标与轨道无直接接触，用户无法自己选定将素材放置在哪一个轨道、哪一个时间点上，所以素材会添加到默认轨道上，而素材所在的时间位置是以时码线当前所在位置为第一帧。

例如：将一个视音频素材按以上方式添加到轨道，则其视频和音频被分别添加到了在轨道头有特殊标记的默认轨道上，而素材在时间标尺上的所在位置以时码线所在位置为第一帧。

图3-17

挪动时码线到背景素材当中，通过故事板播放窗口再添加一个视频素材“素材1”，添加时可以选择不同的添加方式。

覆盖添加：以时码线所在位置为起始点，将新素材添加到故事板的默认轨道上。如果添加时该轨道已经存在其他素材，则新素材会将之前存在的素材覆盖。

图3-18 添加前

图3-19 覆盖添加

插入添加：以时码线所在位置为起始点，将新素材添加到故事板默认轨道上，如果添加时该轨道已经存在其他素材，则旧素材以时码线所在位置为切点切分为两端，新素材将添加在这两段旧素材之间。

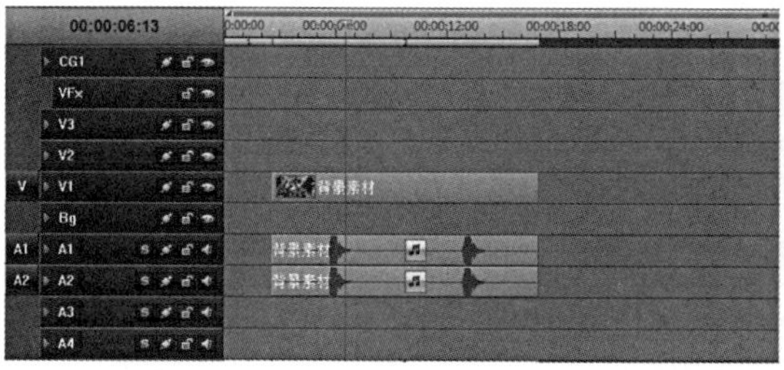

图3-20 添加前

图3-21 插入添加

替换添加：选择替换添加时，要求首先在故事板上设置一对入出点，此时新素材将替换入出点之内的素材。新素材的时间位置仅与入出点有关，与时码线无关。为了能正常播放，替换添加要求新素材的时长不能小于入出点间的时长。

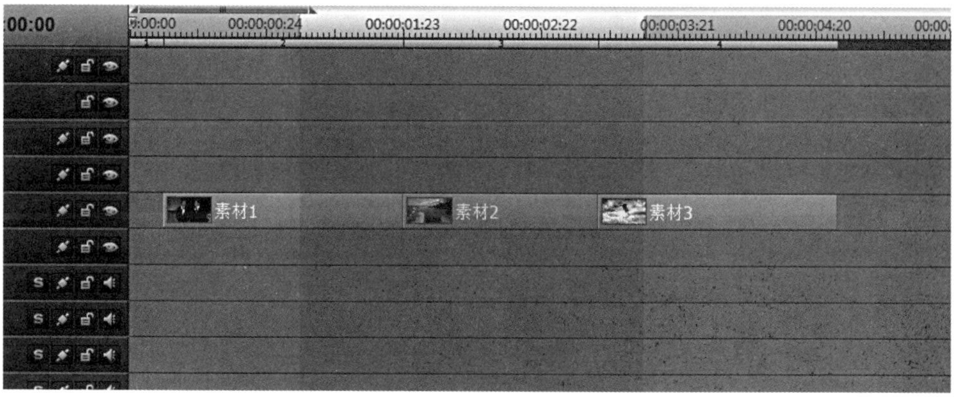

图3-22 替换添加前

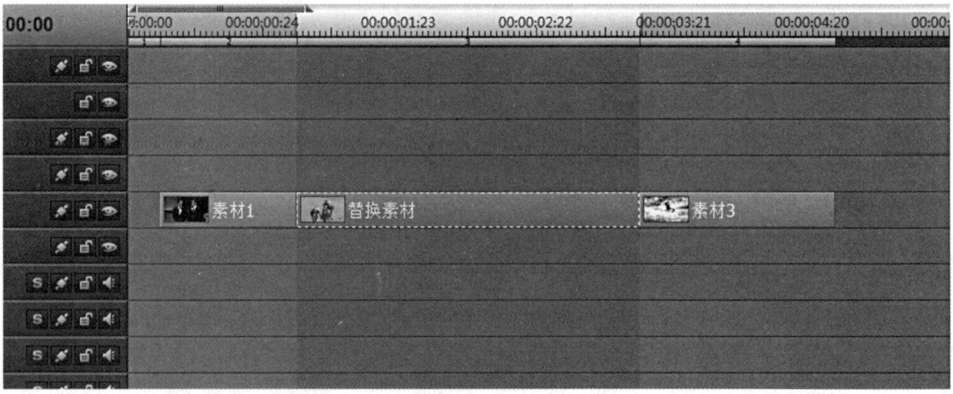

图3-23 替换添加后

适配添加：适配添加要求首先在故事板上设置一对入出点，以入出点间的时长为标准，将素材放置在入出点区域内。若素材时间长度与入出点间的时长不一致，系统将自动对素材添加快放或者慢放的特技令其时间匹配。

带转场覆盖：覆盖添加的同时在两个素材相接的位置自动添加转场特技。

图3-24

带转场插入：插入添加的同时在两个素材相接的位置自动添加转场特技。

故事板粗编其实就是选择合适的镜头并将其在时间标尺上按照一定逻辑顺序组合起来，按照上文中介绍的方法重复操作，就可以用镜头片段搭建出一个节目的构架，为精编打下基础。

思考题

1. 故事板粗编主要包括哪些操作？
2. 将镜头添加到故事板有哪几种方法？

3.2 故事板精编

粗编可以搭建出影片的大致内容和粗略构架，但还需要更精细的修改才能完成最终的作品。在D^3-Edit 3.0中，粗编的操作较为简单，更多注重镜头内容的选取，精编时将对这些内容再次进行修改和调整，甚至结构的重新编排等。

一般来说，精编除了进一步剪辑镜头、调整镜头的排列次序之外，还包括视音频的包装，例如添加视音频特技和字幕。本节着重介绍故事板上素材的调整，包装部分在后文“视频特技”“音频特技”“字幕”等章节中有更详细的介绍。

本节中将会介绍很多快捷键操作，需要注意的是在D^3-Edit 3.0中**所有快捷键仅在英文输入法下有效**，在其他输入法下点击快捷键系统不响应。

3.2.1 故事板轨道和工具栏

前文中提到，轨道是故事板最重要的组成部分，是在影片编辑时放置素材的区域，镜头的串接组合也在轨道上进行，因此在故事板精编之前有必要对轨道进行了解。

1. 故事板轨道

不同种类的轨道可依据轨道头的名称来进行区分，根据不同的功用，故事板轨道大致分为视频轨道和音频轨道两大类。

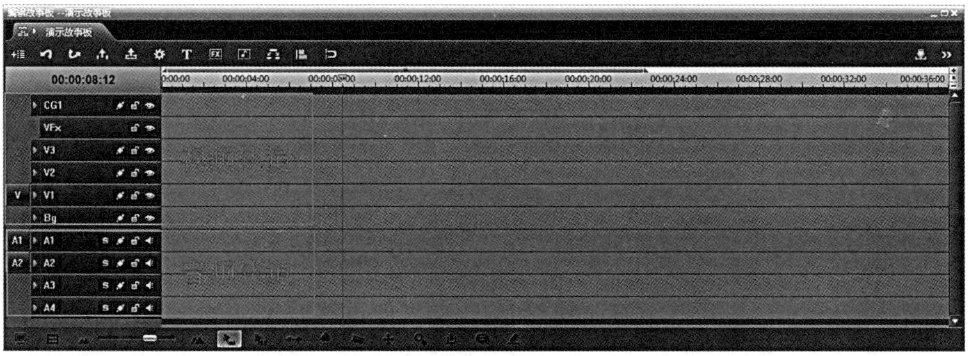

图3-25

（1）视频轨道

视频轨道用于放置视频素材，根据功用的不同又有更细致的划分，但无论是哪种视频轨道，都是以画面向观众传递视觉信息，其效果都是可视的。

V轨道：“V”表示video，V轨道是视频素材轨，用于放置视频素材，不同的视频轨道用V1、V2、V3……加以区分。在编辑时视频轨道拥有“上轨压下轨”的特性，即当在同一个时间点有多轨视频素材叠加，处于“上方”的轨道会优先显示。

例如：当有两个素材时，将素材1放到V1轨道上，将素材2放置到V2轨，当两个轨道的素材

图3-26 素材1

图3-27 素材2

在时间轴上发生重合，输出画面显示为素材2的内容。

图3-28 故事板轨道

图3-29 故事板播放窗的显示内容

利用视频“上轨压下轨”的特性，可以实现很多特技效果，比如最常见的“画中画”。

图3-30 “画中画”特技

BG轨道：BG是background的缩写，BG轨即背景轨，也是用于放置视频素材的轨道。如前文所述，因为视频轨道都具有“上轨压下轨”的特性，BG轨永远处于最下方，故显示的优先级最低。

VFx轨道：即总特技轨，此轨用于添加总视频特技，添加特技后该特技时间范围内的所有V轨视频素材生效。具体特技添加方式见后文“视频特技”。

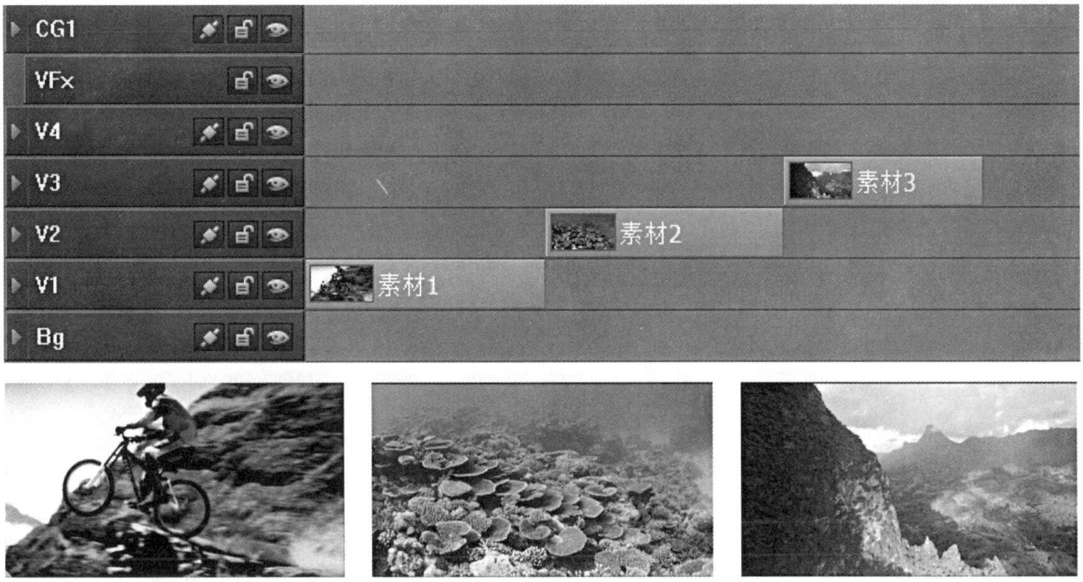

图3-31 添加总特技之前

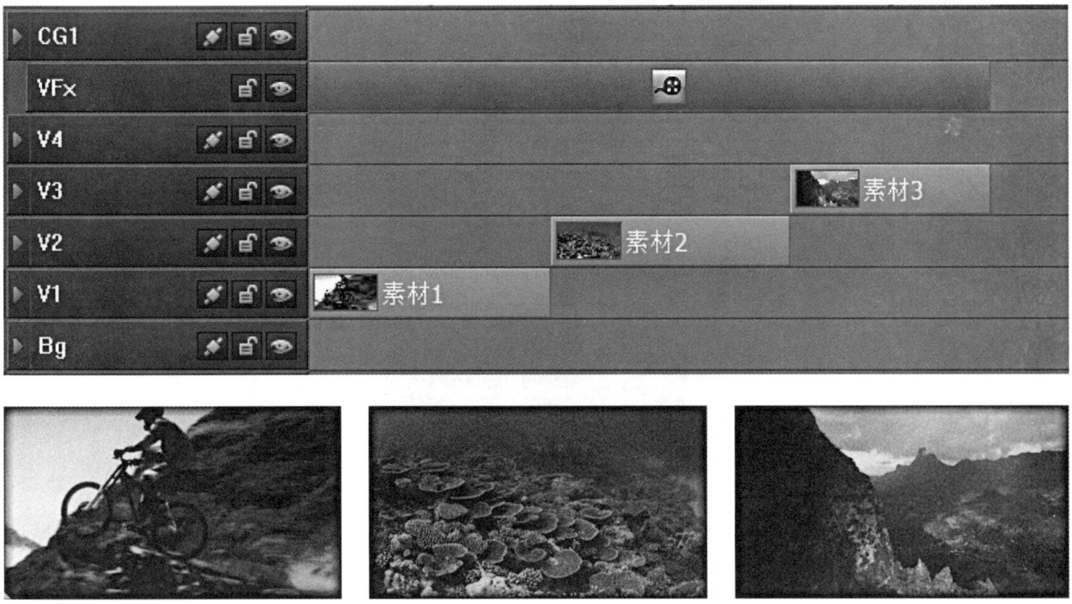

图3-32 添加总特技之后

CG轨道：即图文轨道，主要用于放置图文素材如字幕、图片。字幕由于占画面面积较小，必须浮于画面上方才能得以显现，也因为视频轨道“上轨压下轨”的特性，故CG轨永远处于最上。

在实际使用中，图文素材也可以放置到V轨上，只要处于视频素材的上方、不影响字幕显示即可。只有在VFx轨道添加了视频总特技的时候，字幕放置在V轨和CG轨才有区别。例如在VFx轨添加一个总特技，特技效果是令画面缩小。

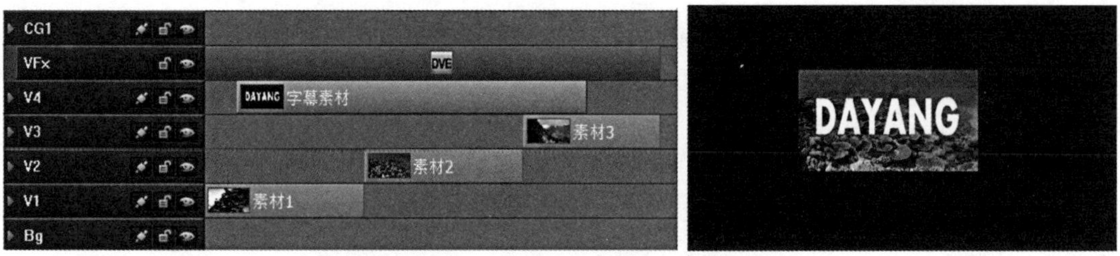

图3-33 字幕放置在V轨：受总特技影响

图3-34 字幕放置在CG轨：不受总特技影响

附加轨道：点击V轨道头的展开按钮，展开后发现每个视频轨道上还有两个附加轨：Key轨和Fx轨。

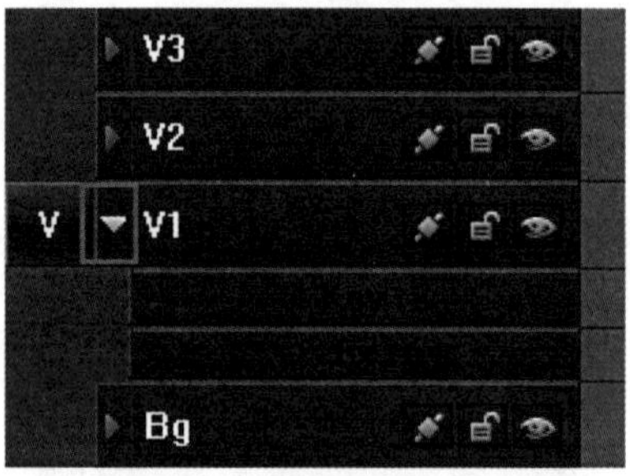

图3-35

这两个轨道的作用是对其所附属的轨道添加特技。附加轨上添加的特技只对其明确所附属的主轨道生效。具体特技添加方式使用将在后文“附加轨道特技”中介绍。

（2）音频轨道

A代表audio，轨道名称以A开头的都是音频轨道。与视频轨道不同，音频轨不存在“上轨压下轨”的特性，即轨道没有优先级。若在同一个时间段内有多个不同的音频素材叠加，那么所听到的最终效果是所有音频素材一起发声。

（3）轨道管理

故事板轨道可根据实际需要进行调整，例如：增加轨道、删除轨道、调整轨道高度等。

点击故事板上工具栏的【增加轨道】按钮 ，可根据自己需要增加轨道。

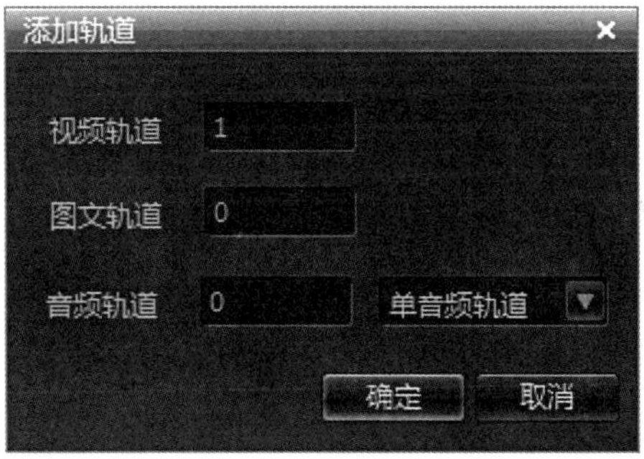

图3-36

在故事板轨道头处单击鼠标右键，会出现一系列菜单，选择对应的选项，可对轨道进行删除、重命名、调整轨道高度等操作。

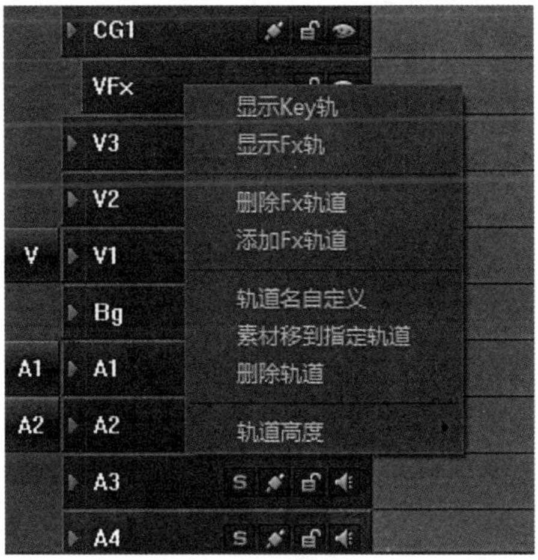

图3-37

2. 故事板工具栏

故事板的上工具栏主要是故事板编辑时的常用操作按钮。将鼠标移动到按钮上方（不点击），会出现按钮的名称以及其快捷键，使用时也可以点击快捷键进行操作。

图3-38

在上工具栏最右方有两个按钮，分别用于工具栏管理和快捷键浏览。

工具栏管理：鼠标左键单击图标 ，将会出现工具栏图标列表，勾选需要的图标，则此图标就会出现在故事板上工具栏内。用户可以根据自己需要随意选择和组合上工具栏。

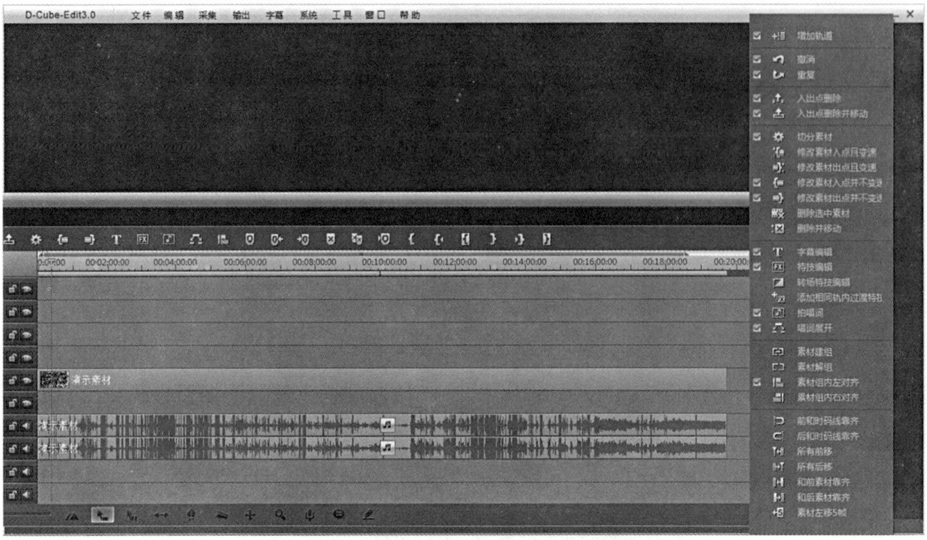

图3-39

快捷键浏览：鼠标左键单击图标 ，将会出现快捷键列表，其内容为所有工具栏按钮的快捷键。操作时可通过此按钮查找快捷键。

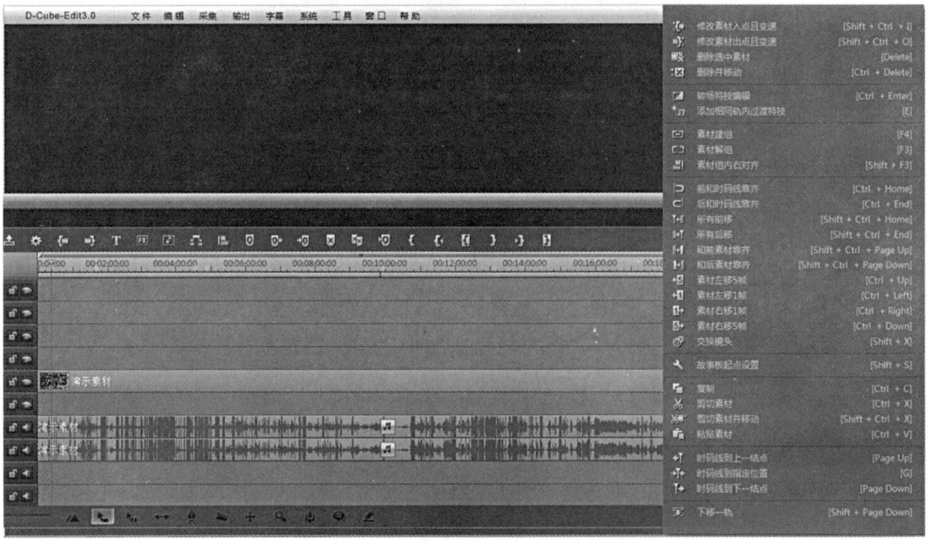

图3-40

下工具栏主要用于故事板编辑时编辑模式的选择，如插入模式、覆盖模式、Trim编辑模式等，常用的是下工具栏显示按钮 ，可以调整素材在故事板上的显示方式和显示内容。

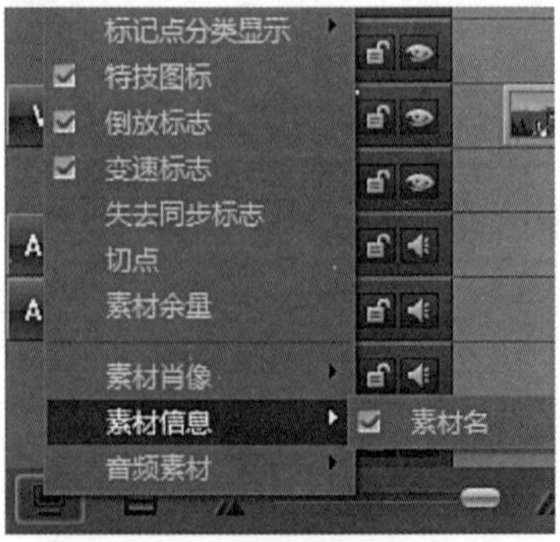

图3-41

3.2.2 时间标尺和时码线

故事板的上方有一条横向的时间标尺，时间标尺上有一根时码线。时码线的位置直观地显示了当前画面在时间标尺上的位置。在故事板上拖动时码线前后移动，可以对素材进行快速的浏览；修剪素材、移动素材时也需要时码线进行辅助定位，因此故事板精编要求能够熟练控制时码线的移动。

1. 时间标尺缩放

剪辑时即需要对单个素材进行微调，又需要总览故事板全局，这就要求能够做到对时间标尺进行灵活缩放。时间标尺的缩放有四种方式：

快捷键缩放：通过点击键盘上的“+”号和“–”号按钮控制故事板缩放，点击“+”号时间标尺横向放大，点击“–”号时间标尺横向缩小。

时间标尺缩放：在故事板时间标尺上方有一条蓝色的横条，用鼠标拖动首尾可改变其长度：将其拉长则时间标尺横向缩小，将其拉短则时间标尺横向放大。用鼠标选中横条左右拖动，可滑动浏览故事板上的内容。

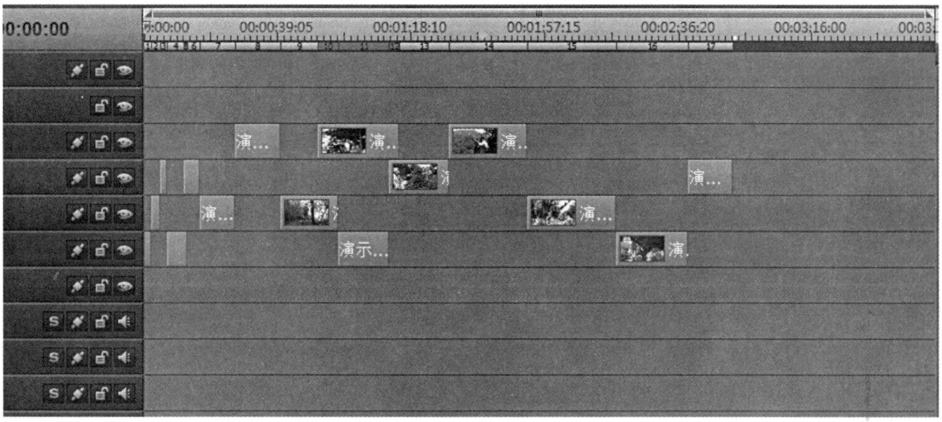

图3–42 蓝色横条缩短前

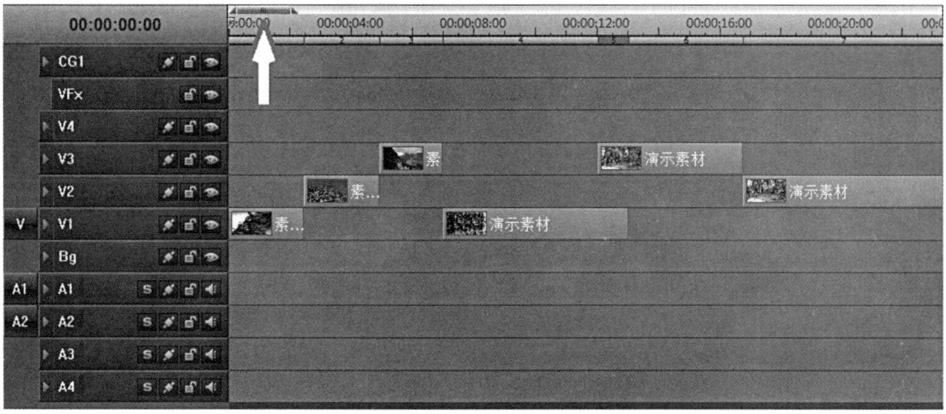

图3–43 蓝色横条缩短后，时间标尺被横向放大了

数字键缩放时间标尺：直接点击键盘上的数字键0～9，可对时间标尺进行快速的缩放。点击“0”时间标尺放大到最大级别，点击“9”时间标尺缩小到最小级别。

鼠标右键缩放时间标尺：在时间标尺上长按住鼠标右键，同时移动鼠标横向拖拽，拖拽时可以看见标尺上对应的区域变为粉红色。松开鼠标后，粉色区域对应的时间段会被横向放大至占据故事板的全屏，同时时码线也移动到该区域中心位置。

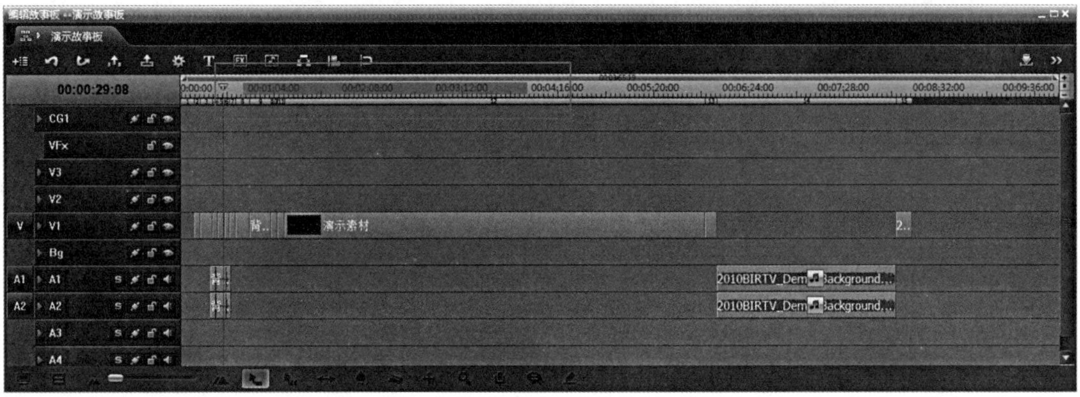

图3-44

2. 时码线移动

除了通过鼠标直接拖拽时码线之外，还可以通过工具按钮控制时码线在故事板上的移动，这些操作按钮在故事板播放窗口的下方可以找到。相比鼠标直接拖拽，通过工具按钮控制更加精确便捷。

单击故事板播放窗口的【播放】按钮，或点击其快捷键“Space”，可以控制素材的播放/暂停；

单击快捷键“J”，素材匀速倒向播放，单击快捷键“L”素材匀速正向播放，此过程中可以通过快捷键“K”随时暂停/继续播放过程；

单击故事板播放窗口的【时码线右进一帧】按钮，或点击其快捷键“→”，时码线在故事板上前进1帧；

单击故事板播放窗口的【时码线左进一帧】按钮，或点击其快捷键“←”，时码线在故事板上后退1帧；

点击快捷键“↑”/“↓”，时码线在故事板上前进/后退5帧；

单击【到上一节点】按钮或其快捷键“PageUp”，时码线跳转到故事板的上一个时间节点。“节点”指的是故事板上每段素材的开始点或者结束点；

单击【到下一节点】按钮或其快捷键“PageDown”，时码线跳转到故事板下一个时间节点；

单击快捷键“Home”/“End”，时码线跳转到故事板的首帧/末帧。

3. 入出点设置

通过设置入点和出点，能在故事板上简单快捷地设定一个区域并对这个区域进行操作。关于入出点的各种操作，故事板的上工具栏中也提供了很多方便快捷的操作按钮，这些操作按钮都在故事板的上工具栏中。

单击故事板的上工具栏操作按钮或其快捷键“I”，可以在故事板上设置入点，入点位置在当前时码线位置上；

单击操作按钮或其快捷键“O”，可在故事板上设置出点，出点位置在当前时码线位置上；

单击操作按钮或组合快捷键“Alt+I”，可删除故事板上的入点；

单击操作按钮或组合快捷键“Alt+O”，可删除故事板上的出点；

选中素材后，点击操作按钮或其快捷键“S”，以该素材的首末帧位置为入点和出点。该操作并不只针对单个素材，也可用于鼠标框选中多个素材进行操作。

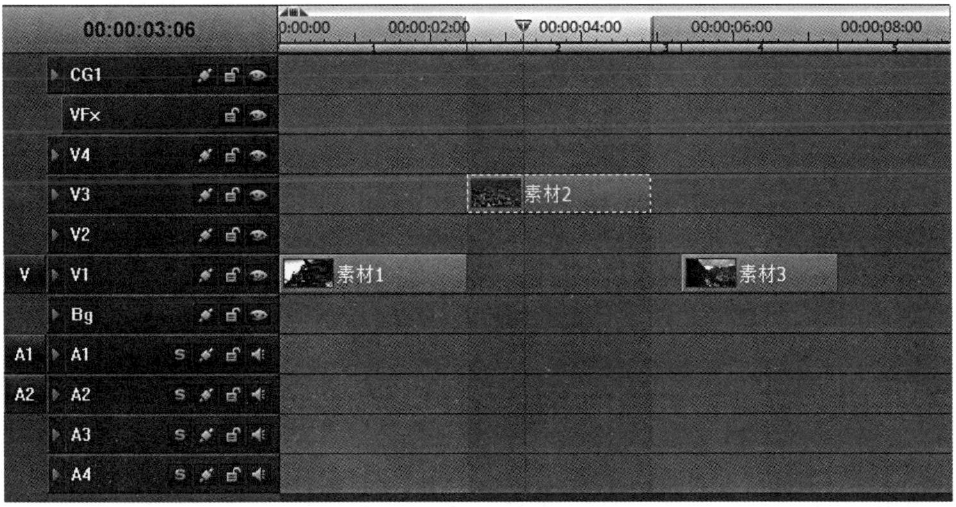

图3-45 选中素材后点击快捷键“S”

单击快捷键“D”，可以同时删除故事板上的入点和出点。

3.2.3 素材修剪

粗编时镜头只经过粗略的剪辑，如需要更精细的调整和修改，则需要修剪操作在故事板上去实现。D^3-Edit3.0提供了多种方式达到剪辑的目的，用户可以根据自己的需要选择最便捷的方式。以下介绍最常用的两种：

1. 余量

需要注意的是，修剪素材的前提是素材有余量可供修剪。在一段素材中选择了一个镜头添加到故事板上，没有被选择的部分就被称为“余量”，余量的存在为镜头提供了变化的余地，在后期编辑中起到了重大的作用。

例如，在下图所示素材中，入出点间的时段是选择的镜头，入出点之外的就叫做余量。

图3－46

2. 通过鼠标拖拽

将鼠标放置在故事板上素材的首端或者末端，鼠标指针变为 ⟺ ，此时直接拖拽素材的首尾即能改变该镜头的入出点。

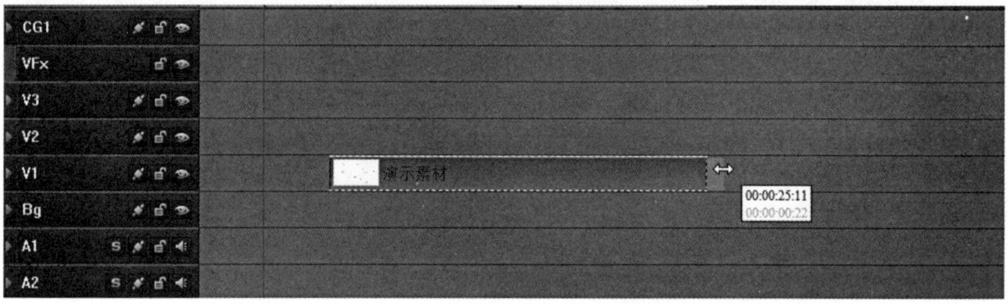

图3－47

拖拽时，随着鼠标前后移动，故事板播放窗上可以预览当前时间点的画面，以辅助对入出点进行判断。此方法简单快捷，但是不够精细，适用于在编辑时对素材做小范围调整。

3. 通过工具按钮

故事板上方的工具栏提供了很多操作按钮，可以通过不同的按钮来完成对素材的精修。

选中素材后，将时码线移动到需要切分的时间点上，点击故事板上方操作按钮 【切分素材】或其快捷键“F5”，则素材以时码线所在位置为切分点，被切分为两段。

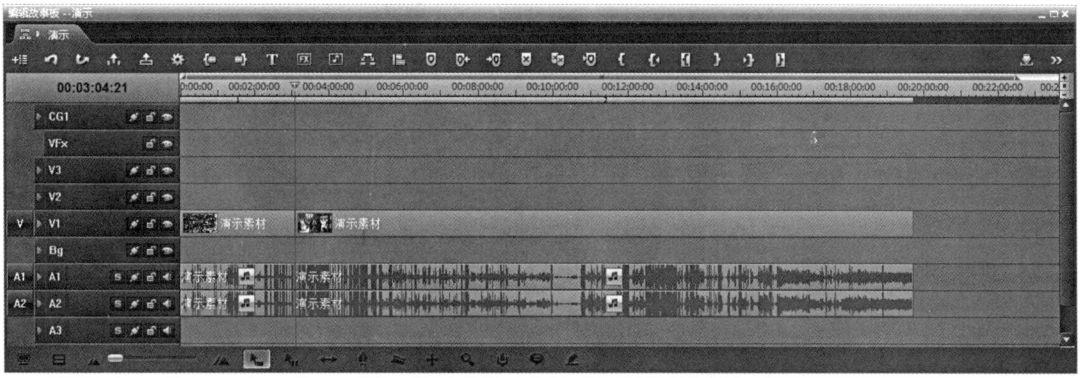

图3-48

选中素材，将时码线移动到素材中的某个时间点，点击按钮【修改素材入点且不变速】或其快捷键“Ctrl+I”，将素材的入点修改为时码线当前所在位置。这个操作可以近似地理解为将素材切分为两段之后自动删除前一段素材。

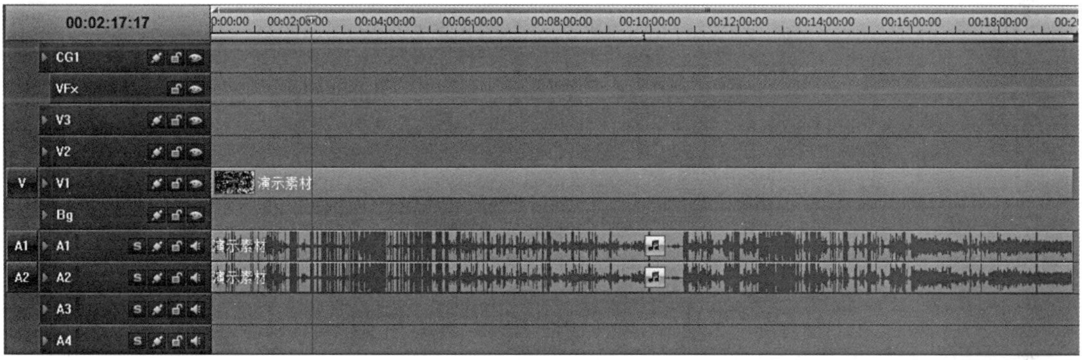

图3-49 修改前

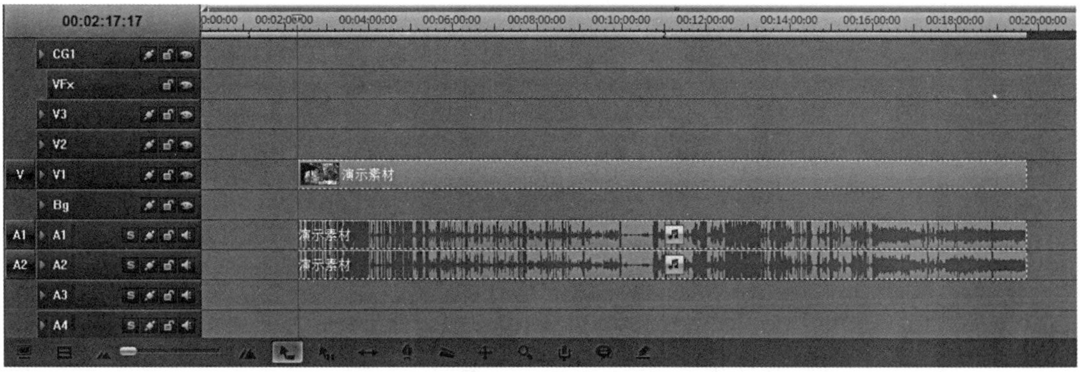

图3-50 修改后

相应地，点击上工具栏按钮【修改素材出点且不变速】或其快捷键“Ctrl+O”，可以将素材的出点修改为时码线当前所在位置。这个操作可以近似地理解为将素材切分为两段之后自动删除后一段素材。

3.2.4 素材的移动

除了素材的进一步修剪，精编时还需要重新移动素材，修改故事板构架。素材的移动分为两类：时间标尺方向的水平移动和垂直方向的轨间移动。

1. 时间标尺方向的水平移动

剪辑完成后通常需要对剪辑好的片段进行排列组合，这就需要适当地移动素材。除了用鼠标直接在轨道上拖拽素材移动，还可以通过故事板上工具栏的按钮进行对齐操作。

和前素材靠齐：被选中的素材在故事板上向前移动，其首帧与该轨道上前一个素材的末帧靠齐。操作按钮为，快捷键为“Ctrl+Shift+PageUp”；

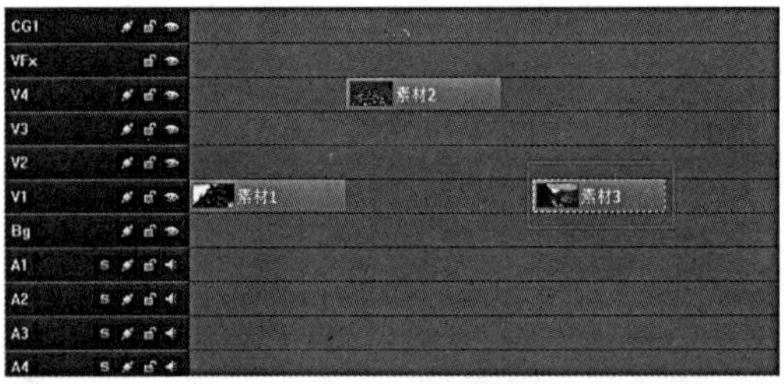

图3-51 移动前

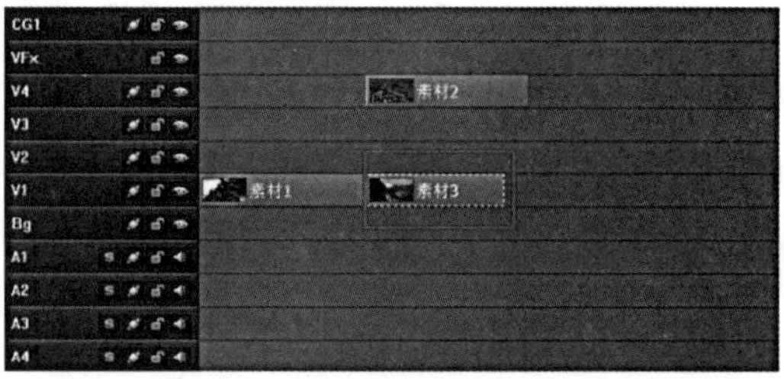

图3-52 移动后

和后素材靠齐：被选中的素材在故事板上向后移动，其末帧与该轨道上后一个素材的首帧靠齐。操作按钮为，快捷键为“Ctrl+Shift+PageDown”；

前和时码线靠齐：被选中的素材向时码线当前所在位置移动，其首帧与时码线靠齐。操作按钮为，快捷键为“Ctrl+Home”；

后和时码线靠齐：被选中的素材向时码线当前所在位置移动，其末帧与时码线靠齐。操作按钮为，快捷键为“Ctrl+End”；

所有前移：以被选中的素材为标准，故事板上在其之后的所有素材全部向时码线当前所在位置移动，其首帧与时码线靠齐。注意移动时只需选中一个素材即可。操作按钮为，快捷键为“Ctrl+Shift+Home”；

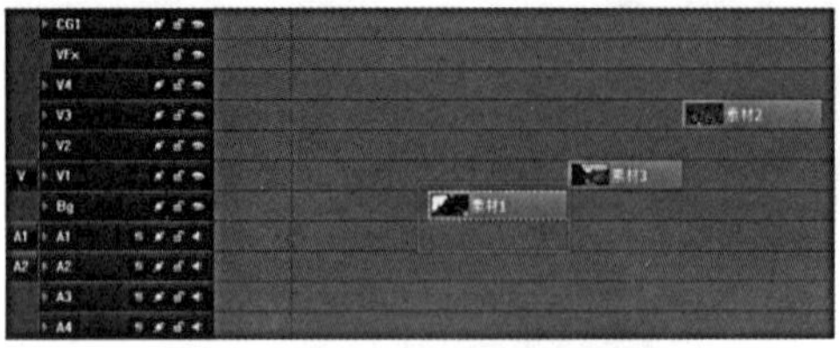

图3-53 操作时选中第一个素材

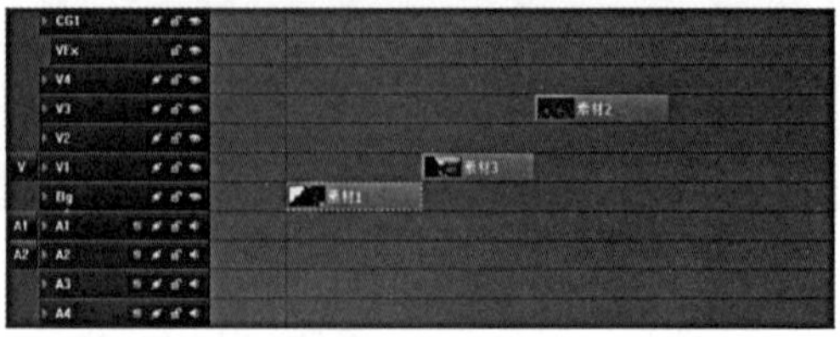

图3-54 移动后

所有后移：以被选中的素材为标准，故事板上在其之后的所有素材全部向时码线当前所在位置移动，其末帧与时码线靠齐。操作按钮为，快捷键为“Ctrl+Shift+End”。

图3-55 操作时选中最后一个素材

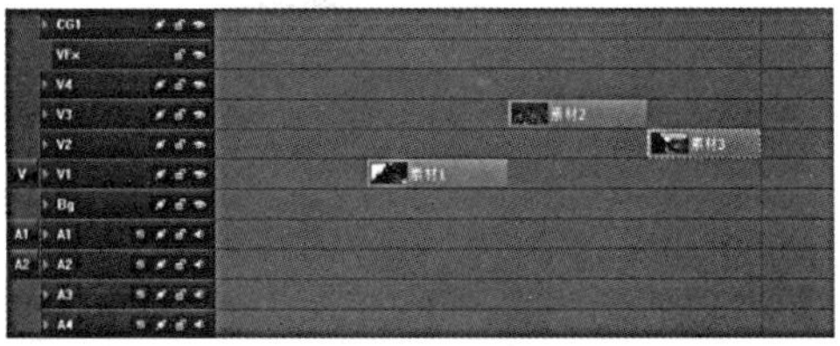

图3-56 移动后

2. 素材的复制和粘贴

编辑时除了移动之外还可能对故事板上的素材进行剪切、复制、粘贴、删除等操作。

在故事板上选中某个素材后，单击鼠标右键，在右键菜单中会有对应的选项可对素材进行复制、删除、剪切操作。如果素材本身带有特技，复制时可以根据情况选择带特技复制或者不带特技复制。

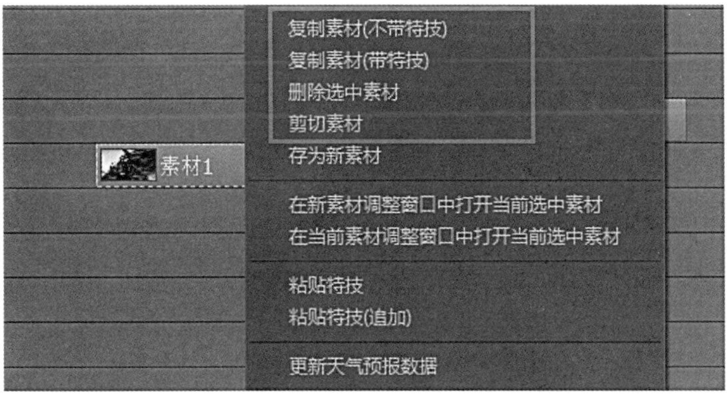

图3-57

复制完素材后，在故事板相应轨道的空白处右键（如果复制的是视频素材，就在视频轨道空白处点击右键；如果复制的是音频素材，则在音频轨道上操作），在弹出的菜单里选择粘贴素材即可。新素材在故事板上的位置以当前时码线所在位置为首帧。

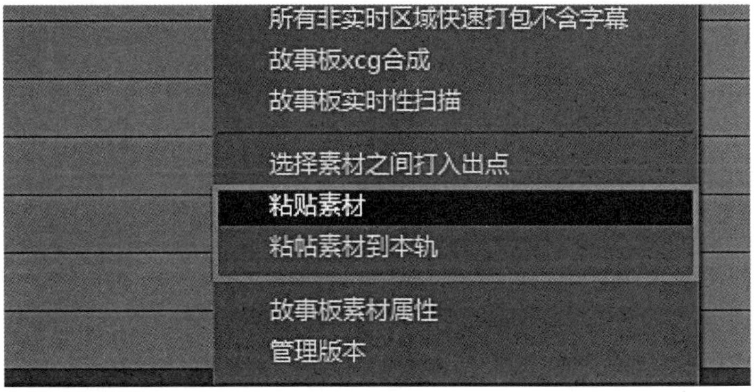

图3-58

需要注意的是，粘贴后的新素材所在轨道默认情况下与原素材轨道相同，如果想要新素材被粘贴到其他轨道，请选择【粘贴素材到本轨】，那么素材才能被粘贴到鼠标右键单击所点击时的轨道上。

3. 素材建组／解组

若素材为视音频素材或拥有多个声道的音频素材，那么放置到故事板上的时候通常是以多个素材构成一个组的形式，此时若有移动、复制、粘贴等操作，只能针对组进行，而无法针对组中的单个素材。

若要对素材的某个构成部分进行单独的操作，必须将素材解组。

建组：框选中需要编组的素材，点击故事板上工具栏按钮【编组】，或点击其快捷键“F4”，则所选素材被编为一个组。该素材组在故事板上移动时，组内的素材在时间标尺上的相对位置保持不变。

解组：选中组之后点击故事板上工具栏按钮【解组】，或点击其快捷键“F3”，则素材组合被解除。

4. 素材变速与静帧

素材变速属于简单的视频特技，通过将素材片段快放或者慢放达到一定的艺术效果。这也是唯一一个可以在故事板上直接操作完成的视频特技（其他特技都在视频特技编辑界面完成），操作也较为简单，因此仍将其归类在故事板编辑的范围内。

需注意的是，此快慢放操作只针对视频文件。

选中目标素材，长按Ctrl键，同时将鼠标放在素材的末帧上进行拖拽。此操作的实际意义是保持素材的帧数不变，同时改变素材的播放时间。

对应到故事板操作上，即按住Ctrl键时若鼠标将素材拖拽得更长，那么此段素材慢放，拖拽的比原素材短则为快放。

素材快放或者慢放后，在故事板的素材上都会有相应的文字标示。

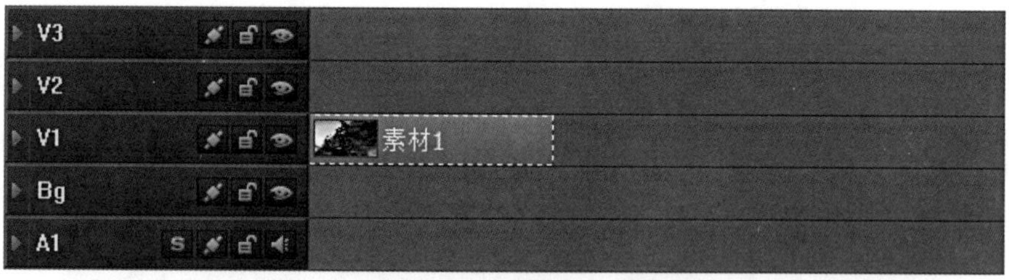

图3-59 原始素材

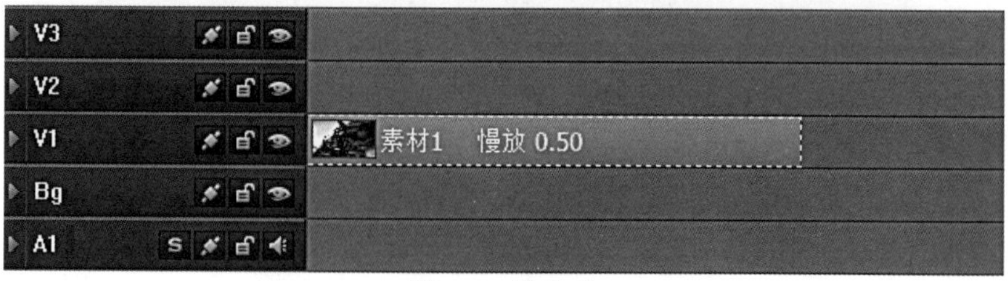

图3-60 慢放后

另外，也可以选中视频素材后点击右键，通过右键菜单对其进行速度调整。

图3－61

设置素材播放速度：此选项可精确地控制播放速度，当播放速度为1时为正常播放，播放速度大于1时为快放，播放速度小于1为慢放。例如：播放速度为2，则为2倍速快放。

设置素材播放时间：此选项通过改变素材播放时间来控制素材快慢放。

设置素材静帧：此时素材为静止画面，画面内容为素材首帧。

设置素材在时码线处为静帧：此时素材为静止画面，画面内容为时码线所在帧。

素材倒放：在同样时长内，素材从末帧播放到首帧。

素材快/慢放调整：可对素材进行无级变速，即同一段素材内有的部分快放，有的部分慢放。具体操作在见后文“视频特技”。

3.2.5 素材的上/下变换

前文中已经介绍了高清和标清的概念。从视觉体验上直观地感受，高、标清素材除了在清晰度上不一样之外，画幅比也是不同的。由于D^3–Edit3.0支持高/标清混编，就需要在编辑过程中将不同画幅比的素材进行统一，这就是在D^3–Edit3.0中的高/标清上/下变换功能。其中高清到标清称之为下变换，标清到高清称为上变换。

1. 三种上 / 下变换方式

以高清下变换为例。在标清模式下编辑高清素材时，素材被拖动到故事板上的时候就默认以“信箱”的方式下变换为标清视图。所谓“信箱”，即在高清视频的上下加上黑边，使16：9的画面可以适应4:3的屏幕。

图3-62 信箱

在D^3-Edit3.0中提供多种下变换方式，信箱只是其中一种，另外还有“切边”和“变形”。切边是指将画面放大后再将画面的左右两边切除，变形是直接将画面拉伸变形。

图3-63 切边

图3-64 变形

相比之下，“切边”会损失画面信息，“变形”则会使画面内容失真，通常来说“信箱”是最常使用的下变换方式。

同样地，标清素材上变换到高清也拥有“信箱”“切边”“变形”三种方式。

图3-65 信箱

图3-66 变形

图3-67 切边

2. 上 / 下变换方式的设置

默认的上/下变换方式在【用户喜好设置】中设置。单击主菜单中的【系统】/【用户喜好设置】。在弹出对话框的左侧选中【总体设置】，在右侧选择【基本设置】页签，则可设置默认的上/下变换方式。设置完成后点击【确定】保存。

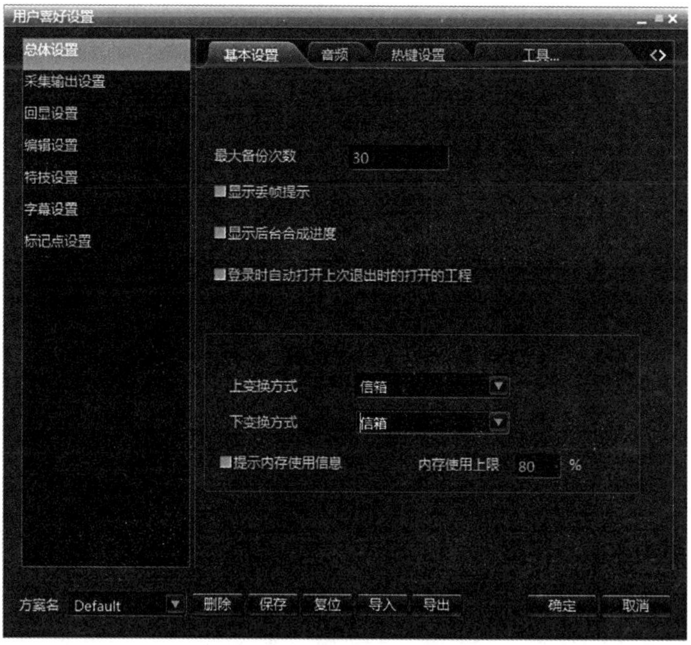

图3-68

设置保存之后新建故事板，素材被添加到新故事板上，将以默认的方式进行上/下变换。需注意的是：在旧有故事板上已经上/下变换过的素材不会更改其图像变换方式。

在默认的变换方式之下，也能单独针对故事板上的某个素材更改其上/下变换方式。

在故事板上选中视频素材（若素材是一个视音频组，需解组后单独选中视频素材），单击鼠标右键，在右键菜单中选择“高清/标清编辑上下变换方式”，然后勾选所需选项即可。此操作只对单个素材生效。

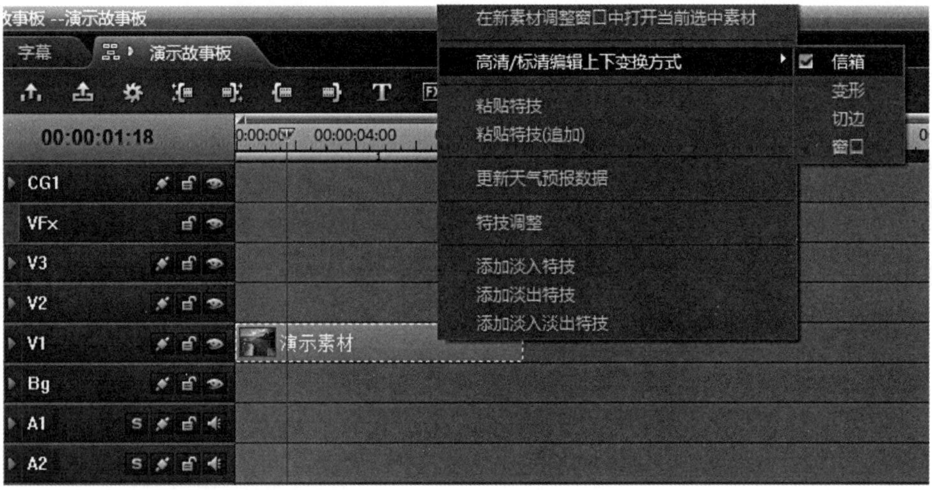

图3-69

3. 上 / 下变换效果预览

如今中国的电视节目制作正在从标清向高清转换，因此常常需要将节目同时输出高清和标清两种格式。为了防止高清故事板在输出标清成片时出现字幕溢出、人物在下变换时候被“切掉”的状况，在高清制式下编辑故事板时，也可以实时地预览故事板标清输出结果。

预览方式通常有以下两种。

4∶3安全框：在主菜单栏目选取【系统】/【视频参数设置】，打开视频参数设置窗口。

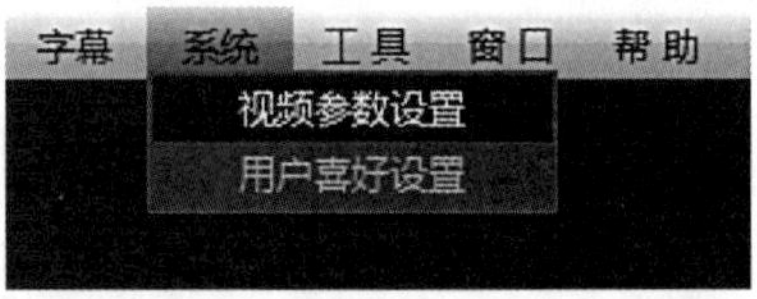

图3-70

设置窗口中，选择【视角】页签，勾选“4∶3 Safety Frame”。

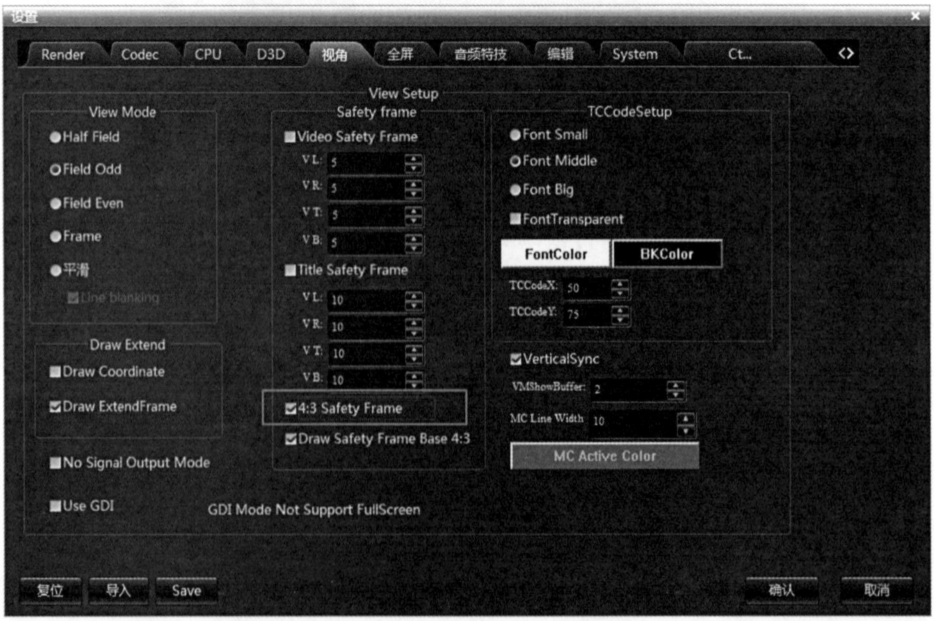

图3-71

此时在素材播放窗或者故事板播放窗中，可以看到画面上出现了两条白色的细线。输出标清的时候如果采用“切边”的下变换方式，则输出的画面内容就是两条白线中间的画面区域。

图3-72

标清预览窗口：在故事板播放窗的扩展菜单中，选择【故事板标清预览】。

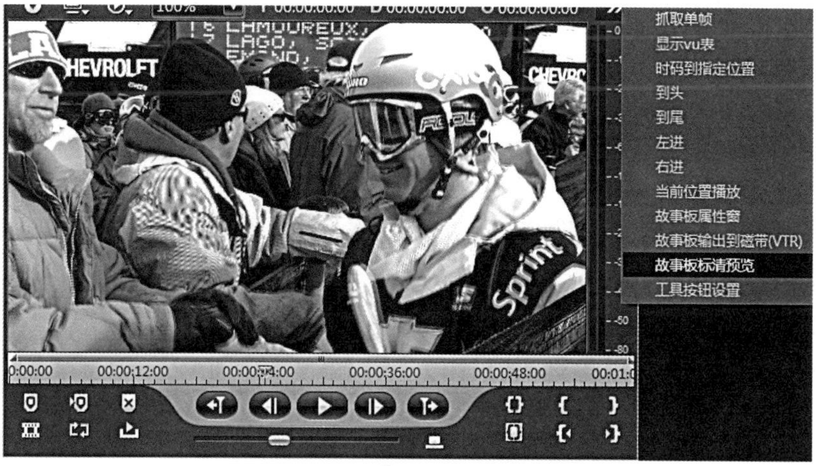

图3-73

此时会跳出预览窗口，窗口中的内容就是输出标清信号时的画面。通过窗口右上方的选项可以选择下变换方式，此时窗口中的画面也会作出相应的变换。

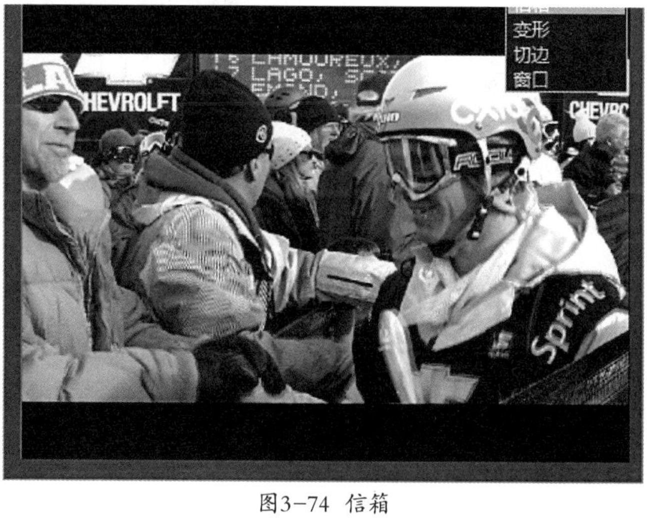

图3-74 信箱

3.2.6 故事板标记点

顾名思义，标记点就是在时间标尺上为某个有特殊意义的时间点做的标记，以便在之后的编辑中轻松地找到该时间点。熟练使用标记点能提高后期编辑的工作效率，并为团队合作提供帮助。操作时也可根据需要为标记点设置备注信息，方便区分和管理多个标记点。

在D³-Edit3.0中，标记点不仅可以针对故事板添加，也可以对素材添加。其操作方式大体相同。下文将介绍故事板标记点的添加步骤以及管理方法，素材标记点在本书中不做赘述，方法参照故事板标记点即可。

1. 添加标记点

对故事板添加标记点时，操作可以在故事板进行，也可以在故事板播放窗中进行。

以上两个窗口中都存在时间标尺，由于故事板和故事板播放窗是互相关联的，所以故事板上的标记点与故事板播放窗的标记点也是一一对应的。操作时将时码线移动到标尺上需要添加标记点的地方，点击图标【打标记点】 或其快捷键“F8”，即可在该位置增加一个标记点。标记点的图标是一个绿色的菱形。重复以上步骤，可以增添多个标记点。

图3-75

添加完标记点后，标记点将会被记录下来，每次打开故事板的时候都能在时间标尺上看见标记点的标志。

2. 修改标记点信息

每当新建一个标记点时，系统赋予该标记点一个默认名称MARK，如果存在多个标记点，则为MARK1、MARK2……依此类推。当时码线播放到标记点位置时，在故事板播放窗的左下方可以看见标记点的名称。

图3-76

点击故事板播放窗右上方的扩展按钮，选择【故事板属性窗】。

图3-77

在弹出的故事板属性窗中，通过左上方的左右键切换到【标记点】页签，此页签中可看见故事板上的每个标记点，以其所在时间点的缩略图形式显现。选中标记点单击鼠标右键，选中【修改标记点信息】。

图3-78

在弹出的对话框中修改标记点名称和备注，点击【确定】保存修改。本例中，首先将标记点名称从MARK1改为了“标记点1”；然后点击“颜色”后的小框，将标记点颜色设置为红色。

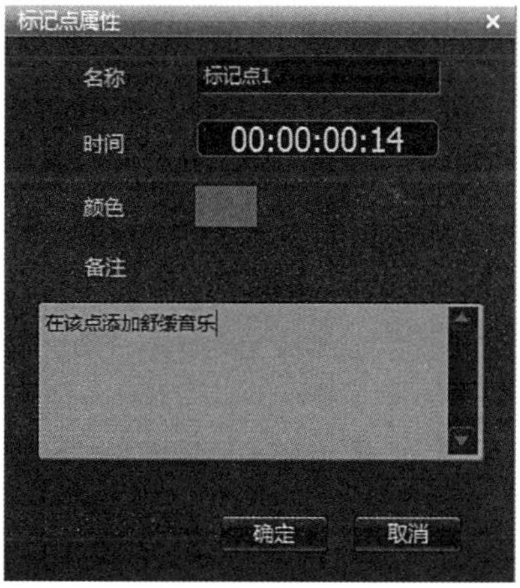

图3-79

回到故事板播放窗，可看见在标记点1时，画面左下角显示的是修改后的标记点名称，同时在时间轴上，标记点的颜色也变成了红色。

图3-80

3. 管理标记点

当存在多个标记点时，需要对标记点进行管理。在故事板播放窗的下工具栏，以及故事板的上工具栏都是用于管理标记点的按钮，如图所示。

图3-81

鼠标放置在按钮上，可显示按钮的功能及其快捷键，通过这些按钮可以对标记点进行添加、删除等管理，也可以控制时码线跳动到某个标记点的时间点上。

其中，在点击【到标记点】的时候，会弹出如下对话框，需要到哪个标记点所在位置，只要选中相应的标记点名称，单击即可。

图3-82

4. 标记点的应用

标记点在后期编辑时有广泛的应用。

标记特殊时间点：标记点的主要作用是标记出某个特殊的时间点，这样在进一步编辑时就不用在故事板上再进行寻找和定位，而可以一目了然地分辨出这个时间点。例如，在多人合作编辑一个影片时，操作者甲将素材进行粗略编辑，然后将需要修改的点用标记点标记出来，操作者乙再修改故事板的时候就可以很快地分辨出需要修改的部分，方便团队合作。

为剪辑起辅助作用：编辑节目时若为节目配置了背景音乐，常常需要画面的变换与音乐的律动感一致以达到和谐的艺术效果。如果一个影片每个镜头时间都很长、镜头内容舒缓优美，配合律动感十足的背景音乐显然是不合适的，反之亦如此。

通常来说，这种情况下画面的切换点就是音乐的节奏点，此时可以添加标记点，将音乐的节奏标记出来，再根据标记点来切换画面。具体操作：首先在故事板上实时地播放音乐，播放时一边随着音乐节奏“打拍子”，一边利用快捷键“F8”将这些点标记出来；标记完成之后配合标记点剪辑画面即可。

思考题

1. 视频轨道的特性是什么？

2. 时间线和时间标尺的基本操作有哪些？

3. 如果一个故事板的下变换方式为信箱，在“用户喜好设置”中将下变换方式改为切边，再打开故事板，上面的素材会以切边的方式下变换吗？

4. 标记点的作用是什么？

3.3 高级剪辑方式

除了普通的剪辑，D^3-Edit 3.0还提供多种高级剪辑方式，为剪辑提供了多种可能性，操作者可根据自身需要选择合适的剪辑方式。本节中将介绍其中常用的两种：多镜头编辑和Trim编辑。

3.3.1 多镜头编辑

多镜头编辑也叫多机位编辑，常常用于编辑多机位拍摄得到的素材，使镜头可以在不同机位之间进行切换。此功能可近似地理解为视频切换台的功能，所不同的只是将切换镜头的操作在后期编辑中实现。

多镜头编辑常应用于前期使用多机位拍摄，但现场没有切换设备时。相对于切换台，在后期编辑中进行镜头切换有更大的修改余地，不需要临场经验十分丰富的编导也可完成。

1. 在故事板上准备素材

多镜头编辑最多可以对9个视频素材进行镜头切换，编辑之前需要将用于切换的素材都拖到故事板上，且素材必须满足以下条件：不同素材放置在不同轨道上，且素材长度相等，入出点位置一致，具有同步性；每条轨道上用以切换的视频素材只能有一个，不能有多个。

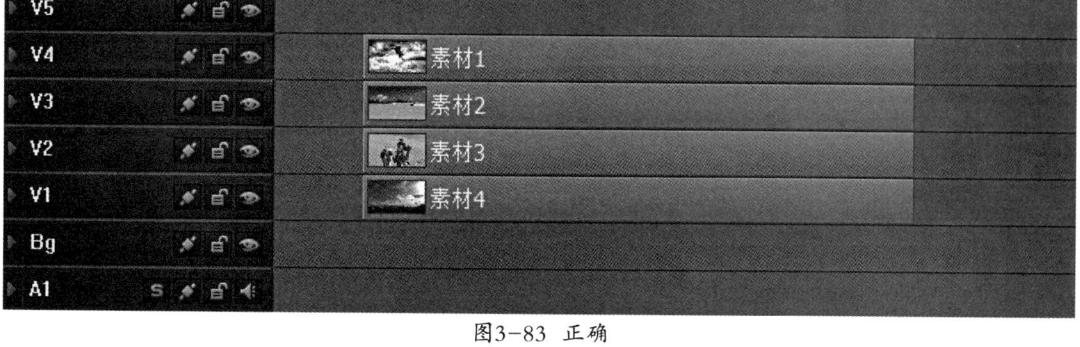

图3-83 正确

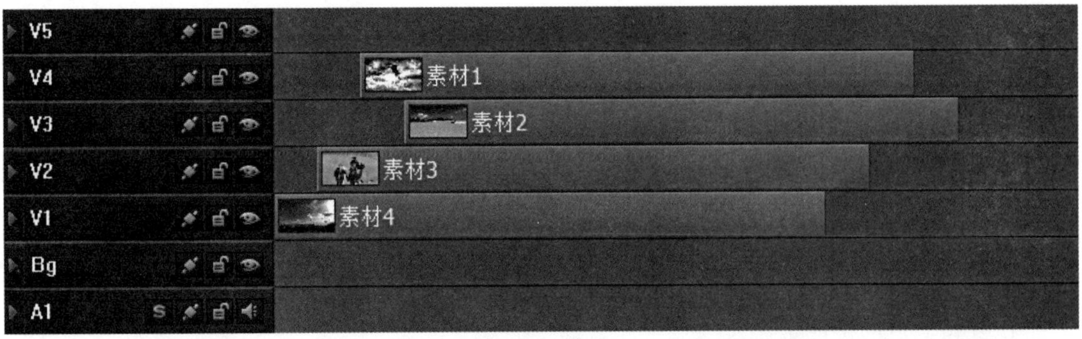

图3-84 错误

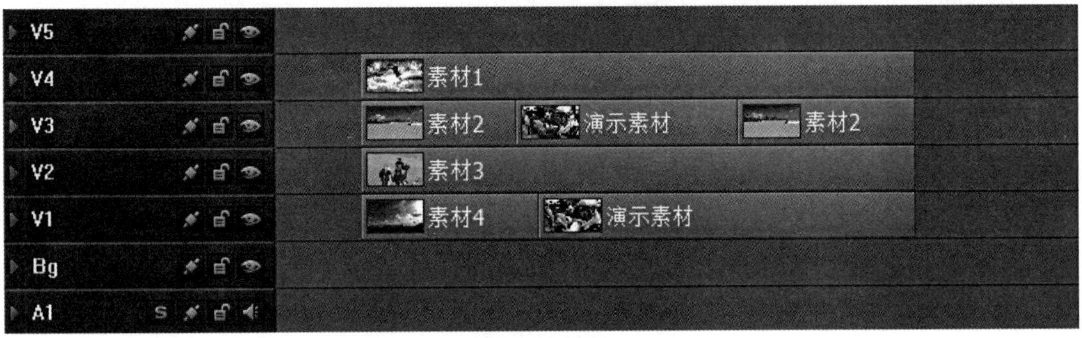

图3-85 错误

如果素材是视音频素材，需要将音频也都放置在轨道上。例如：素材1有两轨音频，素材2也有两轨音频，放置时需要保证这4路音频内容都在故事板的轨道上。

如果是多机位拍摄得到的素材，为了保证画面在不同素材之间进行切换的时候不出现画面重复、声画不同步的现象，还必须事先将不同轨道上的素材调整到同步状态。

2. 素材的同步

切换台上对多通路信号进行切换操作时，所有输入信号都基于相同时码，保证了多个画面切换时画面和声音的同步；软件模拟的“切换台”虽然是对磁盘素材作切换操作，但同样要求每一条素材都基于相同时码，以免切换时出现画面重复、视音频不同步的现象。但是软件操作时并不能通过计算机直接将多个素材调整至同步状态，因此素材同步的调整需要用户手动操作。

多轨素材同步的具体调整方式有很多，常用的称为“打板”。

“打板”这种方式需要在前期拍摄中设置“打板”环节，以便后期编辑时的调整。所谓“打板”，即所有摄像机开机后对准场记板，场记板打下，各机位确保都要记录下这一刻的动作和声音。后期编辑时，各个机位录制的视音频信息采集到素材库中成为素材，这些素材只要按照场记板打下的那一帧进行对位，就很容易将多段素材对齐为同步状态。

初步对位之后需要再根据声音对素材进行微调。因为一个素材的视频和音频是同步的，不同素材之间音频同步，则画面一定同步。而音频不同步播放时声音会出现回声，根据声音的辅助前后移动素材，最终使两轨素材同步，如此反复操作直到多轨素材均对齐。

3. 多镜头编辑

按照上文要求准备并对齐素材，在故事板上用鼠标框选中全部素材，点击鼠标右键，选择

【生成Group素材】。需注意的是：如果素材为视音频素材，需选中所有的视频和音频生成Group素材。

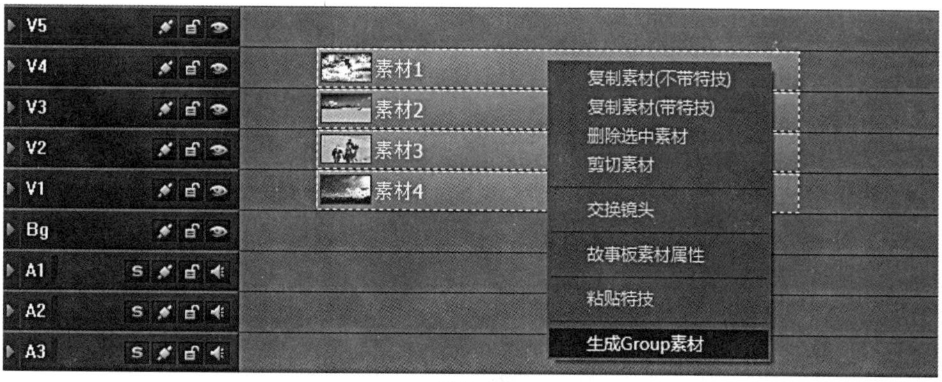

图3-86

在弹出的对话框中为Group素材命名，点击确定生效。

图3-87

此时可见，之前放置在不同轨道上的多个素材生成了一个虚拟的整体素材。

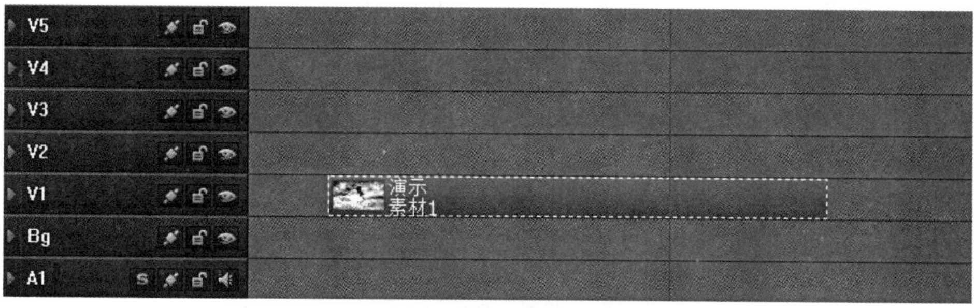

图3-88

在故事板上选中Group素材，点击主菜单栏【工具】/【多镜头编辑】进入多镜头编辑界面。

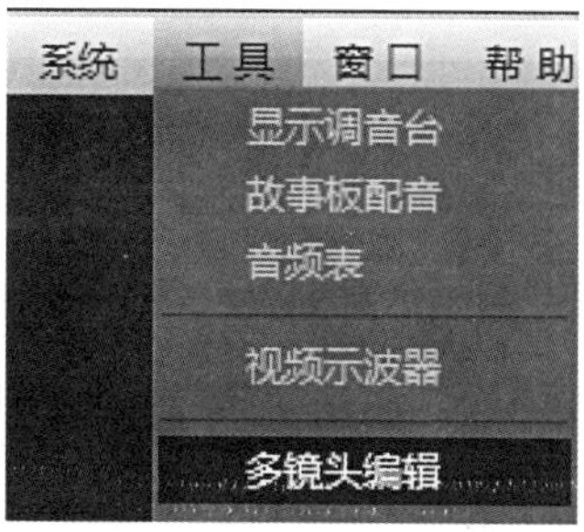

图3-89

本例中用于多镜头编辑的有4个素材，因此界面中出现了4个画面，分别对应每一个素材的内容。

图3-90

在多镜头编辑的界面里，点击播放控制按钮可以同时预览所有素材实时播放的效果。

点击开始按钮，各个轨道上的视频都开始实时地播放，需要镜头切换时只要通过鼠标直接点击相应的画面，该镜头就会切换到该画面。切换时可随时通过按钮停止切换。

镜头的切换也可以通过鼠标点击对话框下方的画面按钮。按钮分别对应素材画面，对应画面1，对应画面2……以此类推。除了点击按钮之外，还可以直接点击键盘上对应的数字键，数字键1对应……以此类推。

镜头切换完成后直接关闭多镜头编辑窗口，会弹出确认保存的对话，点击【是】即可保存退出界面。

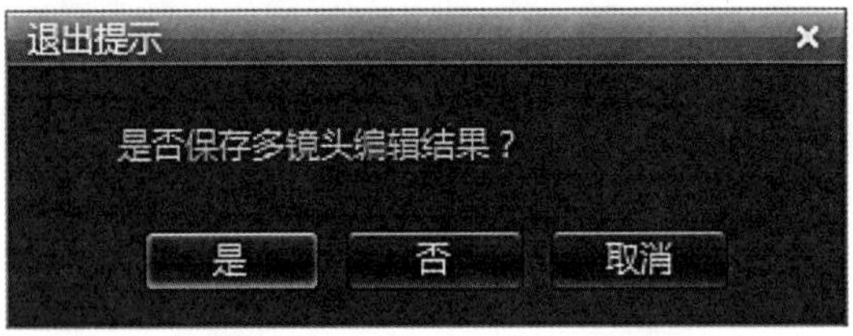

图3-91

此时可以看见Group素材会根据用户操作被切割为很多小段，在故事板上播放即可看到多镜头编辑的成果。

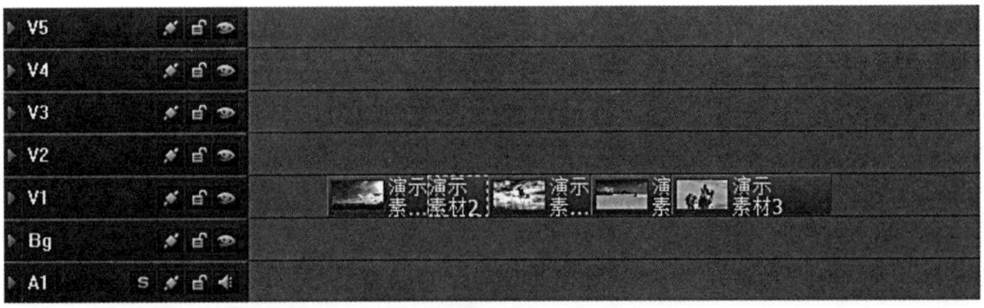

图3-92

修改编辑结果

在多镜头编辑的过程中，可能会因为操作失误或者切点失误造成镜头选择错误，这些可以通过后期微调来补救。

选中Group素材中需要调整的镜头段，右键，点击【切换镜头】，可以将此时间段的镜头切换到另外机位的镜头上。此操作也可以通过快捷键“Tab”来实现。

图3-93

选中需要调整的段落，利用鼠标直接拖拽首尾，可以改变此段落镜头的入出点。

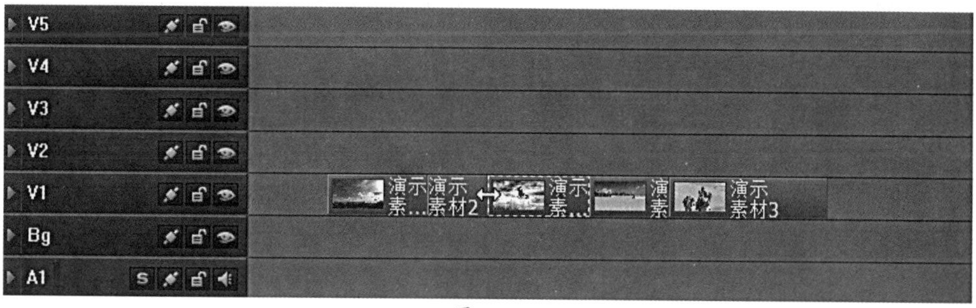

图3-94

选中段落后点击Delete，可删除该段落。

注意：当多镜头编辑的素材为视音频素材时，由于各路音频录音效果不同，音频随着镜头切换容易造成音频不稳定，因此音频内容默认不跟随镜头变化。如果需要设置，可在多镜头编辑界面的右下角勾选“音频随动”选项。

3.3.2 Trim编辑

Trim编辑指的是节点编辑。前文中提到过，一个镜头的入点或出点都叫做它的节点。Trim编辑模式可以方便地修改两个相邻素材的节点位置，即在不改变总时长的情况下，在修改前一个素材出点的同时修改后一个素材的入点，使两个镜头的切点发生改变。

Trim编辑的使用功能前文介绍的也可以达成，这种编辑方式不是必要的操作，不要求掌握。

使用Trim编辑模式编辑素材，素材需要满足以下要求：

- 用于编辑的镜头必须有可供修改的余量，否则Trim编辑就没有意义。
- 被编辑的素材在同轨，并且素材紧密相邻，中间没有黑场。

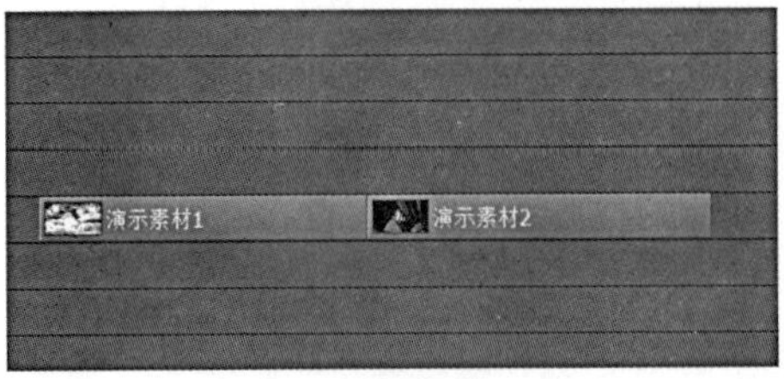

图3-95 正确

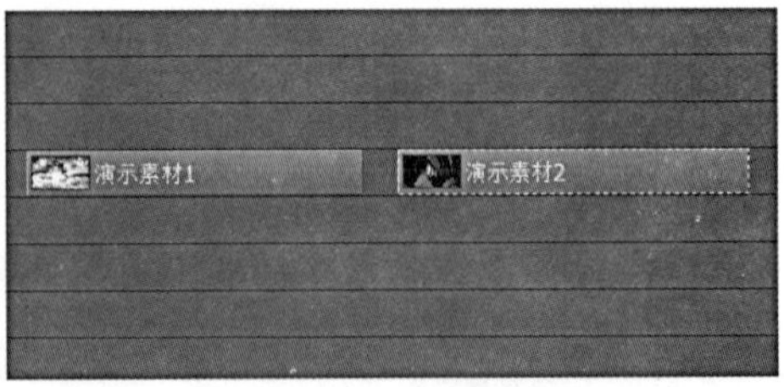

图3-96 错误

故事板下工具栏用于编辑模式的切换。点亮图标，即表示切换到了相应的编辑模式。需注意的是，编辑完成之后，通常需要再次点击图标取消其激活状态，以回到正常的编辑模式。

点亮下工具栏中Trim编辑按钮，激活Trim编辑模式。可以看到素材之间的切点变成了可供调整的模式。

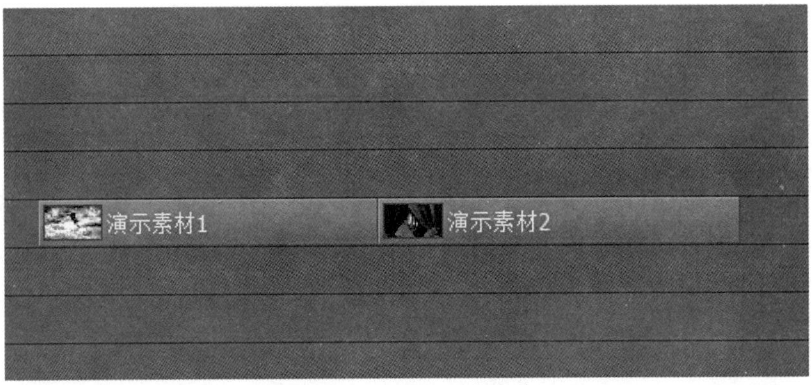

图3-97 Trim工具激活前

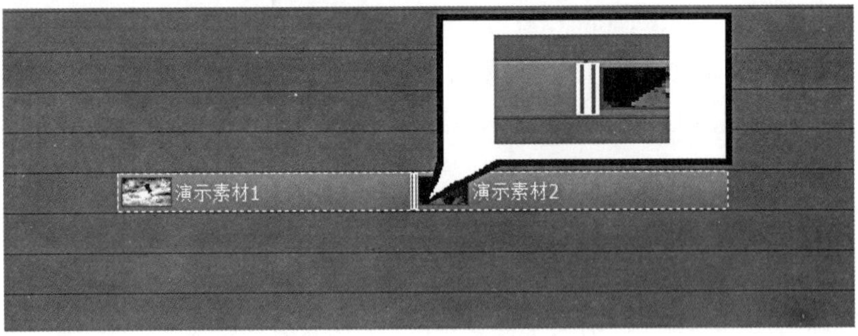

图3-98 Trim工具激活后

1. 双窗口编辑

当改变编辑点的操作针对的是两个素材时，对应的编辑为双窗口编辑，意义为其编辑的对象有两个：素材1的出点，素材2的入点。

编辑时，以鼠标框选中这两个顺序连接的素材。此时故事板上两个素材的节点处变成了一个可以用鼠标移动的编辑点图标。

此时在故事板播放窗上会出现两个窗口，左侧窗口显示的是素材1的出点，右侧窗口显示为素材2的入点。

图3-99

用鼠标左右移动节点，同时通过故事板播放窗预览素材节点改变的情况。前后移动节点时可以看到，素材1的出点和素材2的入点发生了改变：如果节点前移，则素材1出点提前、时长变短，素材2入点提前、时长变长；如果节点后移，则素材1出点推迟、时长变长，素材2入点推迟、时长变短。但无论如何，素材1和素材2的总时长不会发生变化。

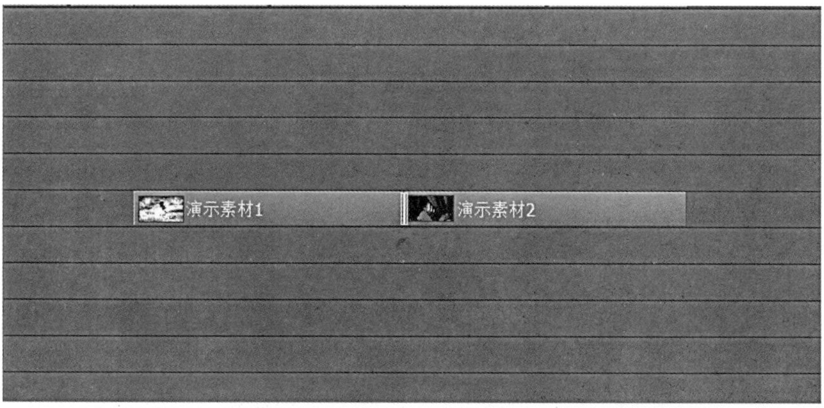

图3-100 调整前

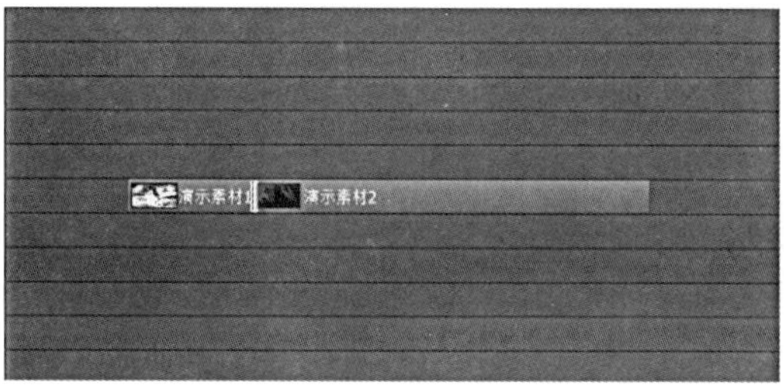

图3-101 节点前移

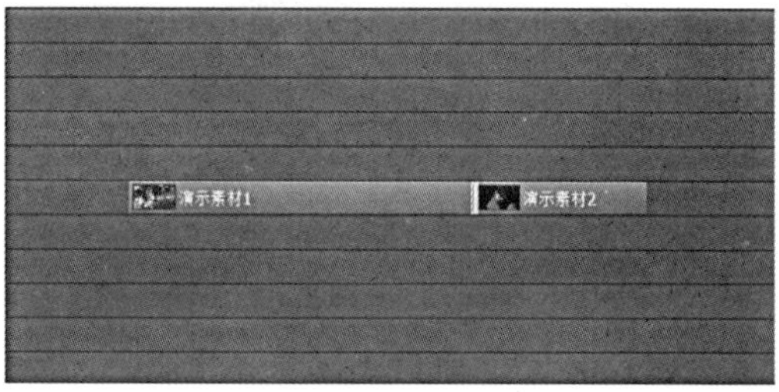

图3-102 节点后移

将节点调整到合适的位置，将鼠标移动到故事板的空白处单击，则此操作保存。此时可以开始下一次的调整。

完成操作后，单击Trim 编辑图标取消其激活状态，返回默认编辑模式。

2. 四窗口编辑

与双窗口编辑稍有不同，四窗口编辑针对的编辑素材为3个。

利用鼠标在故事板上框选中顺序连接的3个素材，因为3个素材顺序连接时产生的节点有2个，因此Trim编辑模式下能够编辑的节点有2个。

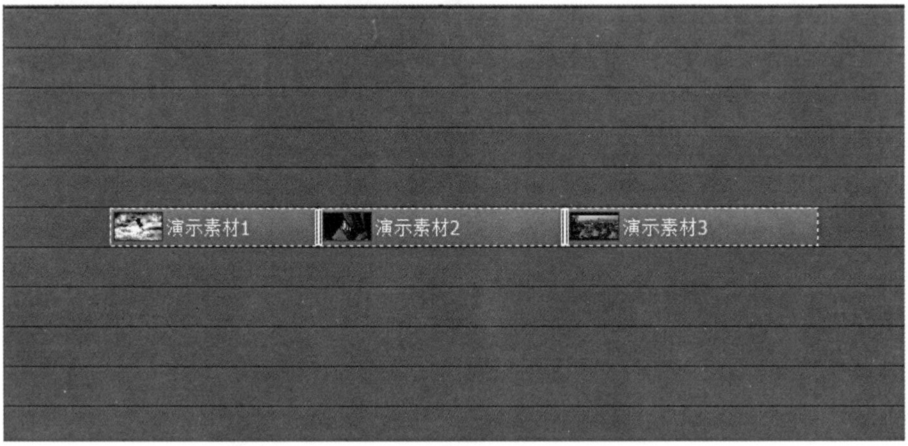

图3-103

同时故事板播放窗上能看见4个窗口。节点1对应的是第一行的两个窗口：素材1的出点、素材2的入点；节点2对应第二行的两个窗口：素材2的出点、素材3的入点。

图3-104

四窗口编辑的调整方法有三种：

第一种是直接调整节点。与双窗口编辑类似，通过鼠标拖拽前后移动节点，同时在故事板播放窗中预览节点调节后的画面，调整到合适位置后保存即可。

第二种是选中处于中间的素材2，用鼠标点中它在时间线上前后移动，此时素材2整体内容保持不变，随着动作改变的是素材1的出点和素材3的入点。

第三种是单独选择处于中间的素材2，然后滚动鼠标的滚轮来进行调整。此操作的调整对象为素材2，整个过程中素材1和素材3整体内容保持不变。滚动鼠标滚轮时，素材2在总时长不变的情况下，入出点整体前移或整体后移。在故事板播放窗中可以预览素材2的调整情况，直到调整到合适的位置，在故事板空白处单击保存操作。

完成操作后，单击Trim编辑图标取消其激活状态，返回默认编辑模式。

思考题

1. 为了进行多镜头编辑，素材在故事板上应该怎么放置？
2. 多镜头编辑中，多个素材如何在时间线上对齐？
3. Trim编辑中，四窗口编辑有几种编辑方式？不同的编辑方式各是针对什么内容编辑？

第4章　视频调整

完成故事板剪辑后，就可以根据需要对素材添加特技。添加特技的主要目的有两个：一是对拍摄时不完美的部分进行弥补，二是通过特技的添加也可以得到一定的艺术效果，向观众表达导演的情绪和观感。根据调整对象的不同，特技主要分为视频特技和音频特技两大类。

在D^3-Edit 3.0中，针对视频添加的特技又可分为转场特技和视频特技两类。转场特技针对镜头切换时提供特技效果；而视频特技是针对单个素材的特技，目的是对单个素材的画面内容进行修饰。

4.1 转场特技

转场是指在两个镜头之间添加艺术性的衔接，使镜头的转换有一定的过渡。其最基本的作用是避免由于两个镜头的内容、场景、节奏或技术指标等差别太大而产生情节或视觉跳跃，此外也能对画面起到一定的包装作用。

4.1.1 转场特技的添加

添加转场特技时，要求两个素材放置在故事板的同一轨道上，且素材首尾紧密相连。同时转场特技要求视频素材具有一定的余量，因为场景转换时的变化均由视频的余量部分来提供。

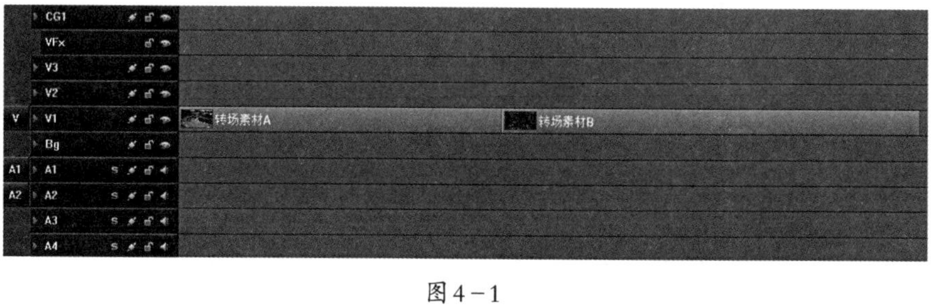

图 4－1

在D^3-Edit3.0中，可以通过多种途径为视频添加转场特技，最常用的有两种：通过特技模板库添加和利用快捷键添加。

1. 通过特技模板库添加

在大洋资源管理器的【特技模板库】页签下，选择【转场特技】并选择相应的转场类别文件夹，则在右侧可以看到很多转场特技的模板。将鼠标放置到窗口右侧的任何转场特技模板上方，可以预览其特技效果。

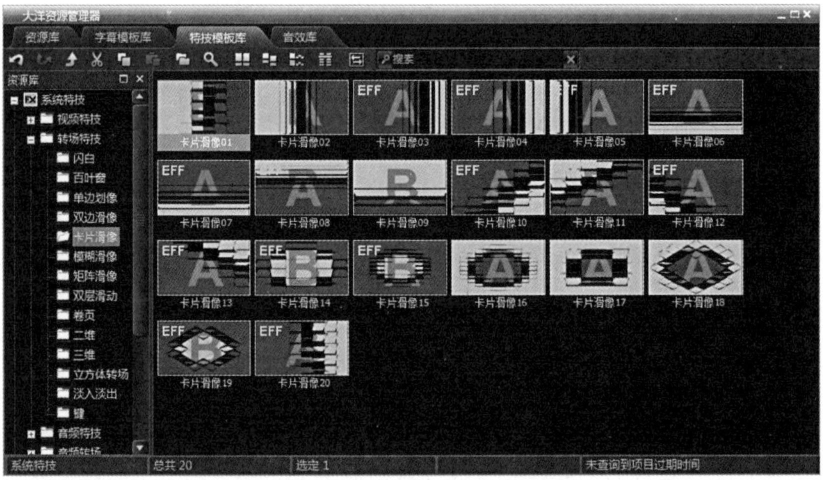

图4-2

找到合适的转场特技，用鼠标将其直接拖拽到故事板上两个素材的接缝处。

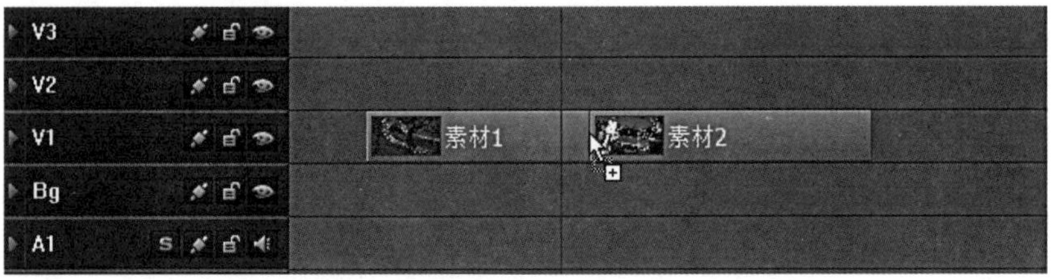

图4-3

此时将会弹出对话框。

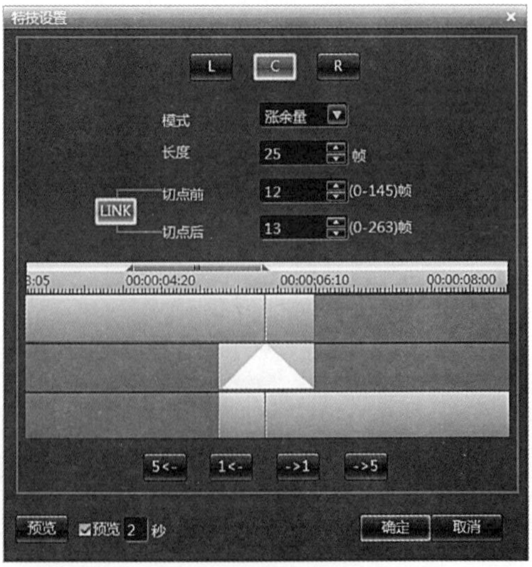

图4-4

“模式”：用于设置转场方式。“静帧”指转场时以两个素材在切点处的静帧画面作为转场过程中的画面内容；“涨余量”指在切点前后涨出一段视频余量作为转场过程中的画面内容。

“长度”：转场特技的时间。可以通过数值进行精确的设置，也可以利用鼠标直接拉动表示转场特技长度的方块来调节时间。调整完成后单击确定即可保存。

此时在故事板播放窗上可以看见添加转场特技后的视频效果。

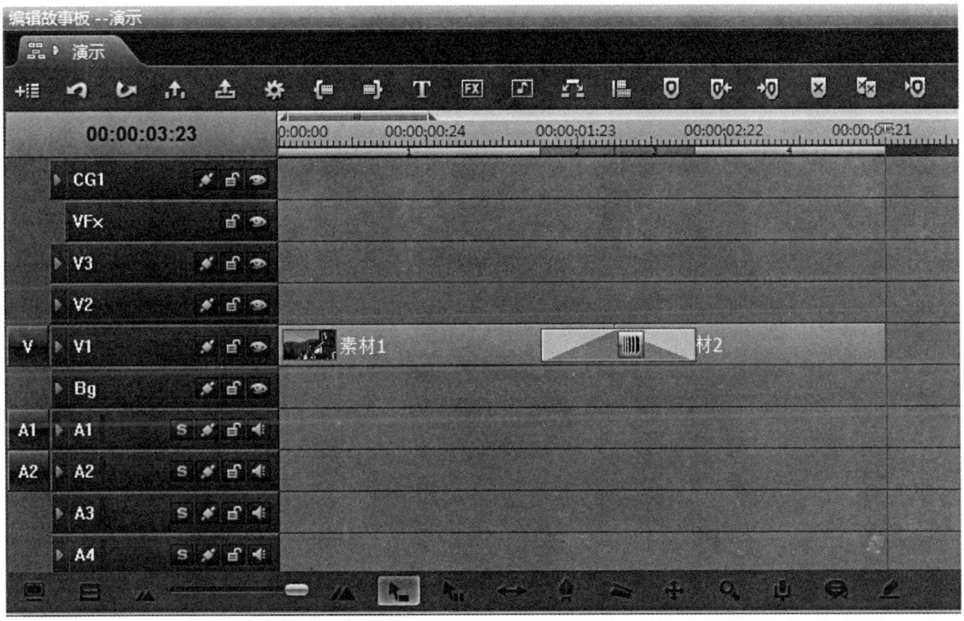

图4-5 故事板

图4-6 场景一

图4-7 转场中(1)

图4-8 转场中(2)

图4-9 场景二

利用此种方式，既可以选择转场特技的种类，又可以对该特技进行参数的设置。

2. 利用快捷键添加

用鼠标框选中需要添加转场的两个素材，点击键盘组合快捷键Ctrl+Enter，将会跳出转场设置的对话框，之后按照模板添加转场的方法，设置转场时间以及转场方式即可。此方法为视频添加的转场特技，是默认的转场特技：淡入淡出。用此法添加时，转场特技的种类不可选择，只能进行参数调整。

另外，也可用鼠标框选中需要添加特技的两个素材，点击故事板操作栏按钮【添加相同轨内过渡特技】或者其快捷键E，则在两个素材中添加了一个长度为1秒的淡入淡出特技。此方法的转场特技方式和参数都无法调整，但方便快捷，并且当选中多个视频时，可以方便地对多个视频统一添加转场特技。

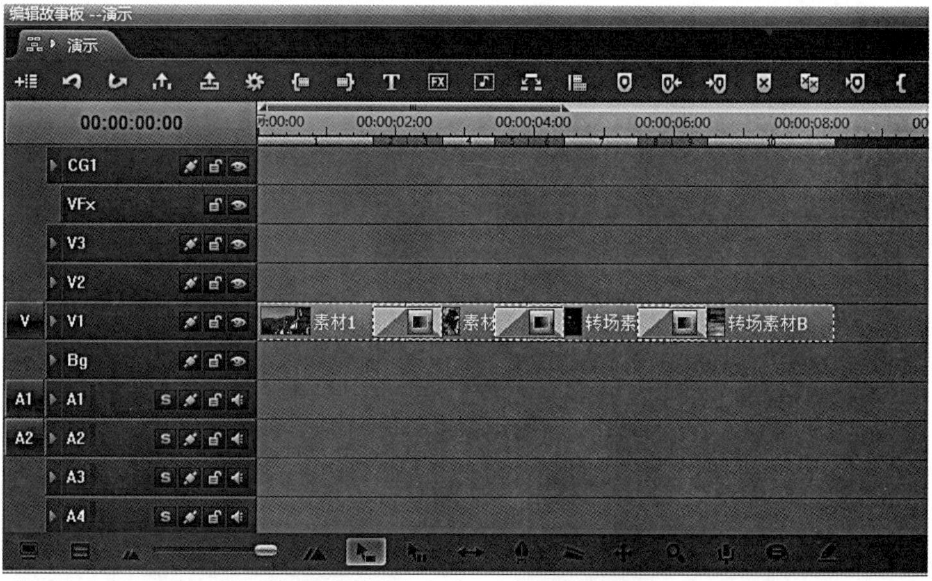

图4-10 利用快捷键E一次添加多个转场

4.1.2 转场特技的调整

转场特技添加完之后，在故事板上可以看到原本首尾相接的两个素材中间多了一个小方块图标，这个图标就是转场特技的标志。我们可以选中此图标对转场特技进行调整。

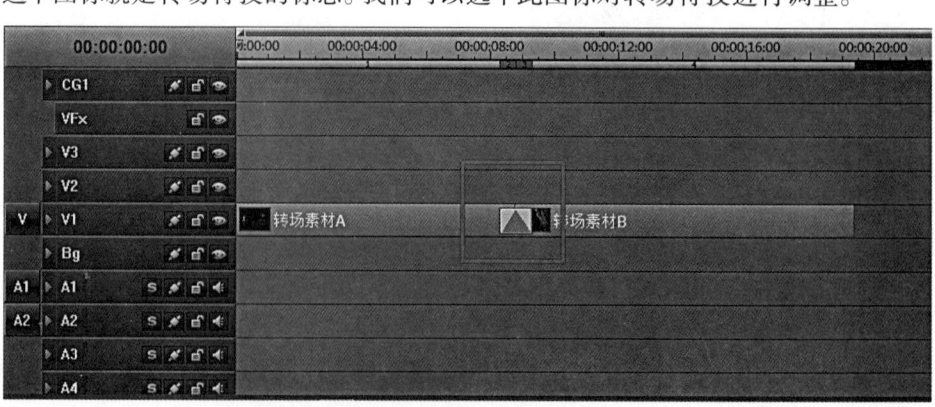

图4-11

1. 更换和删除转场特技

在大洋资源管理器的特技模板中选择需要的转场特技，将其直接拖动到图标上，新特技会覆盖原有特技，并保持其他参数（转场模式、时间等）不变。

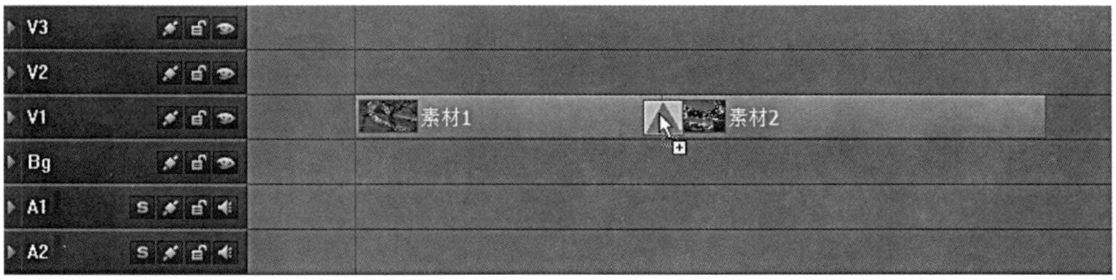

图4－12

或者选中转场特技图标，点击Enter，进入特技编辑界面进行编辑。具体编辑方法在后文"视频特技"中有详细讲解。

若要删除转场特技，只需选中代表转场特技的小方块，点击Delete删除即可。

2. 调整特技参数

选中转场特技图标，点击Enter，可弹出参数设置对话框，在对话框中可更改参数设置，更改完成后点击【确定】保存修改结果。

图4－13

模式：为"涨余量"时，以前后两个素材的余量来作为转场过渡期间的画面；为"静帧过渡"时，以两个素材节点处画面的静帧作为转场过渡期间的画面。

长度：用于设置转场过渡的时间。长度又分为切点前长度和切点后长度，两者相加的总和为转场特技的总时间。

也可以利用鼠标直接拖拽转场特技的图标的首尾，将其拖长或者拖短，可以方便地调整特技的时间，同时保持特技的类型不变。

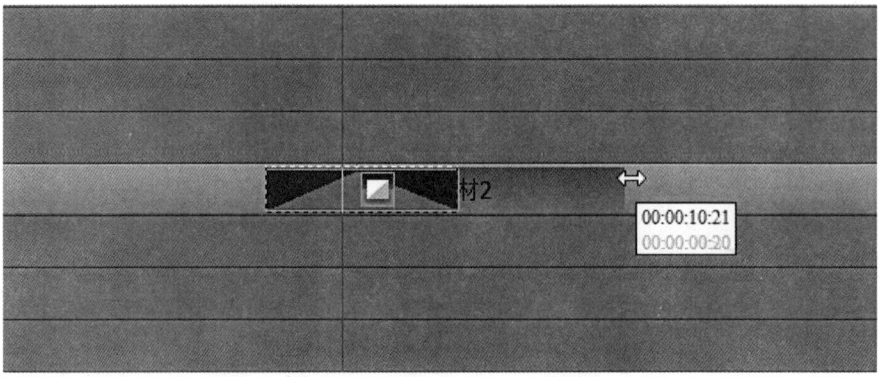

图4-14

4.1.3 常用转场特技

由于非线性编辑系统的发展，转场特技有数百种之多，电视后期制作中常用的转场特技归纳起来主要为以下几种形式：

淡出与淡入：淡出是指上一段落最后一个镜头的画面逐渐隐去直至黑场，淡入是指下一段落第一个镜头的画面逐渐显现直至正常的亮度，淡出与淡入特技的长度，应根据实际编辑时影片的情节、情绪、节奏的要求来决定，时间越长表现出的影片节奏越舒缓。

图4-15 画面淡出

图4-16 画面淡入

闪黑与闪白：第一个镜头淡出之后，第二个镜头淡入之间有一段黑场的转场俗称“闪黑”，闪黑给人一种间歇感，可用于段落之间的自然转换；如果将淡入与淡出之间的画面做成白场，那就是俗称的“闪白”。相比之下，“闪黑”效果较为沉重，通常用于故事片的不同场别、不同故事情节的转场，亦可以用于时间的变化转移；“闪白”大多用于新闻采访等明亮场所，电影中也常常用频繁的闪白制造出第一人称视角的眩晕、震惊效果。

图4-17

在D³-Edit3.0中提供闪白特技模板，称为“闪白”。

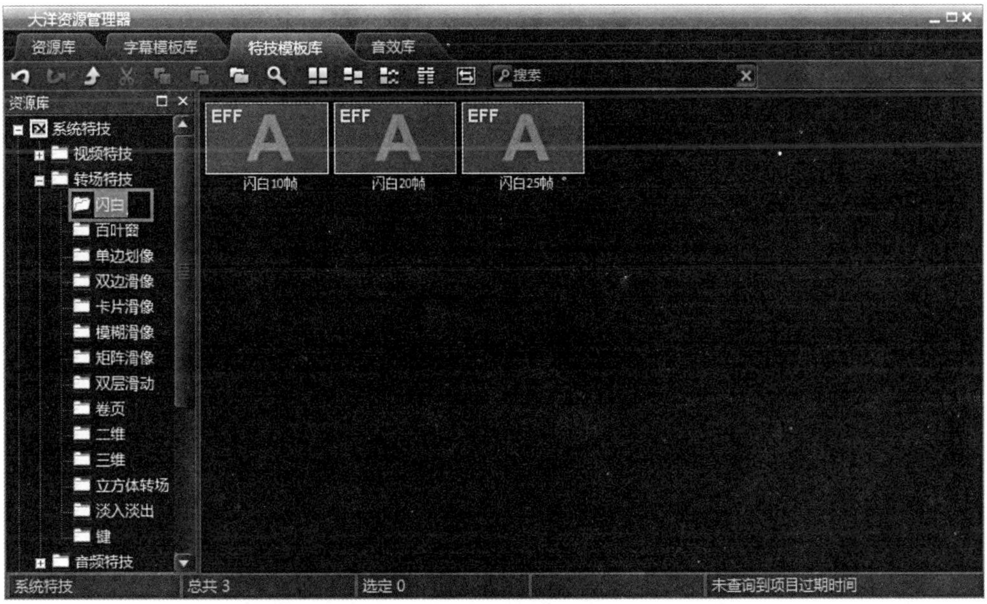

图4-18

叠化：叠化指前一个镜头的画面逐渐隐去，同时后一个镜头的画面逐渐显现的过程，也可以视作前一个镜头在淡出的同时后一个镜头同时淡入。在电视编辑中，叠化主要有以下几种功能：一是用于时间的转换，表示时间的消逝；二是用于空间的转换，表示空间已发生变化；三是用叠化表现梦境、想象、回忆等插叙内容；四是表现景物变幻莫测。

图4-19

在D³-Edit3.0中提供了叠化特技模板，称为“淡入淡出”。

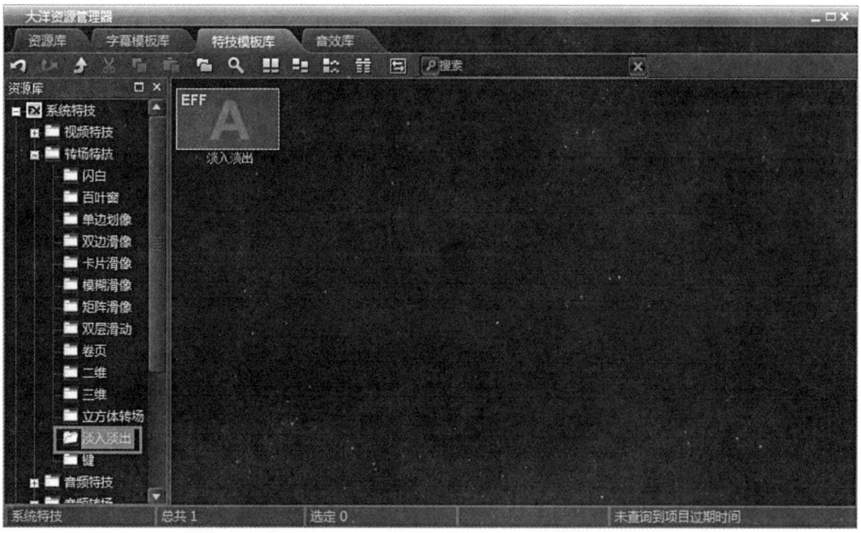

图4-20

划像：划像也称扫换，可分为划出与划入。前一画面从某一方向退出荧屏称为划出，下一个画面从某一方向进入荧屏称为划入。划出与划入的形式多种多样，根据画面进、出荧屏的方向不同，可分为横划、竖划、对角线划等。划像一般用于两个内容意义差别较大的段落转换。

图4-21

在D^3-Edit3.0中提供了多种类型、不同花样的划像特技模板，可视具体需要进行选择。

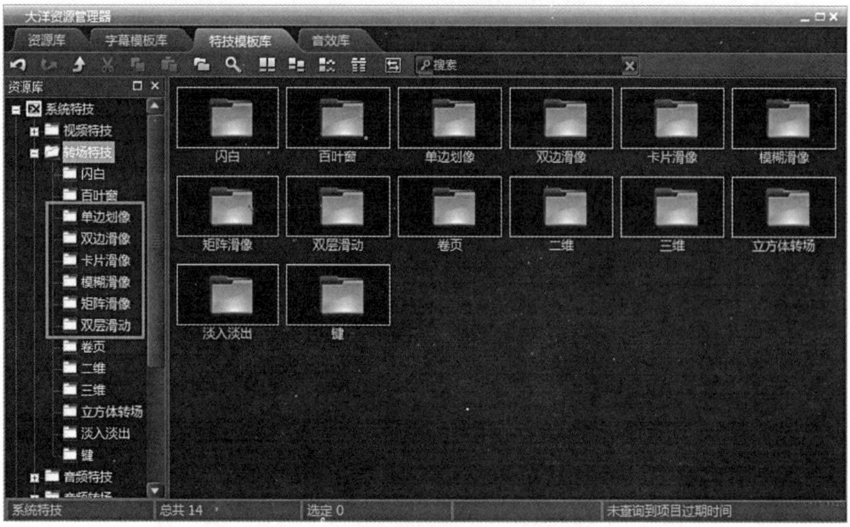

图4-22

翻页：翻页是指第一个画面像翻书一样翻过去，第二个画面随之显露出来。现在由于三维特技效果的发展，翻页已不再是某一单纯的模式，而是有了更多的选择。

图4–23

在D^3–Edit3.0中提供了多种翻页特技模板，可视具体需要进行选择。

图4–24

三维转场：随着三维效果的发展，如今有了越来越多的三维转场特技，比如在转场中引入三维模型或者普通三维物体等。相较于二维转场，三维转场的效果更为炫目，在起到基本转场作用的同时也能在一定程度上呈现包装效果。

在D^3–Edit3.0转场特技模板库中提供了多种三维转场模板，例如三维翻页、立方体转场等，可视具体需要进行选择。另外，在D^3–Edit3.0中也能引入自定义三维模型进行转场，详见后文“高级篇”。

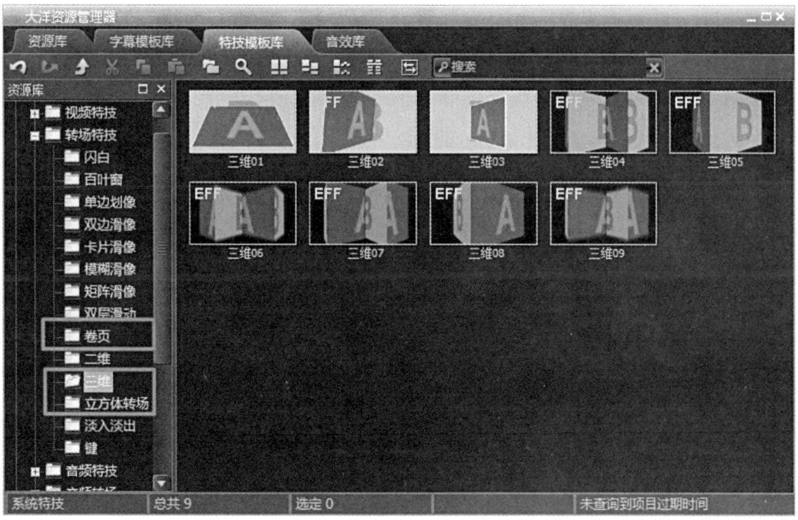

图4–25

定格转场：定格是指在前一个镜头结尾处画面停止在最后一帧，使人产生视觉的停顿，接着再出现下一个画面。定格转场比较适合于不同主题段落间的转换，也适用于需要强调某些信息时，此时停帧画面常常是需要强调的内容。停帧也常常与其他特技结合使用，比如淡出和翻页。

变焦转场：变焦转场是利用改焦点来使画面形象模糊，通过画面由实而虚，再由虚到实的过程达到场景转换的目的。

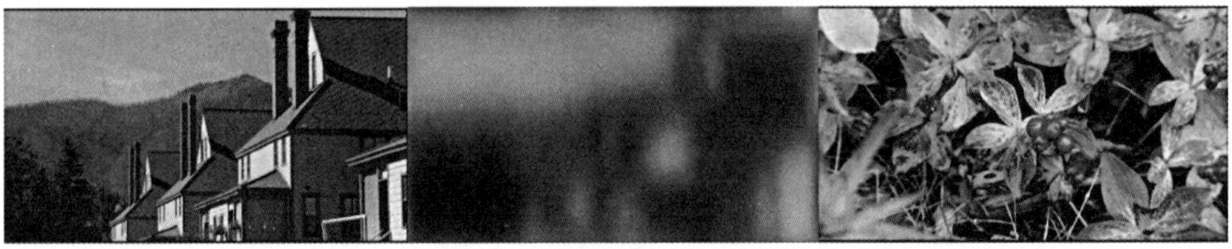

图4-26

在D³-Edit3.0的特技库模板中没有直接提供定格转场和变焦转场的特技模板，但提供了类似的视频特技，可以通过对前后镜头分别添加自定义视频特技达到效果。

随着科技的发展和观众审美水平的不断提高，一定还会有更多的转场特技效果陆续出现，从而帮助导演更好地表达创作意图，也给观众带来更好的视觉体验。

思考题

1. 是不是所有的镜头切换都需要添加转场特技？为什么？

4.2 视频特技

视频特技是指针对视频素材添加的特技，其目的是对视频内容进行各种变换和处理，为画面添加各种各样的效果。视频特技不仅能在一定程度上修正前期拍摄中不理想的视频素材，还能增强画面的艺术效果，为影片增色。

在故事板轨道上选中需要添加特技的素材，点击故事板工具栏中的【特技编辑】按钮  或其快捷键“Enter”，进入特技调整窗口。

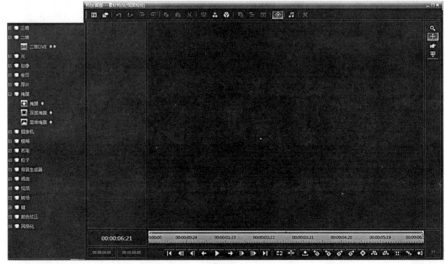

图4-27

特技调整窗口的左侧为特技列表区，以列表的形式列举出了系统提供的全部特技效果。这些特技按表现形式进行了划分和归类管理，例如光效、粒子、颜色校正、掩膜等。如果需要添加某个特技，双击鼠标即可。

双击鼠标后，该特技被添加到了中部的特技窗口。一个素材可以添加多个视频特技，这些添加到素材上的特技都会显示在中部的特技窗口中。在特技窗口中用鼠标选中某个特技，界面右侧就会出现该特技的编辑调整窗口。

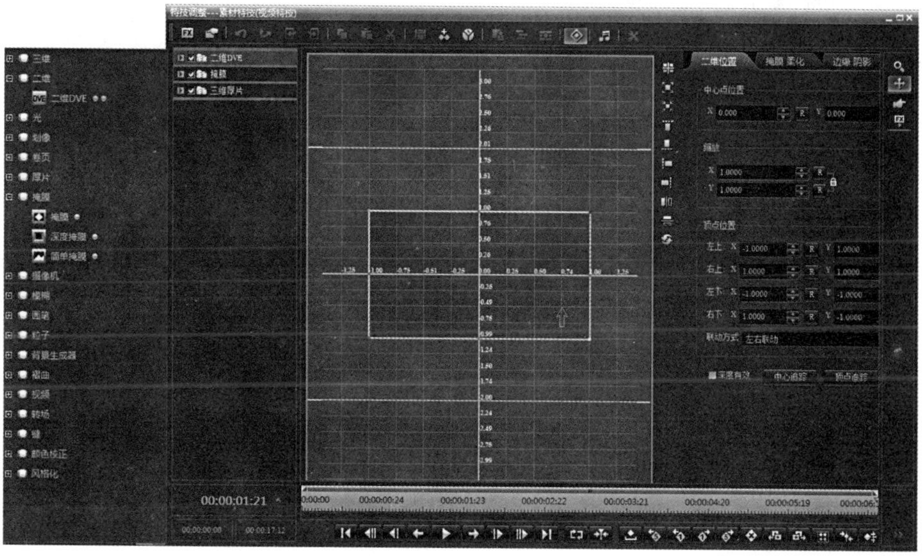

图4–28

特技编辑窗口的上半部分可以进行参数的设置，以调整特技效果；特技编辑窗口底部的时码轨，可实现关键帧的设置和修改。

4.2.1 二维DVE应用实例

二维特技在日常节目中使用非常广泛，最主要的应用是实现画面的位移和缩放，例如：常见的“画中画”就是通过二维特技完成的。“画中画”指当两个画面发生叠加时，其中一个画面变小，浮于另一个画面上方。

在D^3–Edit3.0软件中的“二维DVE”特技除了传统的二维特技，更综合了掩膜、马赛克、柔化、彩色边框、阴影等其他效果。二维DVE是一个十分基础的特技，熟练掌握其运用，举一反三，有助于学习、理解其他特技。以下就以实例进行说明。

图4–29

该例是一个较复杂的“画中画”效果，前景素材不仅进行了二维缩放和位移调整，还添加了边框和阴影。

制作该效果时，首先将需要添加特技的视频素材和背景素材分别放置在故事板的V2、V1轨上。

图4-30

因为视频轨道具有“上轨压下轨”的特性，因此须将需要缩小的素材放置在上方的轨道，背景素材放置在下方轨道。

选中故事板上需要添加特技的视频素材，点击Enter打开特技调整窗。在特技调整窗左侧特技列表中双击【二维】/【二维DVE】特技，二维特技被加载到视频素材上。

图4-31

添加完“二维DVE”特技后，特技调整窗的右侧出现了该特技的编辑窗口。

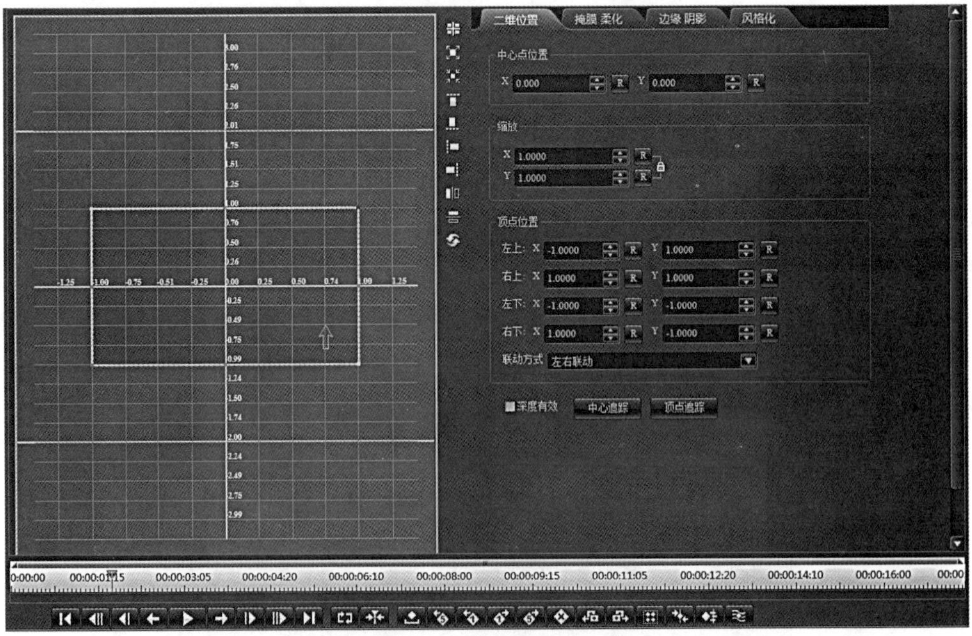

图4-32

在编辑窗口下方的时码轨上将时间线移动到第一帧。此举是为了将关键帧添加到首帧的位置，有关关键帧详见后文“基于关键帧的特技动画”。

图4－33

然后开始调节特技参数。"二维DVE"的特技编辑界面分为两部分：左侧为窗口调节区，右侧为参数调节区，参数调节区又分为四个页签，分别可以实现不同的效果。

在左侧的窗口调节区中，黄色线框代表了视频素材（可理解为素材画面的大小），灰色区域为输出画面区域（可理解为屏幕）。直接用鼠标拖动黄色矩形框，可以调整素材输出画面的大小和位置。

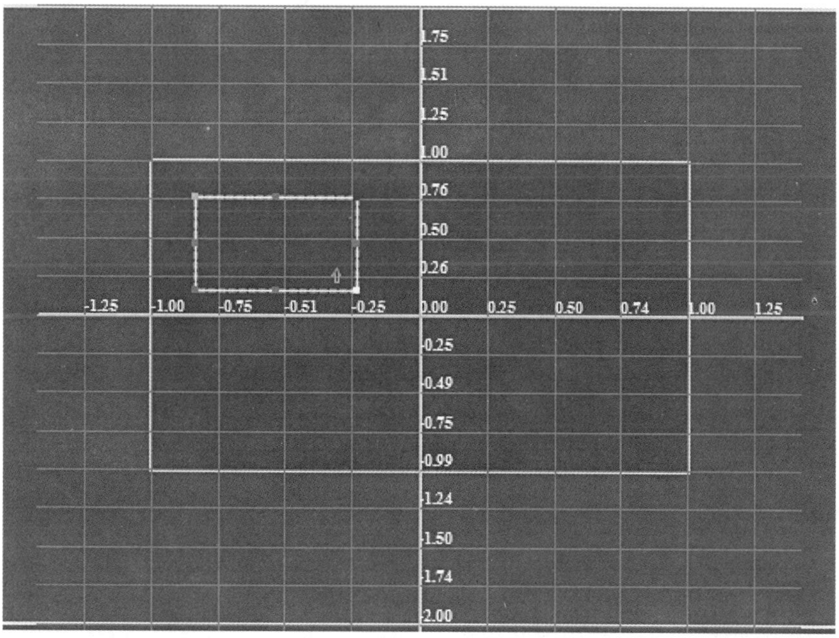

图4－34

此外，也可以在参数调整区【二维位置】页签中，通过调节参数值改变素材的大小和位置。

本例中，在【二维位置】页签下设置"中心点位置"：X=−0.4，Y=−0.4；"缩放"：X=0.35，Y=0.35。

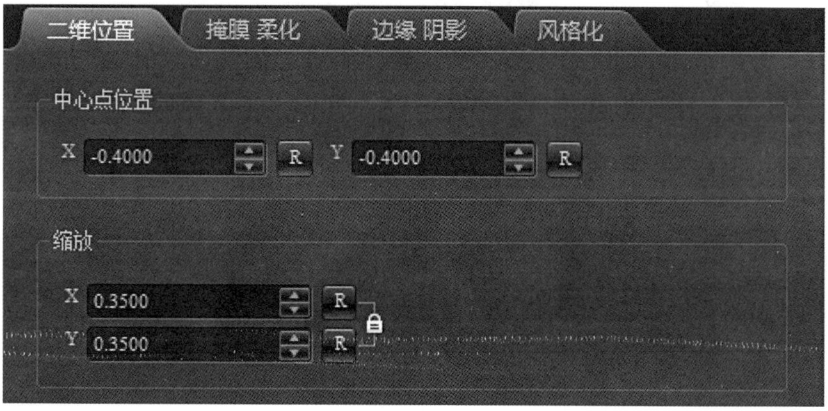

图4－35

在【边缘阴影】页签中调整素材的边缘和阴影属性。

首先，设置边缘，选择边缘类型为第四类（单击该按钮即可）。

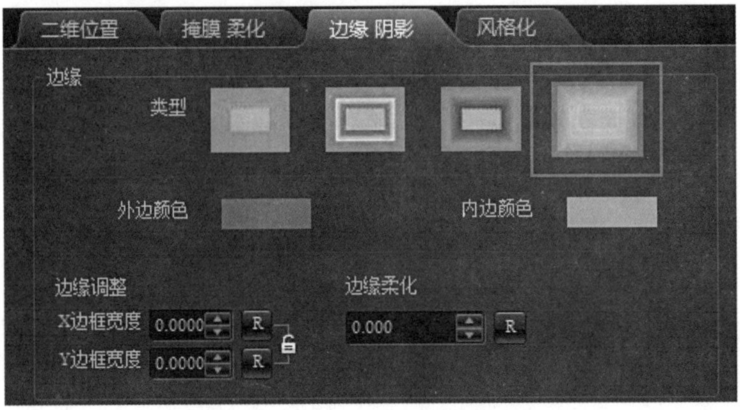

图4-36

其次，点击“外边颜色”后的小方框，在弹出的取色框中利用鼠标点击，设置“外边颜色”为白色。用同样的方法设置“内边颜色”为黑色。

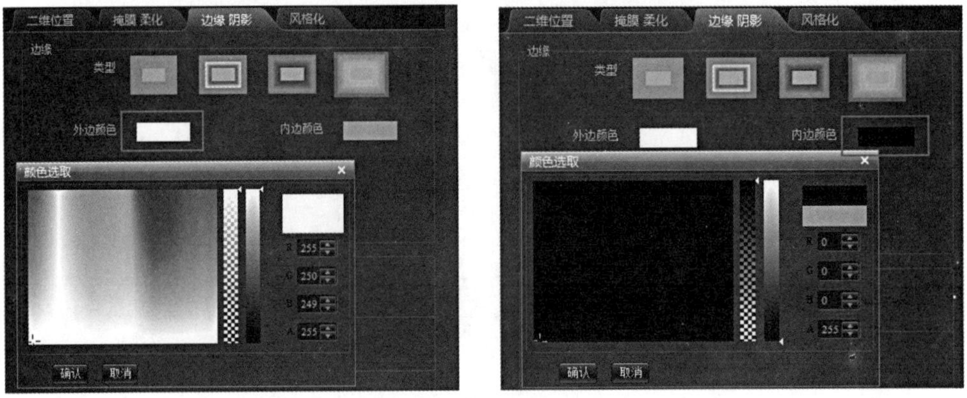

图4-37

再次，设置“边缘调整”：X边框宽度=0.18，Y边框宽度=0.25；

“边缘柔化”：0.466。

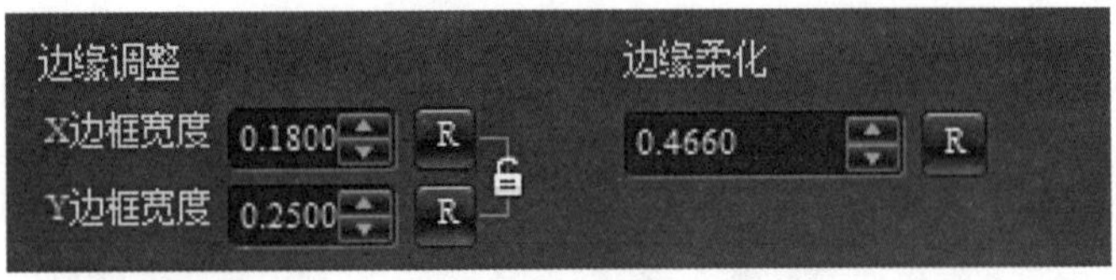

图4-38

最后，为素材设置阴影效果。

“阴影类型”：图片阴影；

“阴影调节”：X=-0.12，Y=-0.18；

“透明度”：0.5；

“阴影柔化”：0.1；

“阴影变焦”：0.6。

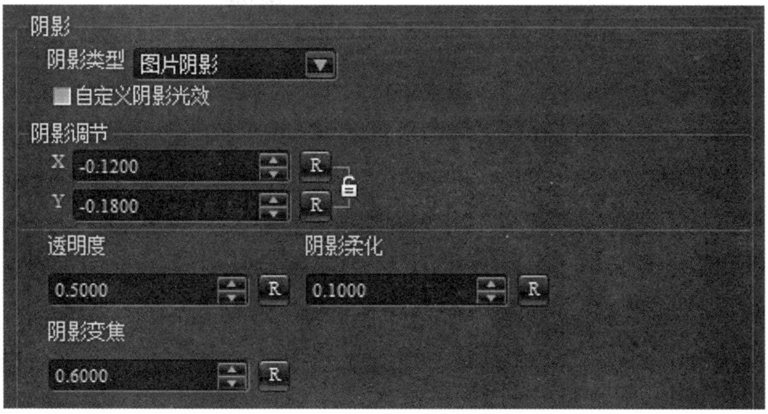

图4-39

调整结束后，即可在故事板播放窗上看到调整后的效果。

图4-40

4.2.2 三维DVE应用实例

与“二维DVE”类似，特技“三维DVE”也能通过关键帧对画面的大小、缩放、边框、阴影等进行调整；区别于“二维DVE”的是，“三维DVE”特技还能实现画面在三维空间中的翻转。接下来，通过实例介绍在D^3-Edit3.0软件中“三维DVE”特技的调整方法。

图4-41

该例呈现了带有纵深感和倾斜感的“画中画”效果。调节方式如下：

将需要添加特技的视频素材和背景素材分别放置在故事板的V2、V1轨上。

图4－42

选中故事板上需要添加特技的视频素材，按回车键打开特技调整窗。从特技列表中选择【三维】/【三维DVE】。

在左侧的调整窗中，黄色矩形代表了视频素材，灰色区域内部为输出画面区域。右侧区域为参数调整区，共有【空间位置】、【掩膜柔化】、【边框】、【阴影】、【风格化】五个页签，可在相应的页签下通过修改参数改变特技状态。

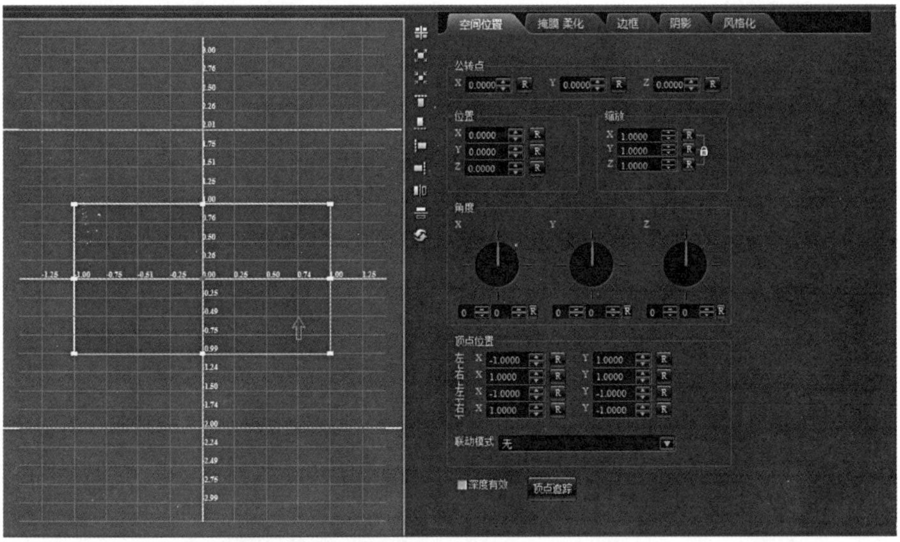

图4－43

在下方的时码轨上将时间线移动到第一帧。

图4－44

然后开始设置特技参数，在【空间位置】页签下，修改素材的位置、缩放、公转点、旋转角度。“位置”：X=0.35，Y=-0.21；“缩放”：X=0.5，Y=0.5，Z=0.5；“角度”：X=15，Y=60 。

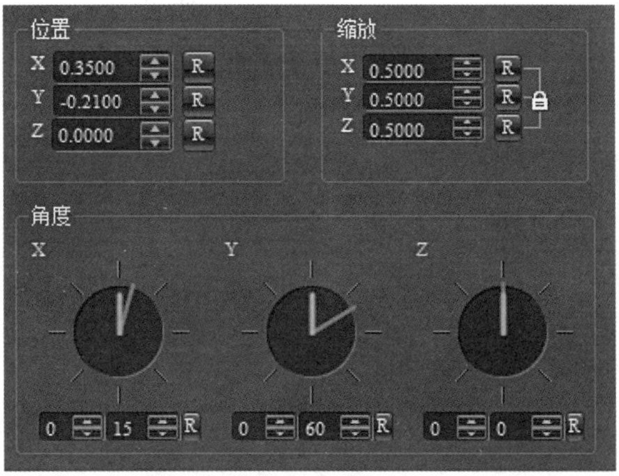

图4-45

在【边框】页签中，修改素材的边框模式、颜色。

“模式”：选择第三种；“外边框颜色”为白色；“外边框调节”：X边框=0.065、Y边框=0.065；

“圆角程度”：0.4075；“调节点1”：X=-0.2150，Y=0；“调节点2”：X=0，Y=-0.015。

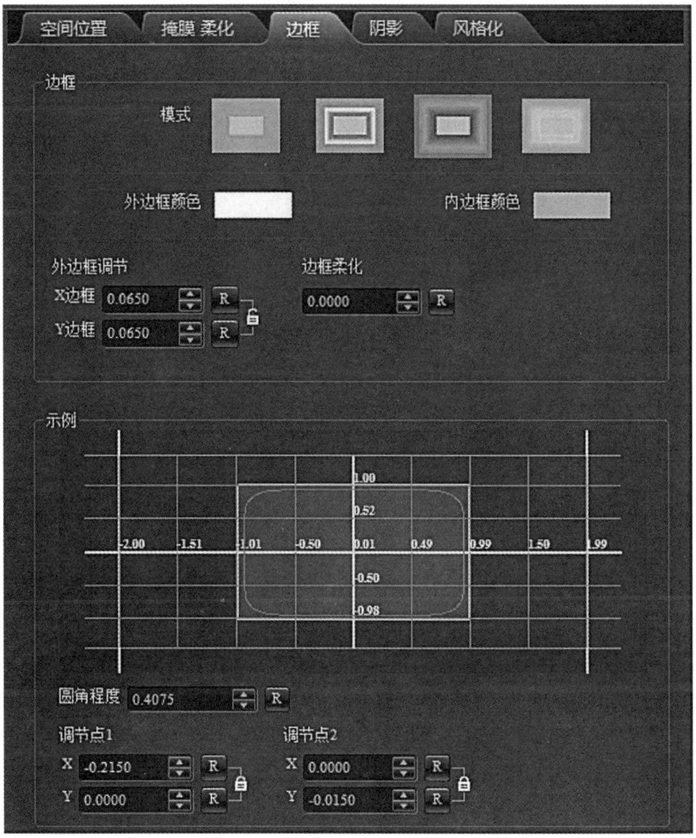

图4-46

在【阴影】页签中，修改素材的阴影参数：

“阴影类型”：图片阴影；“阴影位置”：X=0.12、Y=-0.12；“阴影透明”：0.5；“阴影柔边”：0.1；“阴影变焦”：0.6。

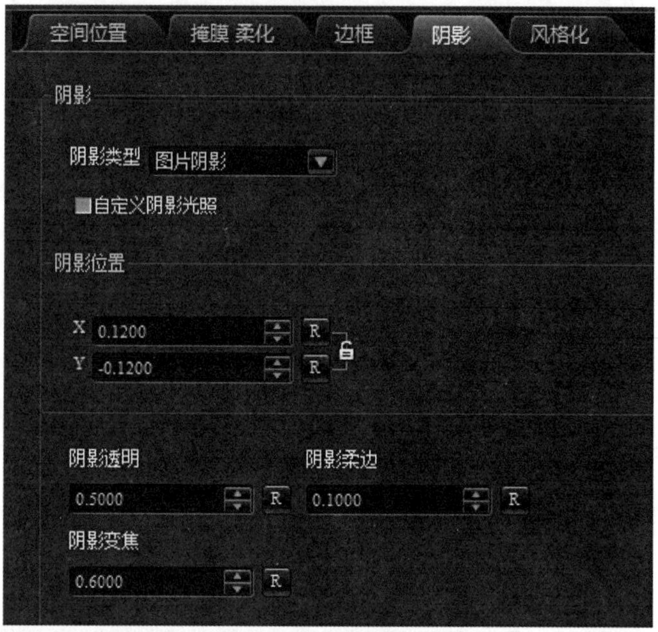

图4−47

调整结束后，即可在故事板播放窗上看到调整后的效果。

图4−48

4.2.3 掩膜

掩膜特技是指在视频图像上建立一个选区，然后根据需要对选区内的内容进行处理，比如裁去选区视频，或者对选区内的内容进行变换，达到局部马赛克、局部柔化等效果。

此外，掩膜特技还可以与追踪功能组合实现局部掩膜、马赛克、柔化的追踪效果，详见后文。

1. 局部掩膜应用实例

在D^3-Edit3.0软件中，可使用掩膜特技实现局部掩膜效果。下面以实例介绍使用掩膜特技实现手绘局部掩膜功能。

图4-49

首先把准备好的前景素材和背景素材分别设置在故事板的V_2、V_1轨上。

图4-50 前景素材

图4-51 背景素材

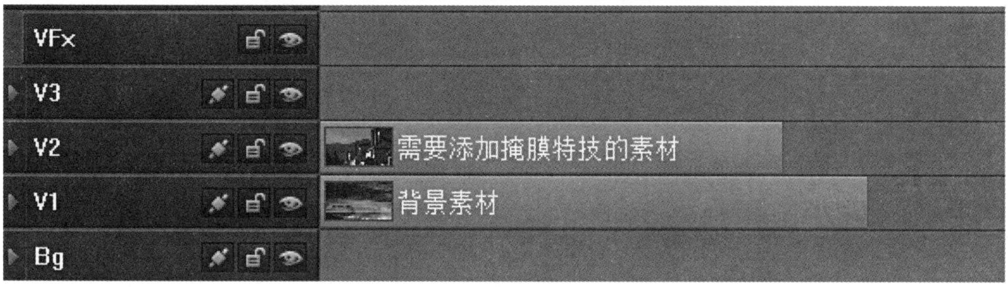

图4-52

在故事板上选中前景素材，按回车键打开特技调整窗，双击特技列表中的【掩膜】，掩膜特技被加载到视频素材上。在特技编辑界面下方的时码轨上，将时码线移动到首帧，然后设置特技参数。

掩膜特技的调整窗口由【掩膜设置】和【调节】两个页签组成。【掩膜设置】页签用于新建掩膜区域，并对该选区区域设置柔化、透明度等参数；【调节】页签用于在确定掩膜区域后，调节该区域的透明度、马赛克、柔化等参数。

在【掩膜设置】页签中新建掩膜区域，在预览窗口上方设置“预览模式”为图像。

图4-53

将“掩膜类型”选为手绘折线。

图4-54

选中手绘折线工具后，在监视区域用鼠标直接勾勒掩膜区域。如图所示，鼠标在图像上直接点击可新建一个折点，顺着房子的形状勾勒出轮廓即可，绘制完成之后点击鼠标右键，折线自动闭合，由折线勾勒出的这个区域即是掩膜区域。

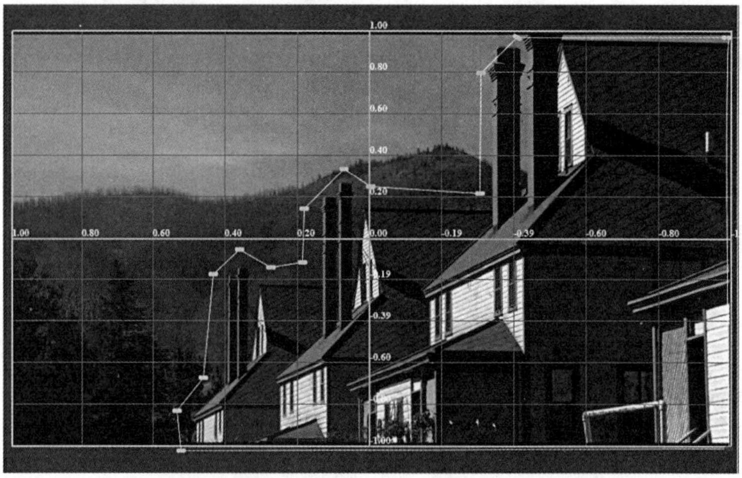

图4-55

绘制完成后，在【掩膜设置】页签右侧的“整体调节”处，勾选“反选”，设置“柔化”：27，“透明度”：1。

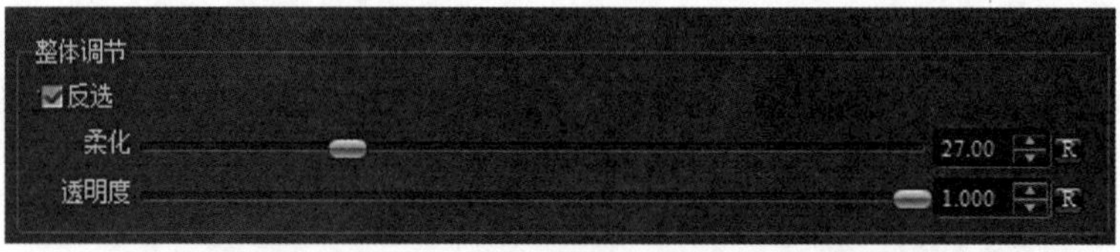

图4-56

切换到【调节】页签下，勾选“Alpha调节”。

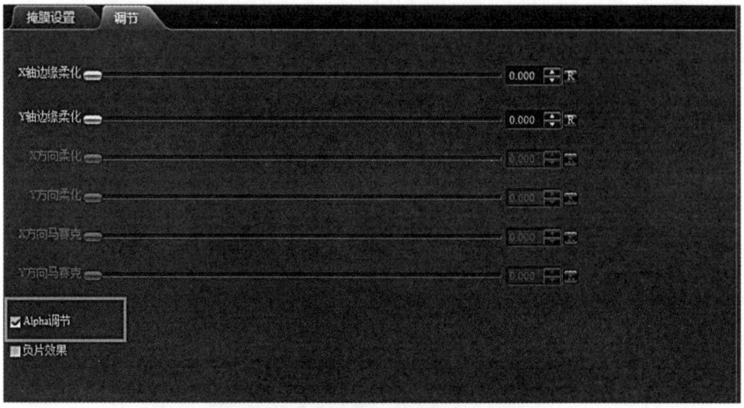

图4-57

勾选“Alpha调节”可让掩膜区域变为透明。因为本例中新建掩膜区域为画面中的房子，因此需要在【掩膜调节】页签下勾选“反选”，令画面中房子保留下来，而房子以外的区域变为透明。调节“柔化”是为了让选区边缘呈现出柔和的过渡效果，画面显得更加自然。

调整结束后，即可在故事板播放窗上看到调整后的效果：

图4-58

2. 马赛克 / 柔化应用实例

除了去除选区内视频信息之外，在D^3-Edit 3.0软件中还可使用掩膜特技实现局部马赛克、局部柔化效果。下面以实例介绍使用掩膜特技实现局部马赛克及柔化功能。

图4-59 原始画面

图4-60 局部马赛克

图4-61 局部柔化

该例中，画面的局部产生了马赛克/柔化效果，其调节方式如下。

选中素材上需要添加特技的视频素材，点击回车键打开特技调整窗。点击特技列表【掩膜】，掩膜特技被加载到视频素材上。首先在特技编辑界面的时码轨上，将时码线移动至首帧。然后再调节特技参数。

在【掩膜设置】页签中对掩膜类型和区域进行设置。

设置“监看模式”为图像，“掩膜类型”为椭圆。

图4-62

选中椭圆后，用鼠标在监视窗口上勾勒出一个大小合适的椭圆形掩膜区域。勾勒完后拖动该区域并调整大小，使画面中的房子被完整地包裹在选区内。

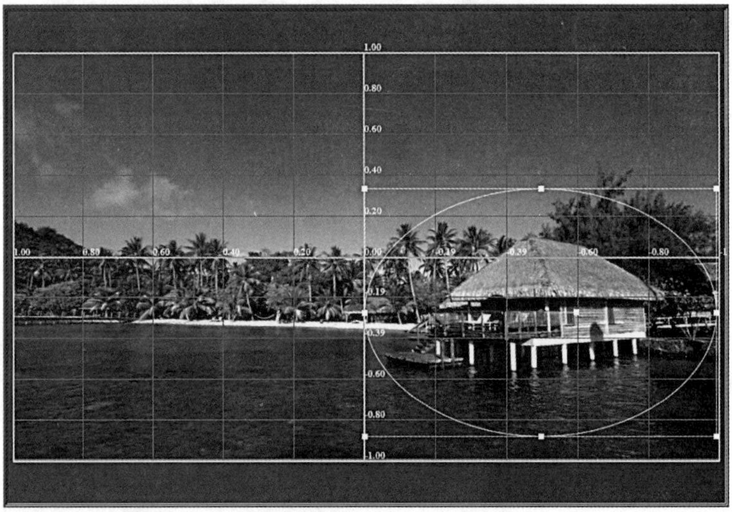

图4-63

在【调节】页签中对掩膜处理参数进行设置。

局部马赛克效果：取消勾选“Alpha调节”；设置“X轴边缘柔化”：0.075，“Y轴边缘柔化”：0.075；“X方向马赛克”：0.160，“Y方向马赛克”：0.160。

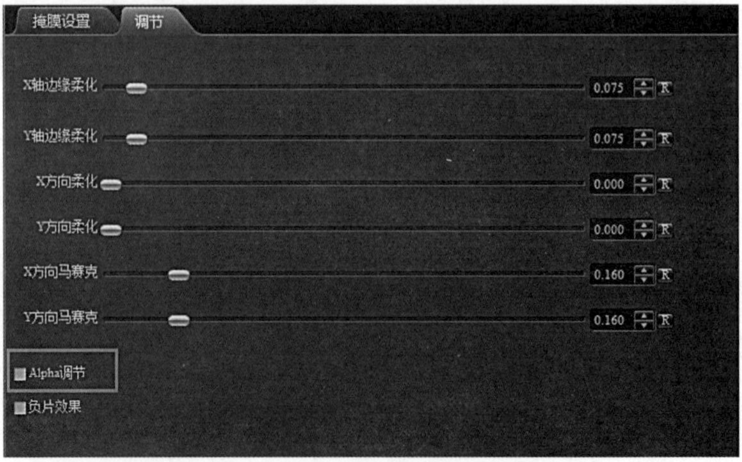

图4-64

得到效果如下：

图4－65

局部柔化效果：取消勾选“Alpha调节”；修改“X轴边缘柔化”：0.075，“Y轴边缘柔化”：0.075；“X方向柔化”：0.160，“Y方向柔化”：0.160。

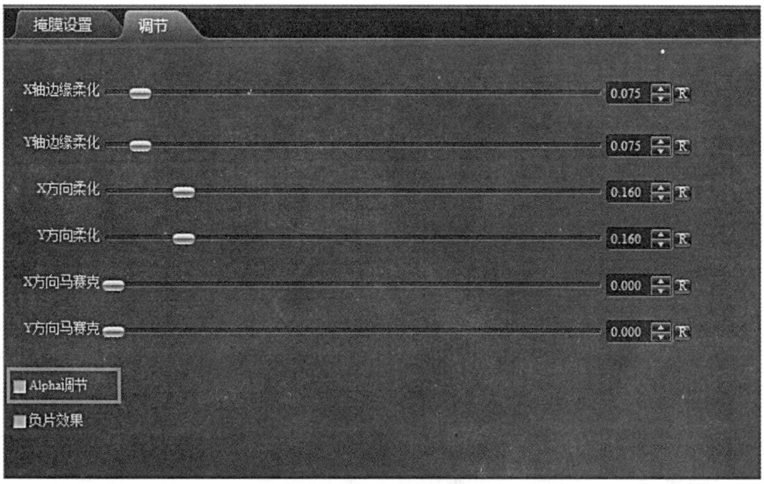

图4－66

得到效果如下：

图4－67

取消勾选“Alpha调节”时，掩膜特技对选区内的图像进行变换。此时通过设置马赛克或者柔化的参数就可在选区内达到不同程度的变换效果。“边缘柔化”是对选区的边缘进行调节，令变换后的画面过渡更加自然。

4.2.4 色键

色键特技应用于素材需要抠像的情况。

“抠像”一词是从早期电视制作中得来的，英文称作“Key”，因此抠像特技也称“键特技”。其意思是吸取画面中的某一种颜色，将它从画面中抠去，从而透出底层的背景，形成二层画面的叠加合成。抠像时如果所需要抠除的部分是以颜色进行标记，则称为“色键”；若所需抠除的部分以亮度标记，则称之为“亮键”。

在实际应用中色键以抠蓝和抠绿最为常见，效果也最好。为保证尽可能理想的抠像效果，一般来说抠像要求前景与背景区别明显，色调不接近，背景铺光要均匀，保证主体边沿的锐度，并且用于抠像的素材尽可能采用低压缩比、高质量的编码格式。

在D^3-Edit 3.0软件中，“快速键”特技为用户预制了常见的抠像选项，比如抠蓝和抠绿，操作简单，很容易就能达到较为理想的抠像效果。下文将以实例对“快速键”特技的应用进行说明。

1. 色键特技应用实例

本小节中将以实例介绍色键特技的使用方法。

图4-68 抠像后

图4-69 原始素材背景画面

该例中使用“色键”特技调节，调节方式如下：

将需要添加色键特技的视频素材和背景素材分别放置在故事板的V2、V1轨上。

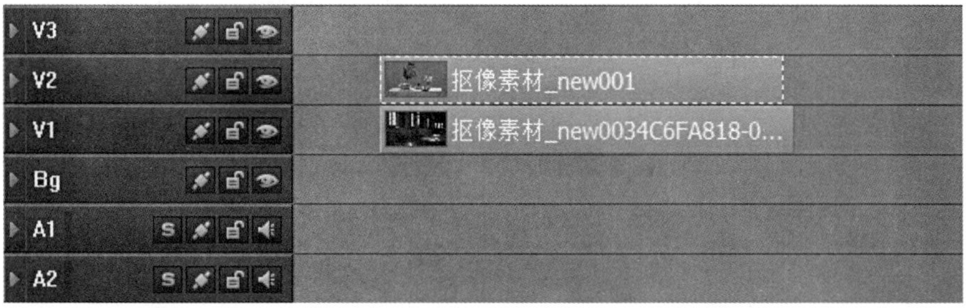

图4-70

选中轨道上需要添加特技的视频素材，按回车键，打开特技调整窗。点击特技列表中【键】/【色键】特技，色键特技被加载到视频素材上。在特技编辑界面下方的时码轨上将时间线移动到素材首帧，然后进行具体的参数调节。

色键的意义是通过在色盘上定义一个区域，系统将会把该区域内的颜色全部从画面上去除掉，这个颜色通过色盘和参数进行定义。

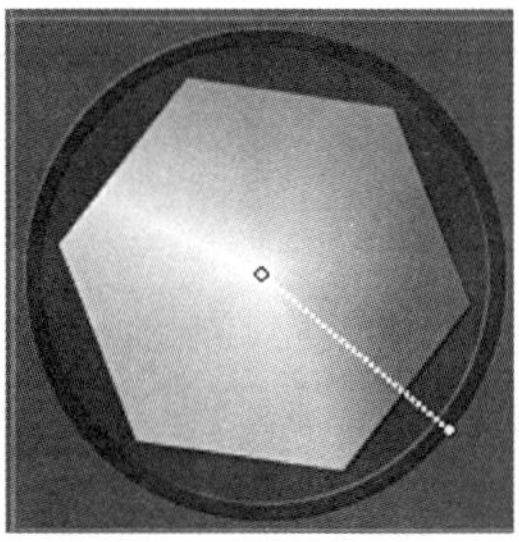

图4-71

在色盘的右侧选择吸管工具，此时鼠标变作吸管状态。将吸管放置到故事板播放窗上，在画面背景的蓝色部分单击，此时色盘上的色调自动跳转到蓝色。

在色盘右侧的参数调节区域，通过滑动滑块或者直接输入数值对参数进行设置。

“色度范围调节”：115.200，“饱和度”：515.488，“中心点调节”：0，“色键边缘柔化”：0.736，“色度抑制”：1。

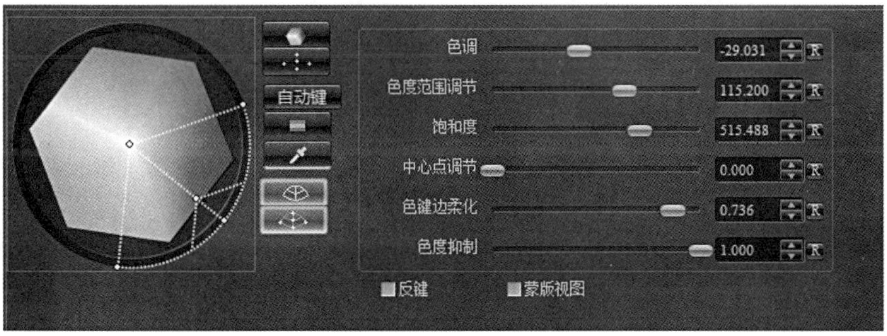

图4-72

此时可看到，随着参数的改变色盘上展开了一个扇形的区域，该区域内的颜色就是需要在画面中去除的颜色。

调整结束后，即可在故事板播放窗上看到调整后的效果：

图4-73

2. 快速键特技应用实例

上文中提到，在实际应用中色键特技抠除的背景以抠蓝和抠绿最为常见，效果也最好。“快速键”特技为用户预制了常见的抠像选项，比如抠蓝和抠绿，相比“色键”特技操作起来更为简单方便。

下文将以实例对“快速键”特技的应用进行说明。

图4-74 效果图

图4-75 背景素材

图4-76 抠像素材

首先将背景素材和抠像素材分别放置到故事板的V_2、V_1轨道上。

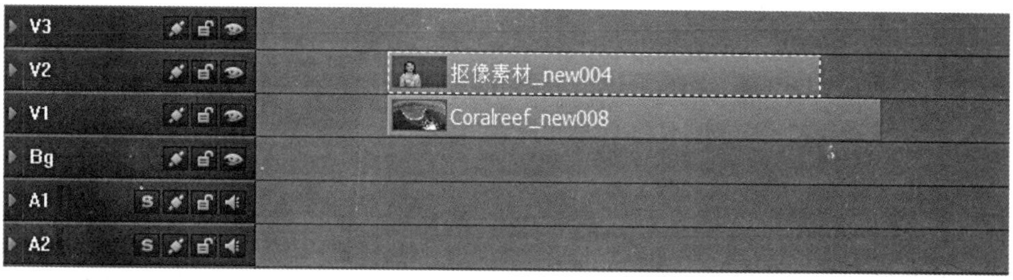

图4-77

在故事板上选中前景素材，点击回车键展开视频特技制作界面，双击【键】/【快速键】，将特技添加到素材上。同时在特技调整窗将时码线移动到第一帧。

本例中，抠像素材的背景为蓝背景，则需要抠除的部分是蓝色的部分。

在色键预制选区，将“键种类”选择为蓝色键，“程度”设置为最大化，勾选“键有效”，其余部分保持不变。

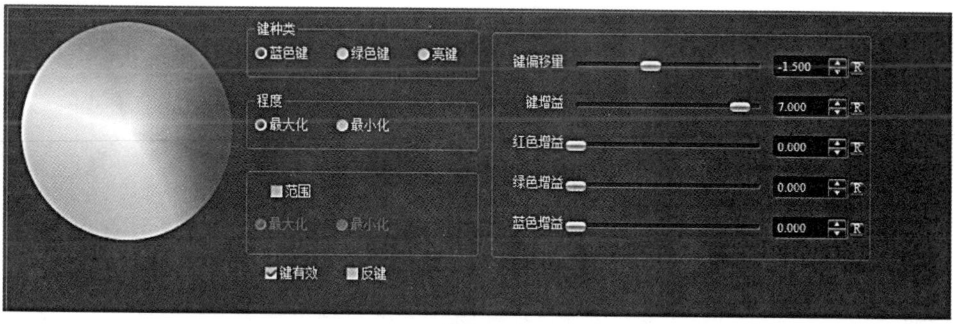

图4-78

保存后退出，在故事板播放窗上即可查看到特技效果。

图4-79

4.2.5 颜色校正

由于时间、天气等客观条件限制或操作者主观失误，拍摄得到的素材画面可能存在亮度失常、色度失真等问题，这时就需要在后期编辑时将失真的画面进行校正；或者画面本身已经是合格的，但是在后期制作时需要其有一些偏色或者局部色彩加强，以达到导演需要的艺术效果，增强影片艺术表现力。在这种情况下，通常会用到素材的颜色校正特技。

D^3-Edit3.0中提供的颜色校正特技——“颜色平衡”，可以对原始素材的整体亮度、色度、色彩饱和度和对比度进行实时调节；此外，“局部颜色校正”特技也可以用于对素材的局部色彩进行调节。

1. 颜色平衡

下面以实例介绍使用颜色平衡特技实现颜色平衡效果。

选中故事板轨道上需要添加特技的视频素材，点击回车键打开特技调整窗。在特技列表中双击【颜色校正】/【颜色平衡】，特技被加载到视频上。在特技调节区下方将时码线移动到第一帧上，然后开始调整参数。

“颜色平衡”的特技调整界面除了左侧预览窗口和示波器之外，界面设置有色盘区、曲线区域以及参数设置区域三个区域可以对画面的颜色参数进行调节。这三个区域都能达到相同的调节效果，但又各有特色。以下分别进行讲解。

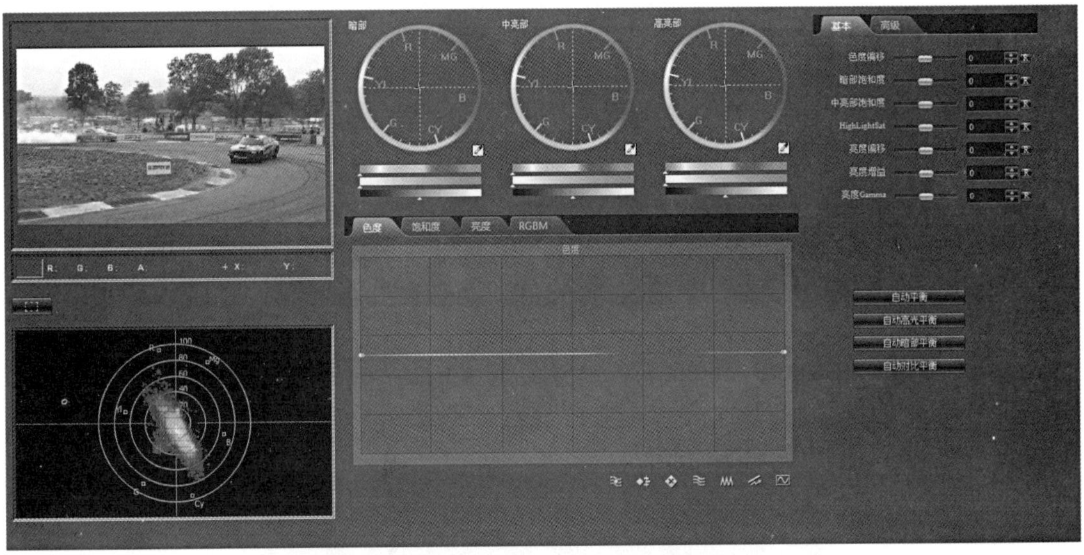

图4-80

（1）利用色盘进行校色

图4-81 颜色平衡前（见彩图1）

图4-82 颜色平衡后（见彩图2）

该例中使用了颜色平衡调整界面中的色盘，调节方式如下：

首先在时码轨上将时间线移动到第一帧，然后开始在色盘区域进行参数调节。

三段式色盘调节区有三个色盘，分别能够调节画面暗部、中亮部、高亮部的色彩和亮度。

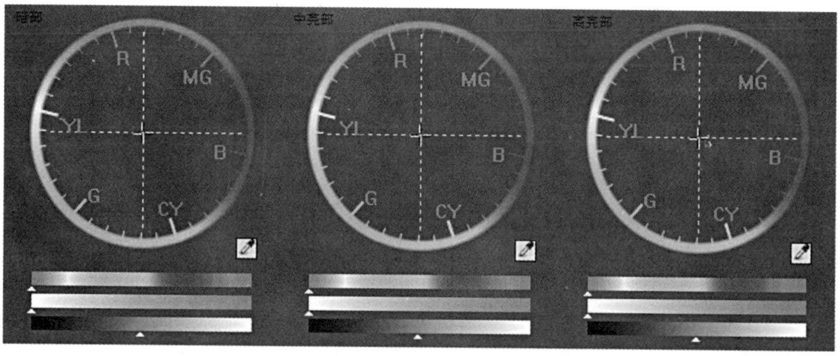

图4-83

其中上方的圆盘称为色盘，鼠标在其中拖拽可直接实现颜色调节：鼠标拖向色盘边缘哪个颜色则画面颜色就偏向这个颜色，色盘越靠近边缘饱和度越高，越靠近中心，饱和度越低。

下部的横条称为HSV校色工具，从上到下三个色条分别表示：色度、饱和度、亮度。其中色度和饱和度与色盘上的参数是联动的。调节时通过鼠标拖拽横条下方的三角形小光标达到效果。

本例中原始画面颜色偏黄，且偏黄色的部分主要是画面中亮部和高亮部，因此调节时要将相应的画面部分向黄色补色——蓝色调节。

在“中亮部”的圆形色盘上，用鼠标将处于坐标点中心处的色度中心向色盘边缘的蓝色挪动。动作不宜过大，否则容易造成偏色严重、色彩失真，也就失去了校色的目的。然后再通过“中亮部”底部的HSV校色工具条对画面的色度、饱和度进行微调，一边调节一边从监视器上观察效果。

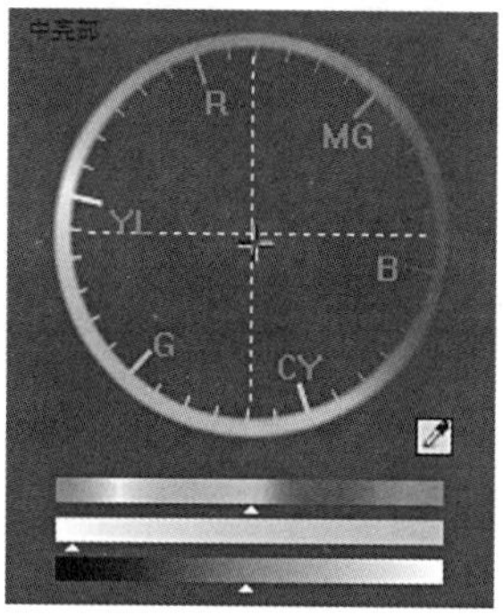

图4-84

用同样的方法调节高亮部色盘。颜色调节完成后，在HSV校色区稍微增加高亮部的亮度，同时降低暗部的亮度，使画面对比度更大、更有层次感。调节后的色盘如下图所示：

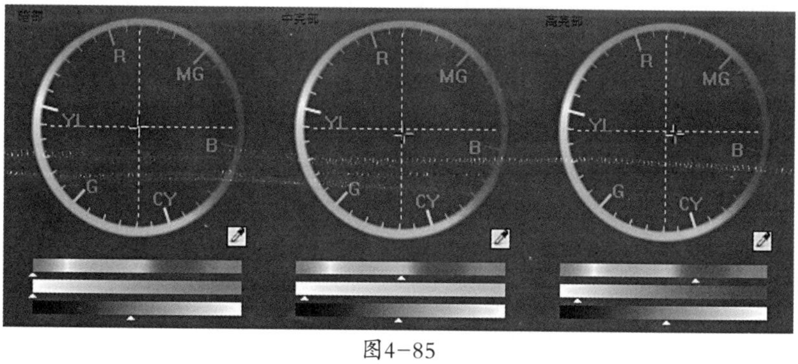

图4-85

调节结束后即可在故事板播放窗上观察到调节效果。

图4-86

（2）通过曲线调节进行校色

在颜色平衡特技调节界面的中下部是曲线调节区域，包括【色度】、【饱和度】、【亮度】以及【RGBM】四个页签，切换到相应页签下可以分别对画面的色度、饱和度、亮度、RGB颜色通道进行调整。

本例中通过在【饱和度】页签下进行调整，令画面的饱和度发生改变——红色部分的饱和度不变，而画面其余部分都变成了黑白。

图4-87 调整前（见彩图3）

图4-88 调整后（见彩图4）

如图所示，【饱和度】页签下有一根彩色的曲线。曲线横向上的每一个颜色代表图像中对应的颜色区域；而纵向代表饱和度，饱和度越高则颜色越鲜艳。

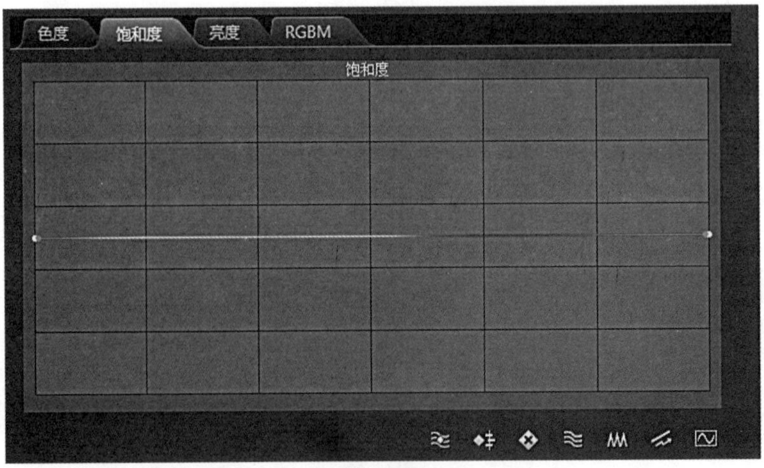

图4-89

本例中，需要达到的效果是：画面中的红色饱和度不变，其余部分则变为黑白（饱和度为0）。因此，首先用鼠标在曲线上单击，每次单击为曲线增加一个转折点；其次用鼠标拖动转折点上下移动，调整到如图所示状态：曲线的红色部分饱和度正常，其余部分饱和度为0。

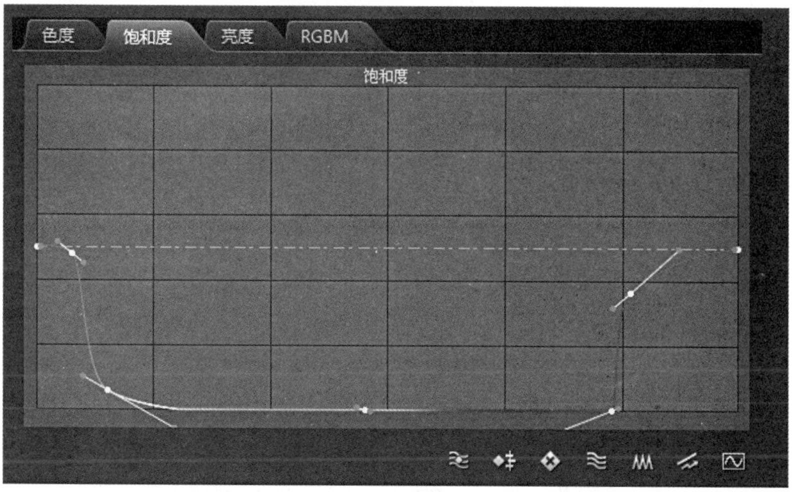

图4-90

校色后，从故事板播放窗显示可看出画面校色效果。

图4-91

（3）**通过参数调整校色**

在颜色平衡的调节界面右侧是参数调节区。参数调节区分为【基本】、【高级】两个页签，【基本】页签下可调节画面的色度、饱和度、亮度等参数，【高级】页签下可对画面的红绿蓝三基色进行细致的调节。

本例中通过对参数调节区进行调节，使原本暗淡的画面更加鲜艳和明亮，显现出一种明快的艺术效果。

图4-92 调整前(见彩图5)

图4-93 调整后(见彩图6)

本例中的画面较暗，且颜色暗淡，因此需要对其饱和度和亮度都进行调整。在参数调节区的【基本】页签下，设置“中亮部饱和度”：0.040；“高亮部饱和度”：0.03；“亮度偏移”：0.100；“亮度增益”：0.04。

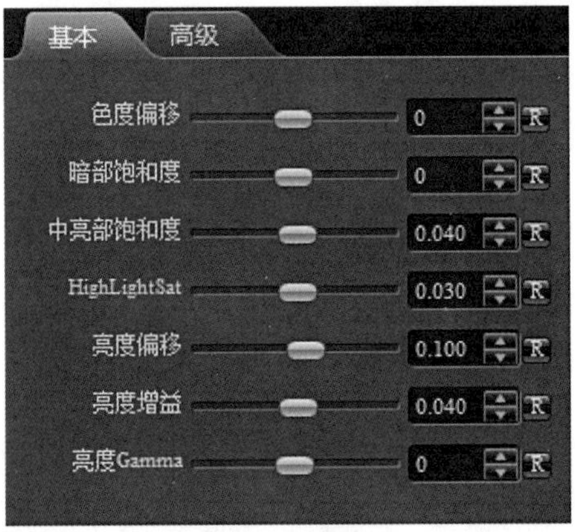

图4-94

从故事板播放窗显示可看出画面校色效果。

图4-95

2. 局部颜色校正

上一节讲了画面整体颜色的校正方法，其实在很多的节目制作中，需要对素材画面进行分区域、分色度的调节。在D^3-Edit3.0软件中，素材的局部颜色调节可以使用局部校色特技来完成。

下面以实例介绍使用局部校色特技实现局部校色效果。选中故事板上需要添加特技的视频素材，点击回车键打开特技调整窗，在特技列表中双击【颜色校正】/【局部校色】，局部校色特技被加载到视频上。

图4-96 处理前（见彩图7）

图4-97 处理后（见彩图8）

首先在时码轨上将时间线移动到第一帧，然后开始局部校色设置。

在【局部校色】页签的左上方有预览窗口，该窗口不仅可以用于预览校色效果，也能用于对校色区域进行取色。

图4-98

当鼠标移动到预览区域时，会自动变为吸管工具，拖动鼠标在预览区内移动，勾选取色区域。此例中所需要校色的对象为蓝天，原始画面中蓝天颜色有深有浅有亮有暗，勾选时可用鼠标画一条较长的线，将深浅明暗不同的部分都包含进去，注意鼠标不要勾选到不需要校色的部分。

图4-99

如果用吸管取色时效果不够理想，则可以在色盘区对颜色选区的色调、明暗、饱和度等进行更细致的定义。

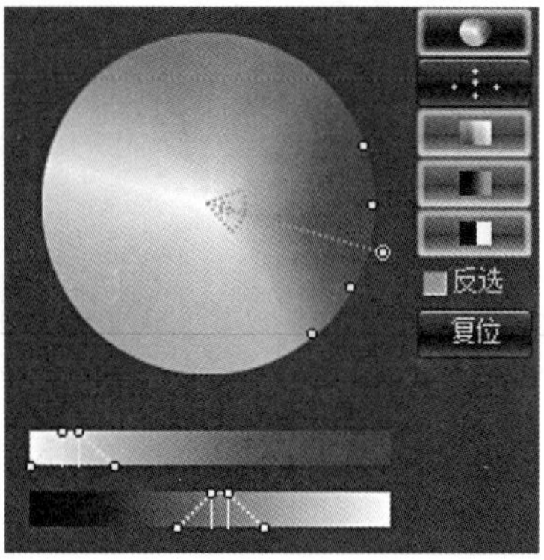

图4-100

选区建立好之后，就可以对该选区的颜色进行调整了。调整时可以在色盘调节区、曲线调节区或者参数调整区等对选区颜色进行调节，其具体调节方式与“颜色平衡”中的调节相类似，不同点在于其调节结果仅在选区内有效。

此例中通过调整校色参数、调节区参数达到效果。在参数调整区域的【基本】页签下，设置“中亮部饱和度”：0.060；“亮度偏移”：0.050；“亮度增益”：0.010。

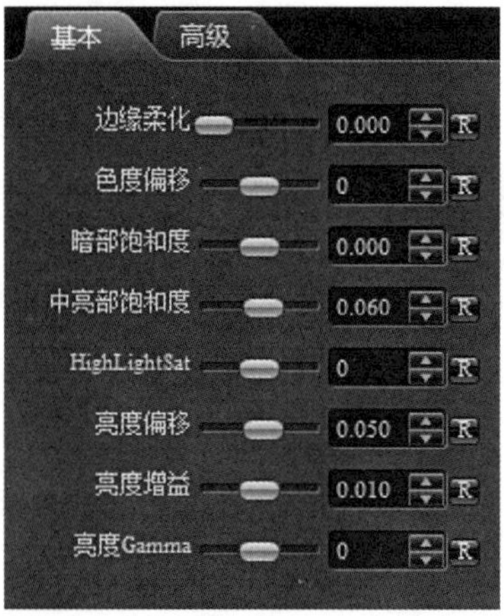

图4-101

调节完成后，即可在故事板播放窗上看到处理后的效果。

图4-102

3. 局部颜色校正高级处理

"局部颜色校正" 特技与【掩膜】页签，可对颜色选区进行自定义调整，在颜色选区中去除多余的部分。下面以实例来说明。

图4-103 调节前（彩图9）

图4-104 调节后（彩图10）

本例中局部调色的对象不是蓝天，而是房屋的房顶。在【局部校色】页签下，用鼠标在预览窗口中勾选房顶，得到校色选区。打开蒙版视图预览时，会发现因为校色区域是通过颜色来定义的，所以所有的房顶都被选中了。

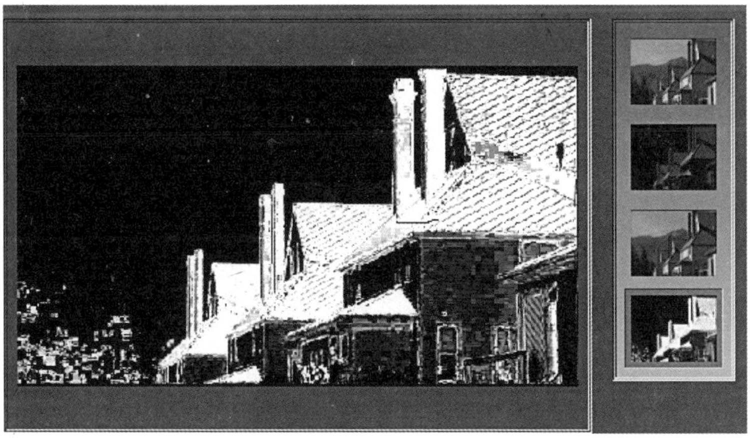

图4-105

在参数调节区的【基本】页签下设置 "色度偏移"：180。观看效果时发现所有房屋的屋顶都变成了蓝色，墙壁的颜色也受到了一定的影响。

图4-106

此时就需要使用掩膜工具将画面上不需要的区域去除。在【掩膜】页签下，设置“预览模式”为图像。

图4-107

使用手绘曲线工具将右方的屋顶从画面上勾选出来。勾选时用鼠标直接在画面上单击即可分别创建一个折点，勾选完成后点击鼠标右键区域自动闭合。勾选完后的掩膜区域如下：

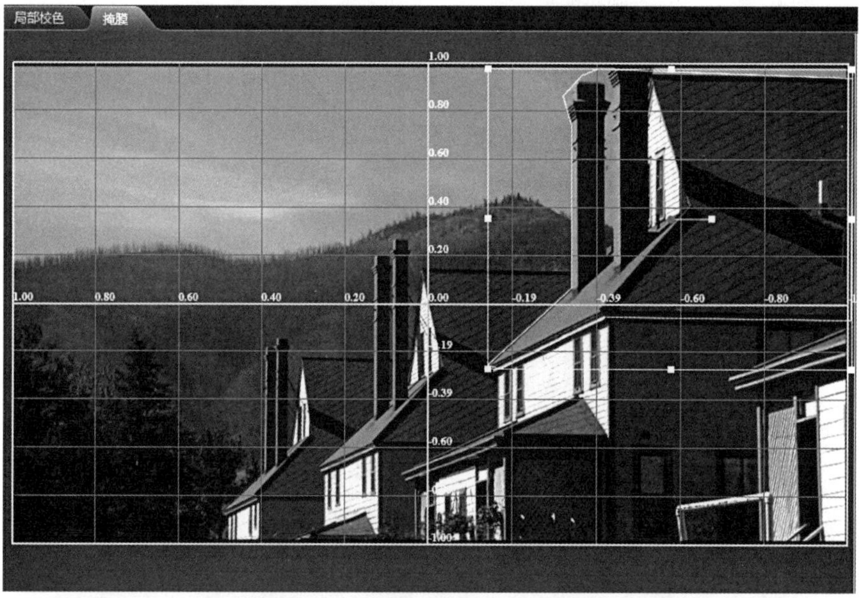

图4-108

回到【局部校色】页签下，选择蒙版视图进行预览，可看见校色区域被限制在了树木上。

图4-109

增加一个掩膜，用同样的方法将这间房屋前方的小屋檐也通过掩膜加入到校色区域中去。

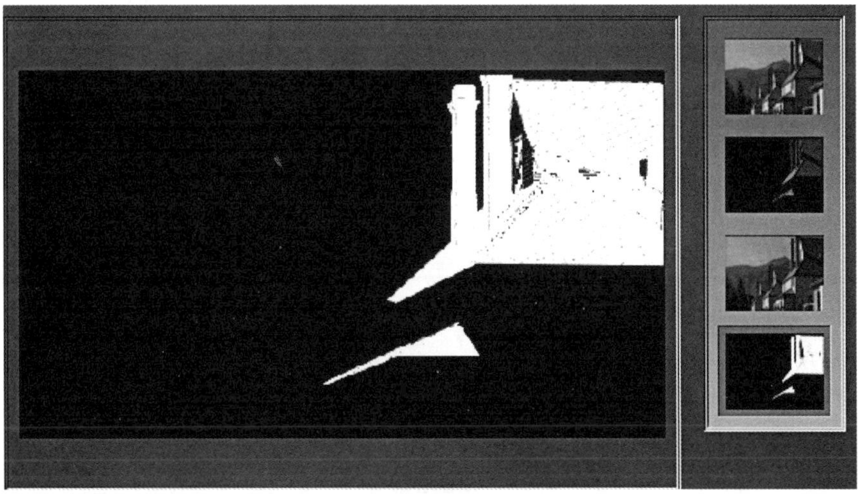

图4-110

增加完掩膜之后，校色范围被限制在掩膜区域内，在故事板回放窗上观察到调节效果。

图4-111

4.2.6 基于关键帧的特技动画

对视频进行特技编辑时，有的情况下视频的特技并非处于恒定如一的状态中，而是会随着时间，在不同的特技状态之间进行运动和变化。

例如下图中的画面，随着时间的变化，画面一边旋转，一边缩小和移动，从一个全屏幕的画面逐步变化成为屏幕右下方的“画中画”。在这个过程中素材的位置、角度和缩放都发生了变化，这些变化实际上是通过特技状态的变化来实现的。

图4-112

特技状态的变化是通过定义关键帧来实现的。关键帧是特技编辑中的一个重要概念，熟练掌握其意义和操作，才能够正确地设计和调整出变化的特技。

在影视编辑的术语中，“帧”是影片中最小单位的单幅影像画面，相当于电影胶片上的每一格镜头，在D^3-Edit 3.0中，“帧”表现为时间线上的一小格。关键帧，就是指特技在进行运动或变化时，关键动作所处的那一帧。

每个关键帧包含两个信息：时间信息和特技属性（如特技“二维DVE”中位置和大小，“三维DVE”中增加的角度等）。一般来说，一个变化的特技至少需要两个关键帧来描述：变化从第一个关键帧开始到第二个关键帧结束。此时表示从时间点1到时间点2的过程中，特技从属性1转变为属性2。操作时用户只需要定义关键帧，相邻关键帧之间由非编系统计算产生动画效果，从而实现特技的变化。

如果需要整个素材的特技状态不发生任何改变（如视频校色、加遮幅），那么只需要在首帧设置一个起始关键帧，此关键帧的属性值在这个关键帧以后所有时间均有效。

1. 添加关键帧

前文中介绍过，在视频特技编辑界面的最下方有一个时码轨区域，关键帧的添加、修改、管理都在此区域中进行操作。

图4-113

时码轨由时间标尺、关键帧管理栏、操作按钮区三部分组成。

时间标尺与故事板上素材本身的时间码相对应，用于确定设置特技时关键帧所在的时间点；设置好的关键帧在关键帧管理栏中显示为一个小菱形，此区域可对关键帧进行管理；操作按钮区除了控制时间线的按钮之外，还包含了关键帧的控制按钮。

添加关键帧就是进行特技定义的第一步。在D^3–Edit 3.0中，主要通过两种方法来添加关键帧。

自动添加：将时间线放置到需要添加关键帧的时间点上，在特技设置区域直接改变任意特技参数，系统会自动在时间线所处位置创建一个关键帧。

手动添加：拉动时间线到需要添加关键帧的位置，点击操作按钮区【增加关键帧】，即可在时间线位置创建一个关键帧；或者用鼠标在关键帧管理栏上直接点击，也可在该时间点增加关键帧。创建完关键帧之后再修改特技的属性参数。

2. 关键帧应用实例——三维 DVE

本节中将详细讲解如何利用关键帧来实现动态特技的调整。

图4–114

3. 特技效果

此例中利用"三维DVE"特技制作了一个动态的特技效果。素材A经过旋转、缩放和位移，从一个满屏的画面变为屏幕右下方的一个"画中画"。本例中定义了两个关键帧，来设置特技的变化，具体调节方式如下：

将两段素材拖动到故事板的不同轨道上，选中素材A，点击回车键打开特技编辑界面，在左侧特技列表中为其添加"三维DVE"特技。

图4–115

在关键帧管理区，将时码线移动到第一帧，然后在“三维DVE”的【空间位置】页签下，调节“缩放”：X=1.26，Y=1.26，Z=1.26。其他参数不变。

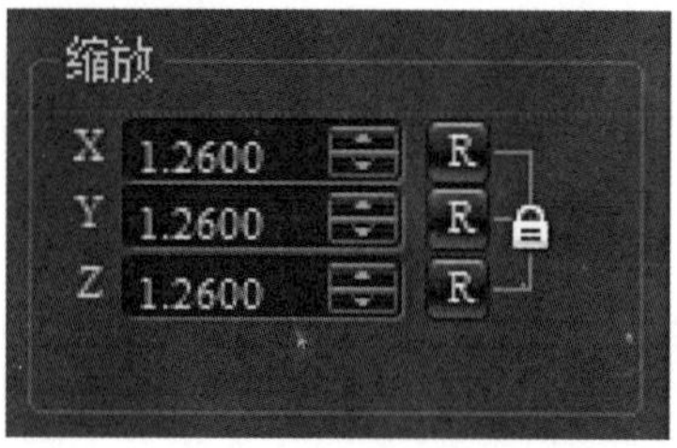

图4-116

观察关键帧管理区，发现时码线位置自动添加了一个绿色的菱形小标记，表示第一个关键帧已经添加完成。

图4-117

将时码线移动到00:00:01:00的位置，然后在【空间位置】页签下，设置“位置”：x=0.4，y=-0.3，z=0；设置“缩放”：x=0.4，y=0.4，z=0.4；设置“角度”：x=35，y=65，z=360。

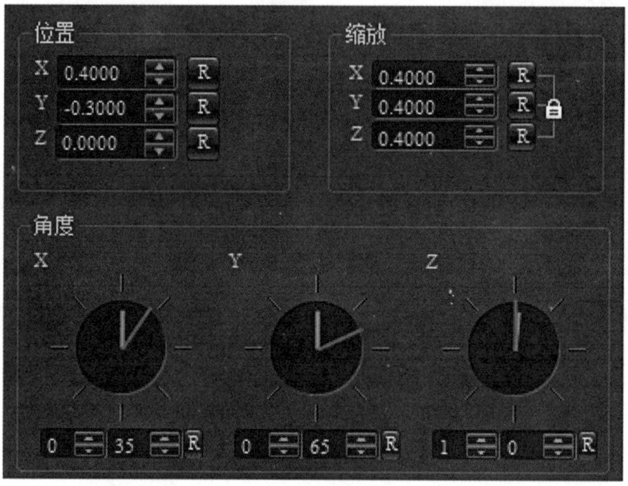

图4-118

在【边框】页签下，设置边框的“模式”为第三种，“外边框颜色”为白色；“外边框调节”：x边框=0.09，y边框=0.09；设置“圆角程度”：0.85。

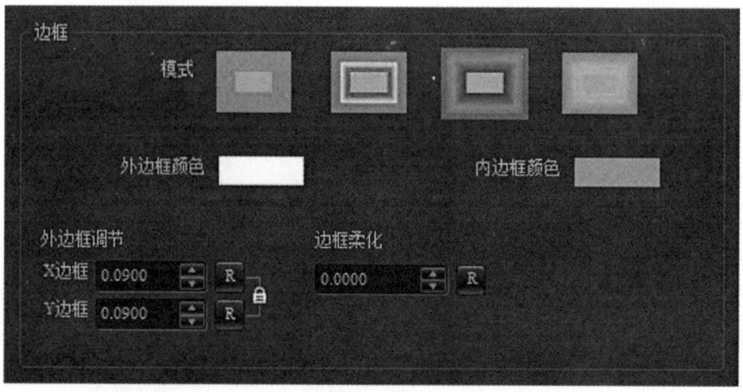

图4-119

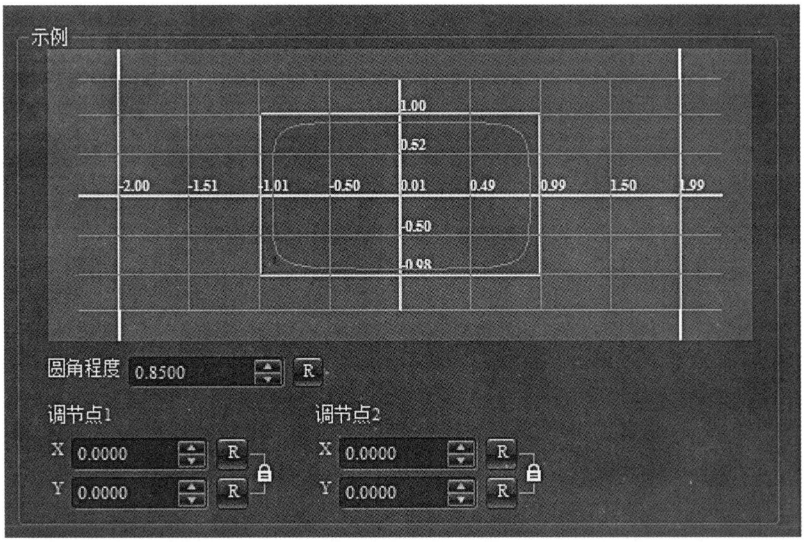

图4-120

此时在关键帧管理窗口上，可看见第二个关键帧被成功添加。

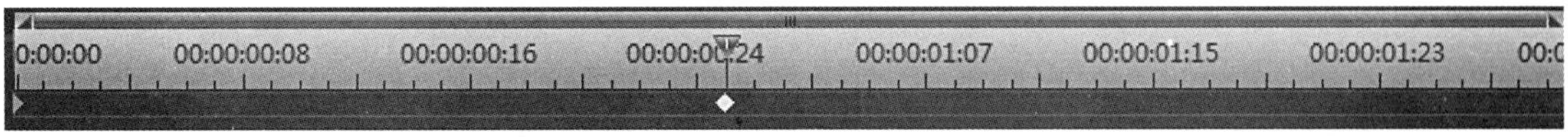

图4-121

在时间标尺上拖动时间线，在两个关键帧之间移动，可在故事板播放窗上看见，随着时间的变化，素材画面从关键帧1的状态变成了关键帧2 的状态。

退出特技编辑窗口，特技自动保存。在故事板播放窗中可看到最后的效果。

4. 关键帧操作

关键帧可以进行复制、粘贴等操作，操作时需要首先选中关键帧。

选择关键帧：在关键帧显示栏直接使用鼠标点击需要进行操作的关键帧即可，被选中的关键帧显示为黄色。

移动关键帧：改变两个关键帧之间的距离可以改变特技的变化速度。按住“Ctrl”的同时用鼠标拖动选中的关键帧，可以实现关键帧的移动；或者使用关键帧【左移一帧】按钮、【右移一帧】按钮、【左移5帧】按钮、【右移5帧】按钮，则能更精确地定位关键帧的移动。

关键帧的复制和粘贴：关键帧的状态是可以复制粘贴的。选中某一关键帧，点击键盘快捷键“Ctrl+C”复制，再选中需要赋值的关键帧，点击“Ctrl+V”按钮即可；此外也可以选择关键帧复制后，拉动时间线到某一位置，点击“Ctrl+V”，系统会自动产生一个新的具有相同状态值的关键帧。

删除关键帧：对选中的关键帧有两种删除方式：按“Delete”键删除或点击【删除关键帧】按钮删除。

关键帧复位：在特技调整过程中，需要复位关键帧时，只需选中该关键帧，点击【复位】按钮即可。

除此之外，常用的关键帧操作还有调整关键帧过渡属性以及设置关键帧曲线状态。这两个操作的具体效用将在后文中详细说明，详见“无级变速”。

4.2.7 特技的调整

在D^3-Edit 3.0中，一个素材可以添加多个特技。添加完成后，每个特技会以不同的方形图标形式出现在素材上。

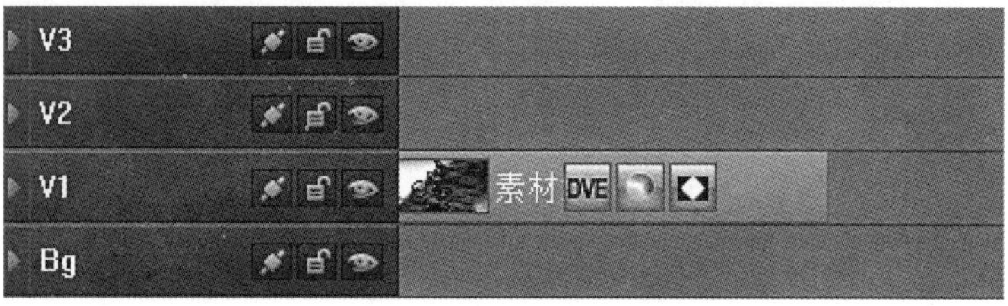

图4-122

不同的图标表示了不同的特技，而图标的先后顺序则表示特技添加的先后顺序。了解了这一点，用鼠标选中特技对应的图标，就可以方便地对特技进行管理。

1. 特技的复制和粘贴

特技的复制和粘贴有两种方式：

方式一：直接用鼠标点击需要复制的特技图标，利用快捷键“Ctrl+C”复制，再选中需要粘贴特技的素材，点击快捷键“Ctrl+V”粘贴。

方式二：选中添加了特技的素材，点击鼠标右键，选择【拷贝特技】：其中选择【拷贝全部特技】将会拷贝该素材上的所有特技；选择列表中的特技名称则仅拷贝该项特技。

图4-123

然后，在所要添加特技的素材上点击鼠标右键，选择【粘贴特技】，将特技粘贴到其他素材上。其中【粘贴特技】指删除选中素材上的原有特技，再将所拷贝的特技粘贴到素材上；【粘贴特技（追加）】则保持选中素材上的原有特技不变，添加所拷贝特技到素材上，特技次序为最末位（有关特技次序的说明，参见“特技添加次序”）。

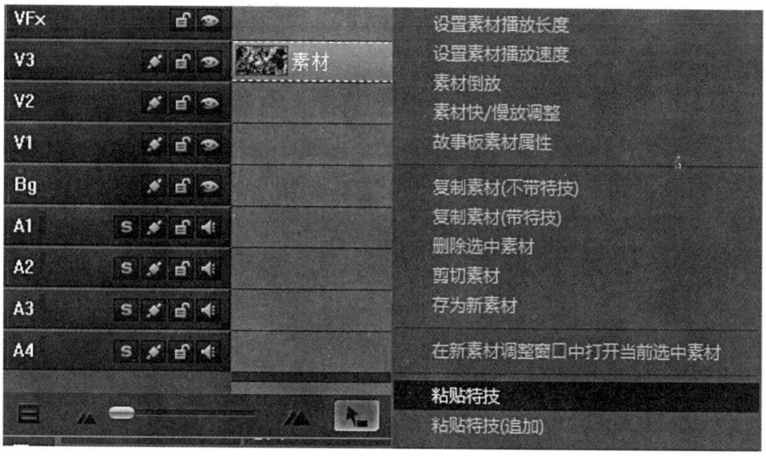

图4-124

2. 删除特技

删除特技有两种方式：

方式一，选中素材上的特技图标按“Delete”键删除该特技。

方式二，右键单击轨道上的素材，选择弹出菜单的【删除特技】项：选择【删除全部特技】删除该素材上的所有特技；选择【删除某项特技】仅删除在列表中被选中的特技。

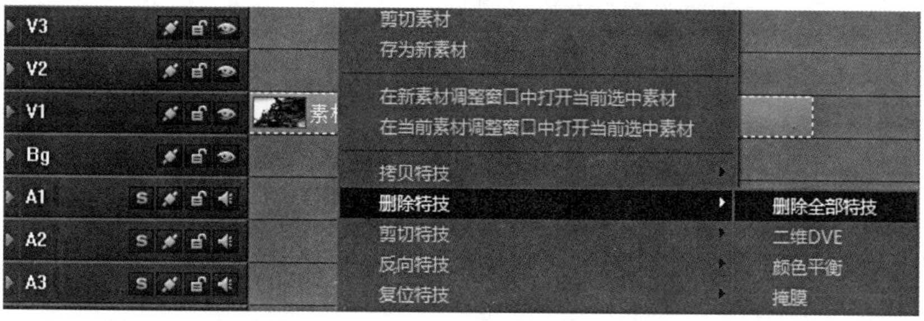

图4-125

3. 特技添加次序

在D^3-Edit 3.0中，可以对素材同时添加多个特技，这时就涉及优先级的问题，按照排列顺序，位置靠上的特技优先于位置靠下的特技，可以通过鼠标拖拽特技前的文件夹图标，来改变叠加顺序。

不同的特技添加顺序会产生不同效果，以“二维”和“爆裂”为例（二维达到令视频缩放效果，爆裂令视频画面产生爆裂效果）：

“二维DVE”在先：（二维缩放0.5，爆裂程度15）；

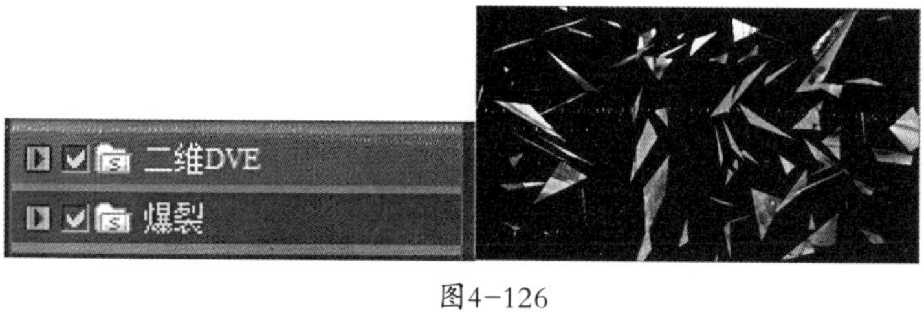

图4-126

"爆裂" 在先:(二维缩放0.5, 爆裂程度15)。

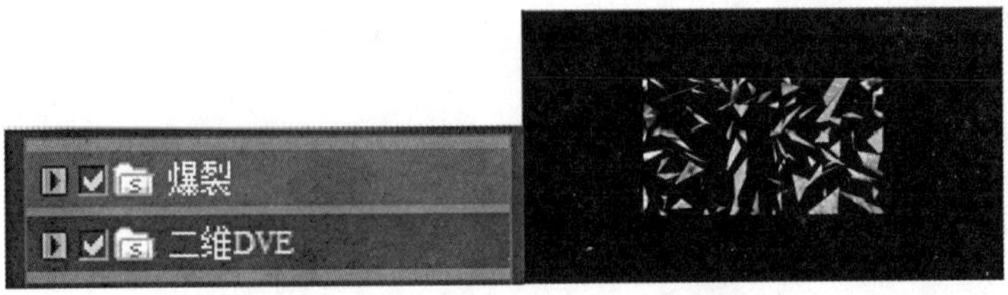

图4-127

4.2.8 其他特技功能

前文中我们提到, 故事板上每一个视频轨道都有两个附加轨: Fx轨和Key轨, 我们可以通过附加轨道对该轨素材添加统一的特技, 此外本节中还将介绍视频的无级变速效果。因为这些特技效果与视频特技的添加调整方式稍有不同, 为表示区分将其另作介绍。

1. 附加 Fx 轨特技

附加Fx轨特技可以对故事板上某轨道上的多段素材添加统一的特技效果。下面以实例介绍Fx轨特技的使用。

图4-128 原始画面

图4-129 附加FX轨处理后

该例中使用Fx轨为同轨上的三段素材添加老电影特技,调节方式如下:

鼠标右键单击轨道头, 选择【显示Fx轨】, 在轨道下方展开Fx轨, 或者直接点击轨道头的展开按钮, 展开Fx轨; 然后在故事板上设置好入出点, 要求入出点的范围一定要包含待编辑的所有素材段落。

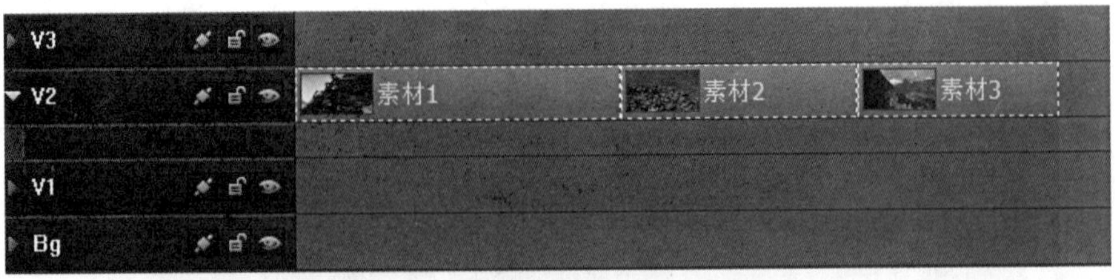

图4-130

鼠标右键单击Fx轨空白处，右键菜单中选择“入出点之间添加特技素材”，这时，一段空白的特技素材添加完成。注意一定要在Fx轨道的空白处单击，如果有位置错误的话右键菜单里则不会显示这一选项。

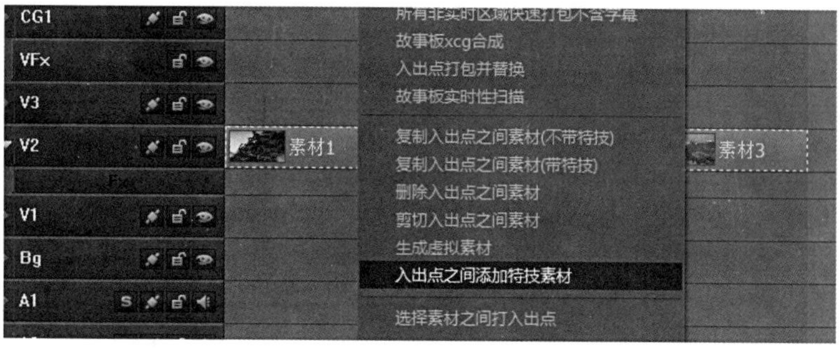

图4-131

添加完成后，Fx轨道上会有一个深蓝色的特技条，表示本轨素材已经添加了一个具有一定时长的轨内总特技。

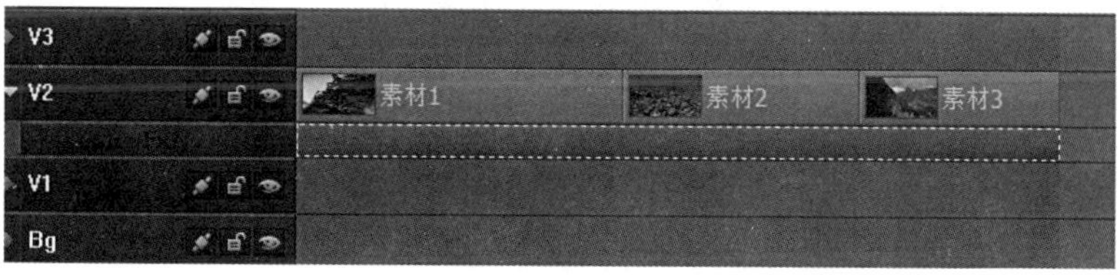

图4-132

选择深蓝色的特技条，点击回车键进入特技编辑界面，为其添加“颜色平衡”特技。在曲线调节区域的【饱和度】页签下，用鼠标点中曲线的起始点拖动曲线，将饱和度调到最低，此时图像呈现出黑白的效果。

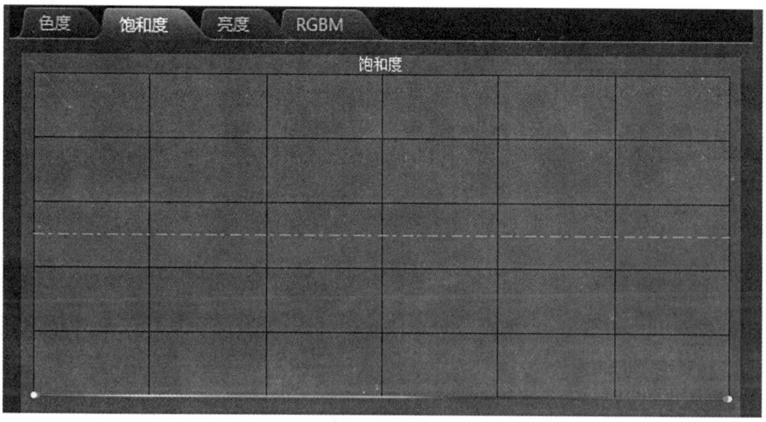

图4-133

特技编辑完成后保存退出，可以看到特技同时应用到了三段素材上。

图4-134

需修改特技素材区域时，用鼠标拉动特技素材边缘，即可延伸/缩小特技映射区域。拖拽完成后松开鼠标左键，特技素材长度被修改。

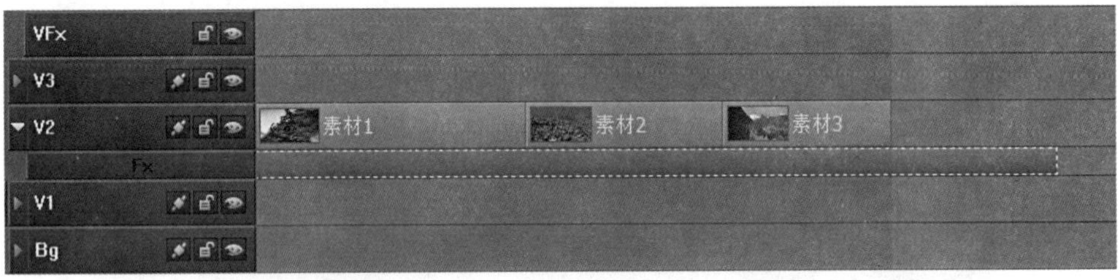

图4-135

在D^3-Edit3.0中，一个轨道可以同时添加多个附加Fx轨特技，从而实现更为复杂的特技效果。

图4-136

故事板上还可以对VFx轨添加总特技，VFx轨特技的添加和调整方式与附加Fx轨相同，不同只在于VFx轨特技对其下方所有视频轨道上的素材均有效，而附加Fx轨特技仅对其主轨上的素材有效。

2. 附加 Key 轨特技

Key轨特技可以近似地理解为对轨道上的素材添加了一个键特技，其中键的区域由Key轨上放置的素材的通道决定。

图4-137 原始画面

图4-138 添加Key轨特技后

Key轨可通过鼠标拖拽放置图文素材或视频素材，与其他轨道不同的是，这些素材不是以正常状态播出，而是通过素材自带的Alpha、亮度、颜色等通道定义键区域，对轨道上的素材做键。

下面以实例介绍Key轨特技的使用。

准备好需要添加Key轨道特技的素材，同时新建一个PRJ字幕素材，此例中我们输入文字"DAYANG"（字幕的制作方式见后文），为使键效果明显，选择较粗放一些的字体。

图4-139　原始素材

图4-140　Key轨字幕素材

将视频素材放置在V2轨上，鼠标左键点击V2轨的轨道头，选择右键菜单中“显示Key轨”，V2轨下方出现附加Key轨；或者直接点击轨道头的展开按钮，展开Key轨。

将准备好的字幕素材拖拽到附加Key轨，调整素材长度使其与V2轨道上的素材一致。

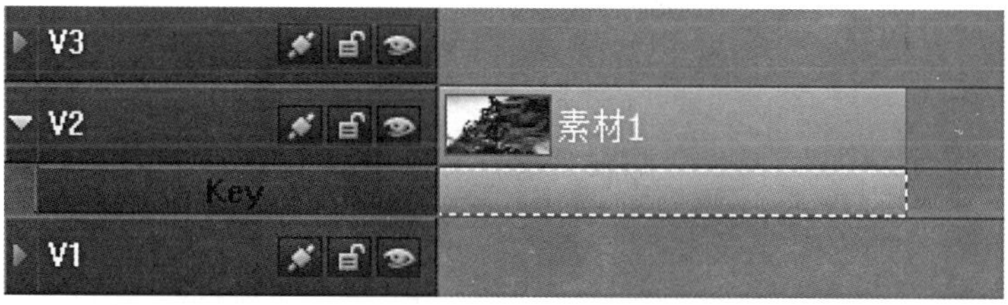

图4-141

通过故事板回显窗可以看到，字幕定义了一个通道区域，该区域内出现了主轨道的视频画面。

图4-142

此时若在V1轨上放置一个背景素材，将会得到两个视频叠加的效果。

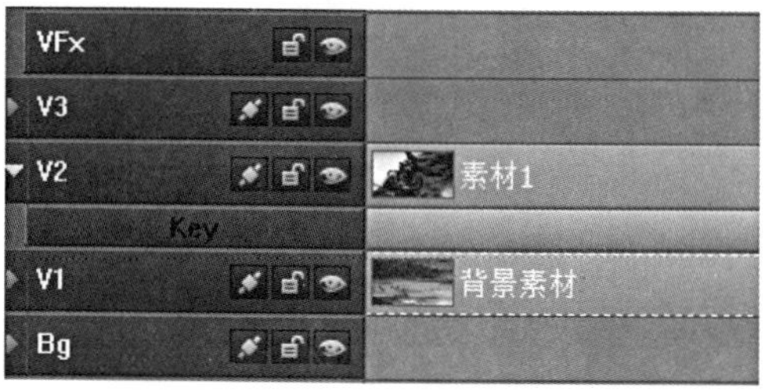

图4-143

此外，还可以为Key轨素材添加特技，使键效果区域活动起来：选中Key轨上的素材，对其添加“二维DVE”特技，为字幕定义一个从左向右的运动。在故事板播放窗上既可观察到附加动态Key轨的效果。

图4-144

3. 无级变速

在故事板剪辑一章中介绍了简单的视频变速处理方法，可将视频素材整体进行快放或者慢放。本节中将介绍特技“素材快/慢放调整”，此特技通过设置关键帧使一个视频素材在有的段落快放，在有的段落慢放，也就是俗称的“无级变速”。此操作也是在故事板轨道上实现的。

在故事板轨道上选中视频素材（如果是视音频素材组，首先要对其进行解组，然后单选中视频素材），点击鼠标右键，选择【素材快/慢放调整】，弹出无级变速的调整界面。

此界面中，横轴为时间，竖轴为素材的帧数。界面中部的斜线，其斜率代表素材的播放速度。

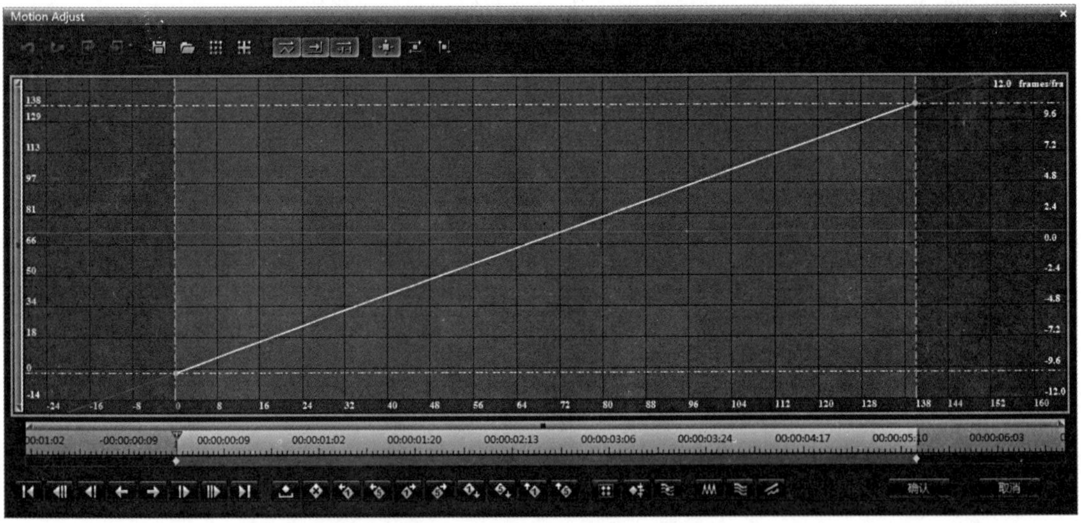

图4-145

调节时用鼠标直接在斜线上点击，对应的在下方时码轨即可增加一个关键帧。用鼠标选中该点上下左右移动，可改变曲线的斜率，即改变相邻两个关键帧之间的视频速度：斜率变大时播放速度变快，斜率变小时播放速度变慢，斜率为零(直线)时该段落为静帧，斜率为负数时该段落倒放。

例如，如图所示的调节结果，可从速度曲线判断素材首先快放，然后倒放，最后又开始快放，直到结束。

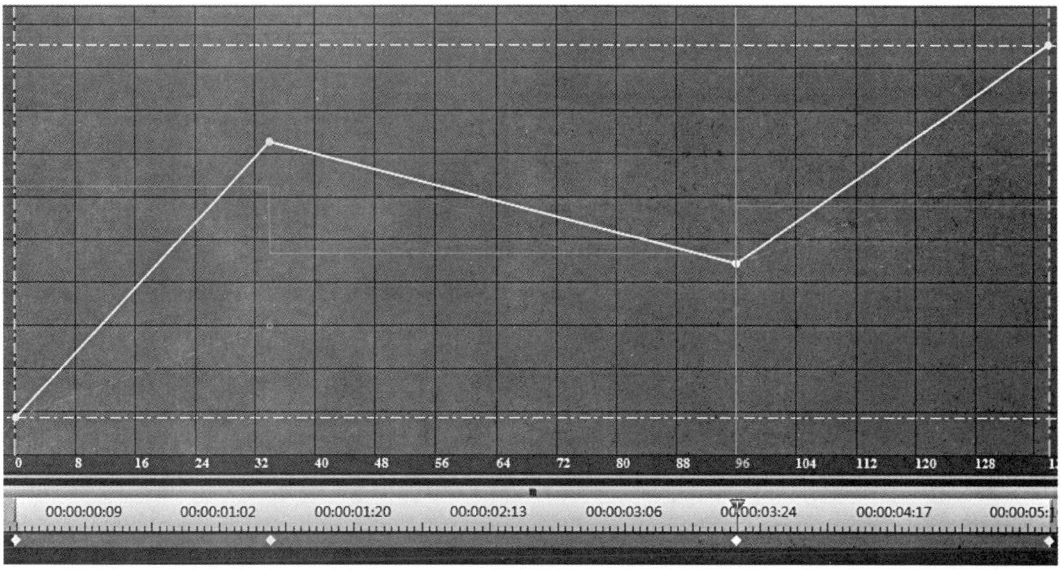

图4-146

关键帧设置完成后，还可以点击下工具栏按钮【采用曲线平滑】，将关键帧状态调整为曲线状态。

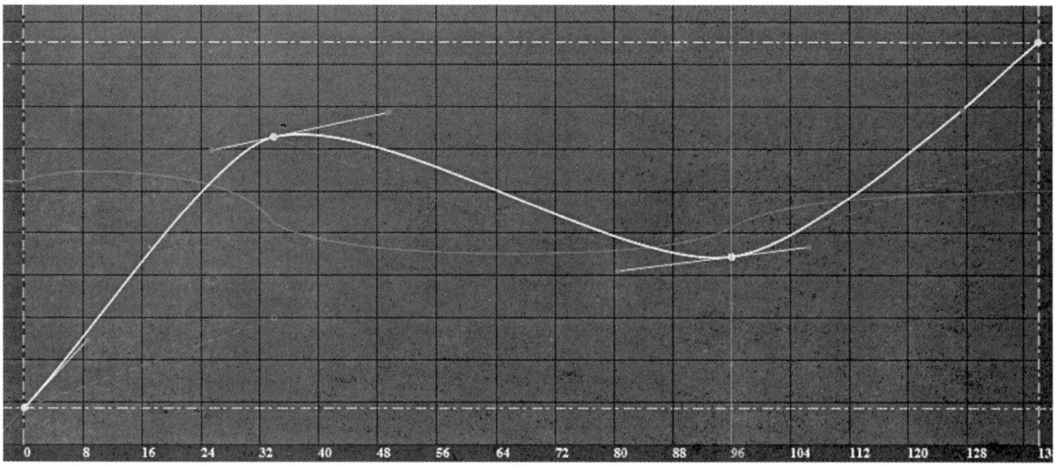

图4-147

在曲线模式下，在不同速度的段落之间，过渡效果更为自然平滑。

编辑完成后保存退出即可。

4.2.9 视频特技模板

1. 使用特技模板

在大洋资源管理器的【特技模板】页签下，有很多自带的特技模板，这些模板对特技的种类和动作都做好了设定，操作时只需从特技模板中直接拖拽特技到素材上即可。这种添加特技的方式简单快速。

打开资源管理器的特技模板页签，选中特技，拖拽到需要添加特技的素材上即可。拖拽特技时，特技模板图标会以半透明显示。

图4-148

选中特技拖拽过程中，鼠标会变为符号,表示该处不能添加该特技模板；只有在素材上时,鼠标会变成符号，表示该处可添加该特技模板。

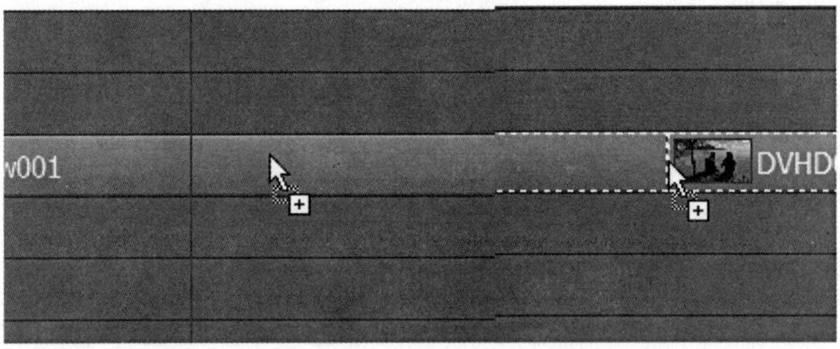

图4-149

如果已经从特技模板中选择了一个特技添加到视频素材上，那么再添加一个新的特技模板到这个素材上时，新的特技会自动替换旧有特技，原有特技会被删除。

如果想要新的特技追加到旧有特技上，而非替换，那么在拖拽新特技模板到素材上的时候长按住Ctrl键即可。

2. 自定义特技模板

除了使用系统自带的特技模板，也可以将自定义的特技效果加到特技模板中。具体操作方式如下：

首先在故事板上选择素材，点击回车键进入自定义特技界面，选择某个特技并设置关键帧，对其进行编辑，定义其特技效果以及特技变化模式。

编辑完成后，点击特技编辑窗口上工具栏的【存储】按钮 ，弹出特技存储对话框。

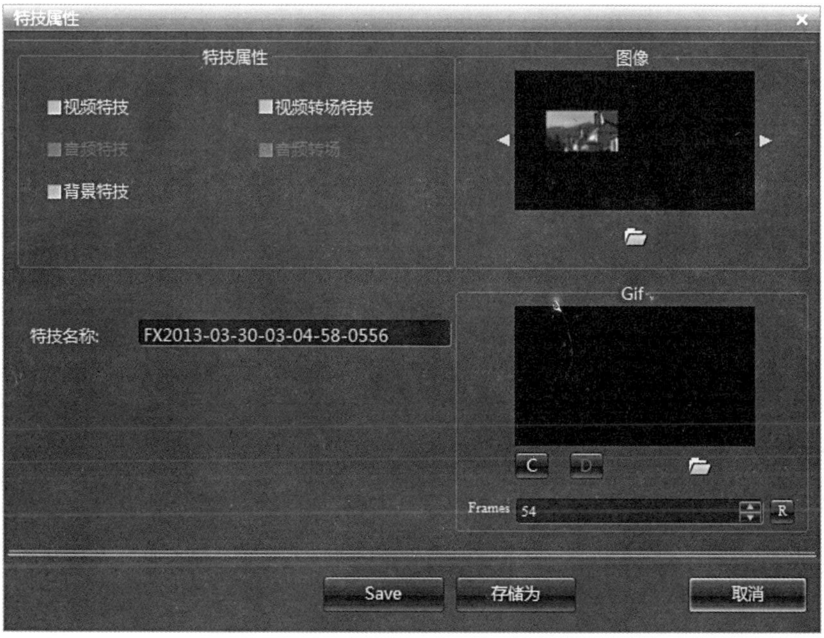

图4-150

在该对话框中，在“特技属性”中勾选视频特技；设置“特技名称”：二维特技模板演示。

设置完成后点击【Save】，弹出存储文件夹设置对话框。点击“文件夹”后方的【浏览】按钮 ，在弹出对话框中为该特技设置存储目录。本例中，存储目录设置为【视频特技】/【二维DVE】，设置完成后点击【确定】保存。

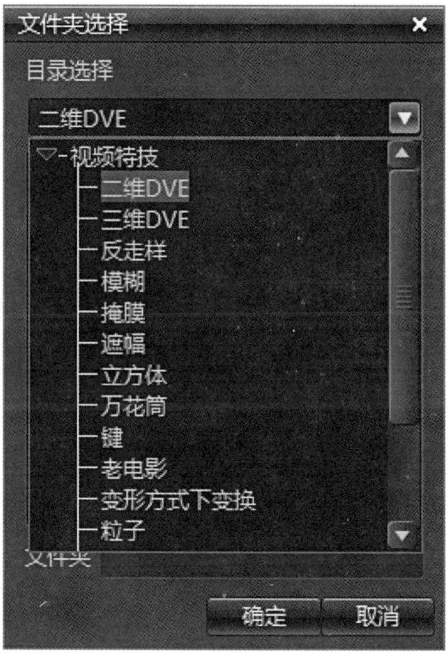

图4-151

存储完成后，可在【大洋资源管理器】的【特技模板库】/【视频特技】/【二维DVE】找到存储的特技模板。

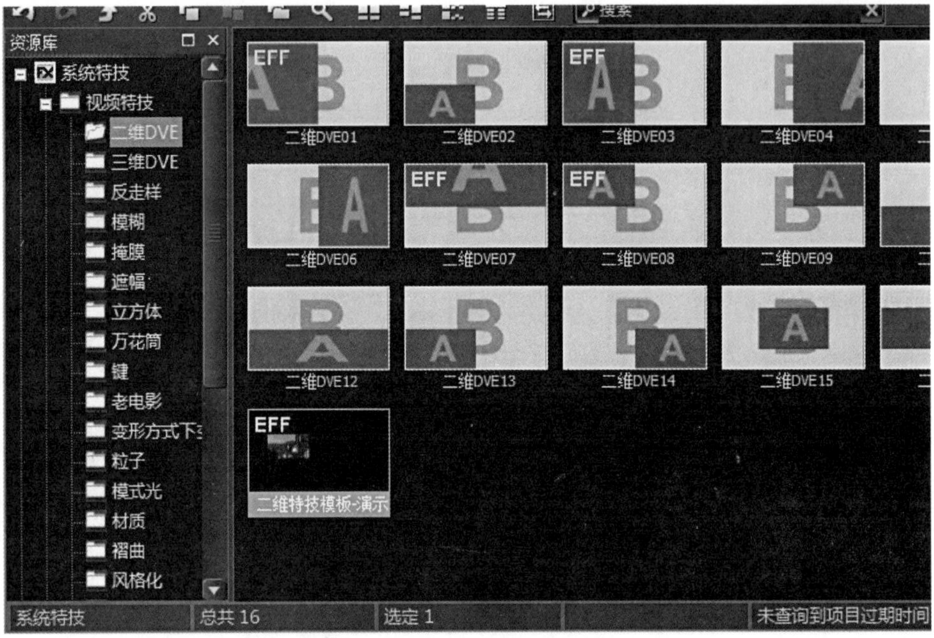

图4-152

以上介绍了如何将一个效果较为简单的特技存为特技模板的操作。编辑时如果以多个关键帧定义了一个复杂的特技动画，这个特技动画也可以用同样的方式存为模板。不同的是在存储时点击Gif栏目下的按钮 ，系统将会把该特技的变化生成一个预览动画，这样在特技模板库中就可以预览到特技的变化效果。

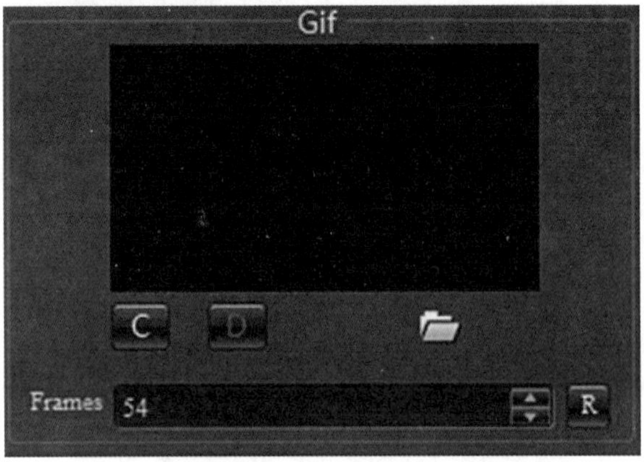

图4-153

特技模板作为资源的一种，对它的管理也包括在项目管理的内容中。如下图所示：一些节目常常在开篇播放节目导视，将节目主要内容用一些代表性视频片段表述出来。对节目导视进行包装的时候常常为视频添加相同的特技，使视频具有相同的大小、位置、入出画方式等。

图4-154

编辑时如果逐个去编辑镜头的特技无疑工作量会很大，此时合理地利用视频特技模板则可以更加快捷且规范地完成编辑。特技模板作为资源的一种，可以辅助建立节目的模式化，规范制作流程，节约制作时间，提高制作效率。

思考题

1. 什么是关键帧？关键帧能为特技带来什么效果？
2. 特技的添加次序不同会给最终呈现效果带来什么影响？

第5章　音频调整

除了视频素材之外，音频素材也需要根据情况进行调整和处理。相较视频素材而言，一般情况下节目对音频的要求较简单，内容清晰和输出电平标准即可，另外根据节目内容也会对音频做延迟、变调、变速等特技处理。D^3-Edit3.0中针对音频的编辑有添加音频特技和音频素材调整两种方式，还可以通过调音台对声道输出进行编辑。

5.1 音频特技

D^3-Edit3.0中提供音频特技编辑界面，可对音频素材添加自定义特技。添加音频特技可以对音频产生一定的处理效果，这个效果是由特技附加的，对原始素材没有影响，如果删除特技，则处理效果也会消失。

进入音频特技编辑界面的方式也与视频特技类似，在故事板上选中需要编辑的音频素材，点击故事板上工具栏特技编辑按钮 FX 或其快捷键“ENTER”，进入音频特技编辑界面。

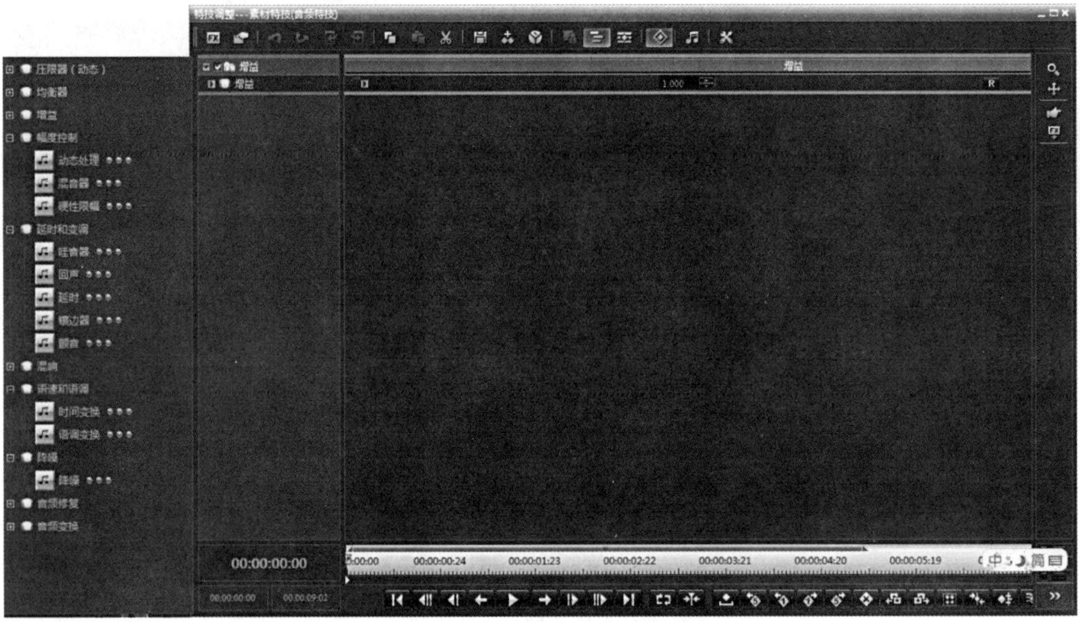

图5-1

音频特技编辑界面与视频特技编辑界面构造相同，添加和调整方式也类似，本章中不再作介绍。值得注意的是，音频素材常常为两个单声道音频素材的组合，添加特技时需要事先将素材解组，再选中其中需要添加特技的单声道进行编辑特技。

5.1.1 音频增益

音量调整是音频特技中一个基础而实用的特技。前期拍摄时因为收音的问题常常会造成素材音量偏大或者偏小；从不同信息源采集素材时，得到的素材音量常常不一致；编辑时，也常常会根据影片要求调整某些素材的音量。在D^3-Edit3.0中音量调整通过“增益”特技实现。

每个单声道的音频素材，在添加到故事板上后都被自动添加了“增益”特技。音频增益实质上调整的是声音素材的输出电平，直观地说，当一个素材的电平值被调小之后，其音量降低；当电平值增大，其音量增大。

故事板播放窗的右侧显示有音频VU表，当故事板上有音频文件播放时，VU表出现波形跳动。VU表波形变化幅度表示音频的当前输出电平。

图5-2

在D^3-Edit3.0中，VU表出现波形显示时根据国家标准呈现出不同的颜色。概括地说，红色区域表示音量过大，黄色区域表示音量较为合适，绿色区域表示音量可能稍小。

现实中音频永远是波动的，VU表波形不可能永远停留在某个确定值上不发生改变，因此以某个恒定的数值去要求音量是不现实的。根据VU表进行音量判断的时候，只要波动时VU值大部分时间停留在标准范围内即可。

1. 故事板轨道调整

前文中提到，每个单声道的音频素材添加到故事板后都被自动添加了“增益”特技，这样，不用进入特技编辑界面也可以在故事板轨道上直接设置素材的增益，达到改变音量的目的。相比之下，这种方法更加简单和直观。

在故事板的下工具栏里，找到钢笔工具按钮，将其点亮成为蓝色，此时钢笔工具处于激活状态。

此时可以看到，所有故事板上的音频素材上都出现了一条蓝色的细线。

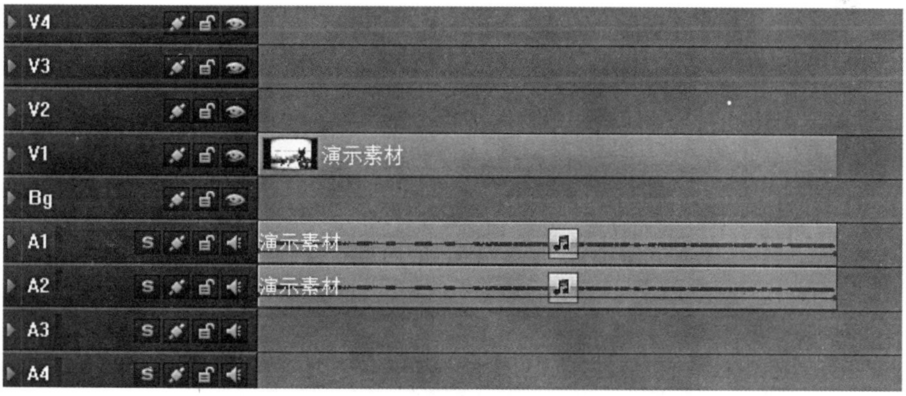

图5-3

这条细线即是音频增益，线条的曲线变化标示了增益大小的变化。细线的两端各有一个点，代表首尾两个关键点。

因为增益变大的时候音量变大，增益变小的时候音量变小，所以这条曲线也可以视作音量大小的直观显示。在直线上某位置单击，可在该时间点增加一个关键点，选中某个关键点上下移动，可调节该点音频的电平值。如果添加了多个关键点，则可对音频的电平做曲线调整。

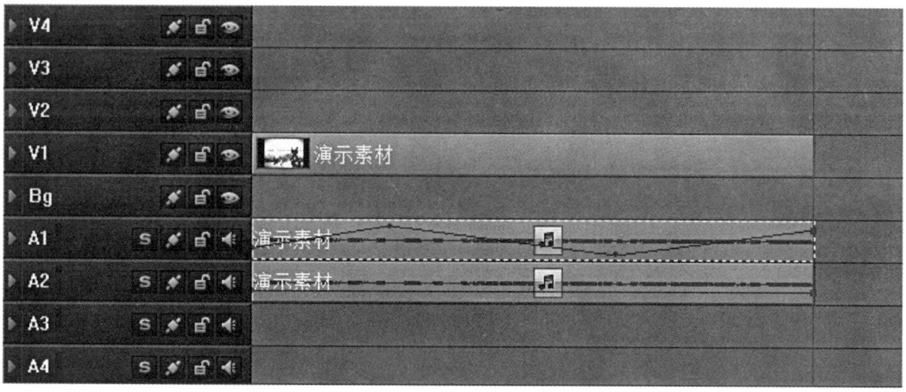

图5-4

实际操作中，需要音量波形起伏很大的情况较少，通常需要的是音频大小的整体调整。在拖动某点的同时按住键盘上的Alt键，可以令增益曲线上下平移，即音量大小的整体得到调整。

如果需要对曲线上的某个关键点进行操作，选中该点后点击鼠标右键，在右键菜单中可以对关键点进行复制、删除等操作。

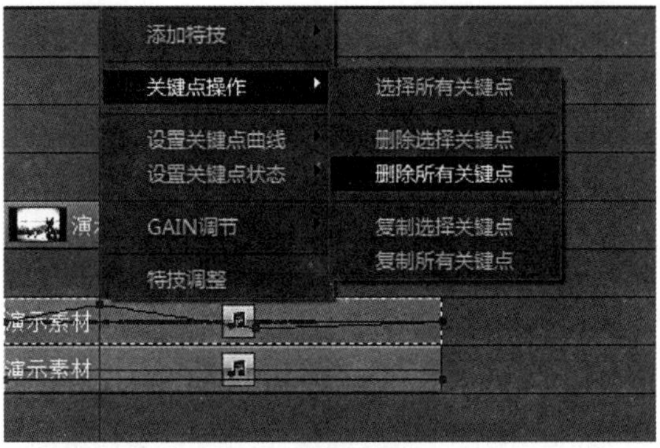

图5-5

右键菜单中也可以设置关键点曲线和关键点状态。

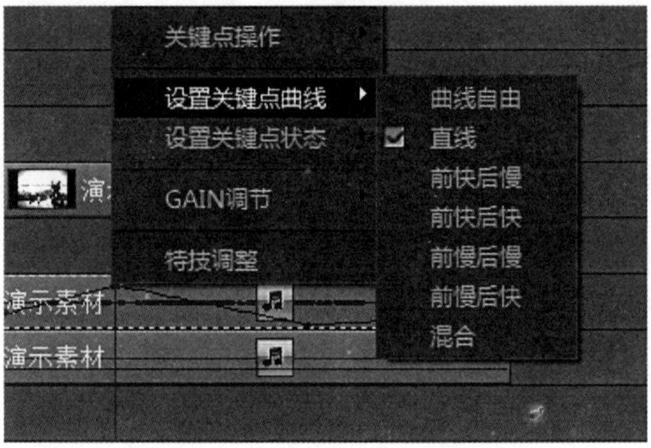

图5-6

右键菜单中还有针对特技的【拷贝特技】、【粘贴特技】等选项。因为在编辑时，音频素材通常是多轨的，而用户常常要求音频输出时各个通道的音量变化一致，故可通过粘贴特技的方法实现。

调整完成后，再次点击钢笔工具按钮将其激活状态取消，至此编辑完成。

注意调整完成之后一定要取消钢笔工具的激活状态。因为当钢笔工具处于激活状态时，故事板处于此编辑模式下，只能调整音频，无法完成其他的任何操作，故编辑完成后一定要将其激活状态取消。

2. 音频特技编辑窗口调整

选中需要编辑的素材，点击Enter进入音频特技编辑窗口。因为系统自动为用户添加了“增益”特技，可看见该特技已经存在于特技列表中。

其编辑界面只有一个参数设置，即一个名为“增益”的小滑块，调节该滑块，即可调节音频素材的电平值。当其值为1时，素材音量为原始状态；当增益>1时，素材音量增大；当增益<1

时，素材音量减小；当增益=0时，素材音量为0。

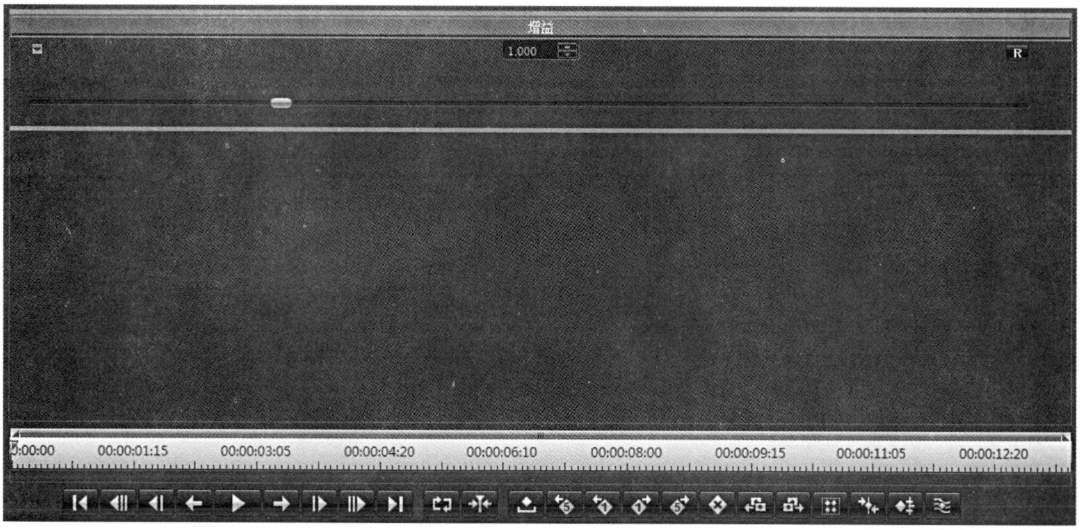

图5-7

操作时在时码轨上设置关键帧即可。

5.1.2 硬性限幅

如素材声音起伏很大，利用音频增益来调整电平达到控制音量的作用无疑是很繁琐的，此时可以利用特技“硬性限幅”，将输出信号幅度限定在一定的范围内。

在故事板上选中需要添加特技的音频素材，点击Enter进入特技编辑界面，在左侧特技列表中双击【幅度控制】/【硬性限幅】，特技添加到素材上。

硬性限幅的操作界面较为简单，由几个参数组成，调整时主要调整“阈值”和“输入增益”。

图5-8

阈值：阈值是一个专业术语，其作用是在限幅时设定一个特定值，当音频的电平超过阈值的时候该瞬时值减弱至接近此门限值，而不超过阈值的其他所有的瞬时值则予以保留。默认的阈值为-20db，即将音频素材的输出电平瞬时值限定在-20db以下，超过的部分会被减弱。

输入增益：调整不超过阈值的所有瞬时电平，当输入增益>0的时候电平被放大，可以理解为“在音量限幅的前提下提高整体音量”；当输入增益<0的时候电平被缩小，音量也被减小。

对音频素材进行硬性限幅的时候，通常将关键帧设置在素材第一帧，令关键帧参数对整段素材都有效。

思考题

1. 在轨道上调整音频，要注意哪些点？

5.2 音频素材特效

除了故事板上针对镜头的音频特技编辑，D^3-Edit 3.0还提供针对素材的特技编辑。两者除了操作界面、操作方式不同之外，最大的区别是针对素材编辑时，会生成一个新的素材，由这个新的素材呈现最后的编辑效果（当然特技处理之前的素材也仍然可以保留）。相对地，这种编辑方式中的特技效果也是无法复制、粘贴和删除的。

5.2.1 音频特效制作模块

在大洋音频管理器中选中待调整的素材，双击打开素材调整窗，点击右上方的扩展按钮，在菜单中选择【音频特技】，即可进入音效制作模块。

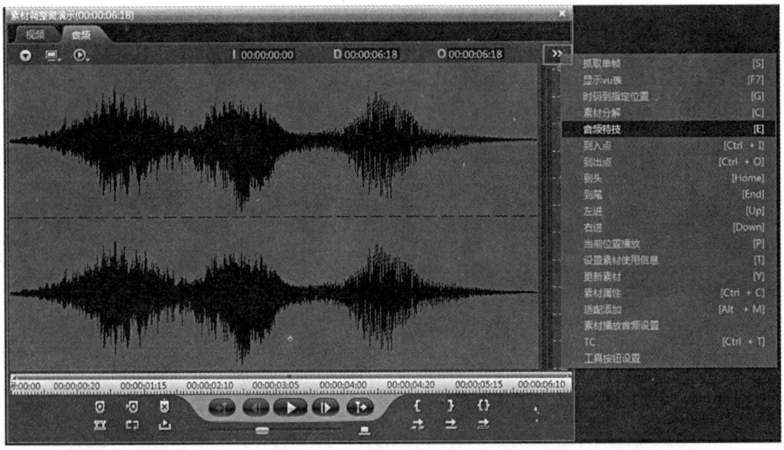

图5-9

1. 界面介绍

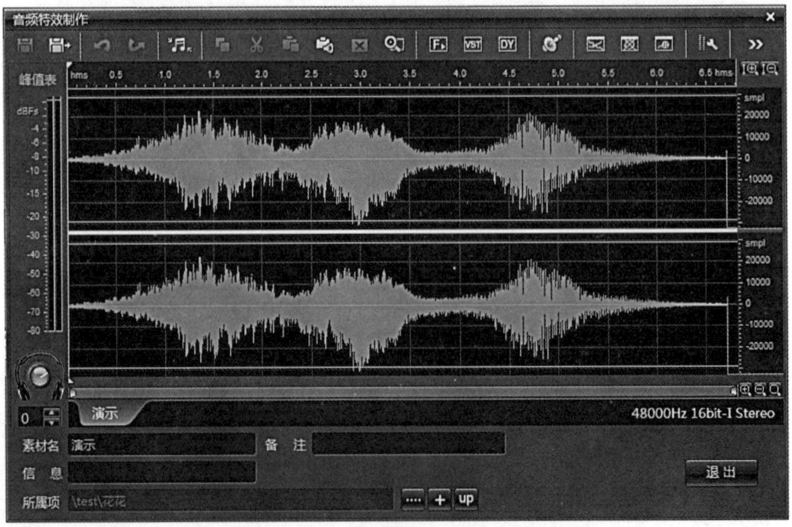

图5-10

如图所示，音频素材音效制作界面可分为三部分：工具栏、素材编辑区、素材信息设置区。

工具栏：提供了音效处理常用的工具按钮。

图5－11

素材编辑区：以波形方式显示音频素材，左侧的VU表用于显示电平峰值。可在此区域对素材进行浏览、选取选区等操作。

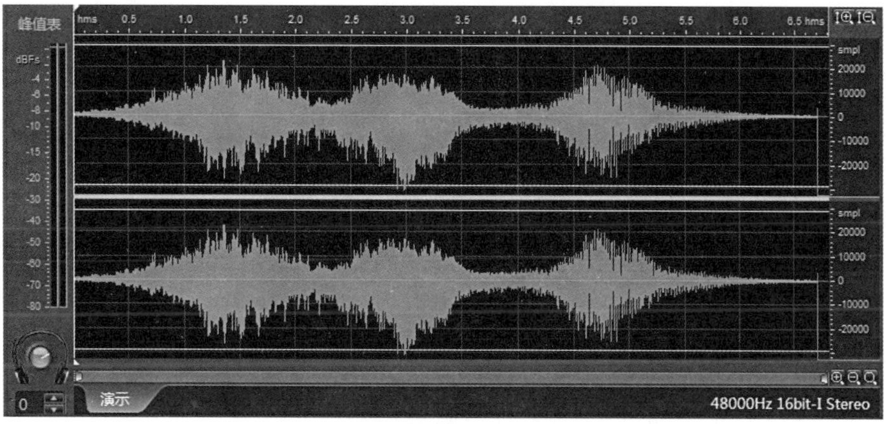

图5－12

素材信息设置区：用于在保存时设置新素材的名称和存储路径。

图5－13

2. 常用操作

在音频素材处理的界面中，横向仍然是时间标尺。可通过点击空格键来控制播放或者暂停播放，以浏览音频内容。

（1）缩放时间标尺

拖动编辑区域下方的横条，或点击横条右侧的按钮，可进行轨道的横向放大/缩小的调节。点击可缩放复位，拖动横条可对放大后的轨道进行前后预览。此外鼠标滚轮也可以控制时间标尺的缩放。

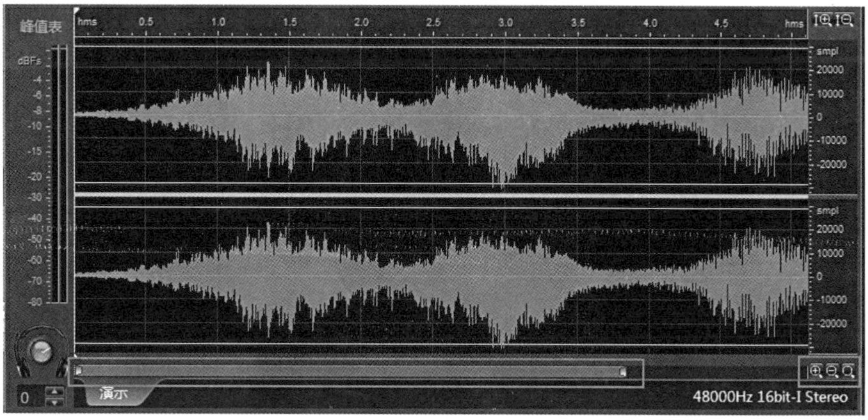

图5－14

当轨道横向放大到一定程度时，波形显示为采样点模式，用鼠标拖动采样点上下移动可以改变该点电平值。

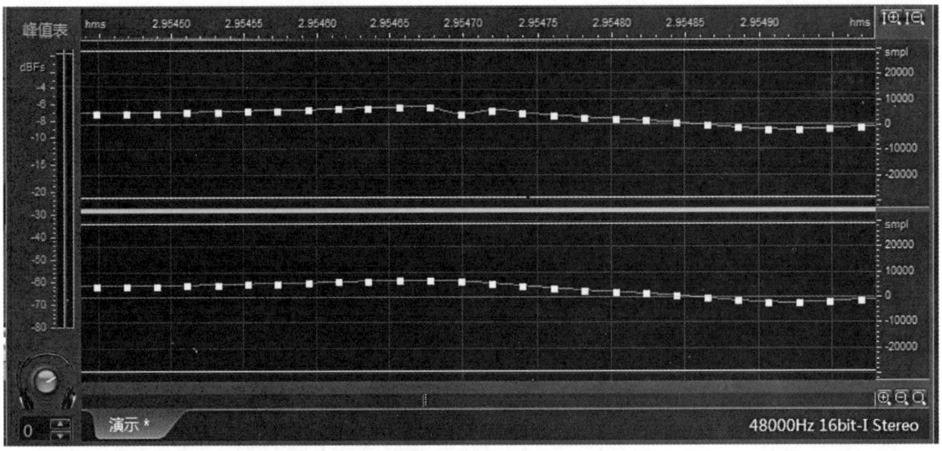

图5-15

(2) 设置入出点

需要选择素材入出点范围时，可以长按鼠标左键进行拖动，拖出的范围即入出点区域。

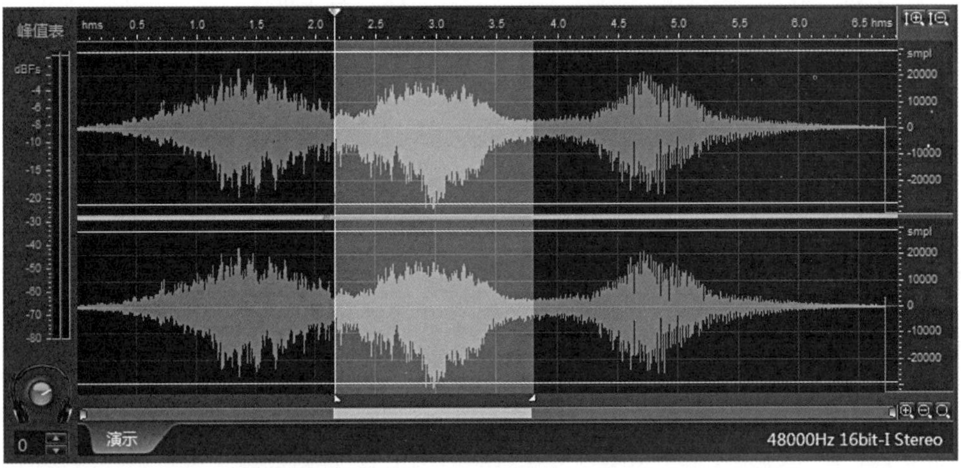

图5-16

(3) 选择声道

如果是立体声素材，会看到两条波形：上方为左声道波形，下方为右声道波形。默认情况下所有操作对两个声道均起作用，如需只对选中的声道做处理，选择方法是：移动鼠标到左声道上方的白线处（或右声道下方白线处），当鼠标数值显示L或R字样时，单击鼠标，选定此声道；同时，未被选中的声道呈灰色。鼠标再次单击任意地方，可以恢复选定双声道。

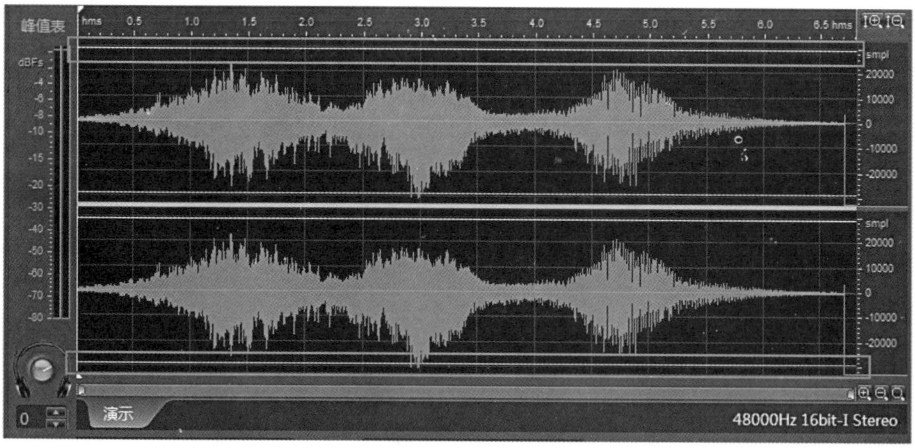

图5-17

5.2.2 常用音频素材处理

在后期编辑中，常用的音频素材处理有去除背景噪声、音频变速、音频变调、均衡器调整等。本小节中将分别以实例详细说明这几种音频素材处理的编辑流程。

1. 去除背景噪音

实际拍摄中得到的音频素材常带有背景杂音，对受访人的声音清晰度造成影响。接下来通过一个音频降噪的示例，介绍去除背景噪音的完整流程。

首先在资源管理器中找到需要降噪处理的声音片段，双击打开素材调整窗。点击音频特技按钮，进入音频处理模块。按空格键播放素材，通过监听仔细寻找只包含背景噪声的片段，这一步非常重要。除了通过监听寻找噪声片段，也可以从波形变化上大致判断背景噪音所在的位置。一般来说当受访人说话时，音频波形起伏较大；当受访人说话停顿时，音频波形起伏较小，这些波形起伏较小的部分就是背景杂音。

找到背景噪声后，用鼠标在该区域上拖动，设置噪声的入出点。注意这个片段里只能包含噪声，不能包含受访人的声音。

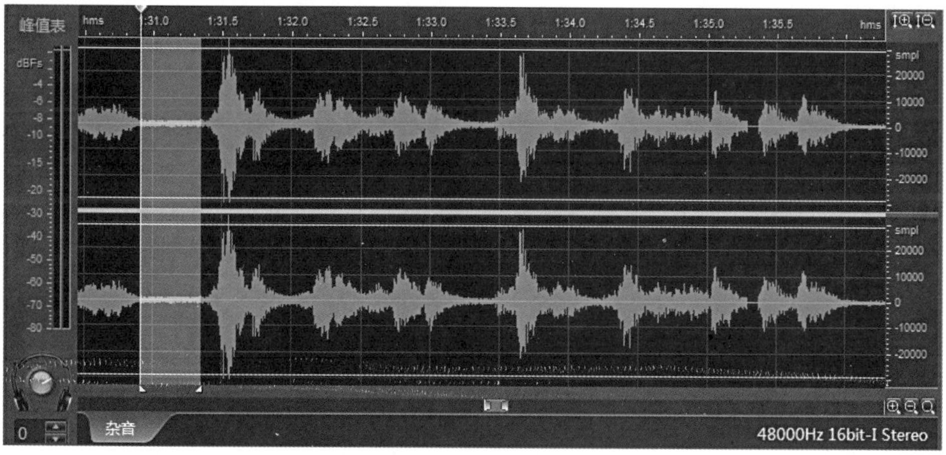

图5-18

选择好入出点之后，点击键盘的空格键播放（此时仅播放入出点之间的声音），如果选择无误，则在该区域上点击鼠标右键，选择菜单中“分析噪音数据”，系统会将该段声音的音频波形作为噪音样本进行分析。

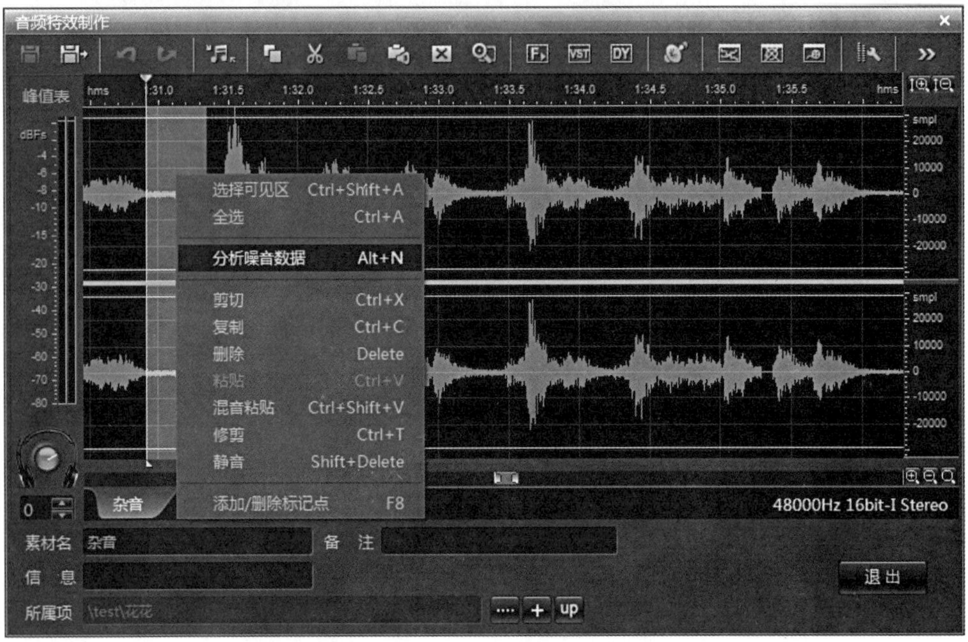

图5−19

噪音的取样完成后，系统收集到了噪音的波形数据，可以根据取样信息开始正式去噪。

在轨道上选取需要进行去噪的区域（一般来说，会将素材全部选中）。在工具栏点击大洋音频特技 ，选择【降噪处理】/【去除背景噪音】。

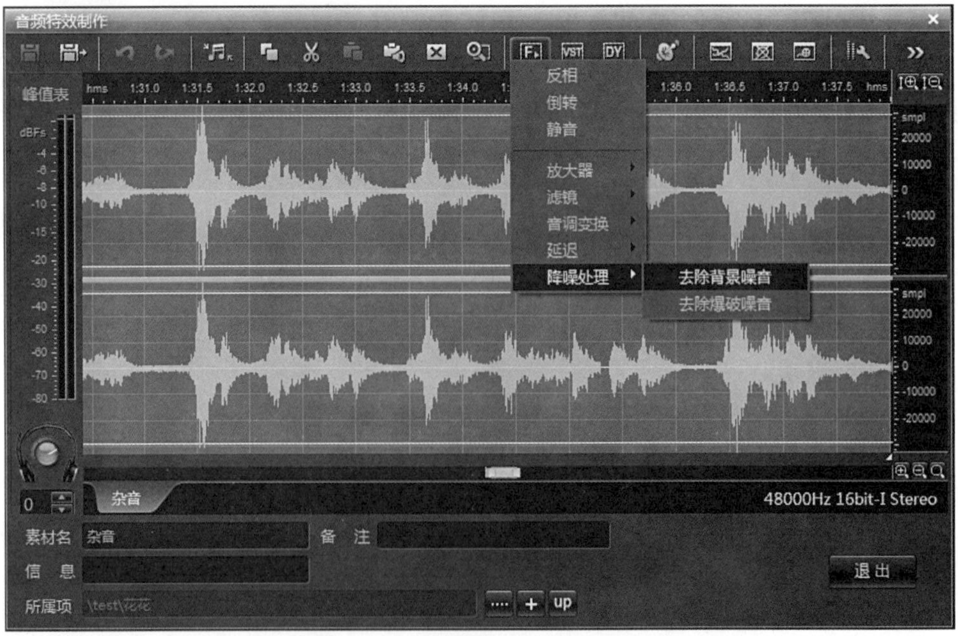

图5−20

此时会弹出去除噪音的对话框。移动滑块可以调整噪音的去除程度，点击左下方的播放键进行去噪效果的预览。

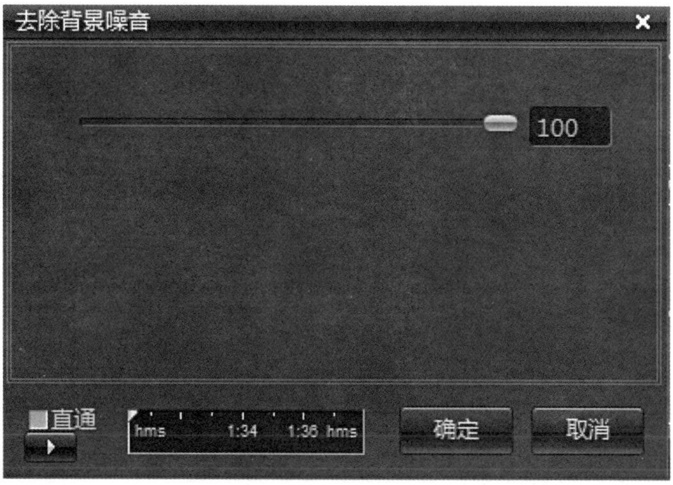

图5-21

由于过度的处理会导致原声音的严重失真，所以操作时建议将“程度”滑块由低向高逐步调节，寻找一个去噪效果明显而失真最小的点。在这个过程中，可以点击预览按钮，监听处理后的效果；勾选“直通”，可播放原声做对比。

满意后点击【确认】，系统开始为素材去噪。

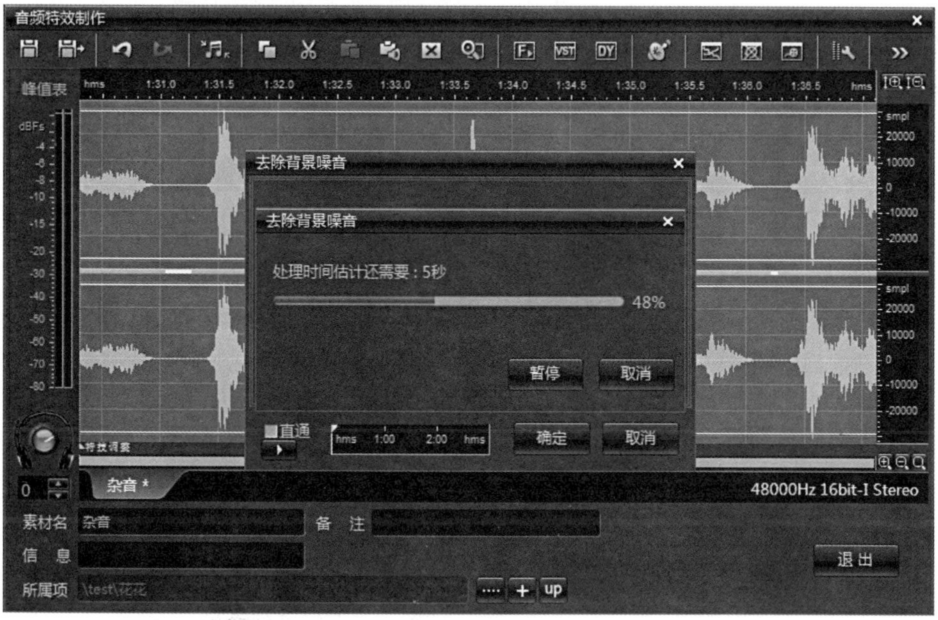

图5-22

去噪完成后，从波形上即可看出背景噪音已经被去掉了，而人声部分并没有受到很大的影响。

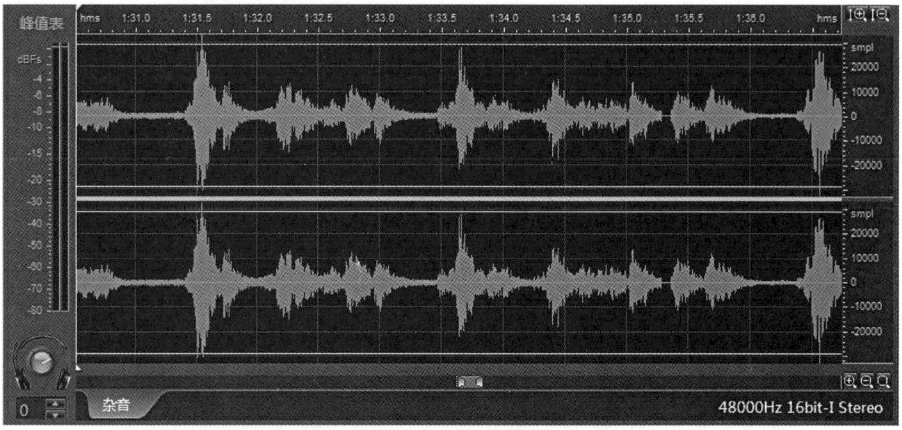

图5-23 去噪前

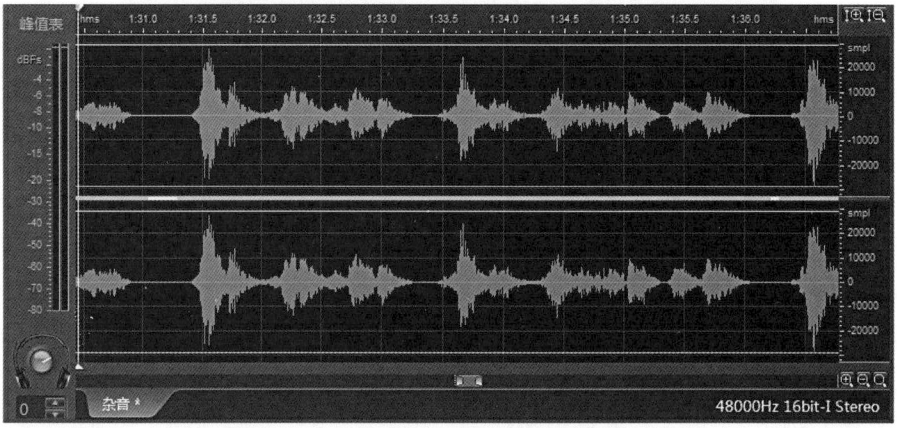

图5-24 去噪后

系统已经将去噪后的结果生成了一个新的素材，在素材信息设置区为这个素材设置素材名和保存路径，再点击工具栏的【保存】按钮，在指定路径下会生成新的素材文件。

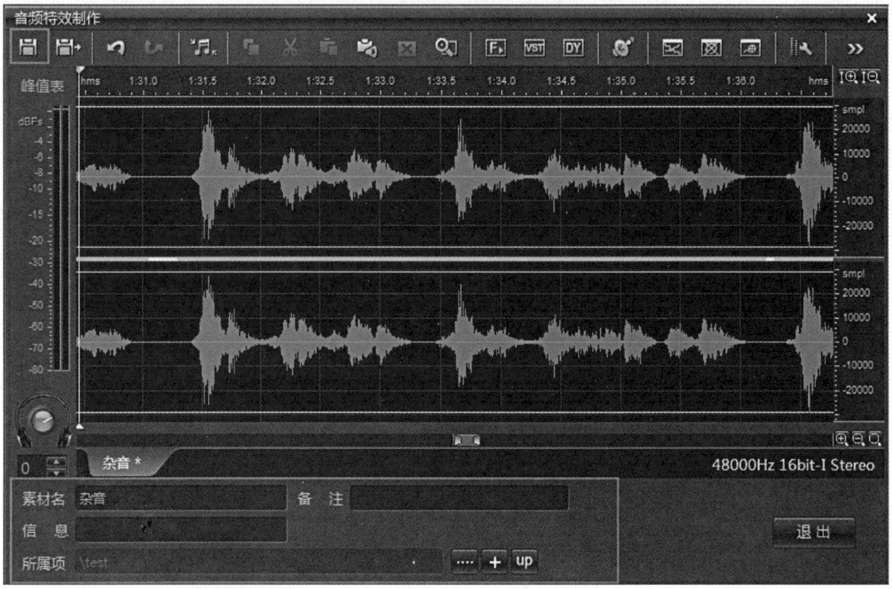

图5-25

至此音频去噪完成，可以退出音效制作模块。退出后，可以在设置的路径下找到生成的音频文件，使用新的音频素材替换轨道上原始音频素材即可。

2. 变速与变调

音频的变速与变调也是一个常用的特技，其效果是使素材的播放节奏或者声音产生音调的变化。

在大洋音频管理器中选中待调整的素材，进入音效制作模块。

通过空格键播放素材，一边监听一边拖动鼠标，在轨道上设置入出点，选择需要调节的区域。在工具栏点击【大洋音频特技】，选择【音调变换】，其子菜单中提供了两种变换方式：音调变换和时间变换。

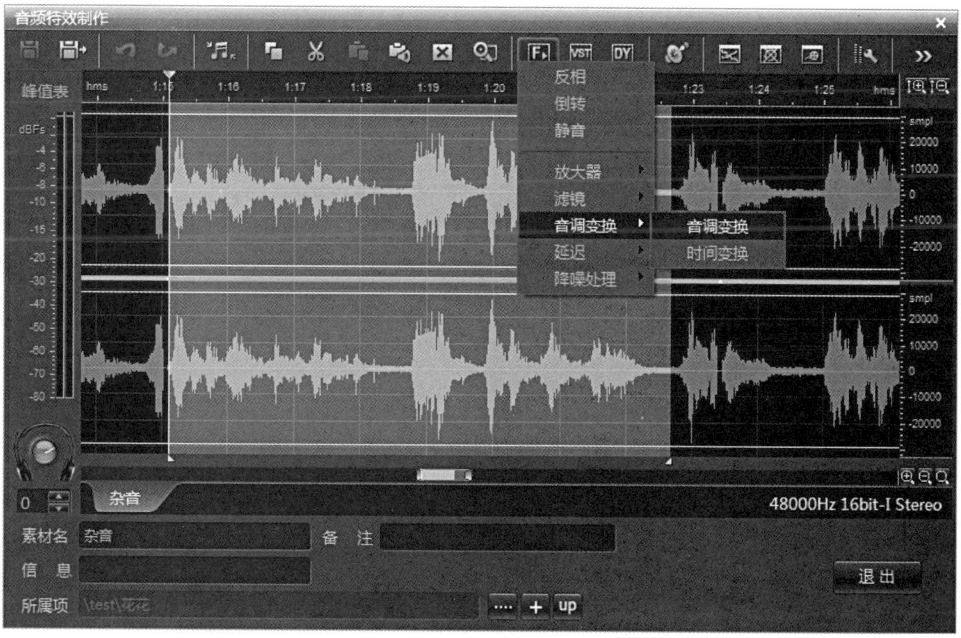

图5-26

(1) 音调变换

音调变换是指在保持节奏不变的情况下，通过调节半音阶大小改变播出音调。

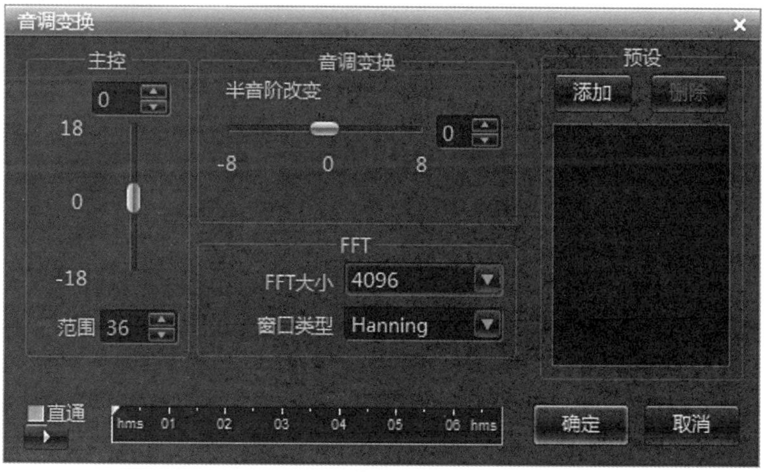

图5-27

操作时只需要调节“音调变换”区域的“半音阶改变”即可。初始数值默认为0，当数值>0的时候音调变高，声音变得尖细；当数值<0的时候音调变低，声音变得低沉。

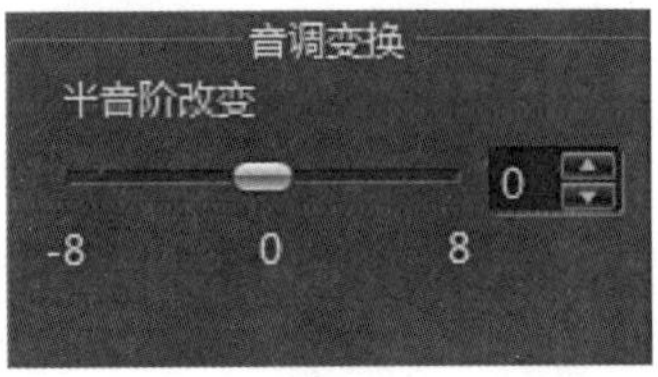

图5-28

调节时可以随时通过下方的预览区对效果进行预览，点击按钮播放预览效果，如果播放时勾选“直通”将播放原始声音素材，以方便进行对比。

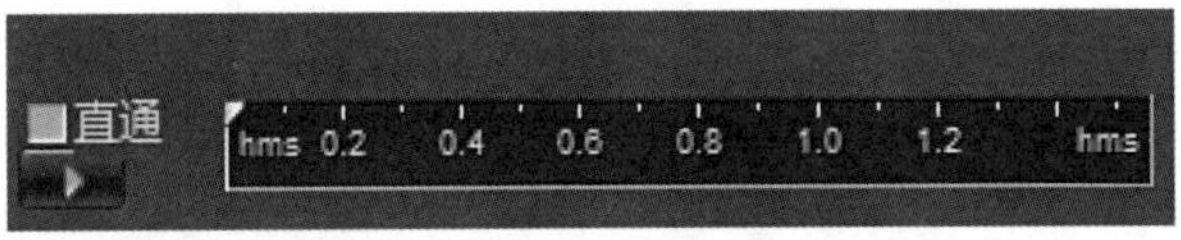

图5-29

调节完成之后点击【确定】保存效果，此时系统已经生成了一个新素材，为这个新素材设置名称和存储路径之后即可保存退出。

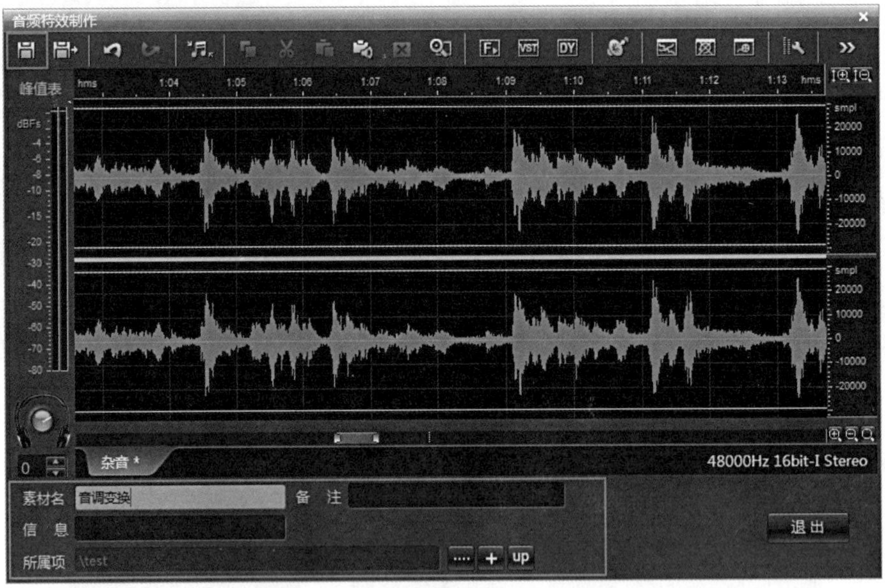

图5-30

（2）时间变换

时间变换中提供了三种选择：

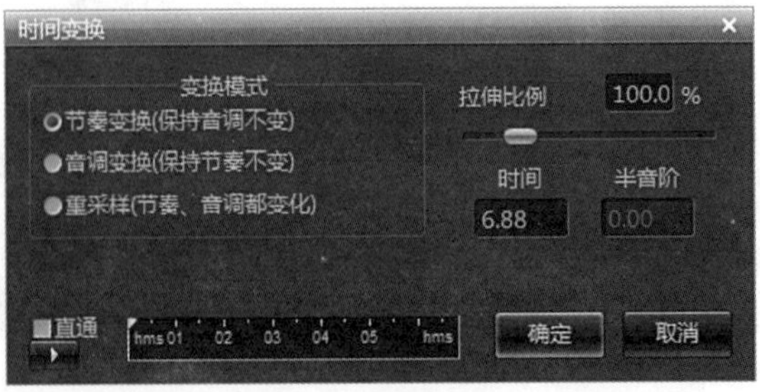

图5-31

节奏变换：在保持音调不变的基础上调整播放时间，使声音加速或者减速播放，改变声音的节奏。节奏变换通过调整右方的拉伸比例或者下面的时间数值，这两者互相联动，例如当声音文件的原始长度为5秒，当拉升比例为200%的时候，时间变为10秒，节奏放慢两倍。

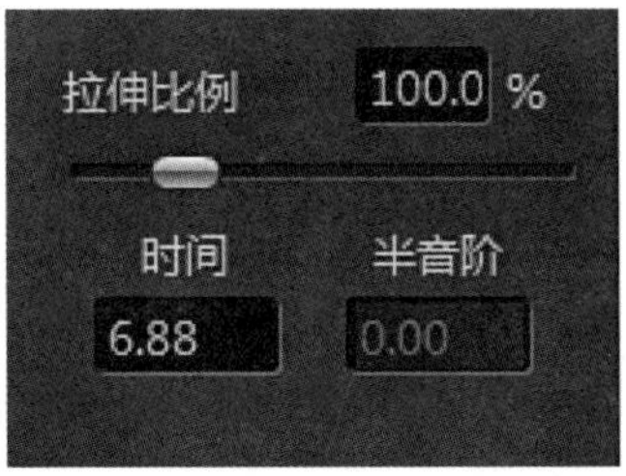

图5-32

音调变换：保持声音节奏不变，改变声音的音调。选择音调变换时通过调整拉伸比例或者半音阶的数值得到效果，这两者也是联动的。半音阶的初始参数为0，当半音阶升高的时候，拉伸比例增大，声音变尖细；当半音阶减小的时候，拉伸比例减小，声音变得低沉。

图5-33

重采样：同时调整节奏和音调。此时时间和半音阶的参数都可调。

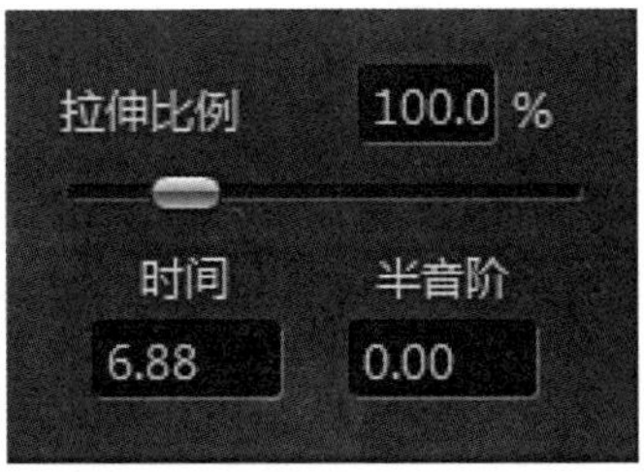

图5-34

调节时可以随时通过下方的预览区对效果进行预览，点击按钮播放效果预览，如果播放时勾选“直通”将播放原始声音素材，以方便进行对比。调节完成之后点击【确定】保存效果。

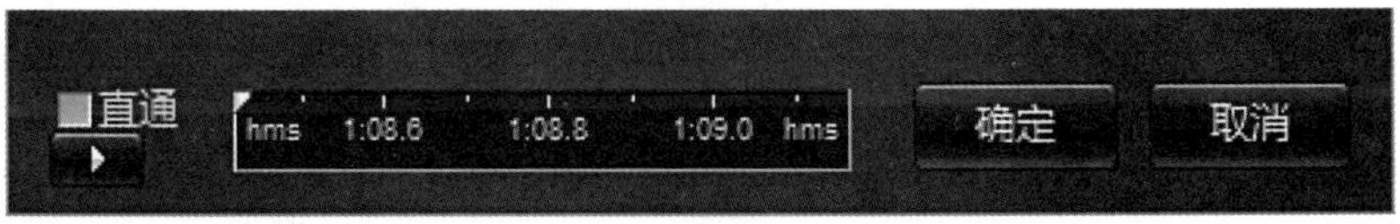

图5-35

此时系统已经生成了一个新素材，为这个新素材设置名称和存储路径之后即可保存退出。

3. EQ 调整

EQ指的是均衡器，可以将其理解为一个特殊的音量调节设备，它可以分频段对声音电平作提升或者衰减。

在大洋资源管理器中双击待调整的素材，打开素材调整窗，点击窗口右上方的扩展按钮，在扩展菜单中选择【音频特技】进入音效制作模块。

在素材编辑区拖动鼠标，在音频轨道上选择需要调节的区域。在工具栏点击大洋音频特技 ，选择【滤镜】/【EQ_15_31】打开均衡器编辑界面。

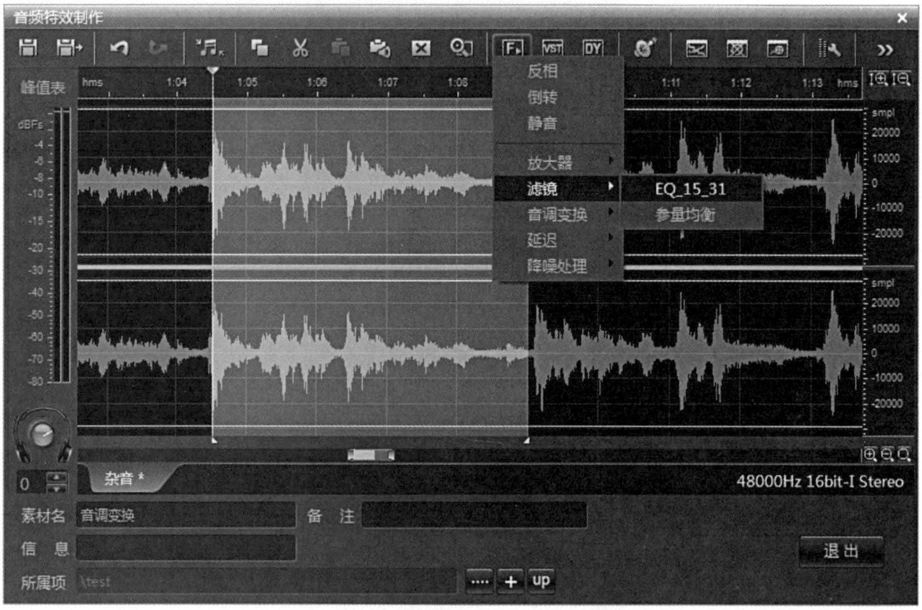

图5-36

均衡器将声音在频率上分为不同的频段，每个频段用一个推子来调节音量：推子向上则电平提升，推子向下则电平衰减。

均衡器编辑界面提供了【15段】和【31段】两个页签，其中【15段】表示将音频分为15个频段，这些频段的中心频点从25Hz到16kHz。对应地，【31段】将音频分为31个频段，利用推子对频段分别进行调整，【31段】页签中推子较多，可利用下方的横条左右滚动，这些频段的中心频点从20Hz到20kHz。

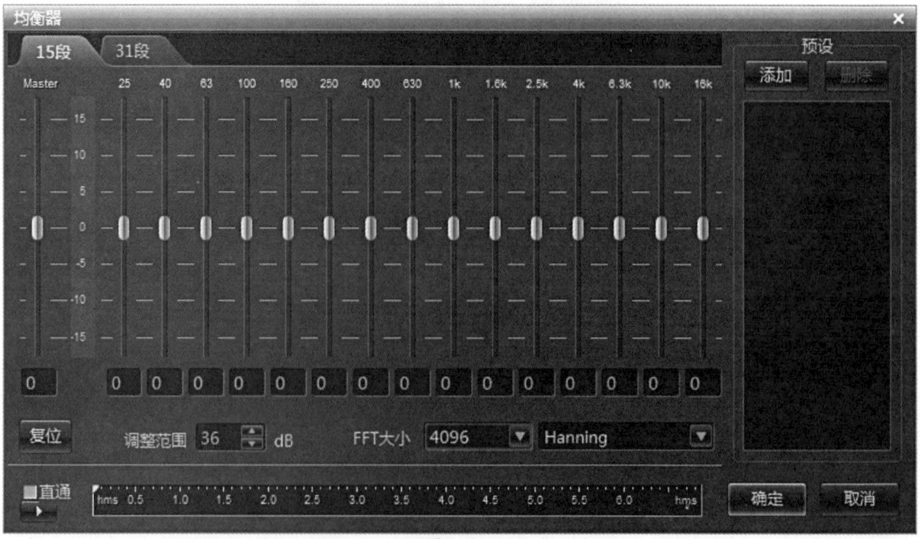

图5-37

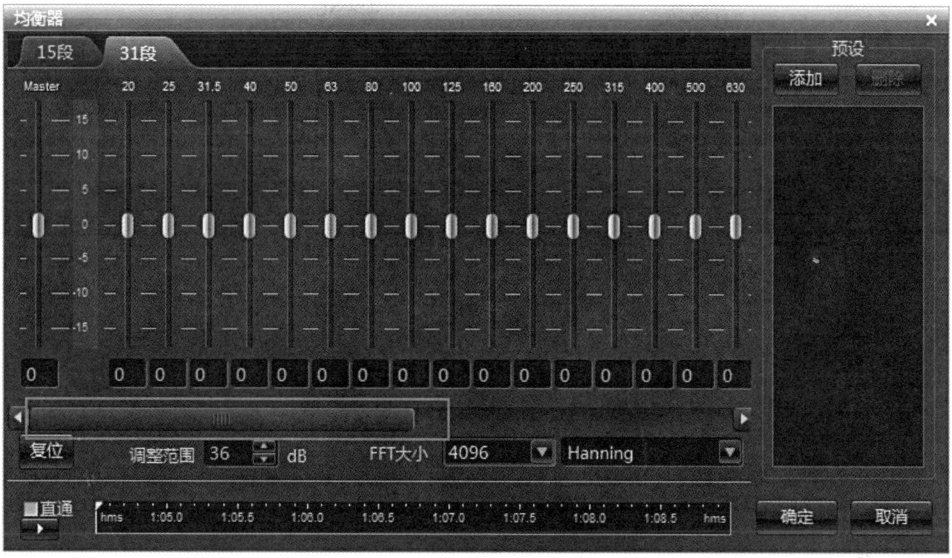

图5-38

由于均衡器可以改变各频段电平，想要通过调节均衡器来达到改善音质的目的就必须掌握各频段的作用、各音源重要频段的音色特效及其带来的主观感受。

人耳可以听到的声音频段是20～20kHz，这个频率范围可细化为低频段、中低频段、中频段、中高频段、高频段：

20～200Hz：低频段，包括低音乐器的基频成分，同时电源、卡车、空调等电器的哼声等噪声也存在于此频段。

200～500Hz：中低频段，给人温暖、丰满、整体感等主观感受，许多乐器的基频均处于该频段。

500～1500Hz：中频段，有号角般的色彩，鼻音也处于该频段。

1500～7kHz：中高频段，给人以“临场感”，有尖利、清晰和明确的主观感受。

7k～20kHz：高频段，给人以光彩、轻松和清脆等主观感受。

调节时可以随时通过下方的预览区对效果进行预览，点击按钮播放效果预览，如果播放时勾选“直通”则播放原始声音素材，以方便进行对比。

图5-39

调节完成后设置新素材名称和存储路径，保存退出即可。

思考题

1. 音频素材特效与音频特技的区别是什么？
2. 背景噪音去除的主要操作可以分为几步？分别是什么？

5.3 调音台

音频特技可以调节单个音频素材，但输出时还需要对音频通路进行总体设置，将多路声音进行混音等。D^3-Edit3.0内置了一个与真实调音台非常相似的调音台工具，同样具有通路和母线设计，可以方便地进行输入和输出设置，对每路声音信号进行放大或补偿处理；能够实现多路混音；还能对输出音频进行音量控制、立体声变换等效果处理。

点击主菜单栏的【工具】/【显示调音台】，即可打开调音台工具。

5.3.1 TRACK（通路）与BUS（母线）

调音台由通路和母线组成，可以简单地通过该轨道头的名称进行判断，调音台左侧有Track标记的为音频输入通路，Track1对应故事板上的音频轨A1，Track2对应故事板上的音频轨A2……以此类推。右侧无标记的为输出母线，对应各个输出通道。

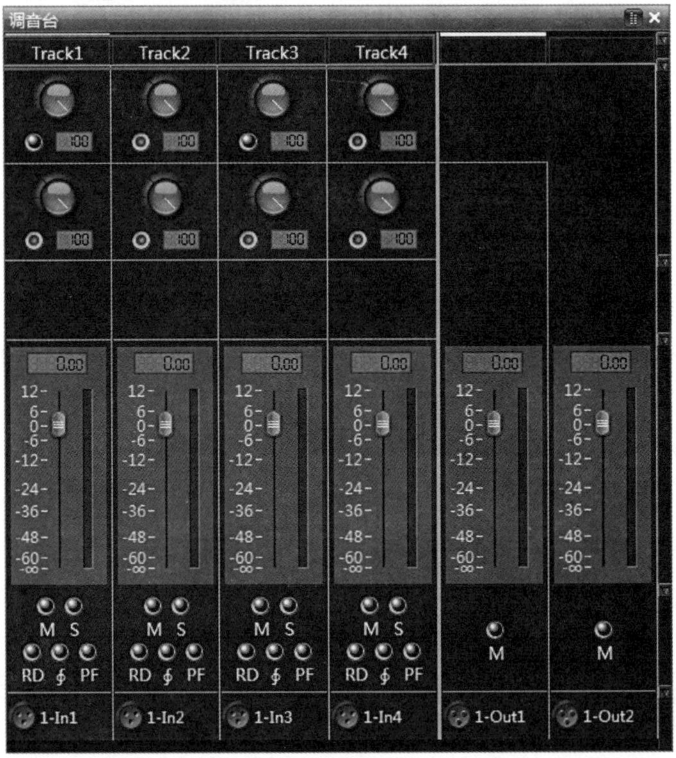

图5-40

在母线的名称栏单击鼠标右键，可增加新的输出母线或者删除已有母线。

图5-41

Track和Bus是调音台最基础的组成部分，也就是我们常说的调音台的输入和输出矩阵，调音台所有功能都是在其上操作实现的。

5.3.2 输出通路调整

调音台的作用之一是将左侧的音频输入通路配置给右侧的输出通路，这就是我们常说的“混音”。故事板音频轨与调音台输出通道之间的对应关系是靠调音台中的矩阵开关来设定的。

当开关按下时，表示“ON”，即该输入通道的声音将输出到对应的输出通道上。

图5-42

在默认情况下，一般输出两路声道，其中所有的输入通路都被分配给Out1，即左声道，因为左声道通常作为播出声道，需要获得所有轨道的声音；而只有2、4、6、8等偶数通路被分配给Out2，即右声道，作为国际声道使用（国际声道是指除了不包含人物声音以外的所有节目声混合声道，方便后期添加外语配音）。其矩阵开关设置如下：

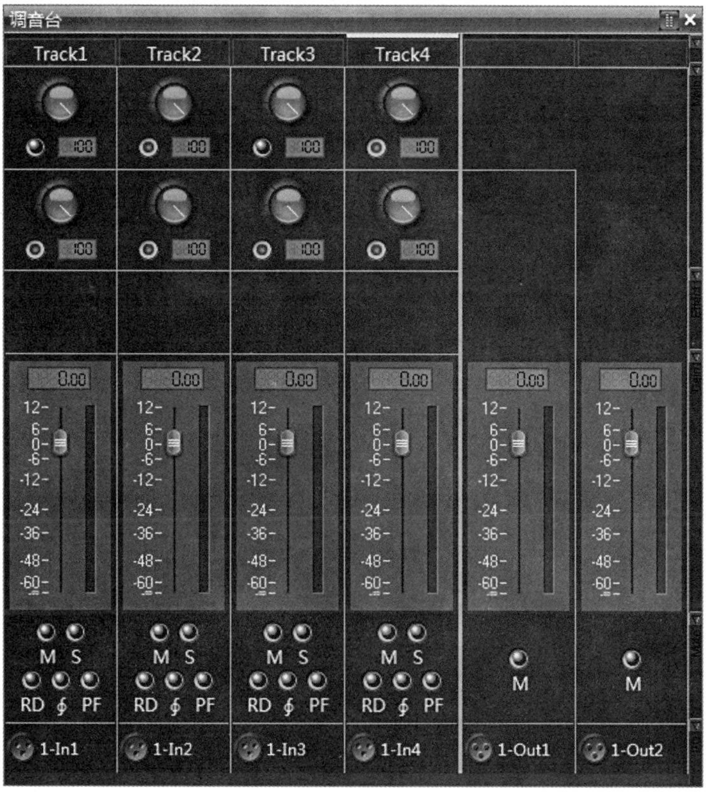

图5-43

在某些情况下，必须进行信号分配的设定。比如需要将轨道素材的左右声道完全分离时，这时可以将1、3等奇数通路分配给左声道，2、4等偶数通路分配给右声道。

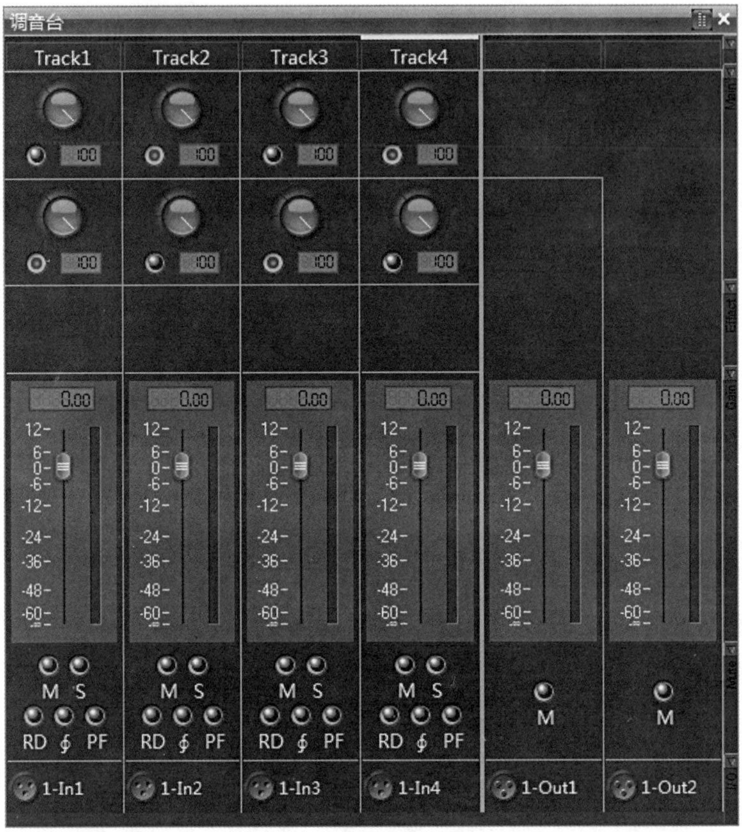

图5-44

5.3.3 轨道音量调整

除了配置音频通路之外，还可以通过调音台直接调节通路的音频输出，这个操作主要利用推子进行调节。

推子初始位置为0，范围从-∞到+12db，向上推则音量提升，向下推则音量衰减。

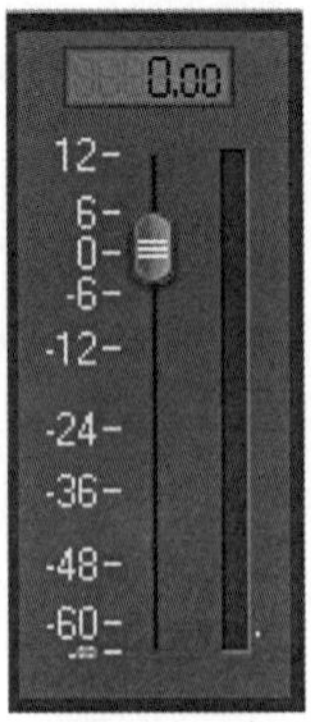

图5-45

上下推动Track轨道上的推子，即可实现轨道增益的调节，其效果是调节整轨素材的音量大小。如推动Track1的推子向上，则轨道A1对应的音频素材音量全部增加。

图5-46

调整时，增益控制按钮上方的数字显示了当前增益的值，推子右侧的VU表可以实时监看声音，双击推子，可以快速复位到0db。

另外，也可以调整输出Bus的推子，直接调整总体输出音量。

5.3.4 在故事板模板中设置调音台

每个故事板都配置了一个默认的调音台，主要内容是设定故事板的音频输出通道。在新建故事板时可添加、修改、调用调音台音频配置方案，以实例作简单介绍。

每次创建故事板时，故事板配置的调音台能够默认4路输出通道，而且分别对应故事板的A1～A4轨，应采取如下设置：

打开文件菜单的“新建故事板”项，新建一个故事板。在新建对话框中选择【高级】。

在弹出对话框中选择“添加”，新建一个故事板模板。

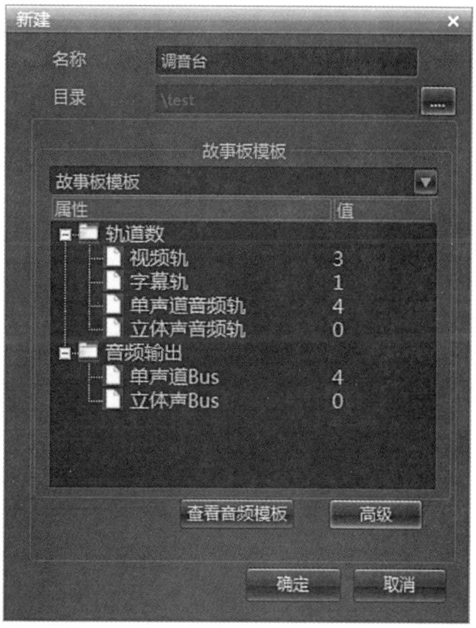

图5-47

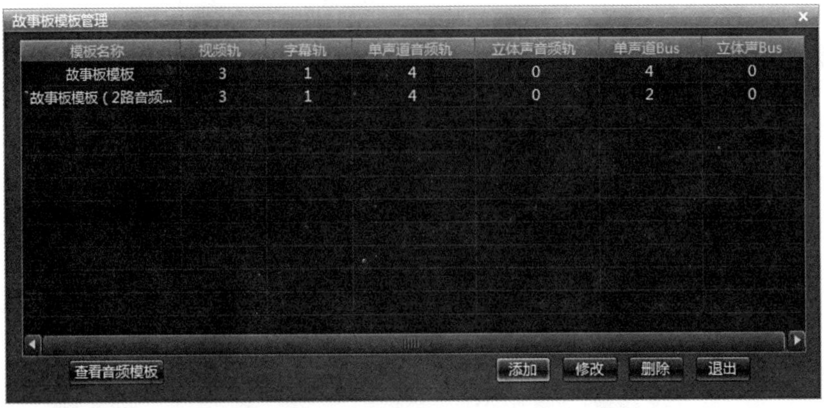

图5-48

在故事板模板设置窗口中可以设定模板名称、各类轨道的数量等，因为本例中需要故事板配置的调音台能够默认4路输出通道，而且分别对应故事板的A1～A4轨，则音频轨道数应该为4路，调音台输出通路也为4路。

因此，在轨道数设置区，设置“单声道音频轨”=4，视频轨和字幕轨的数值不作要求；在音频输出方面，设置“单声道Bus”=4、“立体声Bus”=0。

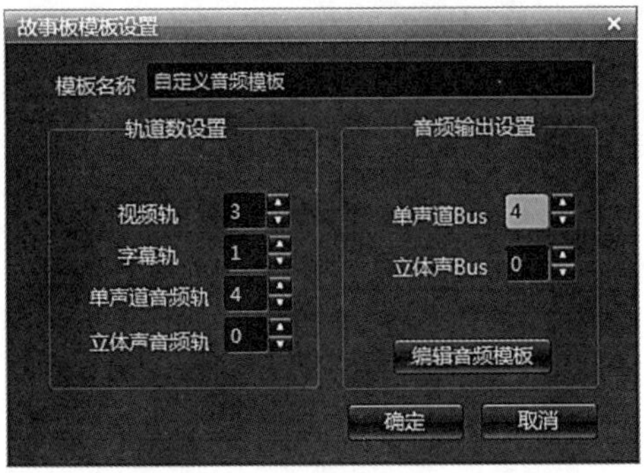

图5-49

设置完后，点击【编辑音频模板】，弹出调音台设置窗口，此窗口主要用于配置音频输出通路。

设置结束后，即可在新建故事板窗口的“故事板模板”项中，调用调音台配置方案。

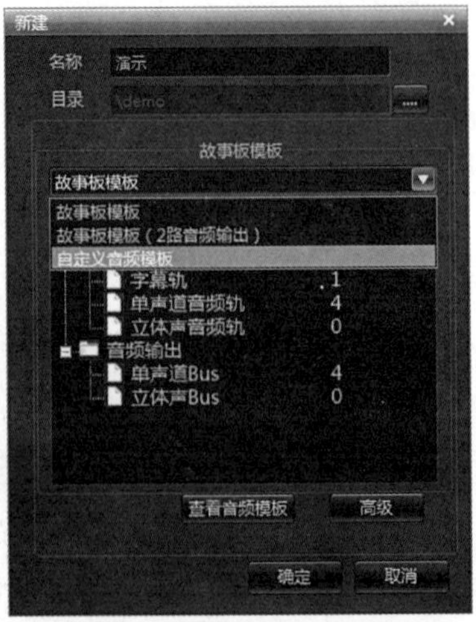

图5-50

思考题

1. 调音台中，Track与故事板轨道的对应关系是什么？
2. 如果将故事板上的内容输出到文件，调音台上的Bus对应的是文件中的哪部分？
3. 如果将故事板上的内容输出到磁带，调音台上的Bus对应的是输出接口中的哪一个？

第6章　字幕制作

字幕，是指出现在影视画面上，有特定表述意义的文字。早在声音媒体之前，字幕就已经进入影视领域——早期无声电影中，字幕被引入，用作台词的陈述。

如今字幕已经成为电视传媒系统不可缺少的一个组成部分，它与电视的图像、声音、特技等组成了一种多方位多信息渠道的传播手段。字幕提高了单元时间内信息传播的效率和质量，还能从视听两方面强化重要信息，加强信息的准确性，减少听觉误差。更重要的是，字幕可以作为电视画面构成的一部分参与到画面的构图当中，丰富了视觉感，大大提高了电视节目尤其是电视新闻的可视性。

影视节目后期编辑的最后一步通常是添加字幕。因为字幕作为对画面辅助说明的工具，其内容、表现形式、位置、时长等几乎完全由节目成片内容而定，在节目定稿之后再添加字幕，从流程上考虑更加科学而高效。

D^3-Edit3.0软件为字幕制作提供了专业的字幕模块，本章将介绍字幕模块的使用以及各类常见字幕的制作实例。

6.1 字幕模块介绍

在D^3-Edit3.0软件中，字幕由一个相对独立的字幕模块制作，制作完成的字幕文件以素材的形式存放在大洋资源管理器中，可将其视为视频素材中的一类。操作者可以对其进行文件管理，或者直接拖拽到故事板上进行调用。拖拽到故事板上的字幕文件与视频文件属性类似，也可以对其添加视频特技。

D^3-Edit3.0软件中把字幕分为三类：项目字幕、滚屏字幕、唱词字幕（又叫对白字幕）。

项目字幕：项目字幕是D^3-Edit3.0软件中的普通字幕文件，可以完成文字、图片、多边形、立体图形等多个图元效果的编辑管理，广泛地应用于各种常见字幕类型的制作中，如片头标题、片尾结束语、人名条、说明性文字等。可以说所有滚屏字幕和唱词字幕以外的字幕类型都是项目字幕。

图6-1 项目字幕的应用：片头字幕

图6-2 项目字幕的应用：说明性文字

图6-3 项目字幕的应用：新闻小标题

图6-4 项目字幕的应用：人名条

滚屏字幕：滚屏字幕是指将文字和图像的内容以滚动的形式播出的一类字幕，常用的有向上滚动和向左滚动两种。滚屏字幕的使用场景较为固定，上滚字幕一般出现在影视节目的片尾，滚动播出影片的演职人员、制作单位等信息；左滚字幕常用在新闻的播报中，于画面下方使用跑马方式字幕播报临时新闻，也就是上文中所提到的“扩展性信息”。

图6-5 滚屏字幕的应用：片尾播出演职人员表

唱词字幕：传统意义上的唱词是指歌词，而对白是指影视、戏剧节目中的人物之间的台词、对话。在D^3-Edit3.0中，唱词字幕和对白字幕都是指同一种字幕文件，其作用是将影片中人物的对白内容以字幕的形式呈现出来，帮助观众接受、理解音频信息。

唱词字幕的制作是当前电视节目后期制作中的一个重要环节，无论是电视剧、专题节目，还是访谈类节目等，都有添加唱词的需求。

图6-6 唱词字幕：强调台词内容

6.2 制作项目字幕

在D^3-Edit3.0中项目字幕指普通的字幕文件。项目字幕可以实现大部分类型的字幕制作，同时它也是最常用、最基础的一种字幕文件类型。掌握项目字幕的制作，对理解和制作滚屏字幕、唱词字幕有很大帮助。

因其能实现的功能很多，项目字幕被广泛运用于各种字幕类型的制作。常见的有片头片尾、说明字幕、人名条、角标等。下文将以实例一一进行说明。

点击主菜单栏的【字幕】/【项目】，将会弹出项目字幕新建窗口。

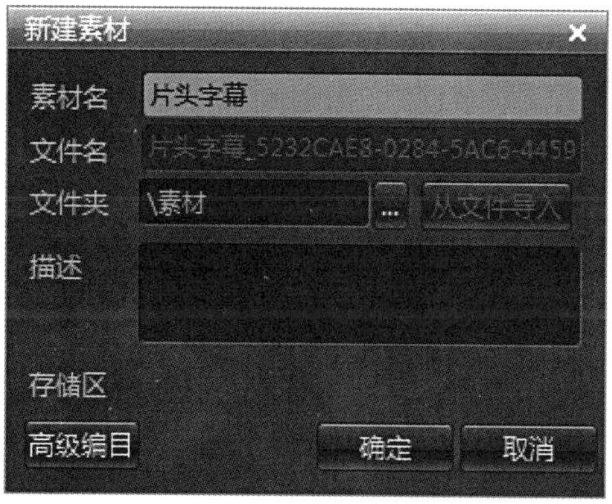

图6-7

在窗口中为字幕设置素材名称和存储地址，设置完成后点击确认保存，即可进入项目字幕编辑界面。

6.2.1 项目字幕的界面介绍

项目字幕的编辑界面大致可以分为菜单栏、工具栏、预览窗口、图元新建区、属性框、时码轨这几部分。

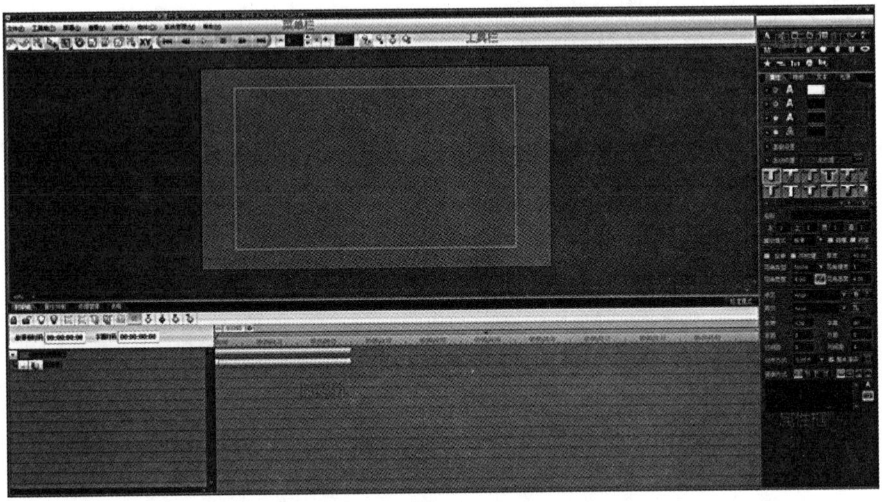

图6-8

菜单栏：用于设置项目字幕的各种系统参数，菜单栏中最常用的操作是文件的保存和另存为等。

预览窗口：预览窗口用于对字幕的效果进行预览。预览窗口除了窗口本身之外，在其左下角有窗口缩放图标，点击此图标可以将预览窗口按需要调试到合适的大小。

图元新建区：图元又称字幕物件，是构成字幕的基本单元。一个标题字、一张图片、一个多边形都是一个图元。在图元新建区可以选择图元的类型并新建图元。操作时点亮图元的按钮，然后用鼠标在预览窗口拉出一个框，即可新建一个此类型的图元。

属性框：属性框总共有【属性】【特技】【文本】【光源】四个页签，切换到不同的页签下可以调整图元的属性、特技、光源（针对三维图元），或者导入文本。其中【属性】又分为基础属性和特有属性。基础属性是每个图元都具备的属性，主要包括颜色和位置两项。特有属性是不同图元具有的不同属性，这里就不一一介绍了。

时码轨：时码轨主要用于调整图元的特技，如特技本身的时长、特技的间隔时间、多个图元之间的特技配合等。此外，时码轨区域也有四个页签，切换页签可进入相应的界面进行调整。

6.2.2 标题字制作

项目字幕的制作可以总结出一定的制作流程。了解其制作流程，有助于有条理、高效率地完成字幕制作。本节中将以制作一个“标题字”图元为例，讲解项目字幕的一般制作流程。

点击主菜单栏的【字幕】/【项目】，或者在大洋资源管理器中的空白处单击右键，选择【新建】/【XCG项目素材】，进入项目字幕编辑界面。

1. 新建标题字

在图元新建区选择需要新建的图元类型，本例中点亮【标题字】的按钮进入新建状态。

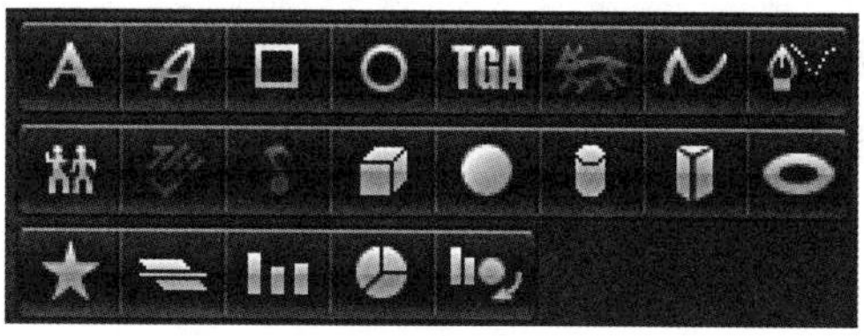

图6-9

在标题字的属性栏下端的内容输入框内输入内容“标题字”。

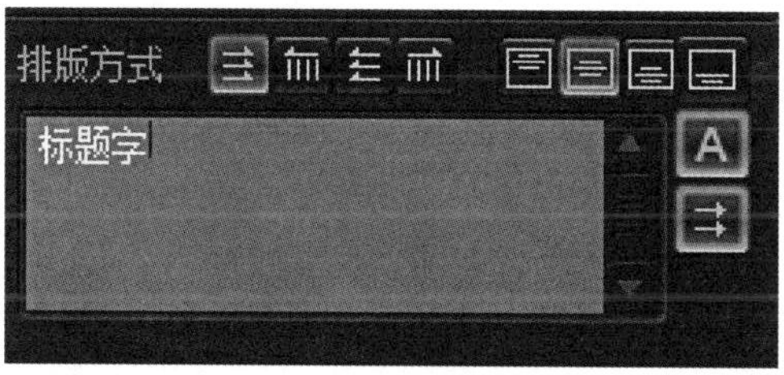

图6-10

最后在预览窗口上用鼠标拖动，绘画出一个方框，输入的内容就出现在方框内。

图6-11

预览窗口内黄色的框称为安全框，一般情况下设置字幕位置时将字幕尽量设置在安全框以内，以保证播出安全。

至此，该图元已经新建完成。

2. 设定属性

新建完成后，选中图元，在属性框的【属性】页签下设定图元的属性。

(1) 设置颜色

首先设定图元的颜色，设置颜色时可以通过颜色预制栏直接选择预制的色彩方案。在预览窗口上选中图元，双击图标，图元即变为图标所示的颜色。

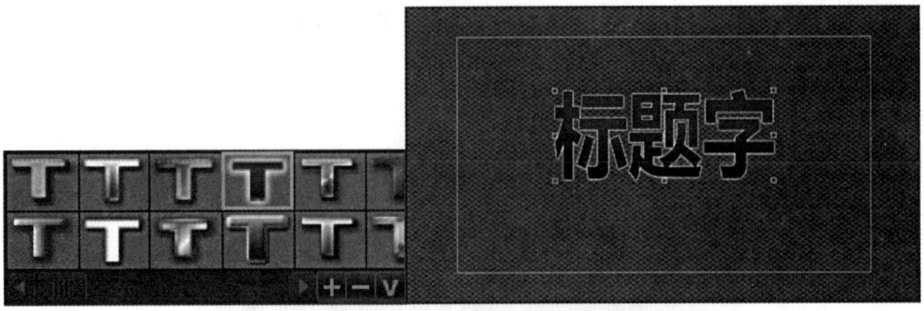

图6-12 选择预制颜色效果

如果没有合适的预制颜色，也可以自定义图元颜色。在颜色设置区有四个图标，由上至下分别代表物体的面、立体边、阴影、周边的颜色，点亮图标前方的开关表示该项设置生效。设置时首先点亮图标，然后点击图标后方的小方框。

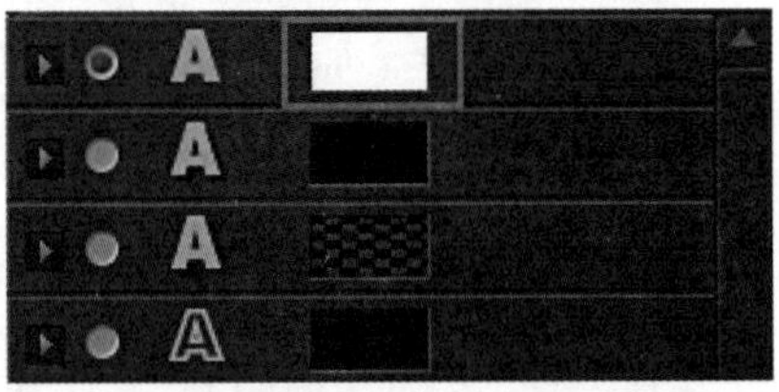

图6-13

此时弹出颜色设置对话框。设置时可以将色彩设置为单色或者渐变色，切换到相应的页签下调整即可。本例中在【单色】页签下进行设置。

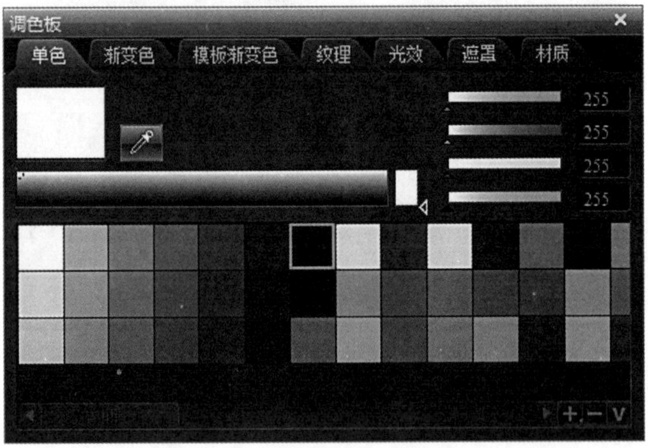

图6-14

设置“面”的颜色为白色，“立体边”的颜色为黑色（方框为黑色代表该项颜色为黑色，并不表示没有颜色设置）。设置时可展开设置项前方的三角按钮，还能做更细致的调整。

图6-15

（2）设置标题字特有属性

在特有属性栏可以设置图元的特有属性。因为当前图元为标题字，所以可以调节的选项有字体、字宽、字高、间距、排版方式、对齐方式等。

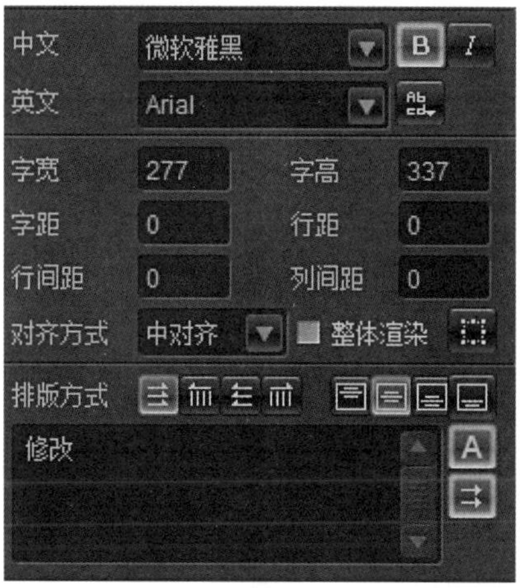

图6-16

在最下方的内容输入框中可调节标题字的内容以及排版方式。

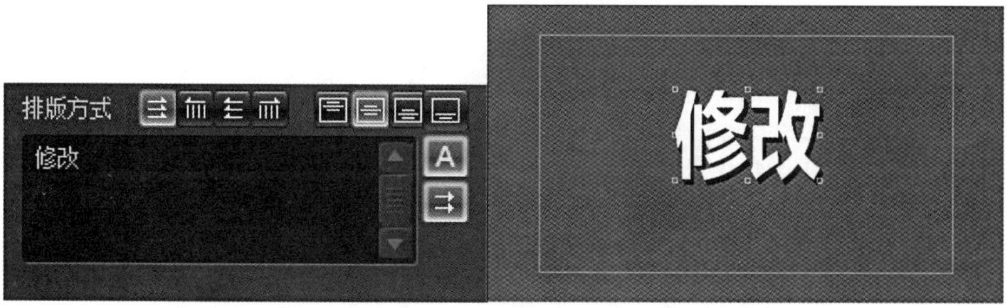

图6-17

3. 添加和调整特技

字幕是画面和声音的延伸，添加合适的特技会让字幕的效果更加丰满、生动，从而更好地表达情感，增强影片的艺术效果。

图元的基本属性设置完成后，就可以为图元添加特技。选中图元，在属性栏的【特技】页签为其选择合适的特技即可。系统特技分为入特技、停留特技、出特技三类，分别定义图元在显示、停留、消失时的特技方式。

以入特技为例，选中标题字，在【特技】页签下选择入特技为“划像”，并在“入速度”项设置特技本身的时长。每个特技的默认时长为1秒，时长越长，特技动作越慢，反之，特技的动作越快。

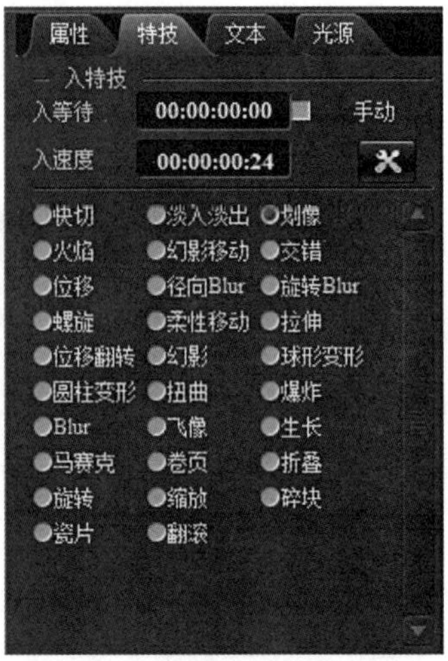

图6−18

点击【手动】按钮，可以设定具体的特技参数。其中最主要是特技方式，例如划像特技就有从左向右划像、从上向下划像等多种，根据实际需要进行选择即可。

图6−19

以同样的方法为图元设置停留特技为“模式光”，出特技为“淡入淡出”。

添加完特技之后，在时码轨道上可以看到图元的轨道上出现了三个特技图标。

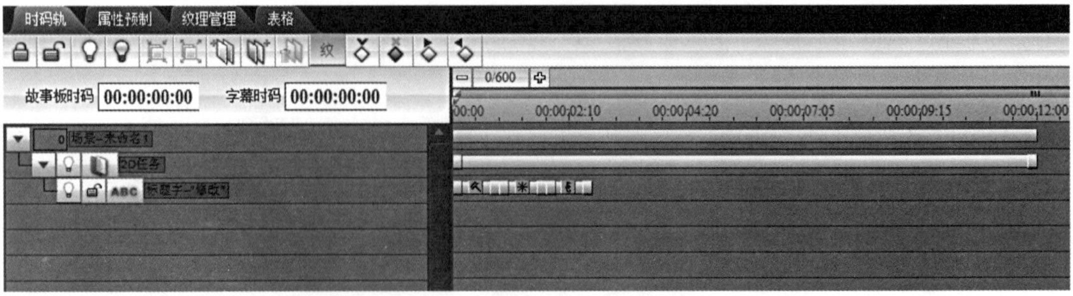

图6−20

三个图标顺序排列，分别代表该图元的入特技、停留特技、出特技。用鼠标拖动图标的首尾改变图标的长度，从而实现改变特技的长度；用鼠标拖动图标在轨道上前后移动，可以改变特技之间的间隔时长。

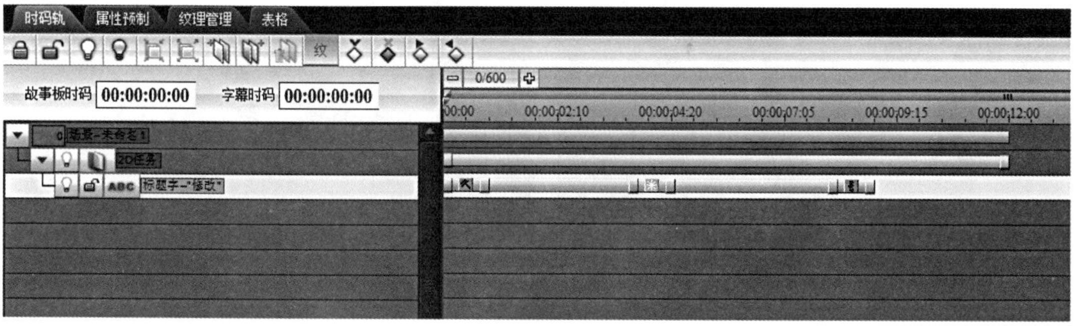

图6-21

设置完成之后点击工具栏【预演】按钮预览特技效果。

4. 保存

项目字幕的编辑完成后，点击工具栏【文件】/【保存】，保存并退出项目字幕编辑窗口。根据需要也可以选择【另存为】或者【另存为文件集】等选项。

退出后，字幕文件以素材的形式存在于大洋资源管理器中，使用时直接将字幕文件拖动到故事板上适当的位置即可。

6.2.3 二维标板制作实例

在D³-Edit3.0中，除了二维图元和三维图元，还有一种特殊的图元称为“标板”。所谓标板，可视作很多个图元的组合，即当多个互相独立的图元建立组合关系时，这个组合就是“标板”。添加特技时，可针对整个标板添加特技，也可对标板下的单个图元添加特技。标板常见的应用有人名条、打字机效果字幕等。

1. 实例一：人名条

“人名条”是一种常见的字幕形式，因其通常用于介绍出场人物的名称以及头衔而得名。除了介绍人物，这种字幕形式也可以用于其他的内容表现上，比如新闻播报、介绍课程章节、晚会的节目报幕等。

本例中用这种字幕做了一个新闻的小标题，并对其添加了入出特技。

图6-22 字幕效果

图6-23 入特技

图6-24 出特技

以下详细介绍本例中字幕的制作步骤。

（1）新建多边形

在大洋资源管理器中的空白处单击右键，选择【新建】/【XCG项目素材】。在弹出的对话框中为素材命名和选择存储路径，点击【确定】进入项目字幕编辑界面。

在菜单栏【系统管理】一项中勾选【用视频作背景】，并在预监窗口的左下角将窗口大小调整到合适的位置（因屏幕分辨率不同，此处具体数值不做规定）。为制作字幕做好准备。

在新建图元区域点亮新建多边形的按钮。

图 6-25

在属性栏选择其形状为矩形。

图 6-26

用鼠标在屏幕上拖动出一个大小合适的方框，松开鼠标即得到一个四边形。

图 6-27

选中四边形，在【属性】页签下的颜色设置区，单击选项“面”后面的方框。

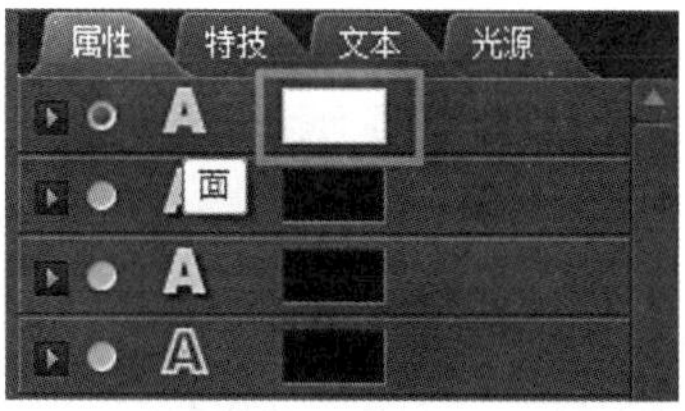

图 6-28

在弹出的调色板中将面的颜色设置为【单色】页签下的深蓝，如图所示：

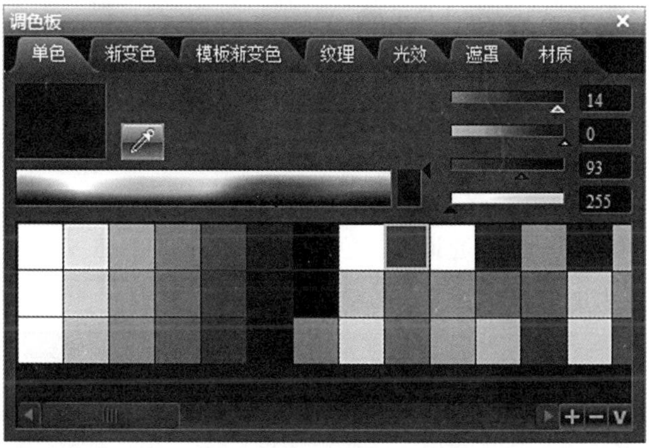

图 6-29

在属性栏的颜色设置区，展开“高级设置”，单击“遮罩”选项中的黑色方框。

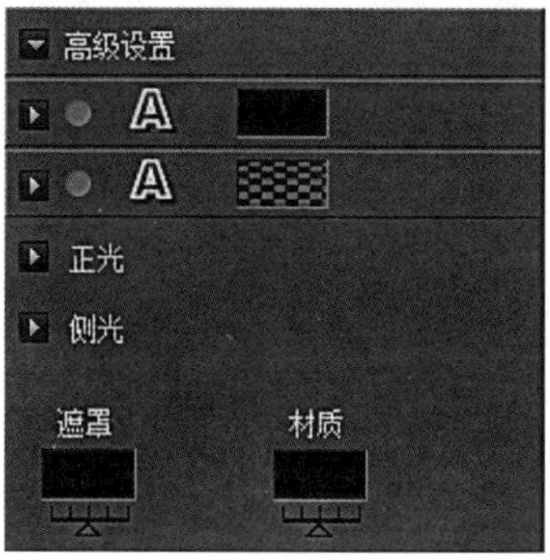

图 6-30

在弹出对话框的【遮罩】选项下，选择一个从左到右渐变的遮罩。

图 6-31

得到一个带通道的四边形。

图 6-32

重复以上步骤，再新建一个带通道的白色多边形，在屏幕上通过鼠标直接调整它们的大小和位置，直到感觉美观为止。

图 6-33

（2）新建标题字

点亮新建图元区的【标题字】按钮，输入内容后，在屏幕如图位置画一个框，标题字在框内出现。

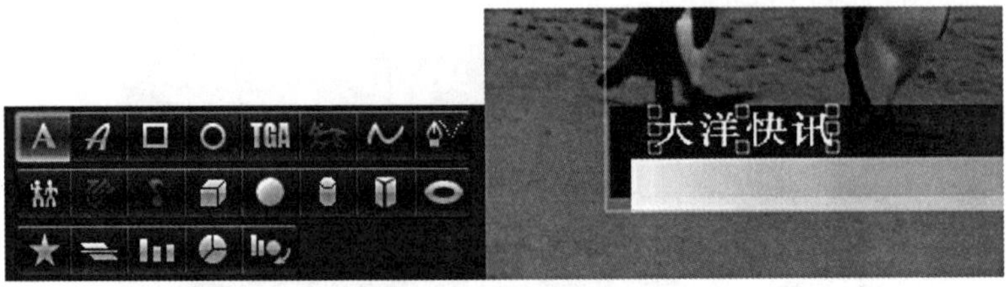

图 6-34

选中标题字，在【属性】页签下，设置“面”：白色，“字体”：华文中宋，字体大小可根据实际情况进行调整。将标题字放置在深蓝色多边形上。

重复以上步骤，再新建一个标题字图元，放置在白色多边形条上。自行调整标题字的字体、颜色、大小，以实际效果合适美观为宜。

图 6-35

(3) 新建图像文件

点亮新建图元区域的【图像文件】按钮，并在其属性区域“图像文件”一栏浏览打开图像文件。

图 6-36

选择好图像文件后，在预览区用鼠标划出一个框，则图像文件显示在预览区中。由于设置原因，图像文件导入时会按照原始分辨率导入，所以刚出现的时候大小不一定十分合适。

图 6-37

用鼠标调整图像文件的大小和位置，将其放置在白色多边形的左侧。

图 6-38

(4) 新建标板及属性调整

在屏幕上用鼠标框选中所有字幕元，单击鼠标右键，选择【编组】。

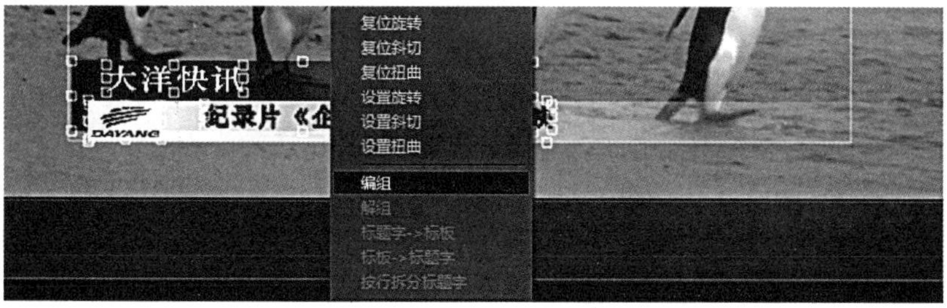

图 6-39

所有的字幕元合成了一个标板，在时码轨轨道头上可以清楚地看到变化：编组后，这些字幕元组成了一个“标板”。

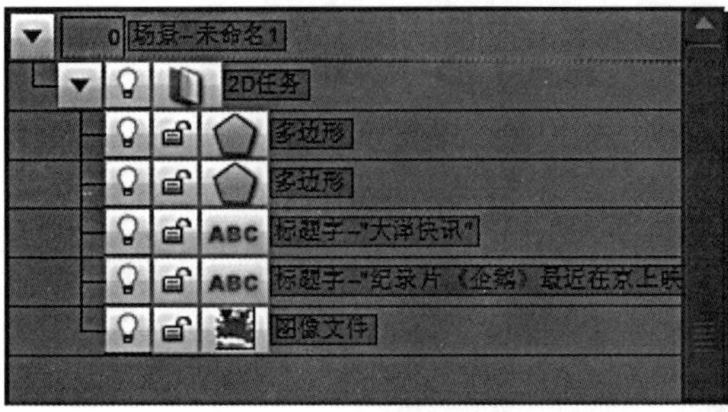

图 6-40 编组前

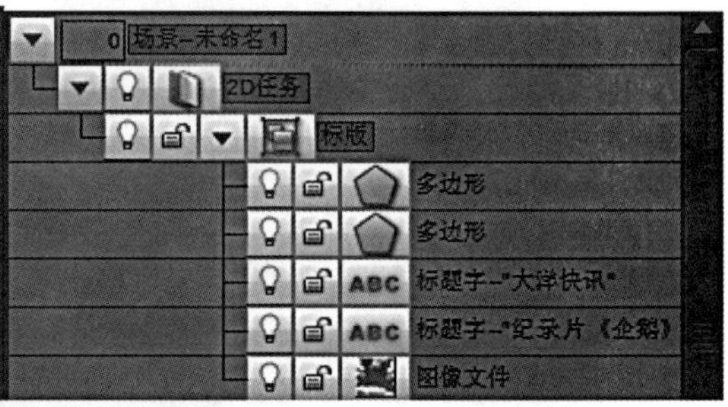

图 6-41 编组后

选中此标板，在【属性】页签下设置标板属性为：整体、闭合。

图 6-42

在【特技】页签下对其设置入出特技的特技类型和时长。

设置“入特技”类型为划像，“入等待”为0，“入速度”为1秒；

设置“出特技”类型为淡入淡出，“出等待”为3秒，“出速度”为1秒。

根据以上设置可知：入特技长度为1秒，出特技长度为1秒，入出特技之间的时间间隔为3秒。不难得出字幕的总时长应该为5秒。

在时码轨中双击2D任务轨道上的任务条，在弹出的对话框中设定任务长度为5秒。保证任务总时长与标板任务时长匹配。

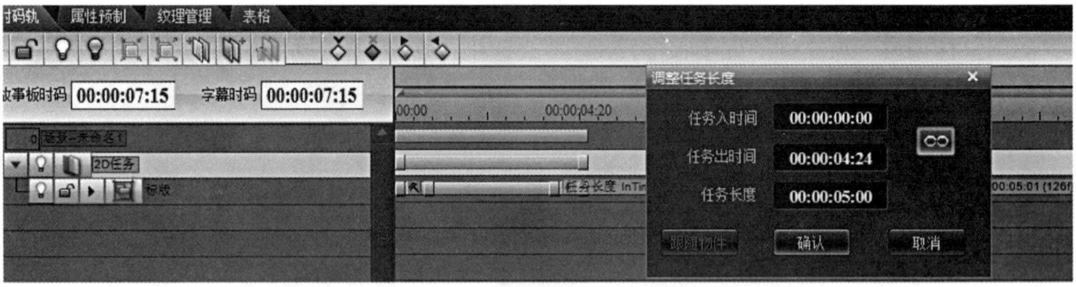

图 6-43

设置完成之后点击工具栏【预演】按钮预览特技效果。或者保存退出之后，在故事板上查看字幕文件的编辑结果。

2. 实例二：打字机效果

字幕的打字机效果是指当屏幕上有多个文字时，文字一个一个出现的效果。在应用过程中这种字幕常常配以打字机的声音，呈现出有人正在敲打出文字的感觉，因此俗称“打字机效果”。

在需要用大篇幅字幕说明事件时，因文字较多，单纯阅读文字容易令观众感觉死板、枯燥。打字机效果削弱了阅读时的枯燥感，吸引观众注意力，让大篇幅文字的字幕不再无趣。

本例是一个典型的“打字机效果”实例，设置了多个图元，以帮助理解图元间的任务管理工作。

首先一张背景图片以淡入的方式显现。

图6-44

然后随着时间推移，文字信息逐个显现在屏幕上，停留一段时间后消失。

图6-45

以下将详细介绍本例中字幕的制作步骤。

（1）添加和调整图片

在大洋资源管理器中，点开一个文件夹，在空白处单击右键，选择【新建】/【XCG项目素材】。在弹出的对话框中为素材命名和选择存储路径，点击【确定】进入项目字幕编辑界面。

在预览窗口的左下角将窗口大小调整到合适的位置，然后点亮图元新建区的【图像文件】按钮。

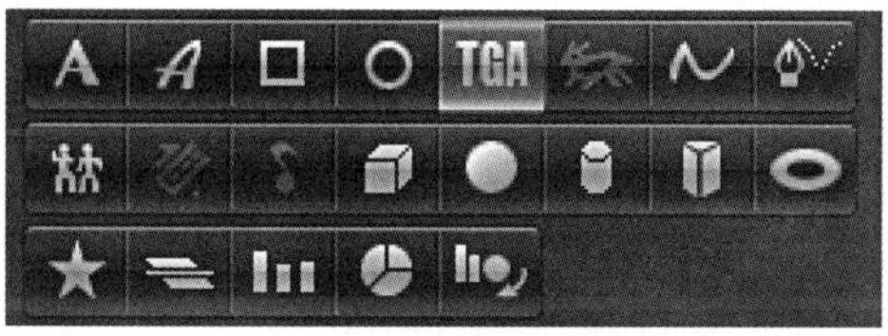

图6-46

在属性区域的“图像文件”栏，点击【浏览】按钮，在弹出的对话框中选择一个图像文件打开。

在预览窗口上用鼠标划出一个矩形框，则图片出现在预监窗口上。

图6-47

在【属性】页签下设置图片大小，“左”：0，“上”：0，“宽”：1920，“高”：1080。也可利用鼠标拖拽直接调节图片的大小和位置。

图6-48

在【特技】页签下，设置图片“入特技”：淡入淡出，“入速度”：1秒。

（2）添加和调整文字

点亮图元新建区域的【标题字】按钮。

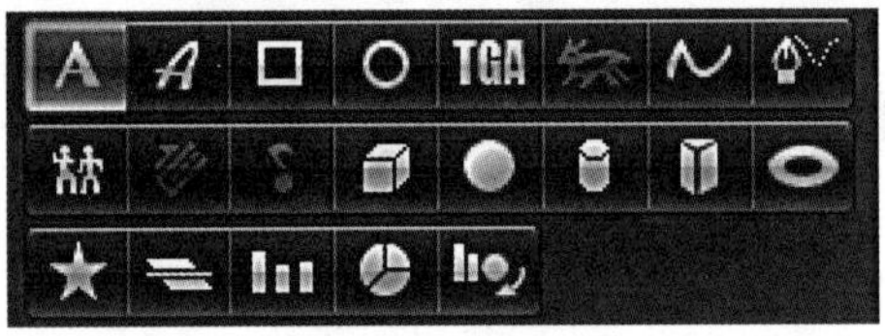

图6-49

在预览窗口上找到合适的位置，按住鼠标拖出一个矩形的框，在其中输入文字内容。注意此步骤中鼠标拖拽的矩形框是一个字的大小。输入完成后在屏幕任意一个位置单击鼠标，标题字新建完成。

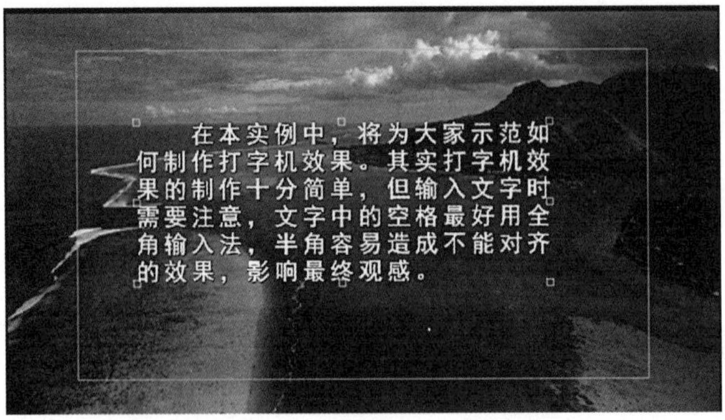

图6-50

输入文字时需要注意，使用中文时最好使用全角输入法输入，这样不同行之间的文字对齐效果比较好。

文字输入完成后，在【属性】页签下设置标题字的颜色方案为预制方案四号。

图6-51

设置“字体”：黑体，勾选“加粗”，“字宽”：64，“字高”：64，“行间距”：10，“列间距”：10，“对齐方式”：左对齐。

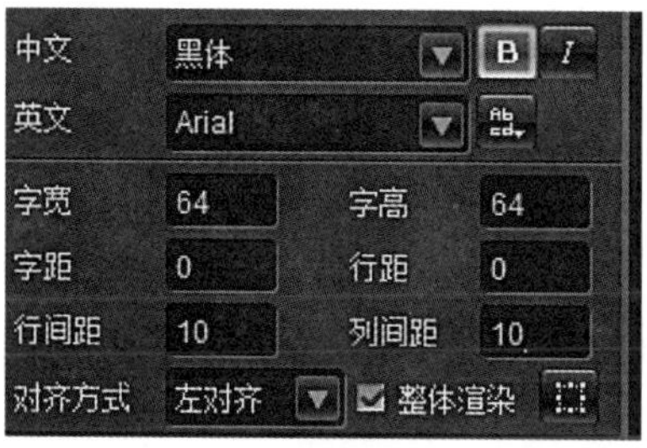

图6-52

在预览窗口的屏幕上选中标题字图元，单击右键，在菜单中选择【标题字->标板】。

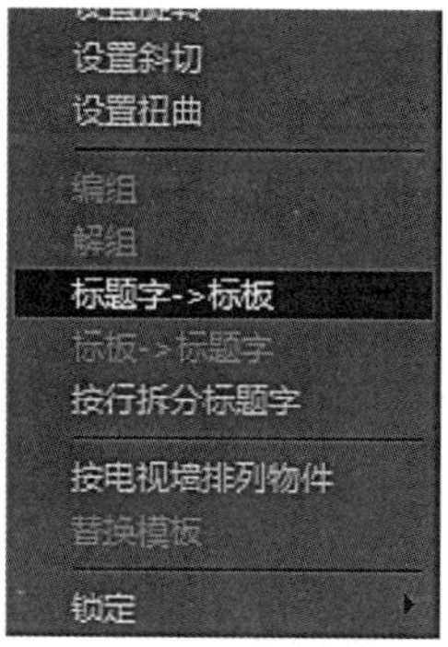

图6-53

在弹出的对话框中，设定“特技间隔帧数”：5，点击【确定】。此选项是指每个字出现间隔的帧数，特技间隔帧数为5，即每秒出现5个字。

图6-54

从时码轨上可以看到，当前图元的属性从“标题字”变为了“标板”。选中标板文件，在属性栏中将其特定属性选为“整体”“开放”。

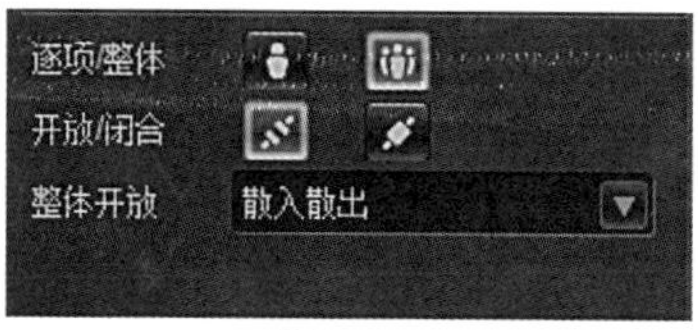

图6-55

(3)图元任务管理

完成以上操作后，在时码轨上看见各图元的任务条排列如图所示。

图6-56

本例中，需要作为背景的图像文件先显示在屏幕上，然后再逐个显现文字，文字全都显现完成后在屏幕上还需要停留一段时间。

因此直接在时码轨上拖动“标板”的任务条，使其任务排列在图像文件的入特技完成之后，以保证文字出现在图像之后。

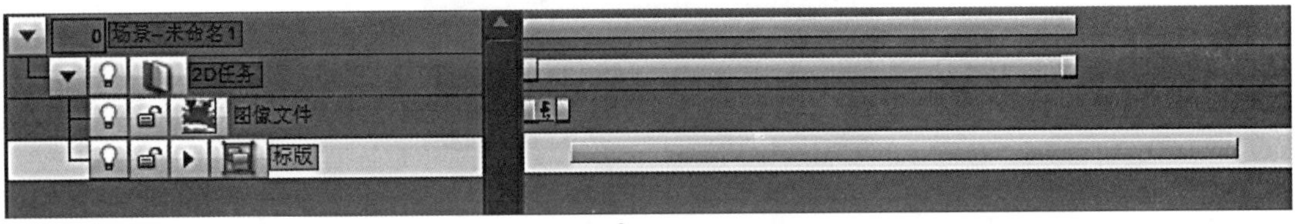

图6-57

再用鼠标直接拖拽“2D任务”对应任务条的末尾调节其时长，使其大于下属字幕元字幕的总时长，大于的部分就是文字在画面上停留的时间。

图6-58

设置完成之后点击工具栏【预演】按钮预览特技效果。或者保存退出之后，在故事板上查看字幕文件的编辑结果。

本例中的字幕在使用时建议配以打字机音效的音频素材一起使用。

6.2.4 三维动画制作实例

三维图元也是项目字幕中常用的图元。相比二维图元，三维图元能达到更加立体、丰满的视觉效果；但相对地，其特技变换只能通过自定义特技达成，特技添加不如二维图元简单快捷。

本节中将用三个实例来说明三维图元常用的属性调整以及特技定义方式，虽然介绍的三维图元有限，但其制作及调整方式可以推广到其他所有的三维图元。

1. 实例一：三维字幕动画

本例中，伴随着旋转和位移，一个三维的字体淡入到画面中，停留一段时间之后淡出画面。

图6-59 停留效果

图6-60 入特技

图6-61 出特技

本节将详细介绍如何制作一个三维字幕片头，并为其添加入出特技。其中的三维字仍然是利用“标题字”图元来建立，但其特技的添加方法与二维字有很大区别，需要通过自定义特技进行添加。

（1）新建标题字

新建一个故事板，将其用作背景的视频添加到故事板轨道上。

图6-62

然后在大洋资源管理器的空白处点击鼠标右键，通过右键菜单新建一个项目字幕。

进入项目字幕编辑界面后，勾选【系统菜单】/【用视频做背景】，此时故事板上时间线所在位置的画面显示在预览窗口中。编辑时背景视频的存在可辅助确定字幕的位置。

图6-63

预览窗口的左下角，将窗口大小调整到合适的位置（因屏幕分辨率不同，此处具体数值不做规定）。为制作字幕做好准备。

图6-64

在新建图元区，点亮“标题字”按钮，如图所示：

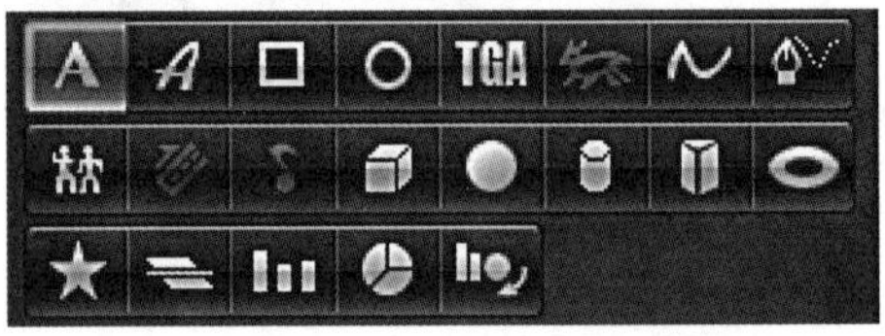

图6-65

在【属性】页签最下方的输入框内输入文字，然后用鼠标在预览窗口上划出一个矩形框，则文字出现在框中。

图6-66

（2）三维字属性调整

选中该标题字，在【属性】页签下双击配色方案2，设置其颜色为配色方案2。

图6-67

设置字体为黑体（因为字是中文，所以在“中文”下选取），点亮“加粗”；

设置“字宽”：256，“字高”：256；

设置“厚度”：60，勾选“拉伸”，取消勾选“3D纹理”，“导角类型”：none。

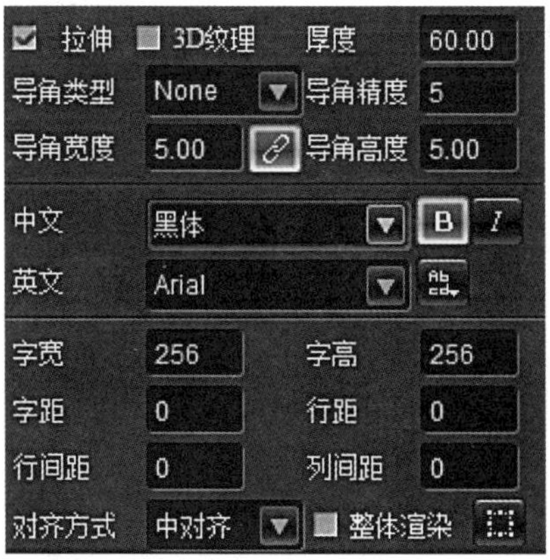

图6-68

在【光源】页签下，用鼠标点击灯泡图标点亮三个光源，用鼠标在球体上拖拽代表光源的锥形光标，设置三个光源的位置如图所示：

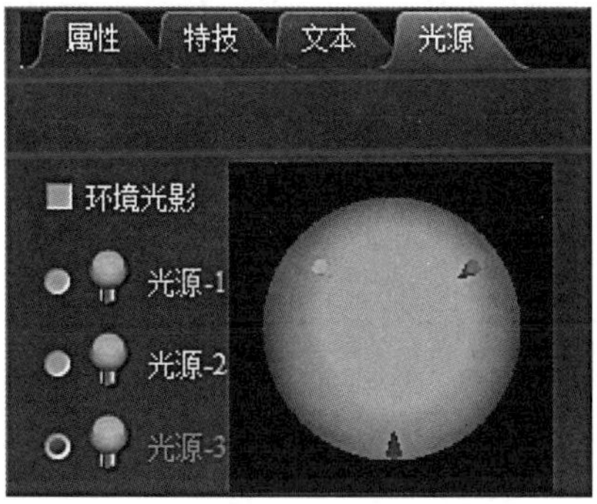

图6-69

此时得到效果如图所示：

图6-70

（3）三维字特技设置

当图元是三维图元时（包括三维字、三维多边形、球体、棱体、柱图等），其属性栏【特技】页签为空，不能为其添加系统特技，只能通过关键帧添加自定义特技。

在时码轨上选中标题字对应的轨道，点击右键，选择【展开所有轨道】。

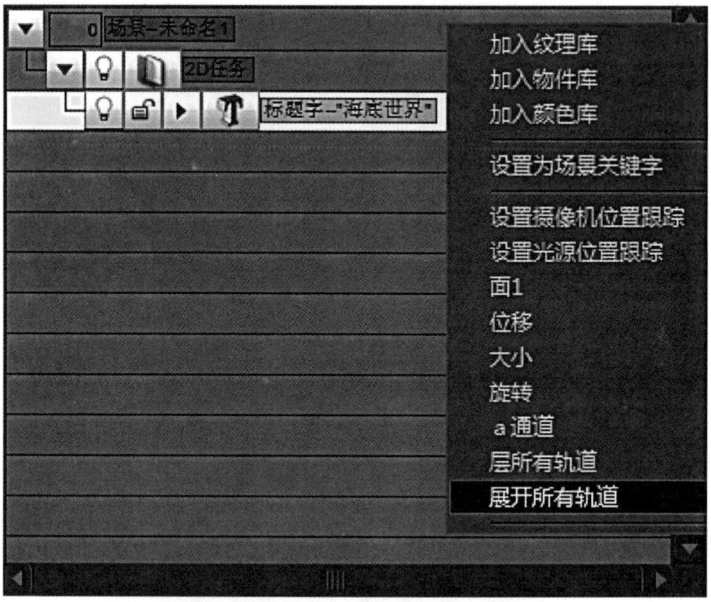

图6–71

此时可见标题字展开了四个特技子轨：位移、大小、旋转、α通道。通过在对应的轨道添加关键帧，可分别定义字幕的位移、缩放、旋转、透明度的特技变化。

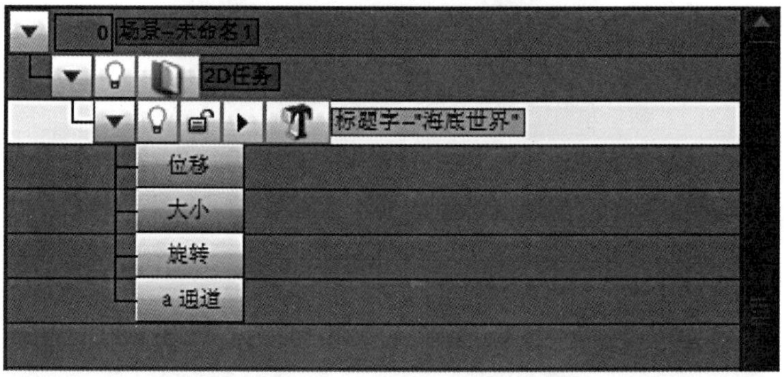

图6–72

添加自定义特技的时候，首先需要在预览窗口上方的工具栏点亮【动态】按钮，同时点亮按钮【自动添加关键帧】。

然后点亮按钮【点选】，此时鼠标动作为点选，对应的特技子轨为“位移”。当特技状态改变时，在“位移”轨会自动添加关键帧。

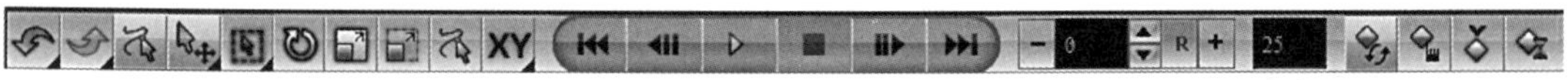

图6–73

在时码轨上将时码线拖动到第一帧，然后在预览窗口内利用鼠标将标题字图元拖动到画面下方。

图6−74

此时标题字的“位移”子轨上自动添加了一个关键帧。

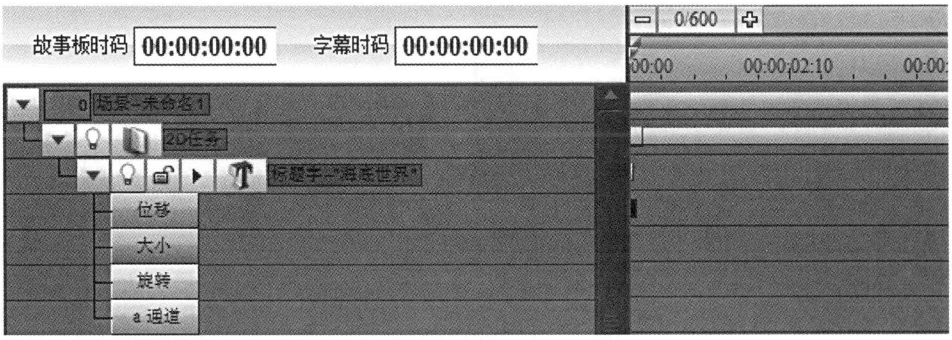

图6−75

将时码线拖动到00:00:02:00的位置，同时在预览窗口上将图元拖动到画面的中上方，此时位移轨上又自动添加了一个关键帧。

图6−76

此时拖动时码线在时码轨上前后移动，可以在预览窗口上看见图元从画面下方移动到画面上方。

在上工具栏点亮按钮【缩放】，此时鼠标动作为缩放，对应的特技子轨为“大小”。将时码轨移动到第一帧的位置，利用鼠标放大图元。

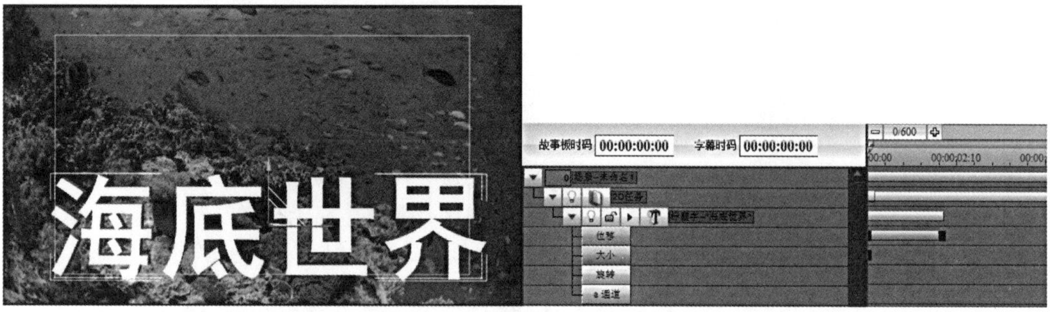

图6-77

将时码线拖动到00:00:02:00的位置，同时在预览窗口上缩小图元，此时大小轨上又自动添加了一个关键帧。

图6-78

同样也可以点亮【旋转】按钮  ，用鼠标改变特技状态为“旋转”轨添加关键帧。但在本例中采取另外一种方法，在时码轨区域选中图元的“旋转”子轨，将时码线移动到第一帧上，点击时码轨上方的工具按钮  ，在该轨道的该时间点上添加了一个关键帧。

图6-79

用鼠标在时码轨上点击该关键帧，时码轨右侧弹出该关键帧的参数设置对话框，设置“X”:180，“Y”:0，“Z”:0。

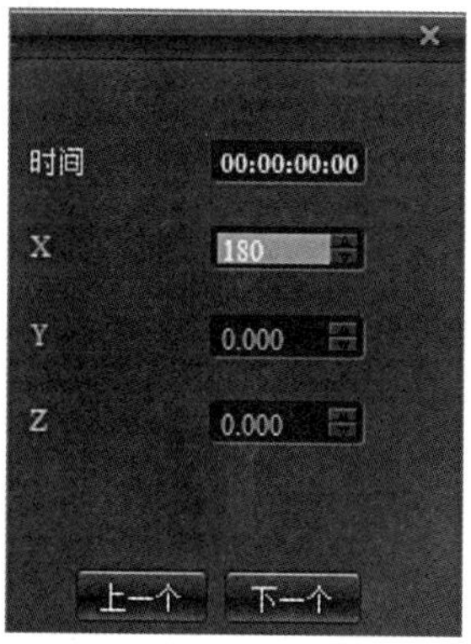

图6-80

用同样的方法在时码为00:00:02:00处为旋转添加一个关键帧，设置“X”:0，“Y”:0，“Z”:0。

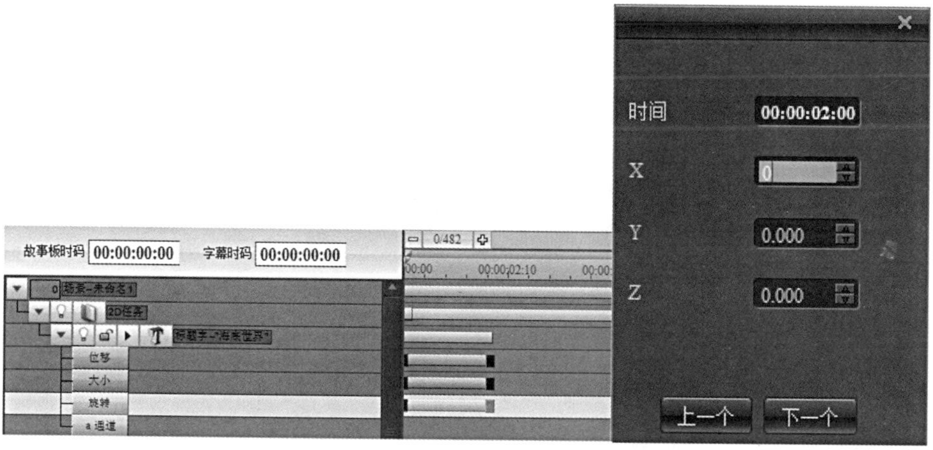

图6-81

选中α轨道，在时间点为00:00:00:00处为该轨添加一个关键帧，在时间为00:00:01:00处添加第二个关键帧。

设置第一个关键帧参数为“Alpha”：0；，设置第二个关键帧参数为“Alpha”：1。

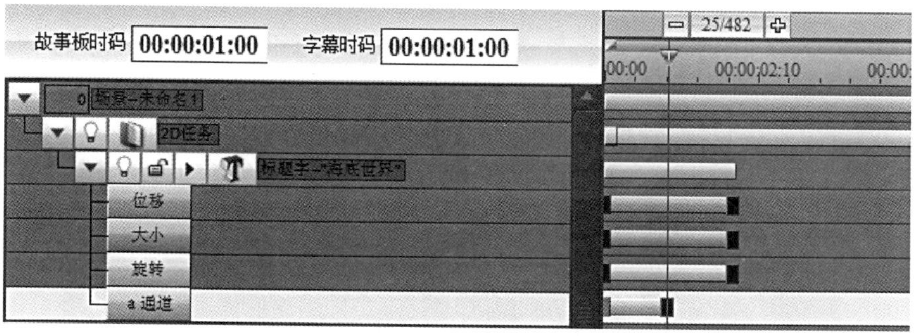

图6-82

同样的方法，在α轨道上00:00:08:00处增加关键帧，设置关键帧参数“Alpha”：1；在00:00:09:00处增加关键帧，设置关键帧参数“Alpha”：0

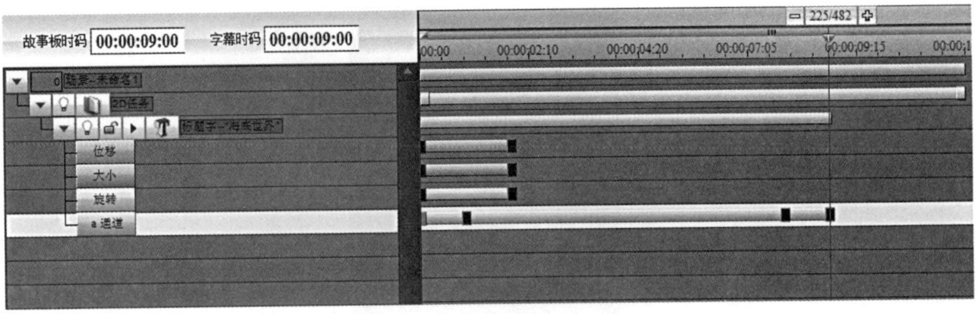

图6-83

至此，四个轨道的特技设置已经完成。从轨道上的时间点不难看出，三维字的特技变换时间为9秒。前2秒内，三维字伴随着旋转、位移和缩放，淡入出现在画面上，然后保持该状态直到第8秒；从第8秒开始渐渐变为透明，到第9秒的时候从画面上完全消失。整个任务长度为9秒。

双击“2D任务”轨道上的任务条，设置“任务长度”为9秒，如图所示：

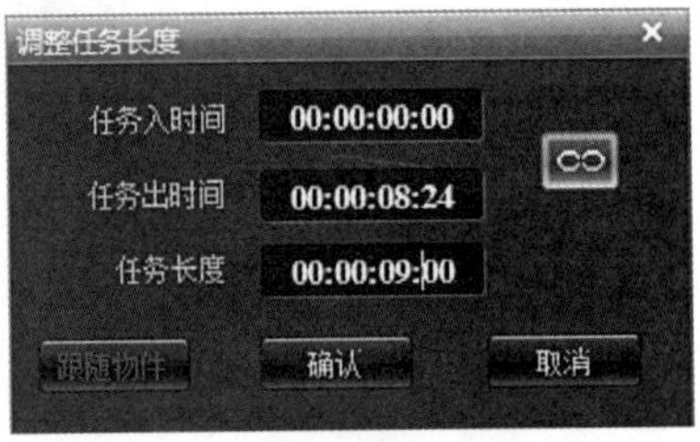

图6-84

此时可看到2D任务的任务长度与标题字任务长度相等。

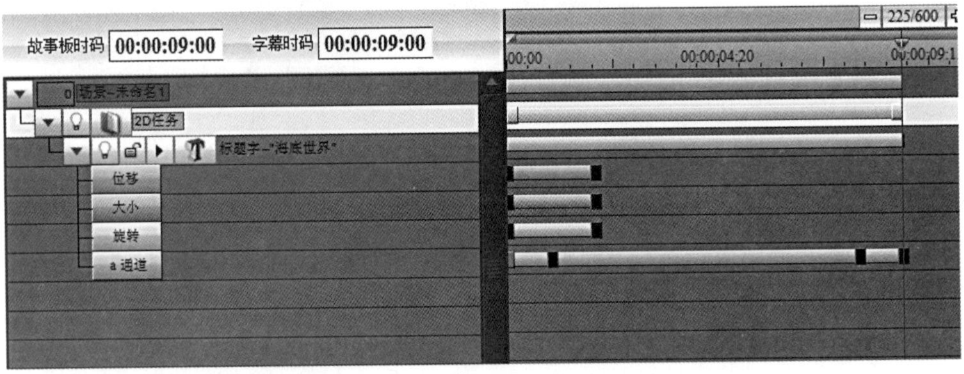

图6-85

点击菜单栏【文件】/【保存】，退出编辑窗口。使用时将字幕文件拖动到故事板上背景素材的上方。

图6-86

播放时可看到，随着时间的变化，三维字幕伴随着透明度、缩放、位移、旋转的效果出现在了画面上。

图6-87

保存文件并退出编辑界面之后，在故事板上查看字幕文件的编辑结果。

2. 实例二：柱图

柱图和饼形图是在字幕中常用于辅助说明数据信息的两个图元。通过柱体的颜色和名称来表示不同的项目，通过柱体高低来表现数值，这样的表示方式比一般的文字性字幕更加直观，视觉效果也更好。就单个图元来说，柱图的制作方式应该最为复杂，学习时需要特别注意。

本例中，柱形图包含了两个动作。第一个动作是柱形图包括的柱体在画面中处于正中位置，从零开始依次生长。

图6-88

等到所有柱体的生长都完成之后，柱体从画面的正中移动到画面左下方，并伴随着旋转的动作，完成第二个动作。

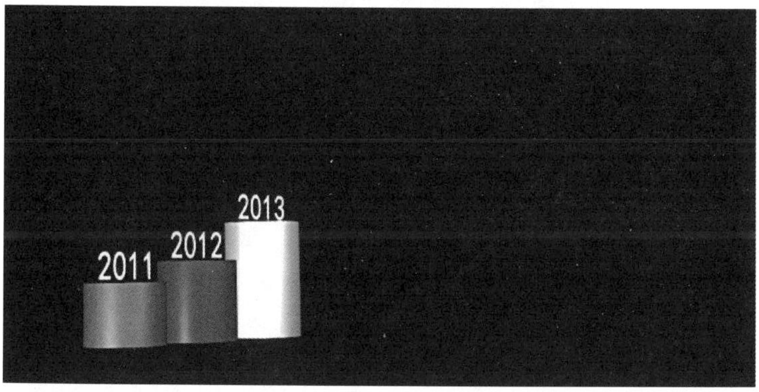

图6-89

柱图和饼形图的新建和调整方式非常相似，本例中将详细介绍柱图。如对饼形图的制作感兴趣，可以依照本例中的制作方式，自行学习和探索饼形图的制作。

(1)新建柱图

新建一个项目字幕，并进入字幕编辑界面。点亮图元新建区的【柱图】按钮。

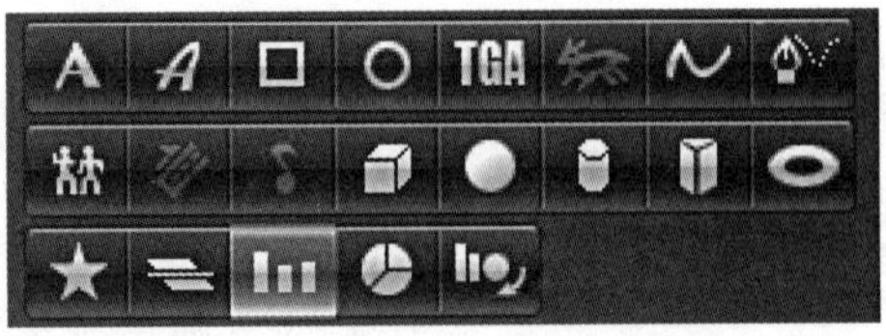

图6-90

在预览窗口上用鼠标划出一个矩形，将弹出如下对话框。

设置“数量”：3，表示该柱图中的圆柱体有3个。

设置“生长等待时间”：0，“生长时间”：2.00，“间隔”：2.00。表示该柱图从字幕文件第一帧开始生长，每个柱体从零生长到完整高度需要2秒，相邻两个柱体的生长间隔为2秒，因此直观感受是3个柱体顺序依次生长。

设置“结束等待时间”：6.00，“结束时间”：0，“间隔”：0。表示所有柱体都生长完成后，保持该状态在屏幕上的停留时间为6秒。结束时间是柱体从完整高度回缩到零所用的时间，此处设置为0，则柱体无回缩动作。

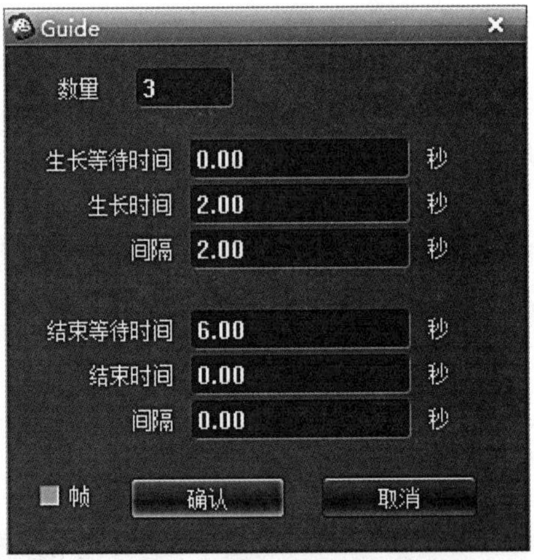

图6-91

设置完成后点击【确认】保存，此时预览窗口上出现了柱图。

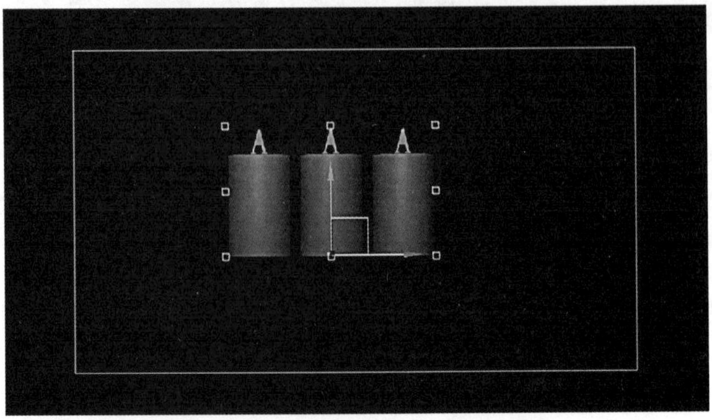

图6-92

选中柱图，在【光源】页签下点亮三个光源，并调整光源位置。

同时在【属性】页签下可调节柱图的整体属性。如柱体的半径、相邻柱体之间的间隔距离等。其中“精度”越大立体图形边缘越平滑，点击按钮可以重新设置柱图的生长结束参数。

图6-93

（2）**单个柱体属性调整**

在时码轨区域的【时码轨】页签下可以调整柱图中单个柱体的颜色属性。

选中图元，在时码轨上展开“柱图”轨，可以看见其包含了三个图元子轨，分别为“柱1”“柱2”“柱3”。

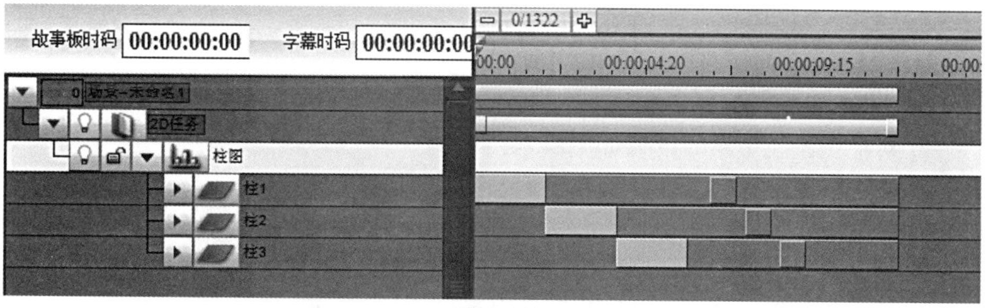

图6-94

用鼠标选中“柱1”轨道，在【属性】页签下调整其颜色为红色。

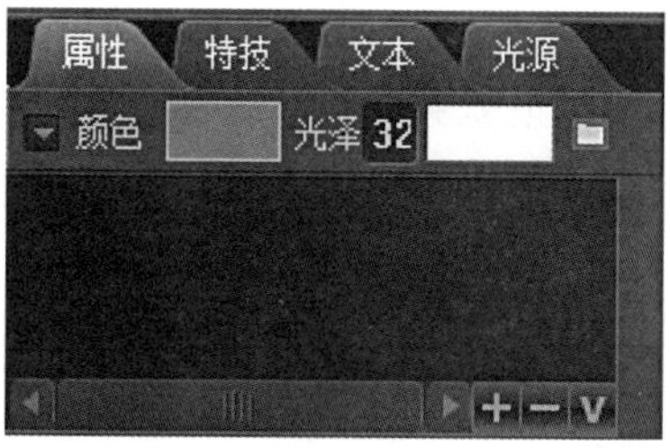

图6-95

在预览窗口中可看见，柱体1变成了红色。

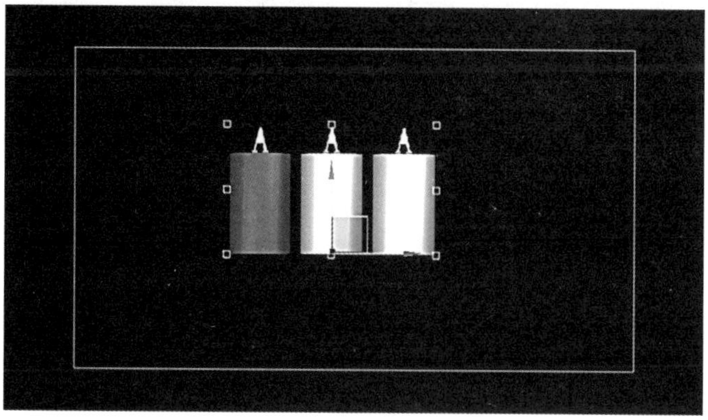

图6-96

以同样的方法设置柱体2为蓝色，柱体3为黄色。

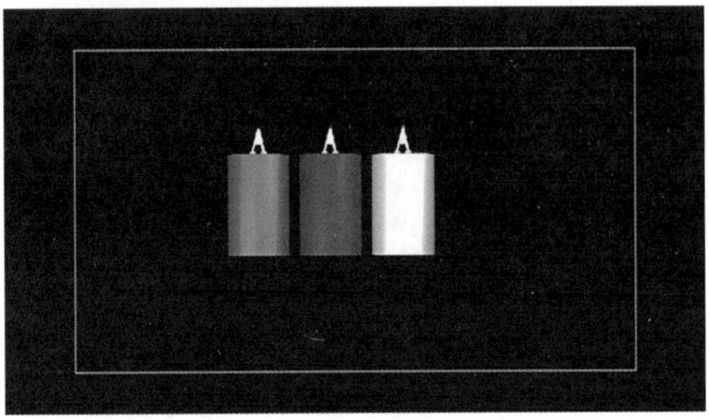

图6-97

在时码轨的【表格】页签中，可以调整柱图中单个柱体的名称、高度等属性。

选中柱图图元，将时码轨区域切换到【表格】下，可见该页签下存在一个表格。其中每一行代表一个柱体，“Value”代表该柱体的结束高度，“ValueStart”代表该柱体的起始高度值，“Caption”代表柱体名称，“Font”可设置该名称的字体。

表格左侧的按钮 + | − 可以增加或者删除柱体。

本例中，对柱图图元做出的设置如图所示：

Value	ValueStart	Caption	Font
300.00	0.00	2011	A
400.00	0.00	2012	A
600.00	0.00	2013	A

图6-98

在预览窗口上可见设置完成后的效果如图。

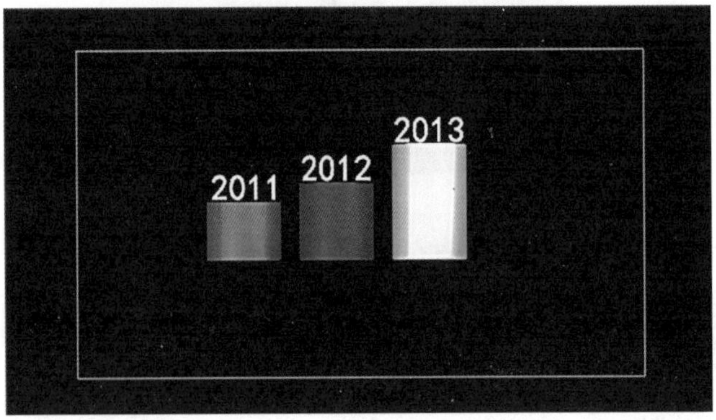

图6-99

（3）特技调整

和所有三维图元一样，柱图的特技仍然需要在时码轨上通过自定义关键帧添加。但和其他三维图元不同的是，柱图自带了生长特技。

在【时码轨】页签下展开柱图，可看见其子轨上本身带有特技任务。

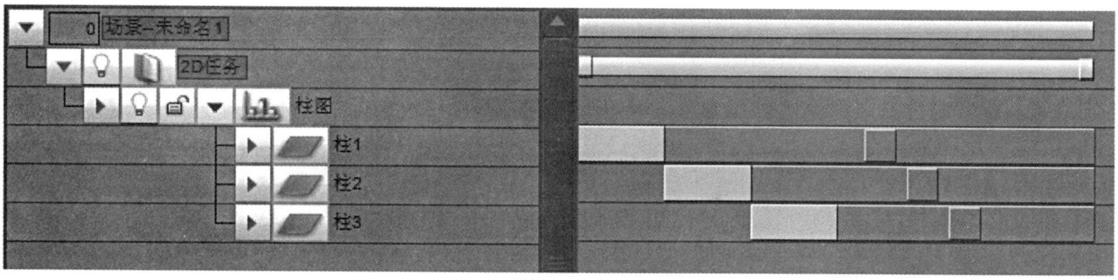

图6-100

回忆在新建柱图时进行的设置，可知道黄色区域对应的时间长度，即为新建设置时设置的“生长时间”。

柱图的生长或者结束与自定义特技并不冲突，但了解其所代表的意义有助于在自定义特技时对关键帧的时间设置有更好的把握。

在轨道头上右键单击“柱图”，选择【展开所有轨道】，可展开其所有的特技子轨。

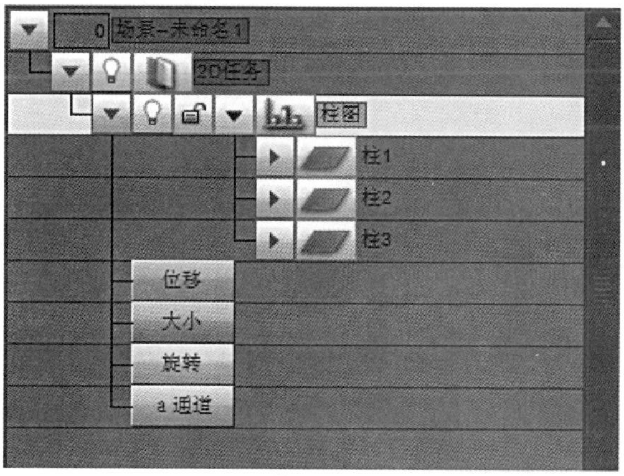

图6-101

和其他自定义特技一样，首先点亮工具栏的【动态】按钮  和【自动添加关键帧】按钮 。然后点亮【点选】按钮 ，在“位移”轨对其添加关键帧。

观察柱图中包含的三个柱体的动作，在其所有的生长动作完成之后，添加一个关键帧，设置此关键帧时柱图处于画面的正中。

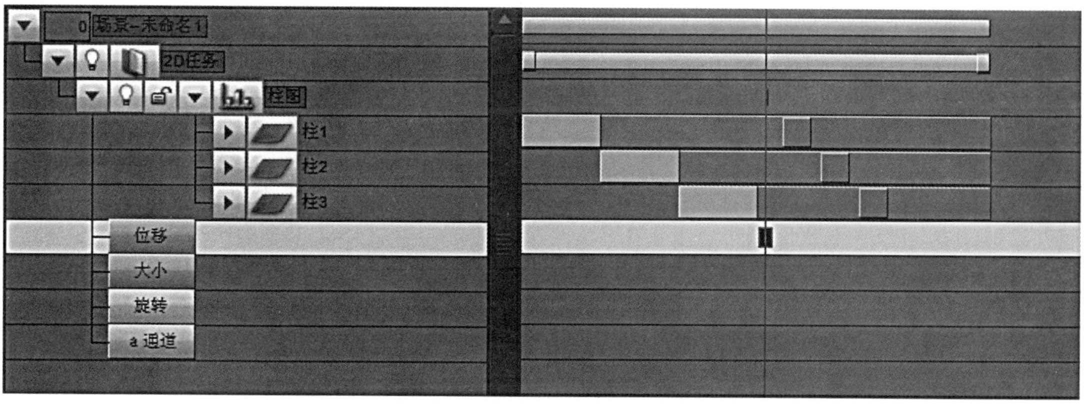

图6-102

将时间线拖动到1秒钟之后，在预览窗口上拖动柱图到画面的左下角，此时自动新建一个关键帧。

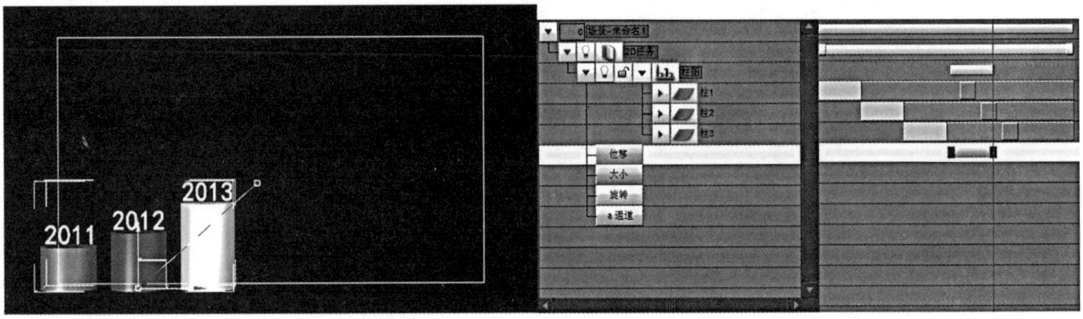

图6-103

在工具栏点亮【旋转】按钮，在“旋转”轨道设置关键帧。

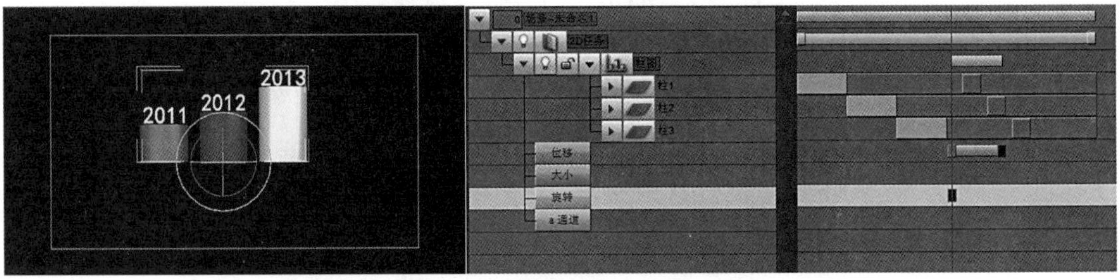

图6-104

拖动时码线到“位移”第二个关键帧的时间点，设置“旋转”轨第二个关键帧。

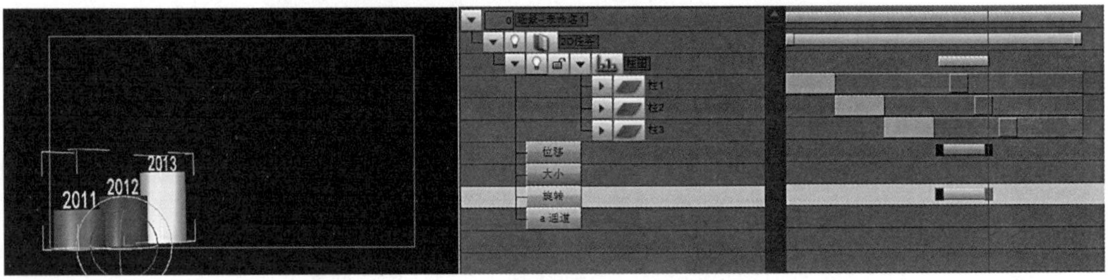

图6-105

设置完成之后点击工具栏【预演】按钮预览特技效果。或者点击主菜单栏【文件】/【保存】保存文件并退出编辑界面之后，在故事板上查看字幕文件的编辑结果。

6.2.5 项目字幕的修改

项目字幕若需修改，可以在大洋资源管理器中找到字幕文件，双击进入编辑界面进行修改；如果字幕文件已经被拖到了故事板上，也可以在故事板上选中字幕文件，点击故事板工具栏中的【字幕编辑】按钮或其快捷键“T”进入编辑界面进行修改。

一般情况下，项目字幕中需要修改的只有其中的文字部分，可以在故事板上选中字幕文件，点击快捷键“Alt+X”，在弹出对话框中修改。

例如，故事板上有如图所示字幕文件。

图6-106

在故事板上选中字幕，点击“Alt+X”，弹出对话框。

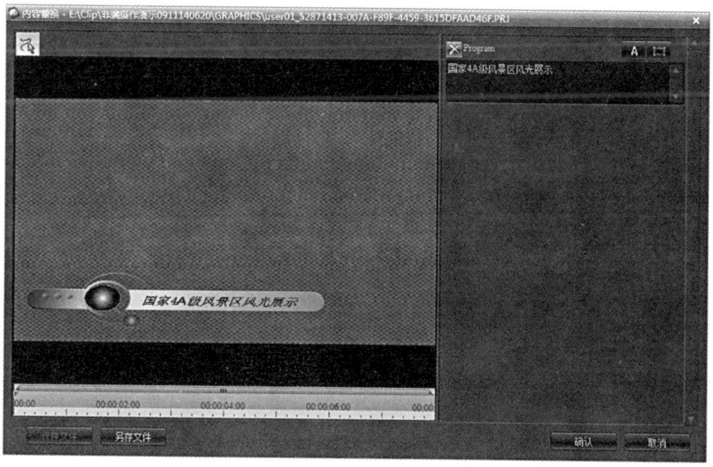

图6-107

对话框右侧列出了字幕中所含有的所有标题字内容，选中需要修改的部分，直接在对话框中改变其内容，点击【确认】保存结果即可修改字幕。

图6-108

修改完后即可在故事板上浏览效果。此时发生改变的仅有文字内容，画面其他部分无任何更改。

图6-109

另外，在修改对话框中上方有一行功能按钮。点击 可令该项文字隐藏不显示，点击 可更改文字字体，点击 可更改文字位置。

思考题

1. 项目字幕的制作流程大概分为哪几步？
2. 三维图元和二维图元的特技添加方式有什么不同？
3. 时码轨调整有什么意义？

6.3 制作滚屏字幕

顾名思义，滚屏字幕就是字幕在屏幕上滚动播出的字幕文件。滚屏字幕多数用在影片末尾的演职人员名单中，或者新闻播报时最下方的滚动播出条上。

6.3.1 滚屏字幕编辑界面介绍

和其他两种字幕文件一样，滚屏字幕可以在菜单栏中点击【字幕】/【滚屏】新建。或者大洋资源管理器中通过右键菜单新建。

在弹出对话框中为滚屏文件命名和设置存储路径，点击【确定】进入滚屏编辑界面。

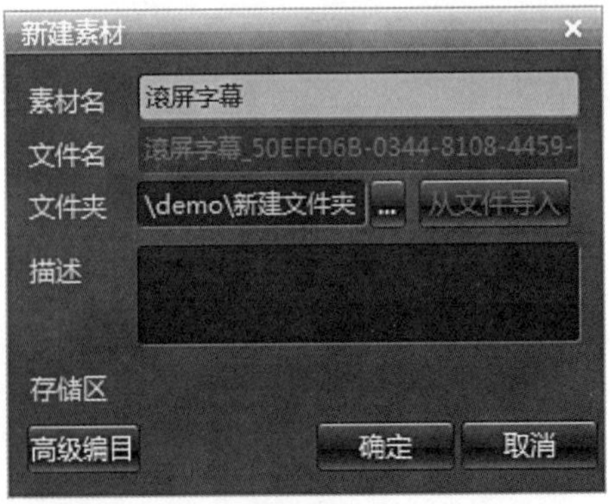

图6-110

与项目字幕类似，滚屏编辑界面可以分为菜单栏、工具栏、预览窗口、图元新建区、属性框、时码轨几个区域。

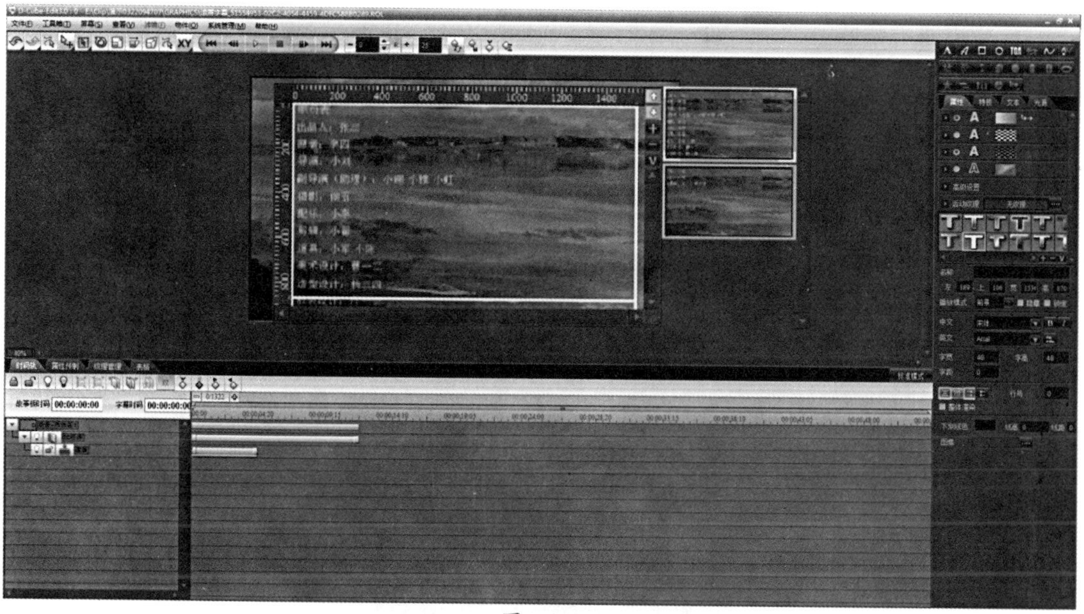

图6－111

其中各区域的作用以及各区域按钮的介绍与项目字幕相似，请参见前文“项目字幕的界面介绍”。

值得一提的是，当滚屏处于内容编辑状态以及滚屏编辑状态时，其属性栏中的内容也是不同的。

1. 滚屏内容编辑

处于内容编辑状态时，预览窗口出现内容编辑框。此时编辑的对象是滚屏字幕的内容，即内容所包含的文字或者图片，故可以调整字体属性、行属性、图片属性等。

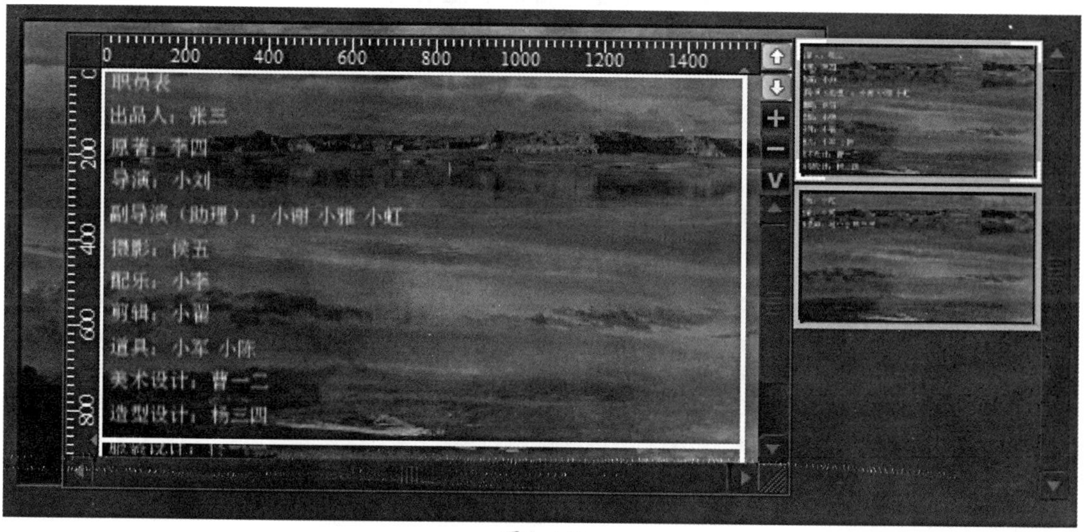

图6－112

此时的属性编辑区域中的“属性”是滚屏内容图元的属性，包括标题字、多边形、图像文件等。在选中图元时属性栏内容会切换为该图元的属性。

2. 滚屏属性调整

当内容编辑完成后，滚屏文件已经生成，预览窗口中不再出现内容编辑框。

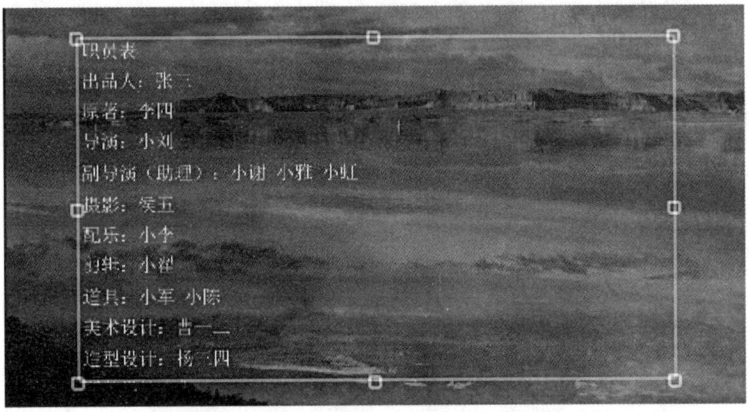

图6-113

此时的属性区域显示的是滚屏文件的属性，如滚动方向、跑马方式等。

图6-114

6.3.2 滚屏字幕制作实例

1. 实例一：片尾滚屏

本例中，滚屏字幕从画面下方出现，向上滚，滚动播放完所有内容后画面停留在最后一屏的画面上，静止2秒后消失。

图6-115

下面详细介绍此字幕的制作流程。

（1）编辑滚屏内容

在大洋资源管理器中通过右键菜单新建滚屏文件，在弹出对话框中为滚屏文件命名和设置存储路径，点击【确定】进入滚屏编辑界面。

在内容编辑框中输入需要滚屏的内容。

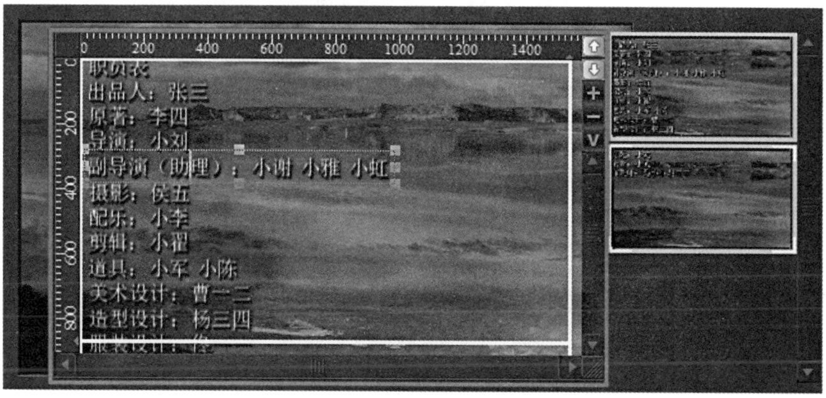

图6-116

若滚屏需要做末屏停留的效果，输入内容时候需要在末屏内容的前后输入空行，利用空行进行清屏，使滚屏内容的最后一行停留在屏幕正中。

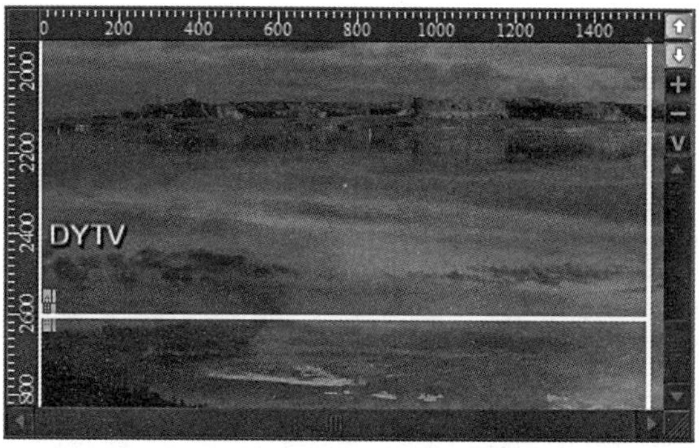

图6-117

（2）调整字属性和行属性

内容输入完成后，利用组合快捷键“Ctrl+A”选中所有文字，在右侧属性框中调整字的颜色、字体和字的大小。

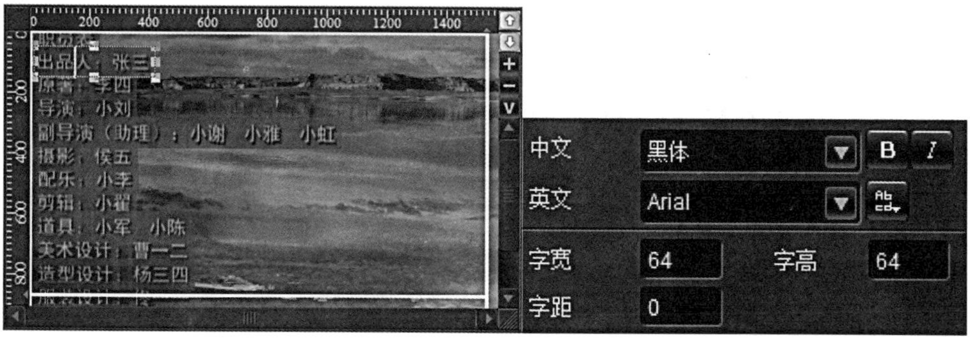

图6-118

再利用组合快捷键“Ctrl+Shift+A”选中所有行，在文字上方单击鼠标右键，选择【设定行距】并设定行距值为8。

在此基础上，点击文本编辑框右上方的 + | − 增大或减小行距，进一步微调行距。

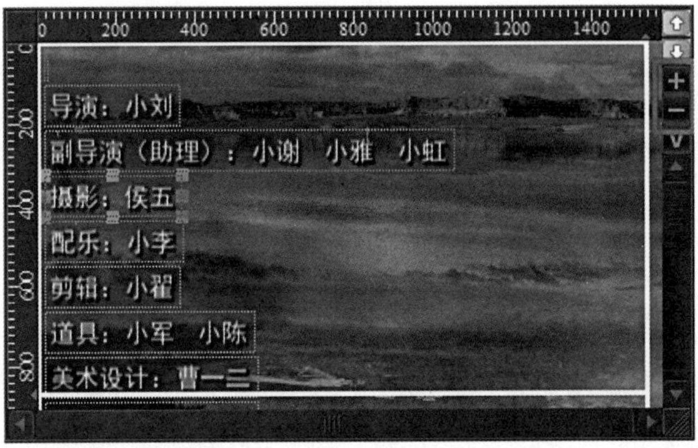

图6-119

调整行距之后，可根据需要用鼠标框选中单个字，调整其字体属性，同时通过回车键调整段落之间的距离，让段落更加分明。

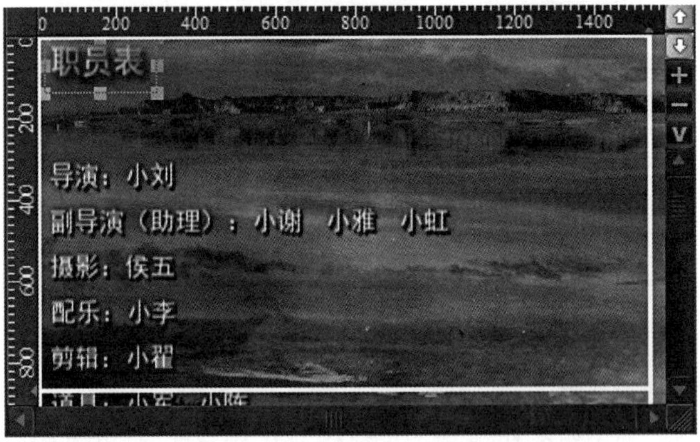

图6-120

组合快捷键“Ctrl+Shift+A”选中所有行，在文字上方点击鼠标右键，选择【垂直对齐】/【中对齐】，此时所有行的内容中对齐。

再次，利用组合快捷键“Ctrl+Shift+A”选中所有行，点击右键，选择【垂直居中】，此时文字移动到画面正中。

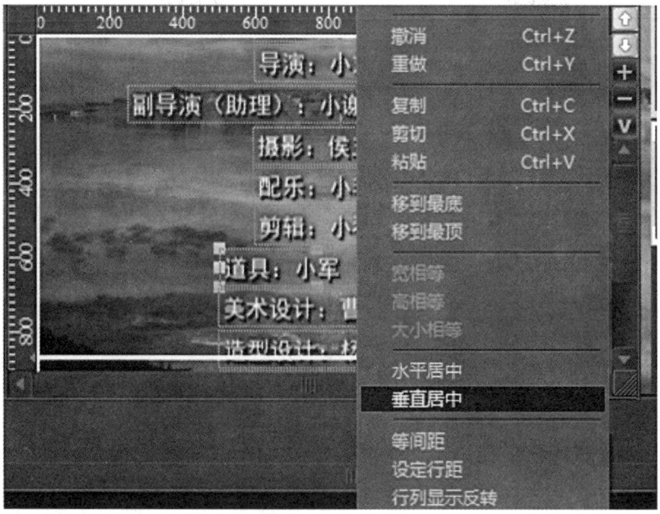

图6-121

至此文字部分的属性编辑完毕。

(3) 添加图像

点亮新建区域的【图像文件】按钮。

图6-122

在【属性】页签下的“图像文件”栏，点击【浏览】按钮 ...., 选择一个图像文件。

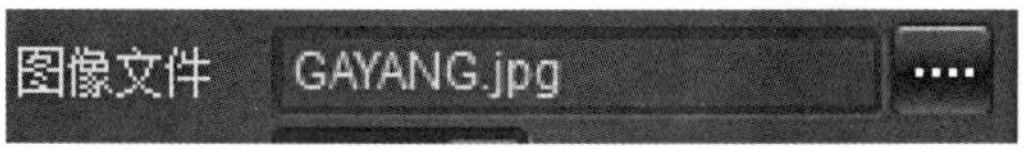

图6-123

然后用鼠标在内容编辑框中画出一个矩形，则图像文件出现在该矩形框内。用鼠标调整图像文件的大小和位置即可。

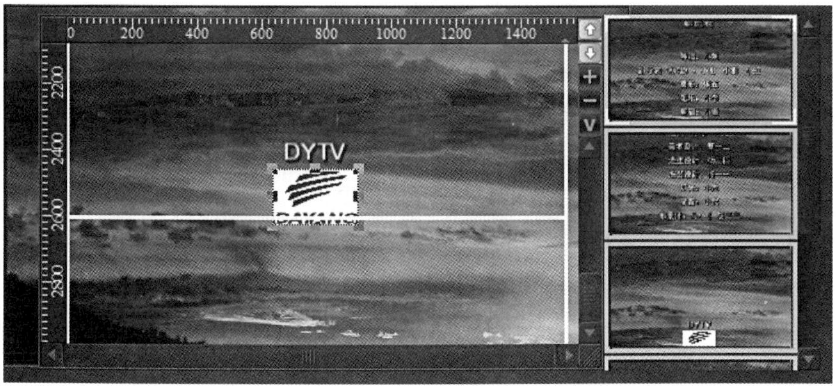

图6-124

(4)调整滚屏属性

滚屏内容编辑完成后，在滚屏内容编辑框外的任意位置单击，在弹出的对话框中选择【是】。

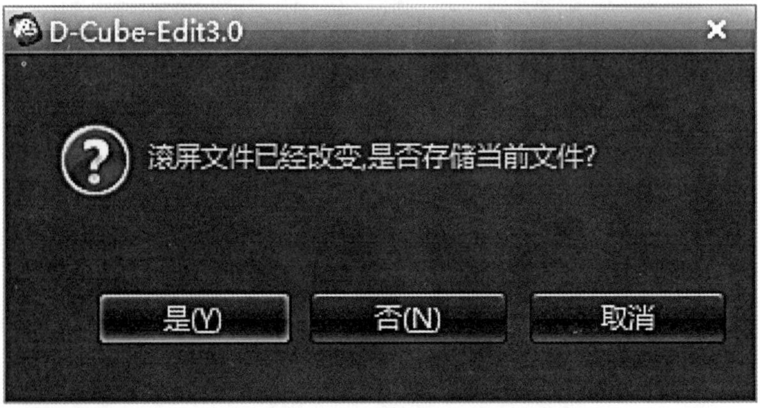

图6-125

此时滚屏文件保存，在属性栏可以设置滚屏文件的文件属性。

图6-126

选中滚屏文件，设置滚屏文件的属性。“滚动方向”：向上，“滚动时间”设置为8秒，“末屏停留”设置为2秒。

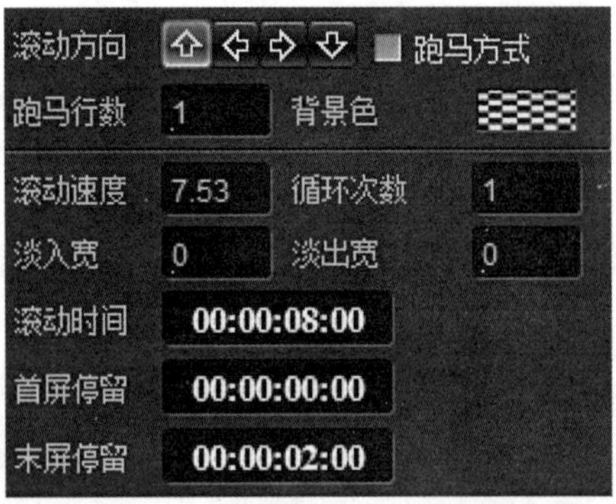

图6-127

修改完成后保存退出，把滚屏文件拉到故事板上可查看效果。

2. 实例二：跑马字幕

本例中，滚屏字幕的内容全在一行文字中显现，在画面的下方自右向左滚动入出画面。

图6-128

以下将详细介绍跑马字幕的制作方法。

在大洋资源管理器中通过右键菜单新建滚屏文件，进入滚屏编辑界面。

在内容编辑框中输入滚屏内容。

图6-129

利用组合快捷键“Ctrl+A”选中所有文字，在属性区域修改字的颜色、字体、大小。本例中设置字的颜色为4号颜色预制方案，“字体”：黑体，“字宽”：64，“字高”：64。

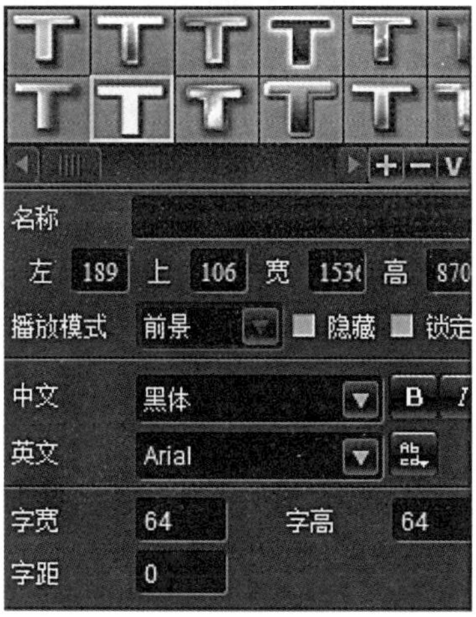

图6-130

跑马字幕不用设定行距信息，编辑完字体后在滚屏内容编辑框外的任意位置单击鼠标，在弹出对话框中选择【是】，保存滚屏文件。

图6-131

此时属性栏从内容编辑状态切换到滚屏编辑状态。

图6-132

选中滚屏文件，在属性设置区域勾选【跑马方式】，设置“跑马行数”：1，“滚动方向”：左滚，“滚动时间”设置为8秒。

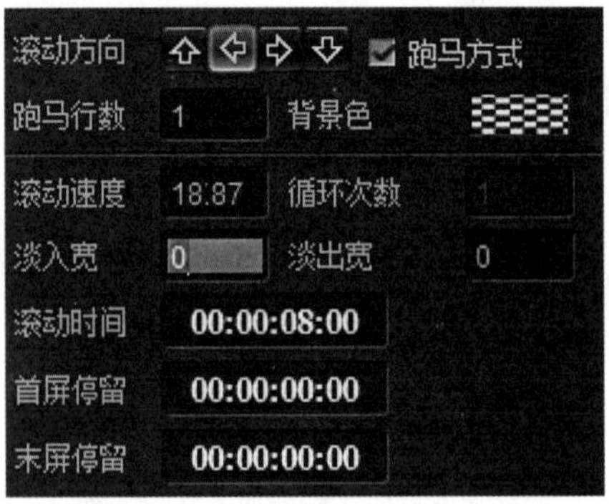

图6-133

在预览窗口中可以看到滚屏文件的内容被压缩在了一行之内，用鼠标拉动代表滚屏文件的矩形框，使文字处于画面下方，符合跑马字幕的一般播放习惯。

图6-134

保存退出后把滚屏素材拖动到故事板上，在故事板播放窗上可查看效果。

思考题

1. 滚屏字幕的末屏停留怎么制作？
2. 跑马字幕主要针对哪种滚动方向？

6.4 制作对白字幕

对白字幕，是指将节目的语音内容如台词、对白、歌词等以字幕方式显示。对白字幕可以强调节目内容，帮助听力较弱的观众理解；也常用于翻译外语或方言，让不理解该语言的观众在没有配音的情况下理解节目内容。

6.4.1 对白字幕编辑界面介绍

在大洋资源管理器中，点开一个文件夹，在文件夹空白处单击右键，选择【新建】/【XCG滚屏素材】，在弹出对话框中为素材命名和选择存储路径，点击【确定】进入对白字幕编辑界面。

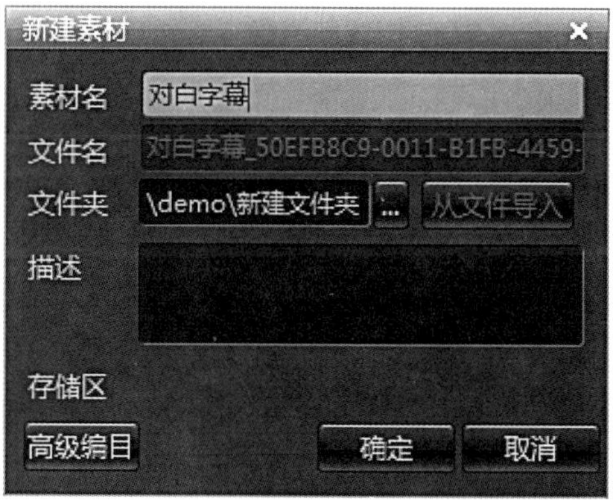

图6-135

对白字幕的编辑界面分为菜单栏、工具栏、内容编辑区域、属性设置区四个区域。

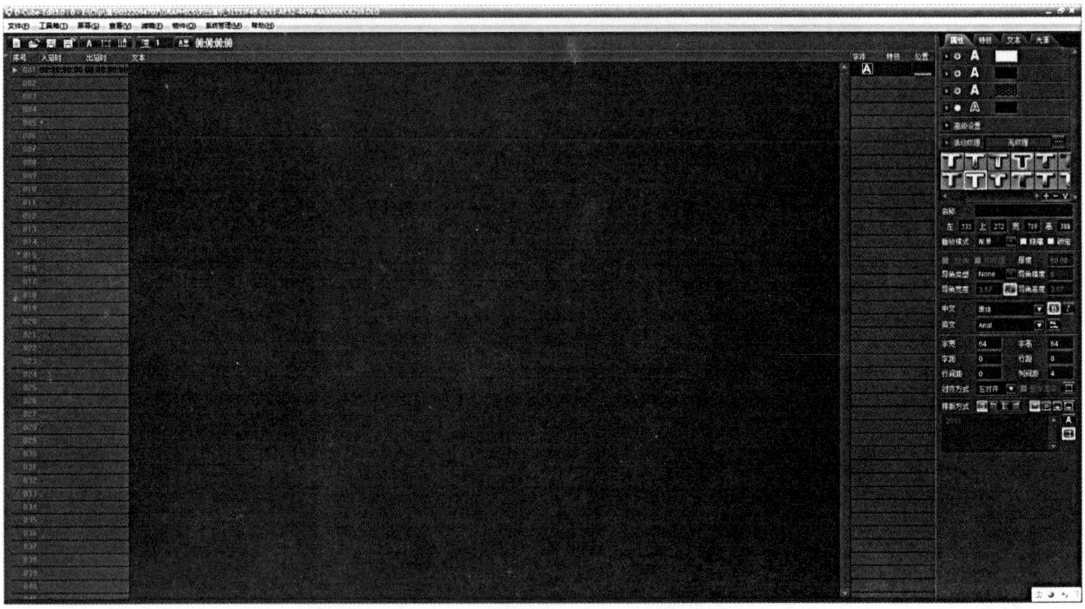

图6-136

菜单栏：用于设置字幕系统的各种系统参数等，如制式、显示内容、文件的保存等。在此不再做介绍。

工具栏：用于对对白内容进行显示调整，如设置内容显示方向、内容分栏显示等。

图6-137

内容编辑区域：此区域用于对对白内容进行编辑。

图6-138

属性区域：对对白内容进行字体、特技、位置等属性调整。其调整方式与项目字幕相类似。

6.4.2 实例一：基本对白字幕

本例中将新建一个基础的对白字幕，并对其进行操作，让对白字幕的出现与音频信息对应。

1. 准备对白字幕

在大洋资源管理器中，点开一个文件夹，在空白处单击右键，选择【新建】/【XCG滚屏素材】。在弹出对话框中为素材命名和选择存储路径，点击【确定】进入对白字幕编辑界面。

（1）编辑内容

可以在内容编辑框中直接输入对白字幕的内容，注意输入时一定要在结尾增加一个空行。

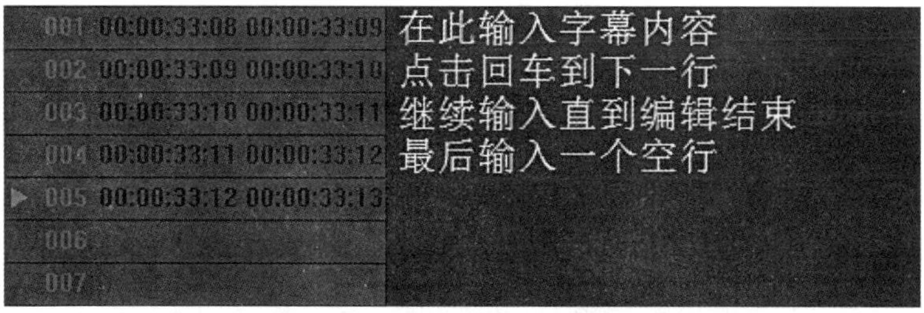

图6-139

也可以在右侧属性区域，切换到【文本】页签，点击 [T] 导入TXT文本。

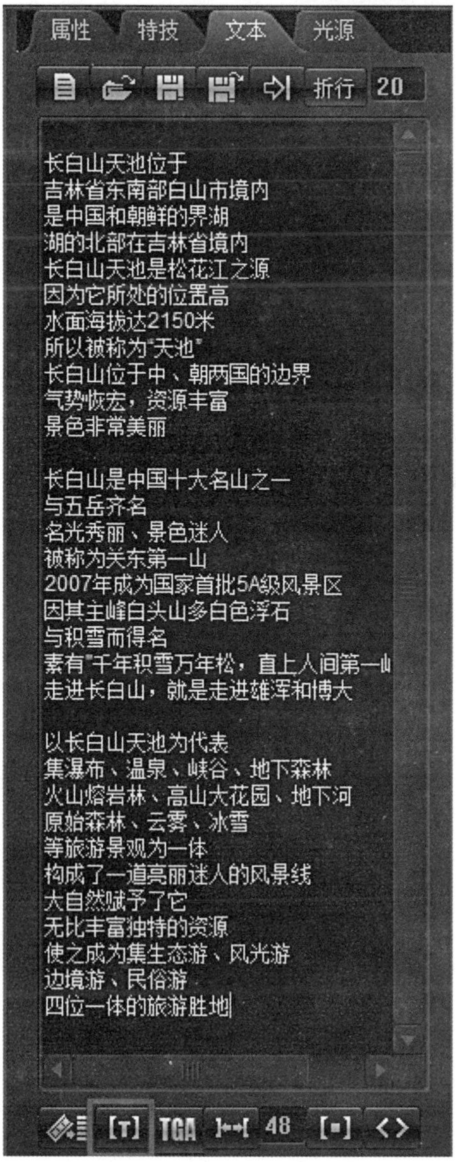

图6-140

选择需要的文本复制粘贴到内容编辑区，粘贴完成后结尾也一定要输入一个空行。

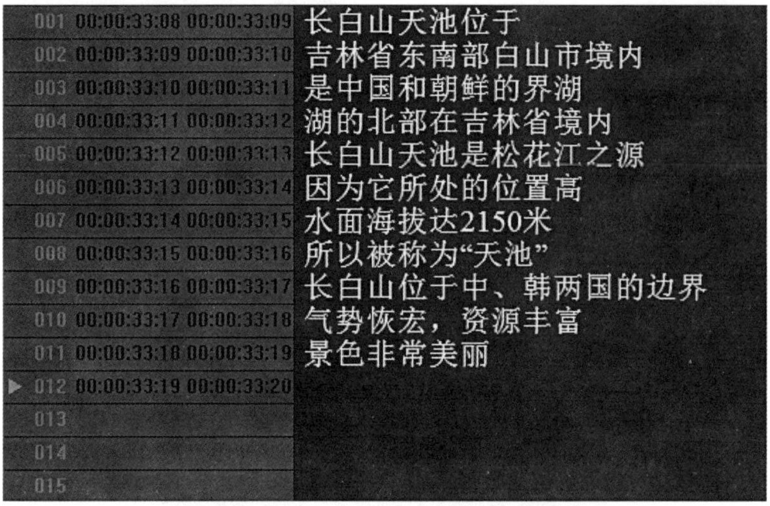

001 00:00:33:08 00:00:33:09 长白山天池位于
002 00:00:33:09 00:00:33:10 吉林省东南部白山市境内
003 00:00:33:10 00:00:33:11 是中国和朝鲜的界湖
004 00:00:33:11 00:00:33:12 湖的北部在吉林省境内
005 00:00:33:12 00:00:33:13 长白山天池是松花江之源
006 00:00:33:13 00:00:33:14 因为它所处的位置高
007 00:00:33:14 00:00:33:15 水面海拔达2150米
008 00:00:33:15 00:00:33:16 所以被称为"天池"
009 00:00:33:16 00:00:33:17 长白山位于中、韩两国的边界
010 00:00:33:17 00:00:33:18 气势恢宏，资源丰富
011 00:00:33:18 00:00:33:19 景色非常美丽
012 00:00:33:19 00:00:33:20
013
014
015

图6-141

（2）设置属性

对白字幕可设置的属性包括字体、特技、位置三项。每一行字的属性都默认与上一行相同，所以若整个文件中字体都是一致的，则只需对第一行的文字进行字体设置即可。设置时可以在故事板播放窗上实时地查看到修改结果。

在内容编辑区第一行文字的右侧，鼠标单击字体图标 A ，进入字体编辑状态。

图6-142

然后在属性栏【属性】页签中进行字体的详细设置，如字体、颜色、字宽、字高等，参见项目字幕中的标题字属性设置。

本例中，设置颜色为预制方案4号颜色，“字体”：黑体，勾选“加粗”，“字宽”：55，“字高”：55。

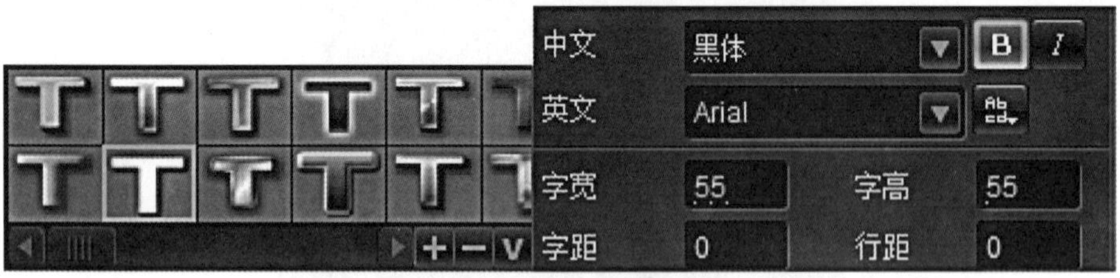

图6-143

字体设置完成之后，鼠标右键单击位置下方的▬。

图6-144

在弹出对话框中，灰色部分表示画面屏幕，矩形框表示字幕位置，用鼠标直接拖动矩形框进行调整。调整时可在故事板播放窗上实时预览调整效果，调整完毕后点击【确认】保存结果。

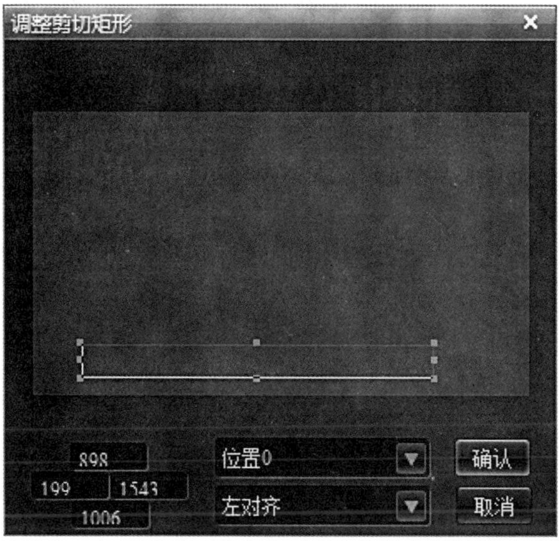

图6-145

到目前为止，对白字幕的基本属性调整完毕。点击【文件】/【保存】保存结果并退出编辑界面。

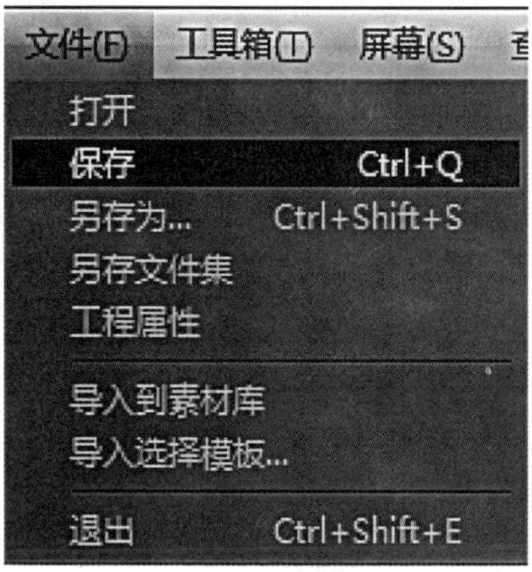

图6-146

2. 拍唱词

准备对白字幕时主要编辑了对白内容，如何令对白与音频相吻合呢？D^3-Edit 3.0中将这一步称为“拍唱词”。

将背景视频拖动到故事板上，因为视频“上轨压下轨”的特性，对白字幕放置在背景素材上方的轨道。拖动时码线处于对白素材的首帧位置。

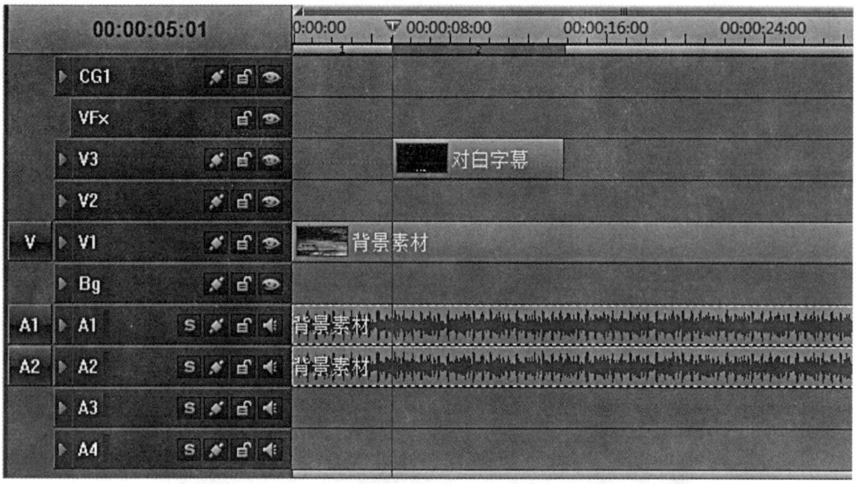

图6-147

选择对白字幕素材，点击故事板工具栏的按钮【拍唱词】或其快捷键“F6”，弹出拍唱词对话框。

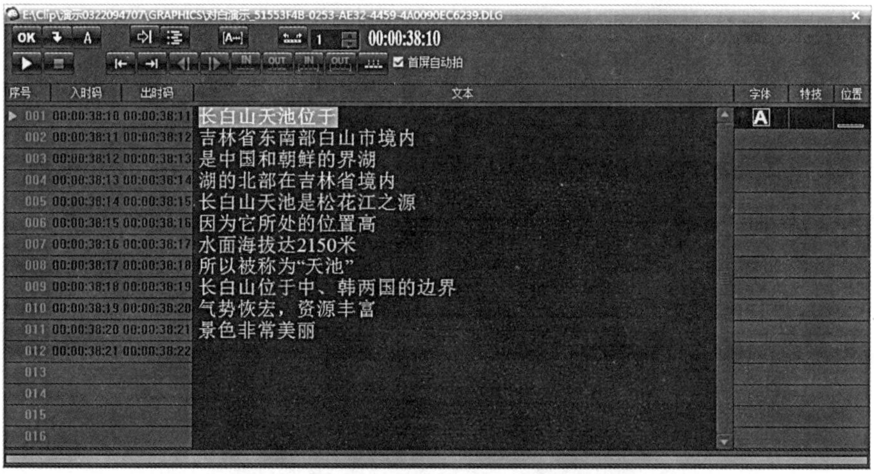

图6-148

点击对话框左上角的按钮【运行】，故事板上的视音频素材则会开始实时播放，这时操作者通过故事板播放窗以及音箱来观察影片的视音频情况，在出现当前台词的时候，点击键盘上的空格键，将当前唱词“拍”上去；当这句台词讲完了的时候，再次点击空格键，将下一行唱词再“拍”上去。

“拍唱词”的时候，通过键盘动作，每句唱词出现和消失的时码信息（即“入时码”和“出时码”）都被记录了下来。

“拍唱词”完成后，点击对话框左上角按钮【应用】，保存编辑结果，并关闭对话框退出拍唱词界面。

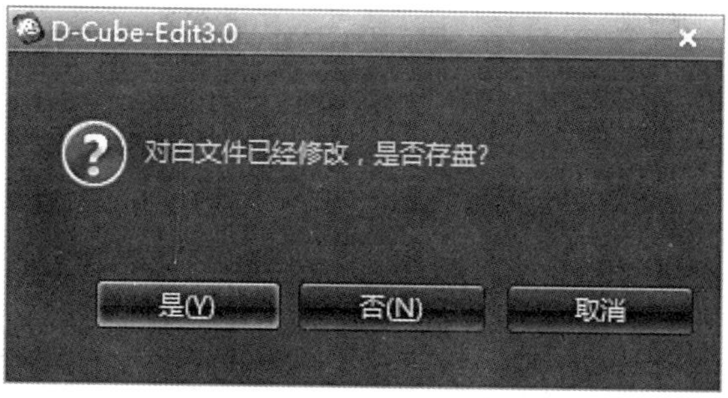

图6-149

3. 对白字幕的修改

“拍唱词”是一个人工动作，很有可能出现误差，如果某一句唱词出现误差就要将整个对白文件重新“拍”一遍，无疑太过麻烦和浪费时间。D³-Edit 3.0软件提供了方便的对白字幕文件的修改方法。

在故事板上选中需要修改的唱词文件，点击故事板工具栏上的按钮【唱词展开】或其快捷键“F7”，将看到故事板上多了一条轨道。唱词文件中的每一行内容，在这条轨道上都显示为一个独立的素材段落，唱词文件“展开”了。

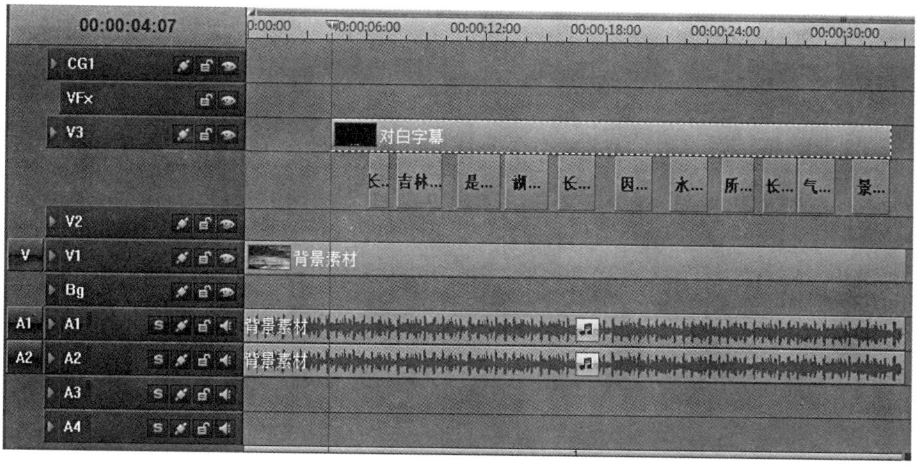

图6-150 唱词展开后

如果对白的时间没有“拍”对，找到不合格的对白段落，在故事板上用鼠标直接拖拽其段落首尾可以改变段落长度，即改变了这句对白的入出时间。

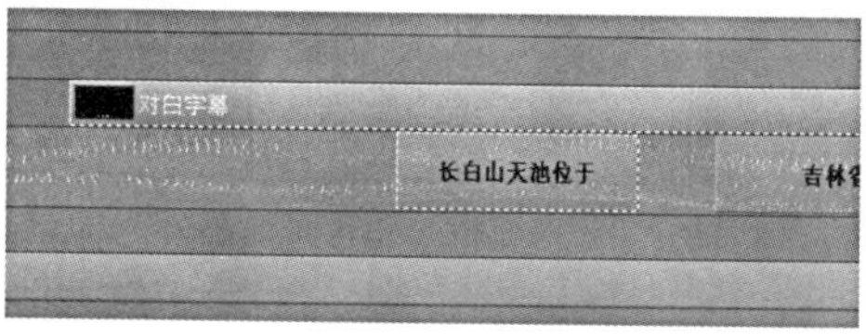

图6-151 修改前

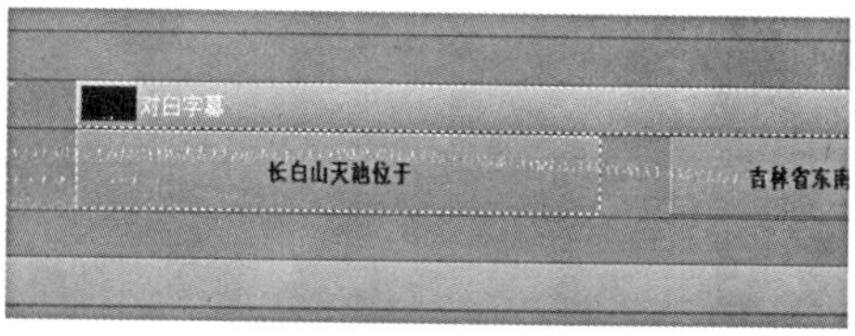

图6-152 修改后

如果对白的文字出现错误，选中该段落，单击鼠标右键，选择【修改段文字信息】。在弹出的对话框中修改文字，修改完毕后点击【应用】保存更改。

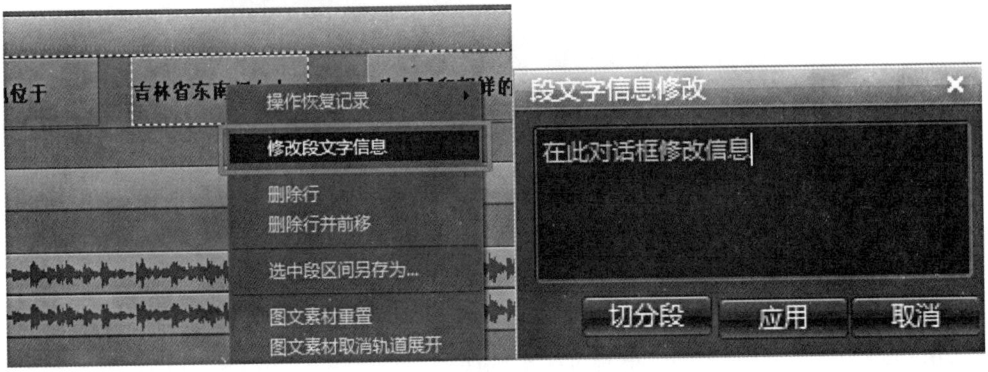

图6-153

修改完成后，点击故事板工具栏按钮【取消展开】，取消唱词轨道展开，此时会弹出对话框，选择【是】即可保存修改结果。

图6-154

修改结果可在故事板播放窗上进行查看。

4. 实例拓展

以上介绍了基本对白字幕的制作方法，但在D^3-Edit 3.0中，对白字幕还能实现一些其他的效果。例如为每行对白添加入出特技、每屏显示多行对白等。

（1）添加入出、停留特技

在完成了对白字幕的内容编辑以及基本属性如字体、位置的设置之外，还可以在【特技】栏为其添加入出特技，使每屏对白内容的出现和消失伴随着一定的特技效果。

图6-155 入特技

图6-156 出特技

添加入出特技时同调整其他属性一样，每一行字幕的特技默认与上一行相同，如果需要保证整个对白字幕的入出特技都是一样的，只要对第一行进行设置即可。

单击输入框右侧的【特技】一栏下的小黑框▇▇，切换到特技编辑状态。

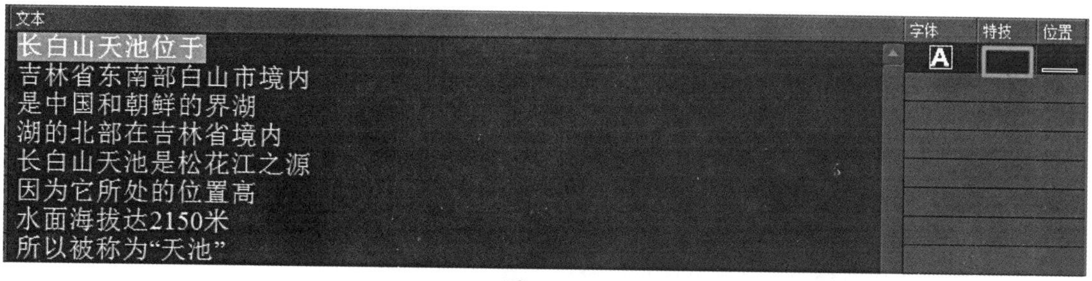

图6-157

此时可在右侧属性栏【特技】页签下为字幕添加入出特技。

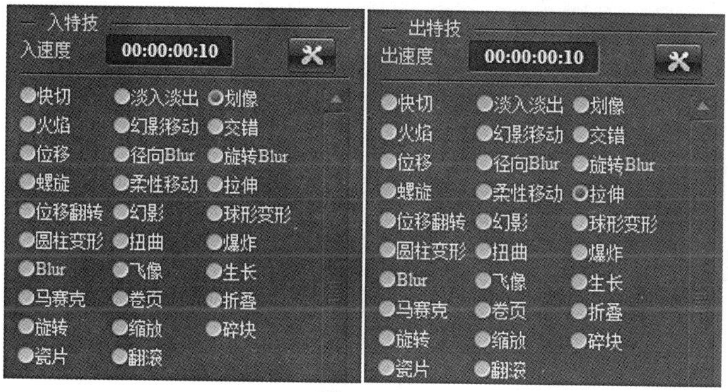

图6-158

设置完成后在内容编辑区域的特技栏中，可看到代表入出特技的小图标被添加到了原本空白的栏目中。

图6-159

右键单击代表该特技的图标，在弹出对话框中可以设置特技的时长和子类，点击【确认】保存修改结果。

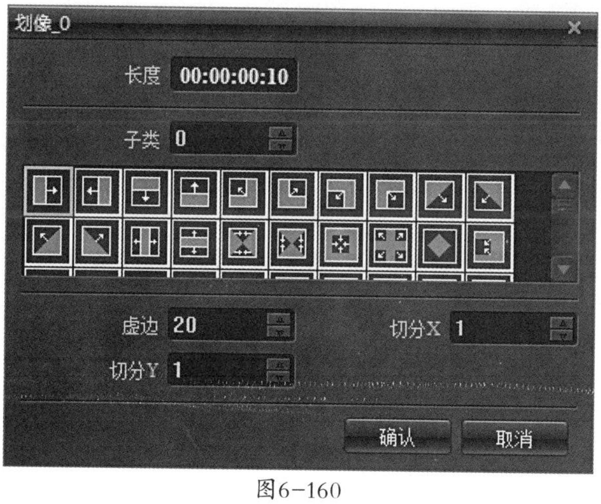

图6-160

添加特技后，在拍唱词的步骤中，每行唱词需要“拍”两次：“拍”第一次时对应入特技，第二次对应出特技。即“拍”第一次时唱词以选定的特技方式出现在屏幕上，“拍”第二次时该行唱词从屏幕上消失。

（2）双行对白

利用主表分页按钮，可以在同一屏内显示多行内容。

编辑时首先在内容编辑框输入唱词内容。

序号	入延时	出延时	文本
001	00:10:13:14	00:10:13:15	曾有一度人们是良善的
002	00:10:13:15	00:10:13:16	There was a time when men were kind
003	00:10:13:16	00:10:13:17	那时他们的声调温柔
004	00:10:13:17	00:10:13:18	When their voices were soft
005	00:10:13:18	00:10:13:19	字语动人
006	00:10:13:19	00:10:13:20	And their words inviting
007	00:10:13:20	00:10:13:21	曾有一度爱情是盲目的
008	00:10:13:21	00:10:13:22	There was a time when love was blind
009	00:10:13:22	00:10:13:23	世界就像一支动人的旋律
010	00:10:13:23	00:10:13:24	And the world was a song and the song was exciting
011	00:10:13:24	00:10:14:00	那是过往的时光了啊
012	00:10:14:00	00:10:14:01	There was a time
013	00:10:14:01	00:10:14:02	后来一切都变了
014	00:10:14:02	00:10:14:03	Then it all went wrong
015			

图6-161

本例中，希望达到的效果是每一屏中出现两行内容，第一行为中文歌词，第二行为其对应的英文歌词。因此在编辑框上方的输入框内设置“主表分页”：2。

图6-162

然后点击 ，可以看见每两行文字分配同一个时码信息。

001	00:10:13:14	00:10:13:15	曾有一度人们是良善的
002			There was a time when men were kind
003	00:10:13:15	00:10:13:16	那时他们的声调温柔
004			When their voices were soft
005	00:10:13:16	00:10:13:17	字语动人
006			And their words inviting
007	00:10:13:17	00:10:13:18	曾有一度爱情是盲目的
008			There was a time when love was blind
009	00:10:13:18	00:10:13:19	世界就像一支动人的旋律
010			And the world was a song and the song was exciting
011	00:10:13:19	00:10:13:20	那是过往的时光了啊
012			There was a time
013	00:10:13:20	00:10:13:21	后来一切都变了
014			Then it all went wrong
015			

图6-163

同样，在第一行文字右侧设置字体、位置、特技。

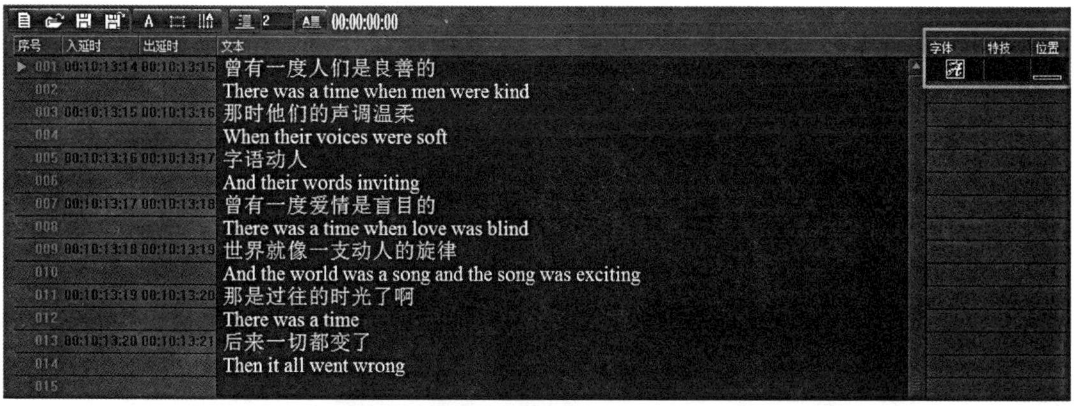

图6-164

设置字体时，可对英文和中文分别设置不同的字体。

图6-165

拍完唱词后可看见效果如下图所示，在同一屏中出现了两行字幕内容。

图6-166

其他操作、调整与前面介绍的基本一致，在此不再介绍。

思考题

1. 如何给对白字幕添加入出特技？

2. 对白字幕在屏幕上的位置如何调整？

6.5 使用字幕模板

除了自己制作需要的字幕文件，D^3-Edit3.0软件也提供了丰富的字幕模板库。使用模板不仅可以节约时间，还可以在操作不太熟练的情况下轻松制作出效果炫目的字幕；此外，通过观察模板中图元的特技设置和图元组合方式，也有助于模仿自学，提升自己的制作能力。

6.5.1 调用字幕模板

在D^3-Edit3.0中，字幕模板库位于【大洋资源管理器】的【字幕模板库】页签下。

图6-167

在【字幕模板库】中选择需要的字幕，用鼠标直接拖拽到故事板上，此时会弹出新建素材的对话框。此对话框可以理解为将模板导入素材库时，为这个导入的素材命名和设置存储路径。

图6-168

设置好素材名称和存储路径后，就能使用这个新建的素材了。

使用字幕模板时，势必会对模板中的一些项目进行修改，修改的步骤参照“项目字幕”中的“项目字幕的修改”。

6.5.2 自定义字幕模板

在【大洋资源管理器】的【字幕模板库】页签中，在空白处点击右键，选择【新建】/【字幕模板】，可以新建一个字幕模板。编辑方式与自己制作字幕的编辑方式相同，编辑完成后保存即可。

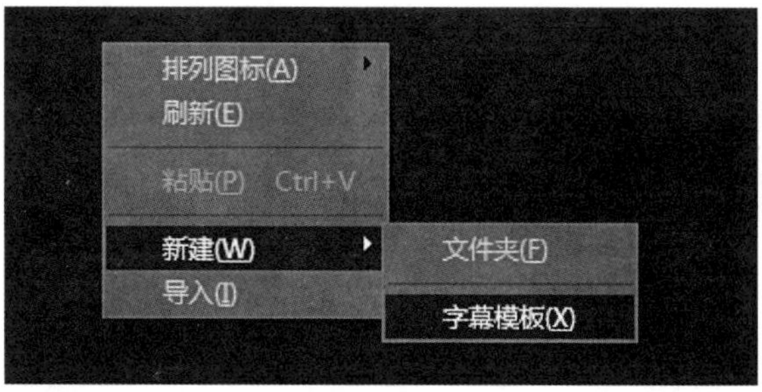

图6-169

也可以选择右键菜单中的【导入】，从外部直接导入.xcg字幕模板文件。

6.6 字幕的制作工艺

在设计与制作字幕时，不仅需要考虑到字幕的用途、应用场景，还需要从画面的整体效果出发，为字幕创造出艺术美感。无论什么字体，只要在字的大小、颜色、排版、运动方式等方面稍作调整就可以得到无数种字幕的造型方式。而制作出不同形式的字幕，目的就是为了使其能够更好地参与到电视画面的构图中，从而引起人们的视觉注意，带给人们美的视觉体验，吸引人们更好地欣赏电视的整体内容。

设计字幕要从节目的内容和画面构图两方面考虑，使字幕能够与节目达到和谐、统一的状态。要达到这种效果，就必须对字幕的制作工艺有所了解。设计和制作字幕时，应根据电视节目本身的要求、时长、表现形式等多种因素综合考虑，合理选用图元和特技，以适应电视节目内容的需要。

1. 字幕的表现形式

为字幕选择合适的表现形式，令其以一种优美、和谐的方式呈现在观众眼前，有助于更好地表现内容、吸引注意，也有利于字幕与画面的整体结合。在设计字幕的时候，往往需要在一开始就构思其表现形式，在此基础上再为字幕的其他细节做更细化的设置。

从动作上来区分，电视字幕的表现形式主要有静态字幕和动态字幕两种。顾名思义，静态字幕在位置上较为固定，字幕出现在画面上时无其他动作，常用于台标、说明性文字等；动态字幕在字幕出现时伴随着一定的动作，呈现出的效果更为动感、活泼，应用十分广泛。

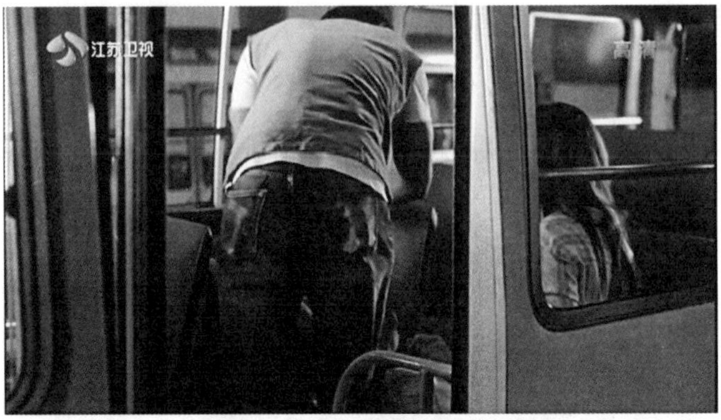

图6-170 静态字幕：台标

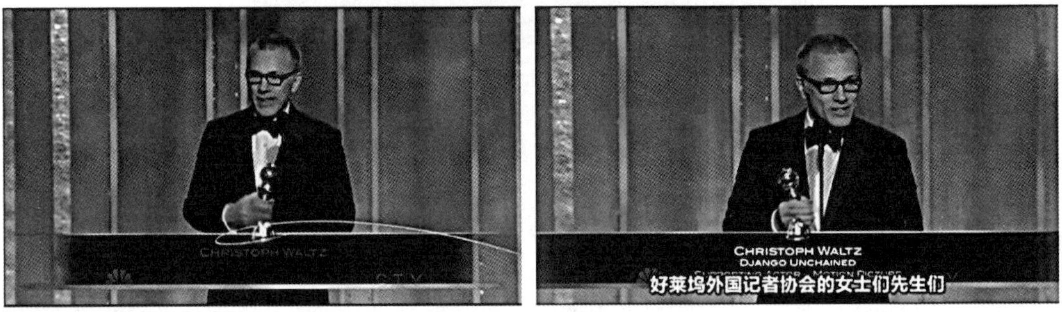

图6-171 动态字幕

从构图形式上来区分，字幕分为满屏字幕和局部字幕，其中局部字幕又根据其位置和排版方式的不同有所区分。满屏字幕占满了整个画面，通常与同期声或者音乐配合出现，其字幕内容通常为节目需要重点强调的部分；而局部字幕位于画面的上、下、左、右等边缘位置，只占据画面的一个局部，不遮挡画面的主要信息，其作用通常是对画面进行辅助说明。

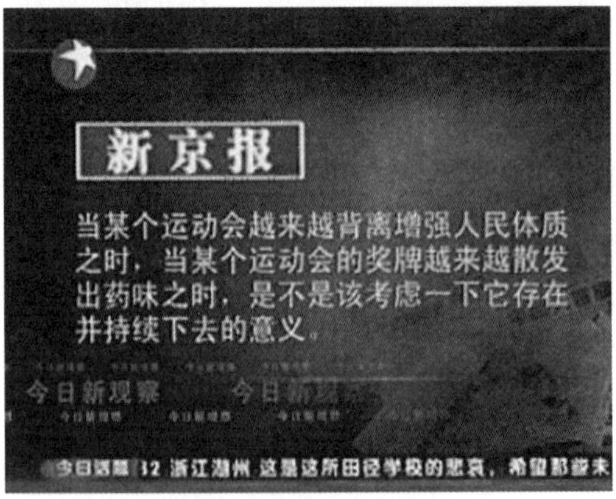

图6-172 满屏字幕

图6-173 处于不同位置的局部字幕

2. 字幕的字体

通常情况下字幕传达的主要内容由字构成，观众通过阅读文字得到信息，可以说字是字幕中功能性最强的部分，因此字体的选择在字幕设计中尤为重要。

如今，电脑中可以安装的字体有很多，只有在充分熟悉各种字体的风格、样式以及表现力等特点之后，在实际运用过程当中才会得心应手。中文的字体大致可以分为三种：一是书法类，包括楷书、行楷、行书、行草、隶书、魏书、篆书等；二是印刷体类，包括宋体、仿宋、黑体、新魏体等；三是各种变体美术字。一般说来，书法类字体常用于片头、片尾字幕的制作，因其有强烈的中国特色，古意盎然，不仅具有艺术性，同时又稳重大气；印刷体字体是电视节目制作中最常见的字体，因为这种类型的字体在印刷业中被广泛运用，是观众"习惯用于阅读"的字体，适用于各种类型的场景和字幕类型；变体美术字常常用于综艺节目或艺术感较强的影片，利用变体字本身的夸张效果，达到吸引观众眼球的目的。

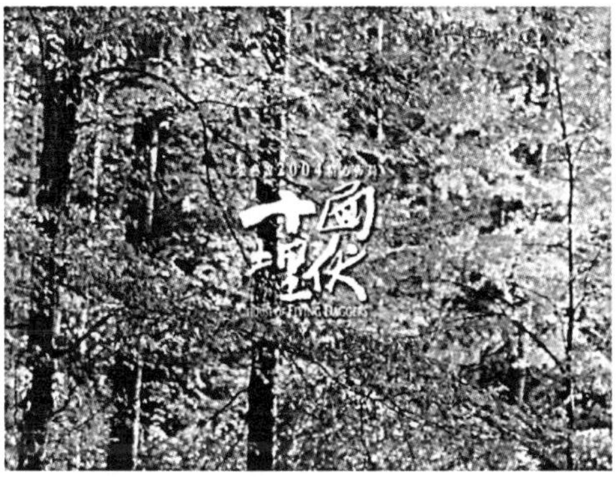

图6-174 书法类字幕

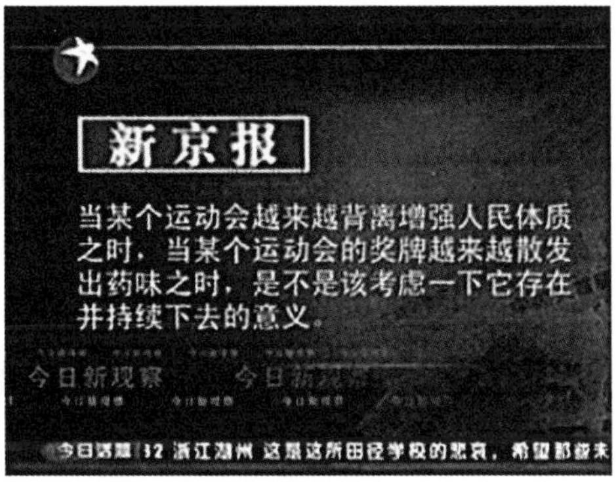

图6-175 印刷体字幕

总的来说，字体的选择需要综合考虑节目类型、艺术风格和应用场景等的需求。

3. 字幕的颜色

红、橙、黄和偏向于此色的颜色称为暖色，蓝、绿、白和倾向于此色的颜色称为冷色，暖色系给人温暖、兴奋的感觉，冷色系给人清凉、冷静的感觉。选择合适的颜色可以让字幕表意功能更加圆满，在“字”的基础上唤醒观众的联想，令字幕艺术性得到提升；恰当地将多种色系搭配使用，令字幕更加醒目和美观。

除了字幕的颜色，有时也需要为文字添加合适颜色的衬底。衬底可以是给字幕本身加上阴影、立体边等装饰性边缘，也可以是图片、多边形等衬于字幕下方的图形图案。衬底的加入主要是为了让字幕与画面之间层次更加明显，字幕更鲜明突出。电视节目中的字幕色彩与衬景的运用必须符合配色原则：一般是明色前，暗色后；明色轻，暗色重。

4. 字幕的位置

字幕在画面中的位置灵活多变，视其与画面的关系及其作用而定。如果字幕在画面上是作为主体，则应占据画面的视觉中心，例如片头、片尾以及较重要的大篇幅说明性字幕；如果字幕在画面上是作标示、说明等辅助作用，则只能占有陪体的位置。

影片在前期拍摄时也应考虑到后期编辑的需要，将画面适当留白，为字幕预留出合适的位置。例如将被摄物体置于画面左侧，则后期编辑时字幕放置于画面右侧，这样既能合适地呈现字幕，又不会遮挡画面信息。切忌前期拍摄时物体太大、太满，这样在后期编辑时很难为字幕选择合适的位置。

5. 字幕的排版（字号、对齐、方向）

电视屏幕提供给观众的是一个有限的画面，在这个画面内如果文字的排版方法得当，不但可以提高视觉的注目效果，同时也构成了整齐美观的电视画面。

字幕中的字数在电视屏幕上不宜过多，一般横排不超过12个字。如果字幕在画面中太小、太满、间距太窄，都会给观众阅读造成困难，艺术效果上也让人产生压抑、沉闷、厌烦之感。编排字幕时，应当在字幕上下左右留予适当的空白，并注意字间距的调整，让字幕易于辨识和阅读。

此外，字号的选择与内容排版也有很大的关系。一般来说，观众的目光更容易捕捉到字号更大、字体更粗的文字，一般用于标题类字幕，这样的内容也适宜放置在更醒目的位置。

字的显示方向，横排字幕更适合大众阅读习惯，在字幕的应用中也更为广泛，说明性的文字，特别是篇幅较多的情况下一般都使用横排字幕呈现。竖排字幕一般用于文字较少的情况，比如节目名称、某些人名条，或者与书法字体结合，以呈现出古意盎然的艺术效果。

排版时可以通过不同的字体、字号和对齐方式，为整体的字幕制造出错落有致的艺术效果，突出主题文字。

对白字幕、唱词字幕一般不出现标点符号。

6. 字幕的运动方式

字幕的运动方式指的是字幕在电视画面中是以何种方式出现、存在以及退出的，字幕在电视画面中运动的这三个步骤，也可以对电视画面的造型以及节目节奏的表现起很大作用。这些运动方式各有特点，作用不尽相同，在具体运用时要看当时的电视画面要表现什么，以便和电视画面很好地配合。

例如动感性强、辽阔宏远的画面，字幕多采用推出方式以强调气势；叙述、抒情的片子，片头字幕多用叠印、线画或拉出的形式，节奏相对舒缓；表现对白、诗歌、歌词、唱词等，常采用拉入拉出逐字显示形式的字幕；说明性字幕多采用逐字显示或者直接切入切出字幕。总之，在电视节目的字幕设计中，形式一定要为内容服务，字幕与画面要相互依托、相得益彰。

7. 字幕的停留时间

字幕是无声的，其中携带的信息需要观众去阅读，所以字幕出现时不能一闪而过，要给观众以阅读、理解、记忆的时间。一般人们读解文字时的速度是每秒 3 ~ 5 个字，在这个基础上，字幕在屏幕上存在的时间是由其所配合的画面信息和人的视觉习惯决定的。如果画面上信息比较多，字幕本身的字数和难易理解程度又比较高，那么此时字幕的停留时间就应该相对长一些，以保证观众在你给定的时间内能看得完屏幕上的信息；反之，如果画面上的字幕所要表现的信息比较少，过长的停留时间反而不恰当。又或者字幕出现时影片的节奏很舒缓，字幕的运动的动感应减弱，停留时间会相对稍长；若字幕出现时影片节奏很快，画面内容、音频内容也很紧张，相应的字幕的运动较快，停留时间也可以缩短。总之，字幕停留的时间应根据画面上的信息内容加以调整。

8. 字幕与音频的配合使用

在节目中使用字幕时，除了配合节目的画面内容，还需要考虑字幕与音频的配合。

电视节目中的音频主要可以分为音乐和人声两种。最常用于与人声配合的字幕是唱词字幕，要求每句字幕出现的时间与节目中该段声音出现的时间要一一对应，唱词字幕将声音内容翻译成文字，帮助观众准确地理解和接受音频信息。与音乐配合出现的字幕类型相对更多，片头、片尾、说明性文字、诗歌、散文等字幕都常常需要背景音乐，依托音乐所营造的气氛起到良好的表意效果。而一旦有了音乐的配合，字幕的运动便要随着音乐的旋律遵循相应的节奏，否则，字幕的运动就会和音乐不和谐，发挥不出应有的表现力，甚至会破坏节目本身的节奏。

第7章　节目输出

成片指一个结构完整、视音频编辑成熟的影片。将编辑后的素材片段合成为成片的过程称为输出。当素材的编辑步骤全部完成之后，就可以输出为成片了。Post pack提供了多种节目输出的方案，在输出时可视用户实际需要选择将成片输出回录到磁带上、生成视频文件，或者刻录到光盘上等。

7.1 故事板输出准备

成片输出前，需要对故事板上的内容进行审查。审查的内容大致可以分为两类：一类是出于艺术上的考虑对节目的内容进行审查；另一类是出于技术上的考量对素材进行检测，保证节目输出的技术质量。

因为艺术性的内容只能依赖于人的主观观感，所以针对内容的审查要依靠编导的判断；相对地，针对素材的技术检测更加客观，只要对相应的数据进行分析就能得到结果。Post pack提供了方便的工具，辅助操作者进行素材的检测。

7.1.1 素材检测

在编辑完成的故事板空白处单击右键，选择【故事板素材检测】。

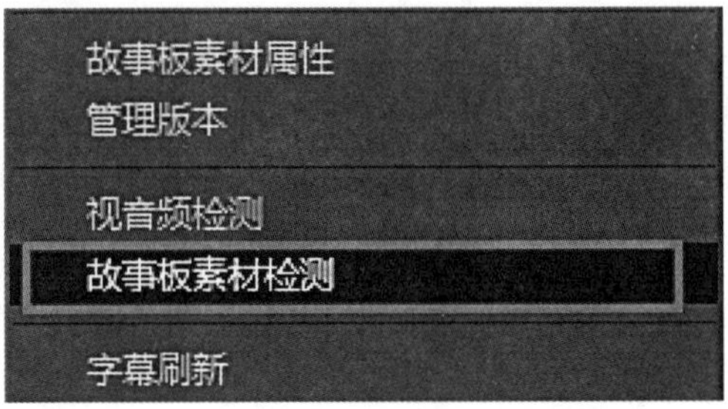

图7-1

此时将会弹出对话框。

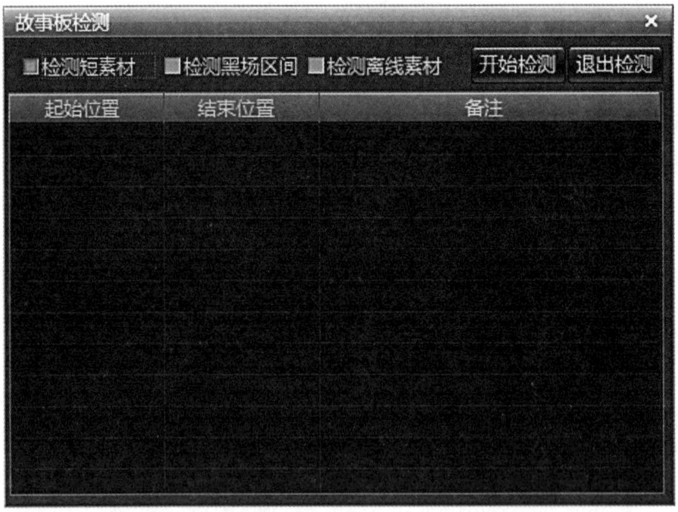

图7-2

检测短素材："短素材"是指剪辑过程中出现的长度较短的素材，检测短素材，即检测故事板中的夹帧。但镜头中的夹帧不能依靠此项检测得出结果，详见"视音频检测"。

检测黑场区间：检测故事板中视频素材的黑场。此黑场是指两个素材之间夹杂的黑场，而非镜头中的黑场。

检测离线素材：检测故事板中的离线素材。

根据需要勾选检测项目，点击【开始检测】，检测结果将会出现在对话框下方的列表中。

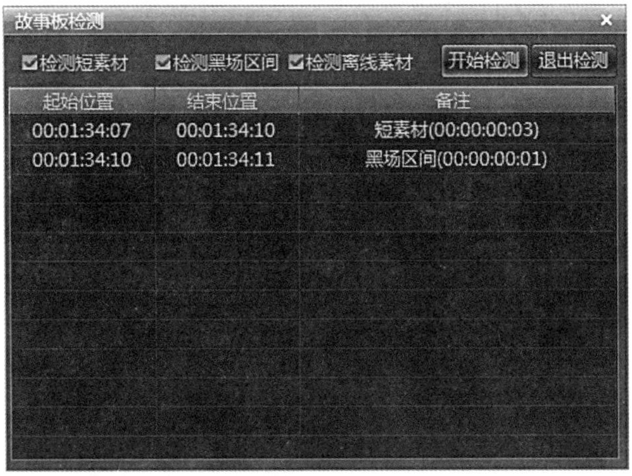

图7-3

用鼠标双击列表中的某一项，故事板上的时码线会自动跳到此项错误所在时码位置。根据需要对错误进行修改或者删除即可。

7.1.2 打包

通常对少数几轨视频或者音频素材进行剪辑操作，或者对其添加简单的特技时，故事板可以流畅地播放，这时我们称为实时。可有时，为多个镜头间制作叠化效果，利用多层视频制造新颖的视觉效果，或者做了多轨混音等都可能造成故事板不能流畅地播放，这种情况称为不实时。

不实时的故事板，在下载之前，必须经过"打包生成"的步骤，使之变为实时的故事板。

1. 故事板实时性扫描

故事板窗口上方和下方各有一条彩色标记线，上方的标记线表明视频的实时性，下方的标记线表明音频的实时性。

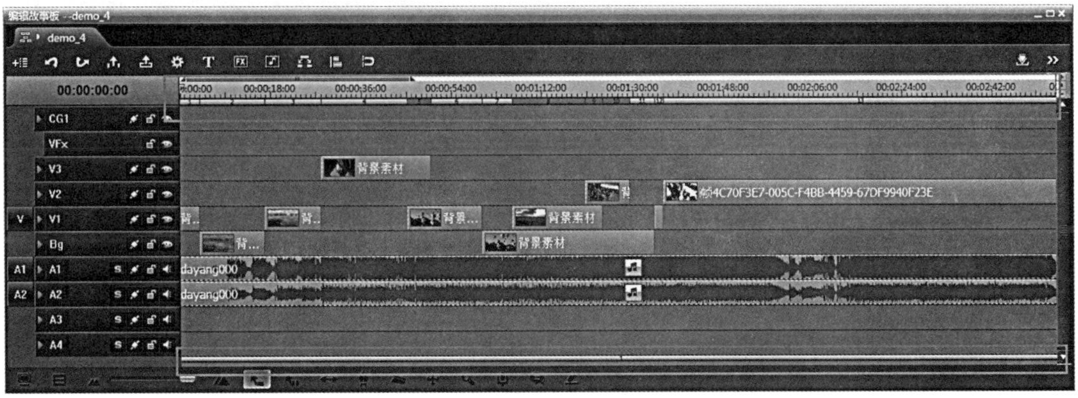

图7-4

在故事板空白处单击右键，选择右键菜单中的【故事板实时性扫描】。

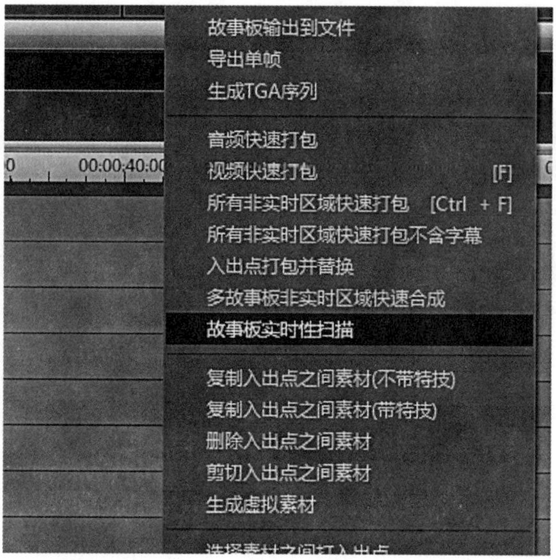

图7-5

此时系统会对整个故事板的实时性进行扫描，扫描完成后，彩色标记线的颜色会变化，可根据其颜色对故事板实时性进行判断。

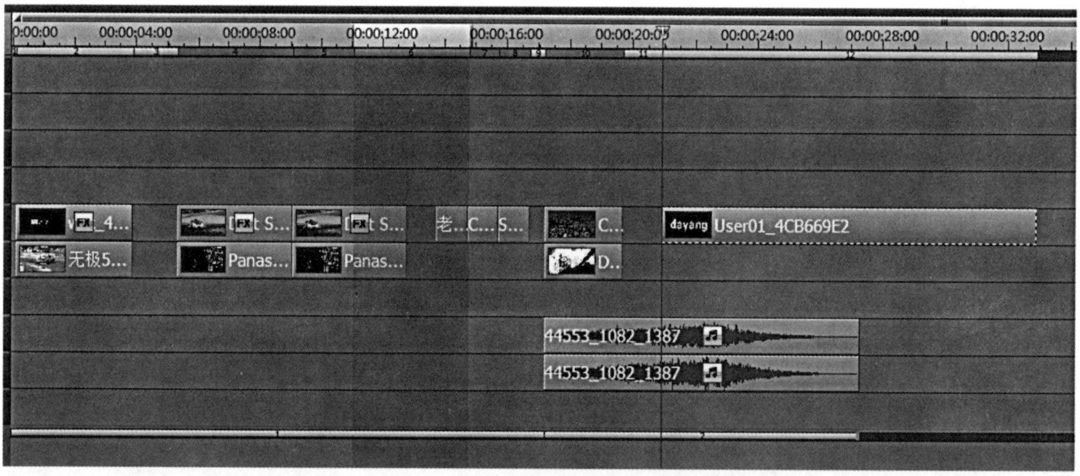

图7-6

绿色代表该段落可以实时播放；黄色代表该段落很可能不实时，强烈建议合成；粉色代表该段落因为存在特技，有可能不实时，建议合成；青色代表该段落因为存在字幕，有可能不实时，建议合成；蓝色代表该段落已经进行过合成，可以实时播放。

2. 打包处理

为了解决故事板不实时的问题，需要对故事板的非实时区域进行打包。

故事板打包合成后会生成一系列临时文件，再次播放复杂故事板时，系统会自动调用这些文件进行播放，因此之前不实时的片段变为实时了。这些文件的编码格式是系统设定好的，用户无法更改和设置。

Post pack提供多种打包处理方式，总体来说，打包方式可以分为两大类：手动打包和自动后台打包。

(1) 手动打包

上文中介绍过，在故事板实时性扫描完成后，彩色标记线的颜色会发生变化，其中绿色和蓝色以外的区域都可以认为是不实时的，只是造成不实时的原因、不实时的程度有所区别而已。操作时系统只针对这些不实时的片段进行打包操作。

实时性扫描后，在故事板上点击Ctrl+A选中所有素材，然后点击快捷键S，自动设置入出点，将这些素材都包含在故事板入出点之内。

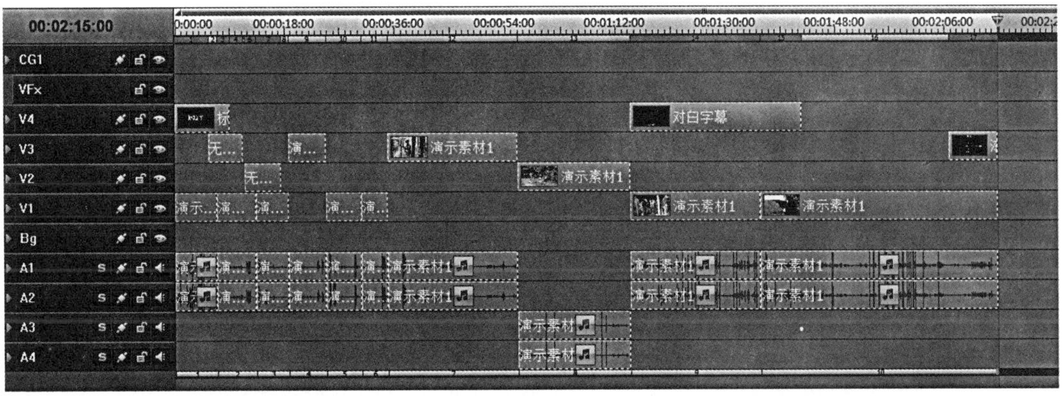

图7–7

在故事板空白处点击右键，选择【所有非实时区域快速打包】。

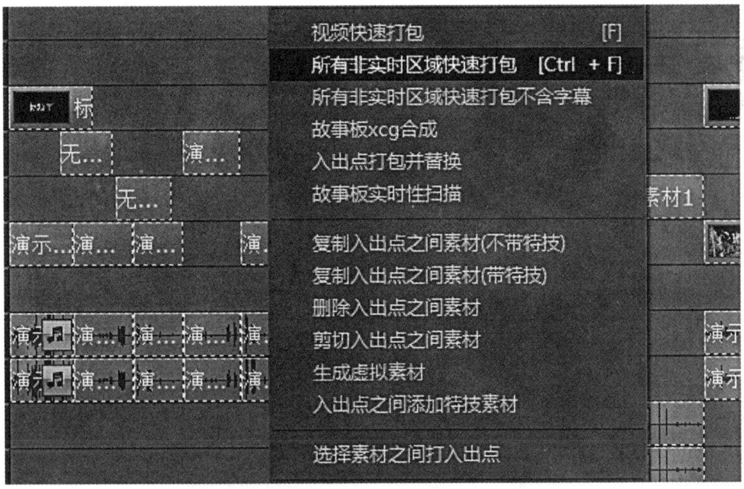

图7–8

此时系统会根据实时性扫描后的结果，将入出点之间不实时的区域分别进行打包处理。打包完成后故事板就是一个实时故事板了。

图7–9

除了【所有非实时区域快速打包】之外，右键菜单中还提供了多种打包模式。

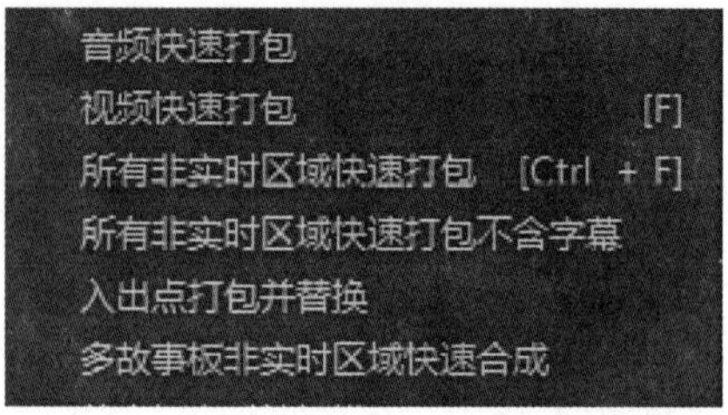

图7-10

视频快速打包：对故事板入出点之间的所有视频内容进行打包是一种常用的打包方式，适用于在编辑的过程中随时设定小段入出点进行打包，预览输出效果，但如果入出点之间内容较多不推荐使用此打包方式。

音频快速打包：对故事板入出点之间的所有音频内容进行打包。

所有非实时区域快速打包：当完成整个故事板的编辑工作，希望对故事板一次性进行合成处理时，可以选择“所有非实时区域快速打包”，系统会根据实时性扫描结果对故事板所有不实时的段落逐一进行合成处理，因为打包更有针对性，因此处理速度更快、效率更高。

所有非实时区域快速打包不含字幕：当完成整个故事板的编辑工作，希望对故事板一次性进行合成处理时，可以选择“所有非实时区域快速打包不含字幕”，系统会对故事板除字幕外所有不实时的段落逐一进行合成处理。

入出点打包并替换（不推荐）：对故事板入出点之间的所有视频内容进行合成，并以快速合成后的素材替换故事板上的素材。此操作会生成新的素材，如果要对以往的某个素材片段再度进行编辑会非常不方便，因此一般情况下不推荐使用。

（2）自动后台打包

除了手动打包，Post pack也提供自动后台打包，这是一种智能打包方式，由系统后台自动判断和处理。可以在不影响当前编辑操作的前提下，由系统自动完成故事板不实时段落的合成。

故事板窗口工具栏提供了后台快速打包工具，点亮“后台快速打包”按钮，程序自动开始进行所有非实时区域快速打包。

图7-11

处理后的段落，故事板上的标记变为蓝色实时区域。

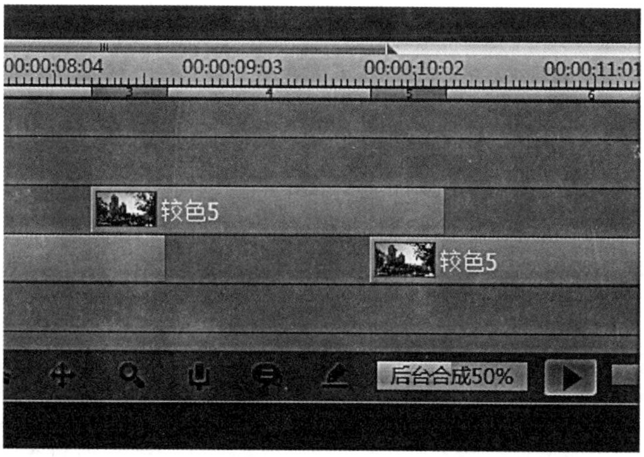

图7-12

如果要停止后台打包，再次点击“后台快速打包”按钮即可。

（3）**临时文件的**处理

前文中提到，打包的实际操作是将故事板不实时的部分生成临时文件，播放时直接调用临时文件进行播放。通常这些临时文件被存放在素材库的根目录下。

如果我们对蓝色的打包区域重新进行了编辑，例如修改了特技或是添加了字幕，打包区域即被破坏，系统会在退出非编时自动删除这些临时文件。

思考题

1. 故事板输出之前一般要进行哪些检查工作？

2. 打包的意义是什么？

7.2 输出

故事板的检测完成之后就可以进行输出的操作，将故事板上的视音频内容输出成为一个完整的成片。类似于采集，根据输出结果的不同，可将输出分为三类：输出到文件、输出到磁带、输出到其他介质；根据输出情况不同、设备连接方式的不同，每种输出方式又有更细致的划分。

本节中将主要介绍输出到文件和输出到磁带两种输出方式，这也是操作时最常用的两种方式。

7.2.1 输出到文件

利用故事板输出到文件，能将故事板上的内容输出成为一个存储在电脑硬盘上的数据文件。而根据文件类型的不同，又有输出到文件、输出到素材、输出到TGA三个选项。

1. 故事板输出到文件

此功能支持将成片输出成为一个存储在电脑磁盘上的文件。

（1）一般输出流程

输出时首先在故事板上通过设置入出点，通过入出点定义故事板上需要输出的区域。

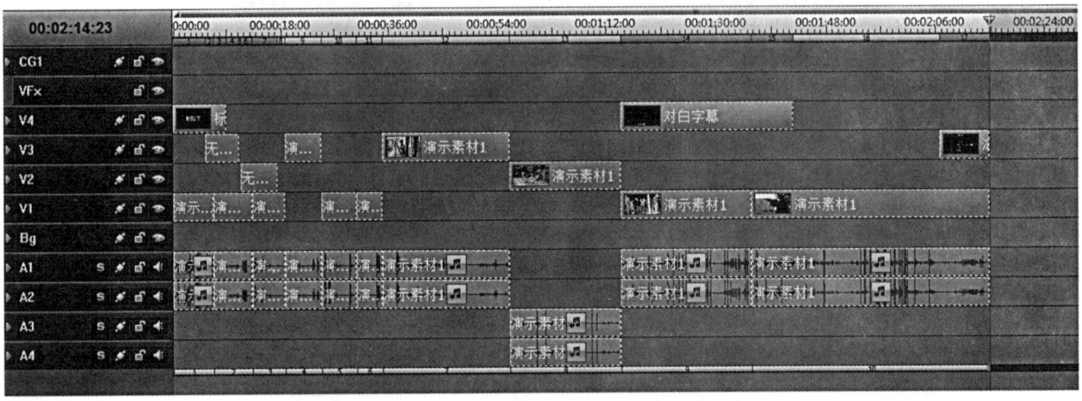

图7-13

点击主菜单中的【输出】/【故事板输出到文件】，弹出故事板输出到文件的操作界面。

图7-14

故事板输出到文件的界面左上方是预览区，用于预览故事板上的视音频内容；界面右上方可设置输出文件的基本信息，如名称、格式、存储路径等，基本信息设置区包含两个页签，【高级设置】页签用于自定义输出格式；界面下方为输出列表，可通过对故事板定义多段入出点，添加多个输出任务，输出时按照任务列表顺序进行多个文件的输出。

首先在预览区预览故事板，若入出点需要进行修改，可在下方的时码轨内再次设置入出点。

图7−15

在基本信息设置区的【基本信息】页签下，设置输出文件的基本信息。首先设置视音频通道，与采集类似，点亮视频和音频通路对应的按钮即可，一般情况下点亮按钮【V】【A1】【A2】，表示输出的文件有一路视频信号、两路音频信号。其次设置输出视音频通道的下方设置输出文件格式，点击按钮 展开下拉菜单，在列表中勾选需要的格式即可。

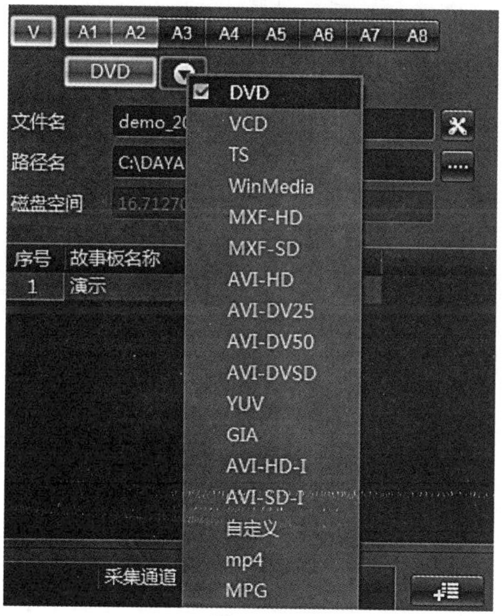

图7−16

最后设置文件名称与其存储路径。

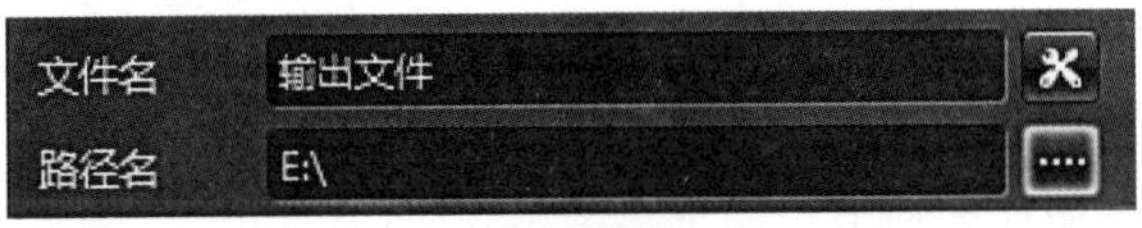

图7-17

设置完成后，点击输出列表右侧的按钮，将该任务添加到输出列表区。

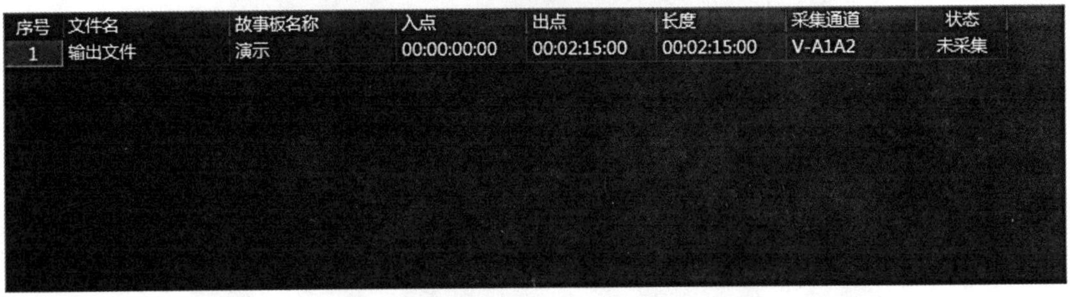

图7-18

若需要对故事板的多个片段进行单独输出，重复以上步骤，将这些片段全都添加到输出任务列表区即可，添加完成后点击按钮，则系统将按照任务列表进行输出。

（2）自定义输出格式

在Post pack中，系统已经预置了多种输出文件格式，但也支持自定义格式。在信息设置区的【高级设置】页签里，点击页面右侧的【设置】。

图7-19

在弹出的对话框中会显示所有预置格式的具体参数，选中某个格式，用鼠标点击【修改】或【删除】，可对已有的格式进行修改或删除的操作。

图7-20

新建自定义格式时，点击【增加】，在弹出的对话框中设置格式的名称、视音频结合类型以及具体的视音频文件格式。

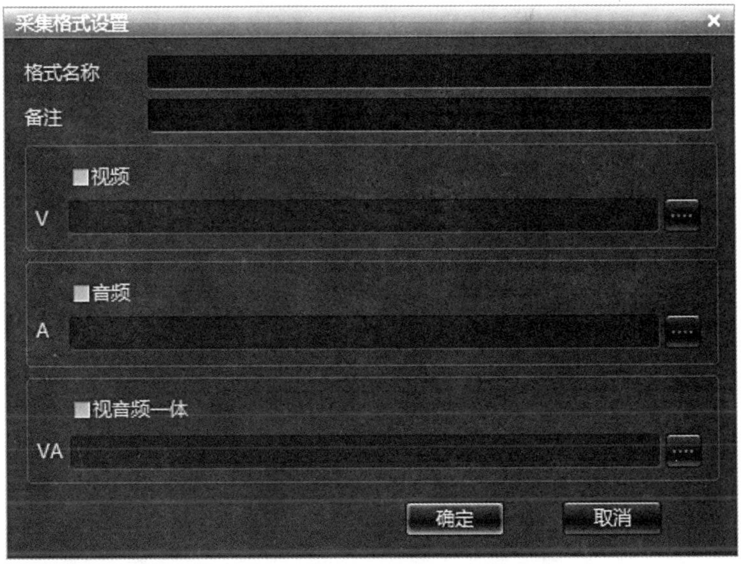

图7-21

首先，定义格式名称。

图7-22

其次，定义格式内容。当只勾选“视频”时，该格式只定义视频信息，即输出的文件中没有音频；当只勾选“音频”时，输出的文件中只有音频；当勾选“视音频一体”时，输出的格式中既含有视频信息，又含有音频信息。

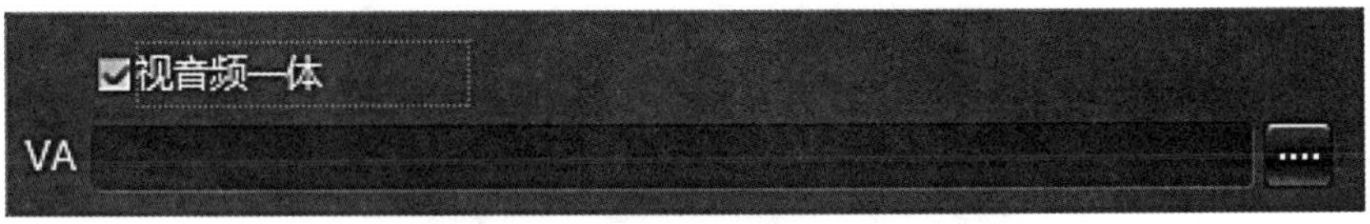

图7-23

点击格式后方的浏览按钮，可在弹出的对话框中对该格式的详细参数进行具体设置。设置时根据具体情况选择即可，但需要注意，根据当前国家标准，“视频制式”只能选择1080/50i（对应高清格式）或者PAL（对应标清格式）。

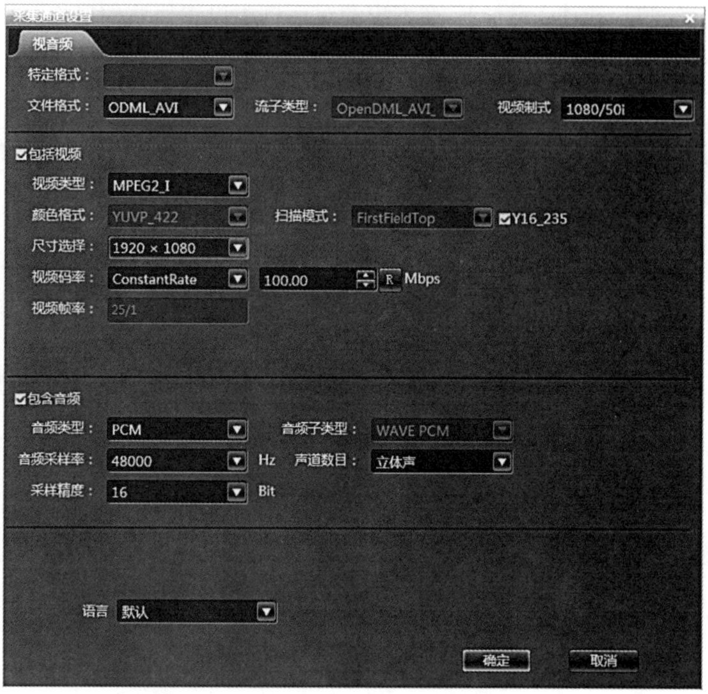

图7-24

最后设置完成后点击【确定】保存，即可在格式选择列表中看到自定义的格式。

2. 故事板输出到素材

故事板输出到素材时，实际上也是将故事板上的内容输出存储为一个数据文件，但不同于“故事板输出到文件”，此时输出的文件存在于大洋资源管理器中，是Post pack中的一个素材，方便在以后的使用中再次进行编辑调用。

对故事板需要输出的区域设置入出点，选择菜单栏【输出】/【故事板输出到素材】。

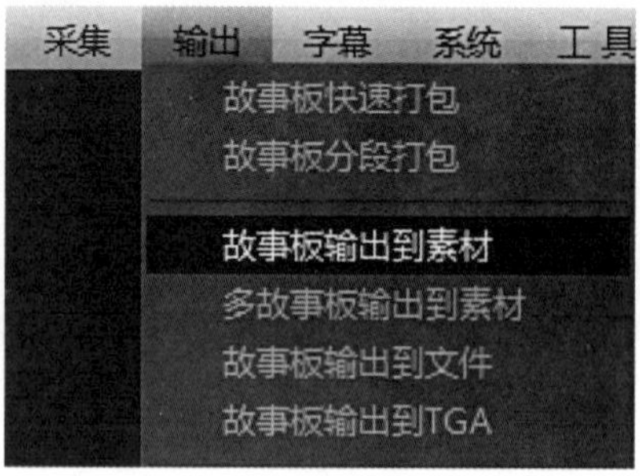

图7-25

故事板输出到素材的操作界面如下，分为预览区和基本信息设置区。

图7-26

在预览区预览输出内容，也可通过下方的时码轨修改入出点信息。

图7-27

在信息设置区的【基本信息】页签下，设置生成素材的视音频通道信息、素材格式、素材名称以及存储路径。

图7-28

设置完成后，点击按钮开始生成。

输出时也可以通过【高级设置】页签自定义输出格式。

3. 故事板输出到 TGA

此功能可以将故事板上的内容输出为带通道的TGA图片序列，常用于输出编辑好的字幕，然后在别的系统中导入TGA图片序列串，实现文件的交互。

输出时在故事板上选中需要输出的素材，点击快捷键S为其自动添加入出点。

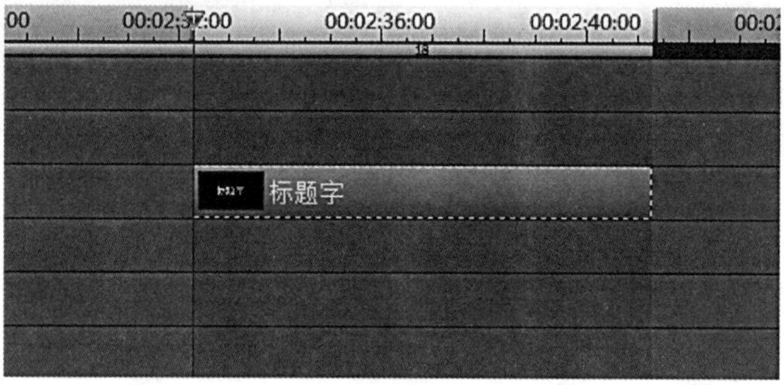

图7-29

然后点击主菜单栏中的【输出】/【故事板输出到TGA】。

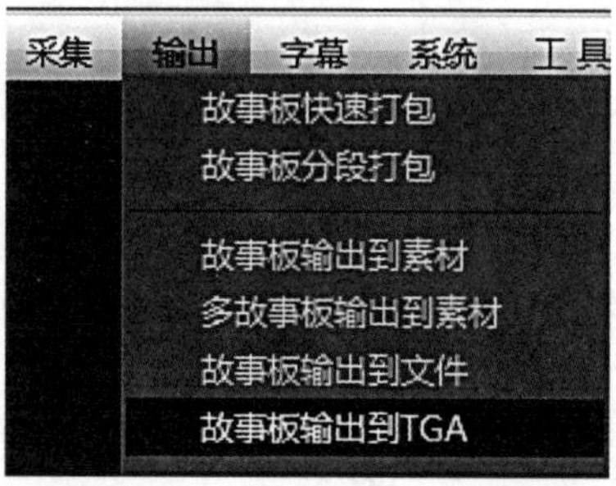

图7-30

此时弹出输出设置界面。勾选“工作区域”表示仅输出入出点之间的素材，在“文件名”一栏为输出后的文件设置名称和存储路径，最后点击按钮开始生成。

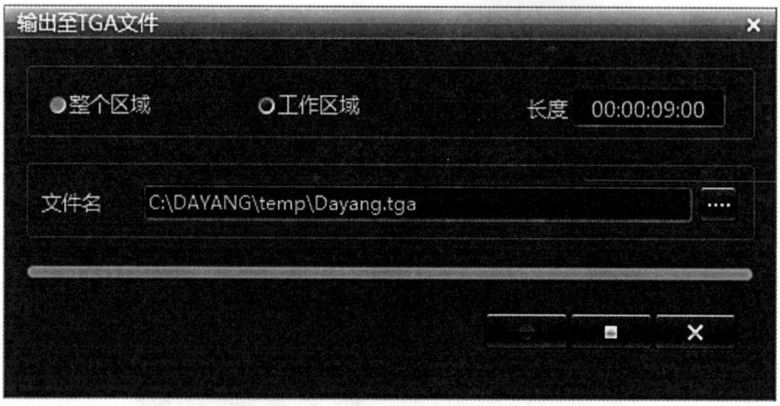

图7-31

7.2.2 输出到磁带

用于正式播出的成片，输出时常要求以磁带的形式保存，方便影片的存档或者备播。根据连接方式的不同，成片输出到磁带的方式有两种：故事板输出到磁带、故事板输出到1394。

当走带设备与非编主机之间通过后面板红桥卡接口进行连接时，选用“故事板输出到磁带”；当走带设备与非编主机之间通过1394接口进行连接的时候，选用“故事板输出到1394”。

1. 故事板输出到磁带

故事板输出到磁带之前，必须做好相应的准备工作。

视音频信号连通正常：保证Post pack与走带设备之间信号能正常连通，这包括需要正常连接设备，主机输出信号制式与走带设备的输入信号制式相符，连接线能正常工作等状况。

遥控信号正常连通：Post pack主机与走带设备之间连接了遥控线，且走带设备设置到了“Remote”（遥控）档。

准备好磁带：带舱中放入磁带，且保证磁带处于可擦写状态。

在做好以上准备工作之后，首先为故事板设置好入出点，然后点击菜单栏【输出】/【故事板输出到磁带】，弹出输出到磁带的设置界面。

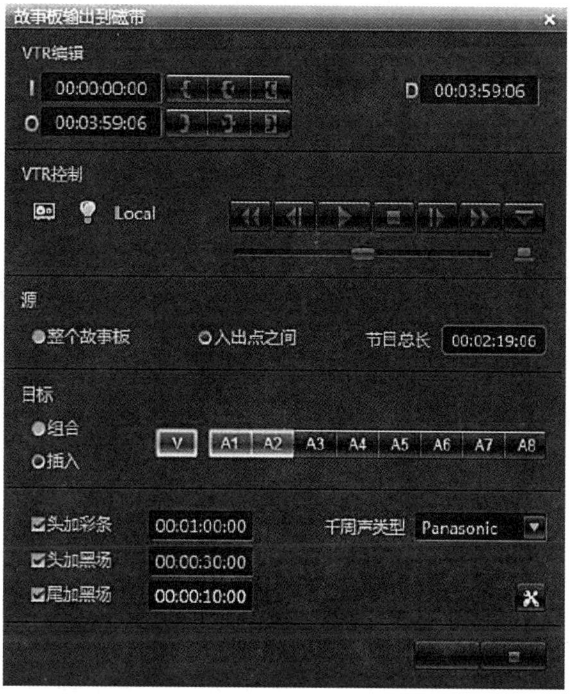

图7-32

在界面中首先点亮灯泡图标，切换到遥控状态；然后利用播出控制按钮浏览磁带内容，确定在磁带哪个区域写入故事板上的内容。

图7-33

选择磁带的录制方式，一般选择为“组合”方式，确保磁带有足够的存储容量，找到磁带上的写入点之后，点击设置入点即可。

图7-34

磁带入点设置完成后，开始设置输出时的基本信息。勾选“入出点之间”，表示仅输出入出点之间的内容。

图7-35

选择输出方式为“组合”，自动点亮视音频通道的图标。

勾选彩条和黑场的选项，并设置彩条和黑场的时间。

图7-36

最后点击开始输出。

7.2.3 故事板输出到1394

当录制设备1394接口与Post pack主机相连时，采用【故事板输出到1394】选项。输出之前需要将1394设备通过1394线和计算机连接好，连接时一定不要热拔插。接通电源后在设备管理器中可以识别到1394设备。

连接完成后可以开始输出。首先在故事板上设置入出点，并确保故事板上内容播放的实时性。选择主菜单【输出】/【故事板输出到1394】，弹出输出到1394的界面。

界面左侧为故事板内容预览窗，可预览故事板上的视音频输出内容，并通过设置入出点定义输出区域；右侧为磁带信号浏览窗，主要用于在磁带上打入点，定义信号输出到磁带的位置。

图7-37

输出时首先在右侧浏览区定义磁带入点。点亮按钮，使走带设备处于遥控状态。

然后利用下方的播放控制按钮浏览磁带内容，找到磁带入点，在入点处点击按钮，设置磁带入点。注意这些操作均在右侧磁带浏览窗中完成。

设置完磁带入点后，在左侧浏览窗口浏览故事板输出内容，最后点击开始输出。

第3编　基础问题解决

在非编软件的使用过程中，使用者或多或少会碰到一些“故障”，这些“故障”多是对软件不熟悉或者仅仅是需要设置一下就能解决的问题。本编结合非编售后中的实际经验，以大洋PostPack非编3.0软件为例，讲解一些非编常见问题的解决方法及常用设置。本编共分为2章，其中第1章主要介绍大洋D^3-Edit3.0软件与其他第三方文件的交互与支持，第2章介绍软件在操作使用过程中经常遇到的八大类问题，使用者可以根据不同类别快速定位问题并找到解决方案。例如，如果遇到这样一个问题：软件无法启动，我们可以在“软件启动类问题”中找到相对应的问题描述和答案。

第1章　与第三方文件支持

在节目制作中，每一种后期编辑软件都有它的长处，也有它的不足之处，这就需要把各种软件结合起来使用，才能把一部作品做得更加完美。例如需要将D^3-Edit3.0非编中采集或生成的视频文件导入到After Effects等其他第三方软件中进行再处理，或将After Effects等其他第三方软件做好的视频调入到非编中进行编辑和输出。所以为了更加有效地做出优秀的作品，经常会结合其他软件一起使用，文件交换尤为重要；本章主要学习在后期制作过程中，与其他软件的文件交换格式、输出设置；学习和了解正确的设置方法，以便提高我们在工作中的编辑效率。

1.1 遇到的问题

* 当你拿到一些文件，想导入到大洋非编中，却提示无法导入或导入解码错误；

* 从大洋非编输出视频文件，提交给另外一台机器的第三方软件，导入时提示解码错误或者导致无响应的情况；

* 大洋非编输出的文件无法在电脑上播放。

如果遇到以上任何一个问题，说明视频解码器未安装，因此在完成节目后要输出交换文件时，必须安装解码器，才能正常地使用这些文件。

1.2 安装编解码器

首先要在使用第三方软件的机器上安装编解码器软件，另外还有一些第三方厂商的编解码器，需要单独安装，如Matrox、Avid、Apple等公司开发的编解码器；安装编解码器后第三方软件输出选项上，相应地增加了视频编解码选项。

1.2.1 安装SoftDriver编解码器

从大洋FTP下载SoftDriver.rar文件（ftp://ftp.dayang.com/NLE/tools/SoftDriver.rar），或在非编安装目录（dayang\SoftDriver\newdogdriver_new\softdriver）下，也能找到编解码器安装文件。SoftDriver下包含的是Matrox的DV25、DV50和MPEG2-I的codec，以及微软的MPEG4 video和音频codec。

解压后，选中dysoftcodec.inf文件，点击鼠标右键选择【安装】，After Effects输出选项中增加了DVCPRO (DV25)、DVCPRO50 (DV50)、DV/DVCAM (DVSD)、MPEG-2 I-frame、MPEG4的编码，也可以直接调用大洋非编输出的DVCPRO (DV25)、DVCPRO50 (DV50)、DV/DVCAM (DVSD)、MPEG-2 I-frame、MPEG4编码avi文件，如图所示：

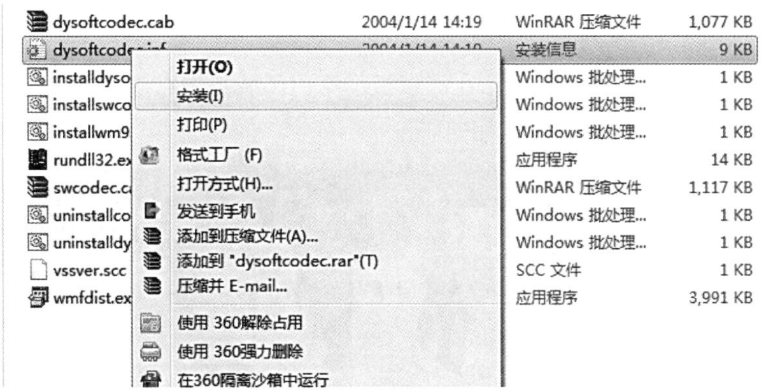

图1-1

1.2.2 安装Matrox VFW视频解码

从大洋FTP下载Matrox VFW.rar文件（ftp://ftp.dayang.com/NLE/tools/Matrox vfw.rar），或在特效中国网站（http://www.hivfx.com/thread-995-1-1.html）下载编解码器安装文件。

解压后，选中EXE文件，双击鼠标左键选择【安装】，After Effects输出选项中增加了MPEG2-I HD编码，也可以直接调用大洋非编输出的MPEG2-I HD编码AVI文件，如图所示：

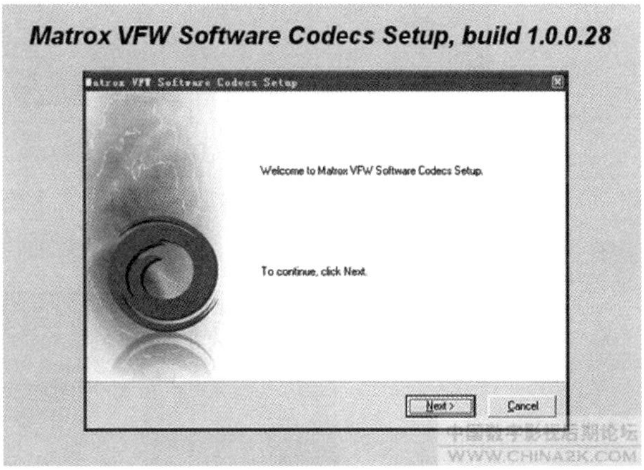

图1-2

1.2.3 安装Quicktime播放器

网上下载Quicktime最新版本播放器安装程序（是一个用于Microsoft Windows编解码器软件包），安装后，可以调用第三方软件输出的.mov文件。

1.2.4 选购解码器

1. AVID DNxHD 视频解码

大洋非编不同的产品型号编码选件也不一样。选配后，在大洋非编中提供对DNxHD视频压缩格式的编解码支持，实现采集、导入、转码、编辑、打包输出等功能。

2. AC3 音频解码

选配后，在大洋非编中提供对杜比数字（Dolby Digital或AC3）、杜比数字+(Dolby Digital Plus)、环绕声音频的编解码支持，实现采集、导入、转码、编辑、打包输出等功能。

1.3 与After Effects文件交换

1.3.1 非编输出设置

1. 将需要输出的镜头打好入出点；在故事板的空白区域点击右键，选择【故事板输出到文件】，弹出【故事板输出到文件】界面，如图所示：

图1-3

2. 点击【高级设置】页签，然后点击【设置】按钮；弹出采集格式设置窗口，在设置窗口中已有预制好的十几种文件格式；可以点勾选确定即可，如图所示：

图1-4

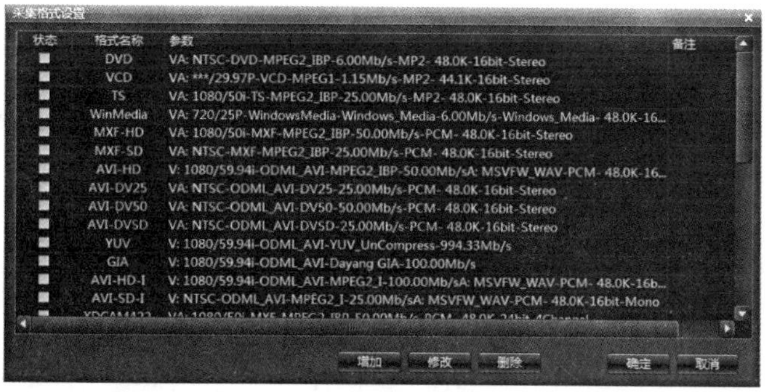

图1-5

3. 如需要新增加输出格式，点击【增加】按钮，输入格式名称【无压缩】，这将作为预制格式所显示的名字；勾选【视频】，点击右侧按钮进行详细设置，如图所示：

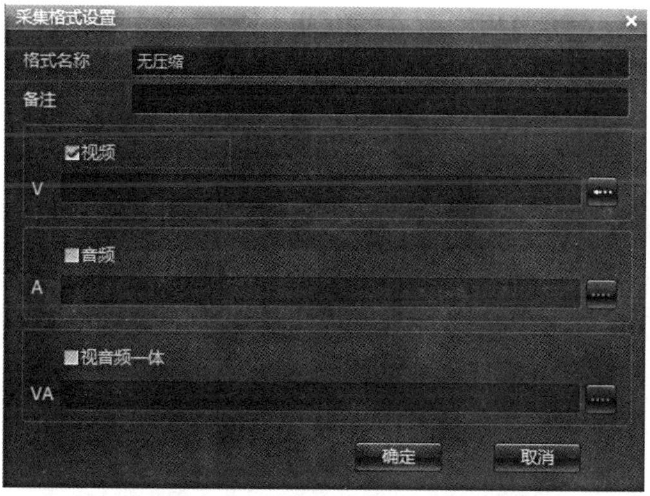

图1-6

4. 弹出对话框选择需要输出的格式设置；文件格式默认为ODML_AVI，如果故事板是高清模式，建议选择1080/50i；如果故事板是标清模式，建议选择PAL；视频类型选择YUV_UnCompress；颜色格式选择YUYV，扫描模式选择FirstFieldTop，勾选Y16_235；尺寸选择1920×1080，点击【确定】按钮，如图所示：

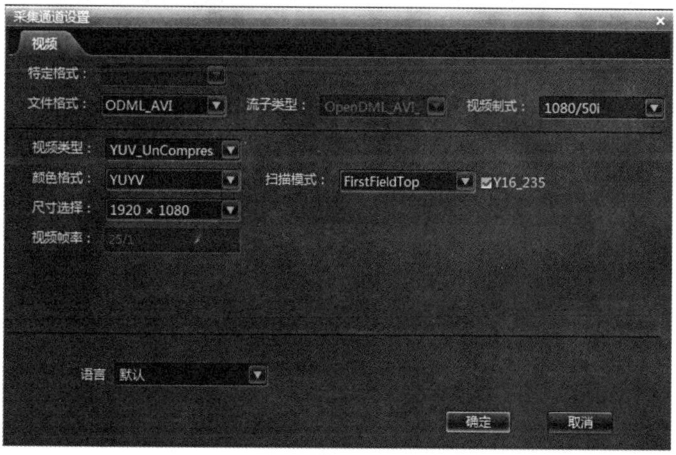

图1-7

5. 勾选新增加的【无压缩】预设，点击【确定】按钮，如图所示：

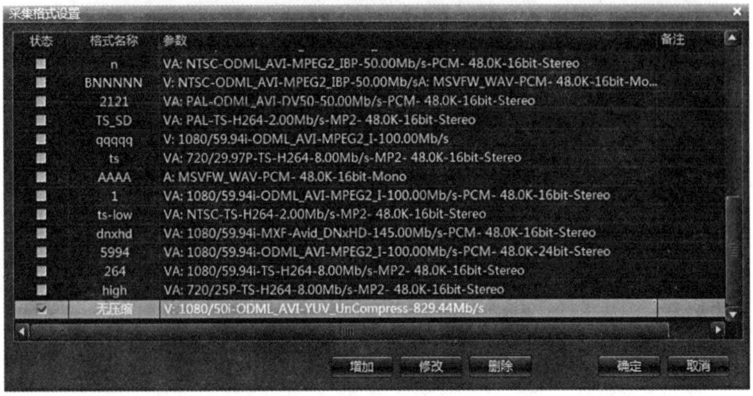

图1-8

6. 回到基本信息页签中，点击三角形图标选择设置好的【无压缩】预制，填写输出文件名，指定生成文件在磁盘中的存放路径；点击【添加】按钮，任务添加到输出列表中，如下图所示：

图1-9

7. 最后，点击输出按钮，弹出进度条开始输出，输出结束后可以到相应磁盘路径下查看生成的文件。

进行特效制作往往都需要对输出的视频进行压缩处理来减少所占硬盘空间，同时又要保证画面质量的清晰度，建议D³-Edit3.0非编输出以下列表中的文件编码格式，方便与After Effects软件相互调用。

文件格式	视频解码类型
OpenDML_AVI	DV25、DV50、DVHD、DVSD、H264、MPEG2_I、MPEG4、RGB_Unc、YUV_YUYV_M101_10BIT、YUV_YUYV_M101、YUV_YUYV、Wmv、PS_MPEG1、PS_MPEG2_IBP、ISO MP4_H263、ISO MP4_H264、ISO MP4_MPEG4、HDV
MSVFW_AVI	DV25、DV50、DVHD、DVSD、H264、MPEG2_I、MPEG4、RGB_Unc、YUV_YUYV_M101_10BIT、YUV_YUYV_M101、YUV_YUYV、ES_MPEG1、ES_MPEG2_IBP、ES_MPEG2_I、DVD、3GPP_H263、3GPP_H264、3GPP_MPEG4
QuickTime_Mov	QuickTime_Mov、Avid_DNxHD、H264、MPEG4

1.3.2 After Effects输出设置

1. 进入Adobe After Effectss软件界面，新建项目。

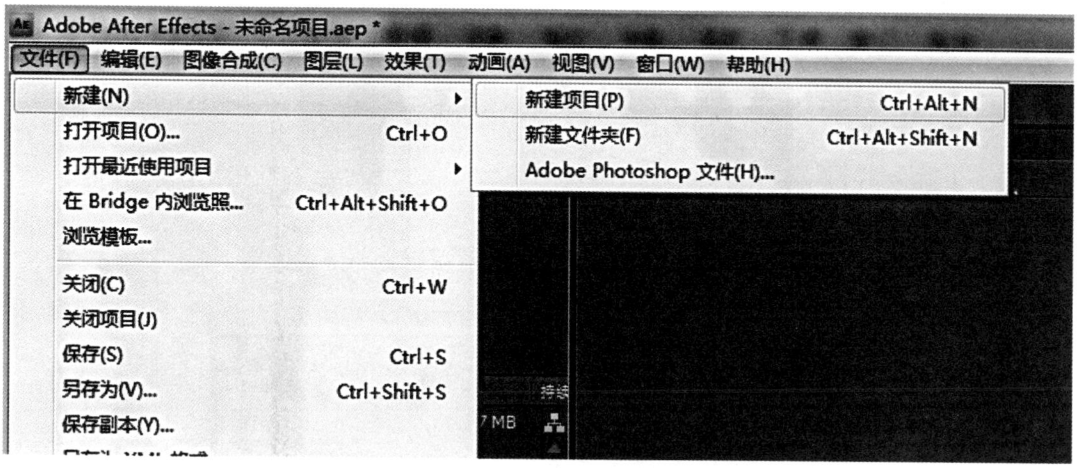

图1-10

2. 选择主菜单【图像合成】/【新建合成组】，弹出【图像合成设置】窗口，如果编辑的是标清环境设置为：PAL D1/DV，帧速率：25帧/秒；如果编辑的是高清环境设置为：HDTV 1080 25，帧速率：25帧/秒，设置如下：

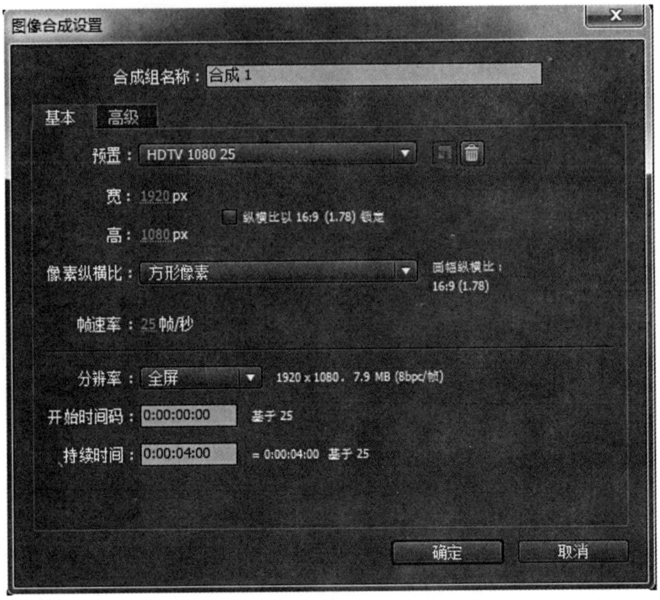

图1-11

3. 当完成视频合成处理后，保存工程文件。选择主菜单【图像合成】/【制作影片】或键盘快捷方式“Ctrl+M”，弹出【渲染列队】窗口，如图所示：

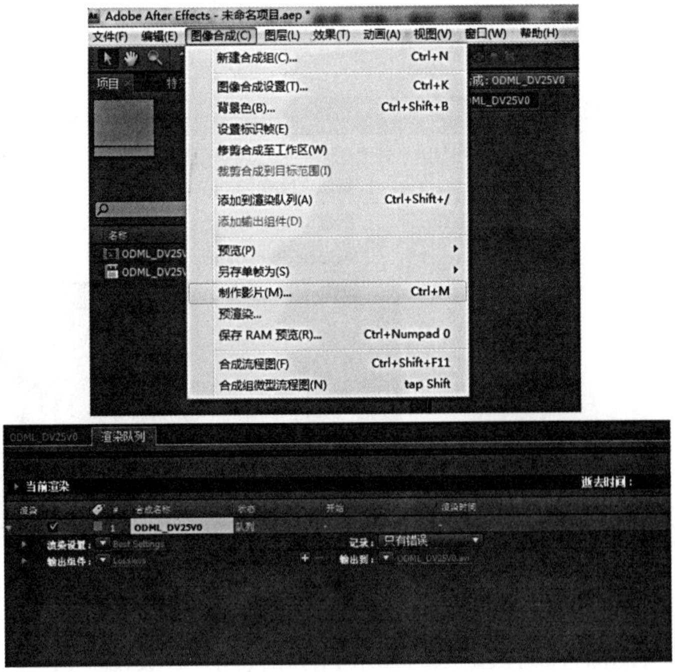

图1-12

4. 弹出的【渲染列队】窗口中，需要设置输出模块；点击渲染设置右边三角图标，选择【Best Settings】。

图1-13

5. 点击输出组件中右边三角图标，选择【自定义】；

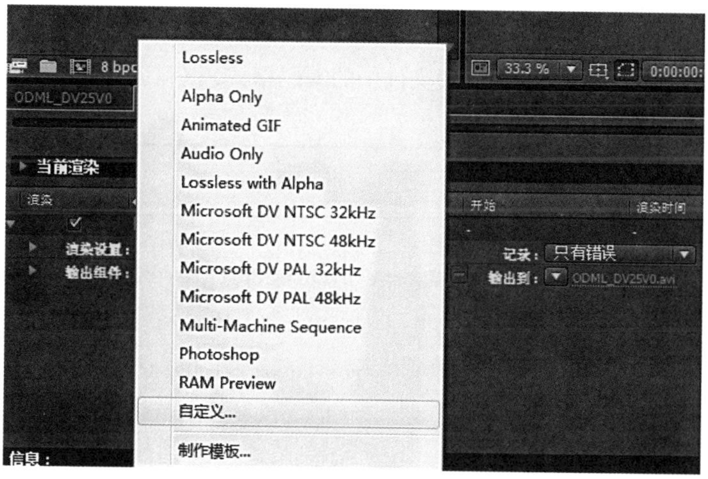

6. 弹出【输出组件设置】窗口，格式选择【Windows视频】；点击【格式选项】按钮，选择具体视频压缩格式，如图所示：

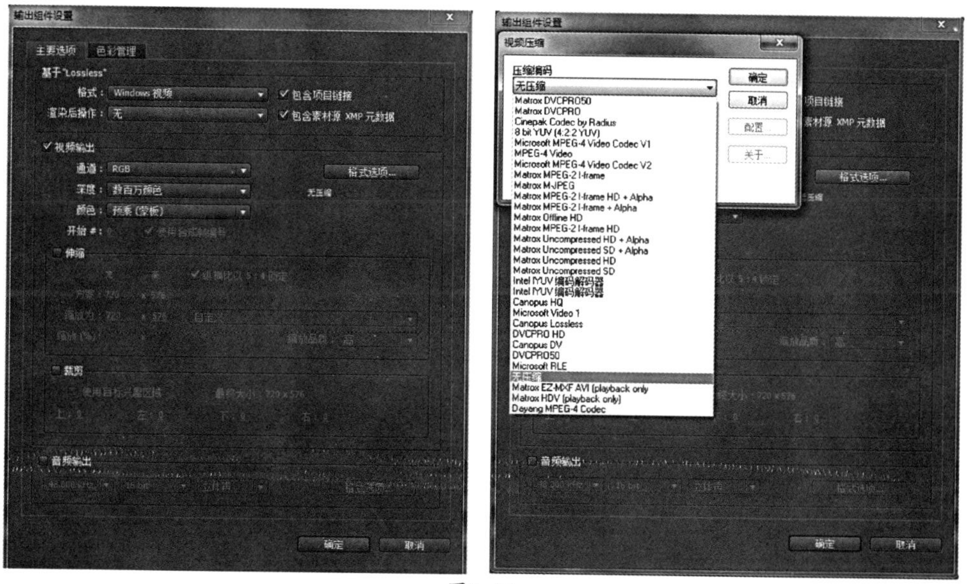

图1-15

7. 设置输出文件名，需注意的是，在After Effects输出文件时，建议以英文或数字命名输出到盘符根目录或英文路径下，点击【渲染】即可，如图所示：

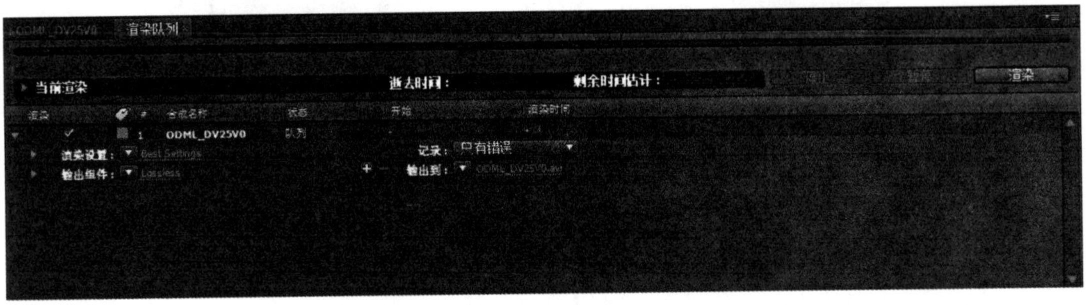

图1-16

建议After Effects软件输出以下列表文件中的编码格式，以确保能与大洋非编相互调用。

文件格式	压缩编码
AVI	Matrox Dvcpro50、Matrox Dvcpro、8Bit YUV(422YUV)、Matrox Mpeg-2_I、Matrox Mpeg-2_I HD Alpha、Matrox Mpeg-2_I Alpha、Matrox Mpeg-2_I HD、Matrox Uncom HD、Matrox Uncom SD、Dvcpro HD、Dvcpro50、无压缩（带通道）
QuickTime	Avid DNxHD 120 8bit、Avid DV 420、Avid dv100、dv PAL、DVCPRO PAL、MPEH-4、JPGE、PNG（带通道）

如果遇到需要输出带通道的视频的情况，建议AVI压缩编码设置为无压缩，通道选择RGB+Alpha格式；建议QuickTime压缩编码设置为PNG。

1.4 与Premiere文件交换

1.4.1 非编输出设置

大洋非编输出格式：建议D^3-Edit3.0非编输出以下列表文件编码格式，以确保能与Premiere软件相互调用。

文件格式	视频解码类型
OpenDML_AVI	DV25、DV50、DVHD、DVSD、H264、MPEG2_I、MPEG4、RGB_Unc、YUV_YUYV_M101_10BIT、YUV_YUYV_M101、YUV_YUYV、Wmv、PS_MPEG1、PS_MPEG2_IBP、ISO MP4_H263、ISO MP4_H264、ISO MP4_MPEG4、HDV
MSVFW_AVI	DV25、DV50、DVHD、DVSD、H264、MPEG2_I、MPEG4、RGB_Unc、YUV_YUYV_M101_10BIT、YUV_YUYV_M101、YUV_YUYV、ES_MPEG1、ES_MPEG2_IBP、ES_MPEG2_I、DVD、3GPP_H263、3GPP_H264、3GPP_MPEG4
QuickTime_Mov	DVCPAL、DVCProPAL、DVCPRO50、IMX50P、IMX40P、IMX30P、DVCProHD1080_50I、XDCAM HD422 HD1080_50I CBR、1080_50I DNxHD 185 8bit、1080_50I DNxHD 120 8bit、1080_50I DNxHD 185 10bit、1080_50I DNxHD_TR 120 8bit、H264 High p、H264 High 1080、MPEG4 SP、MS V3、MS V2、MS V1、MPEG4 ASP 1080

1.4.2 Premiere输出设置

1. 新建Premiere项目文件，点击【新建项目】，如图所示：

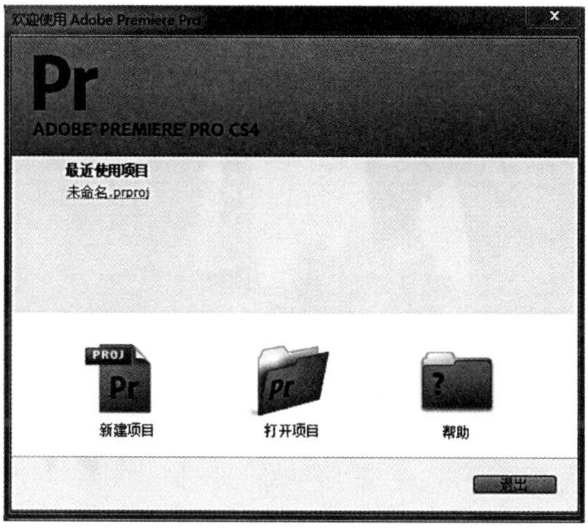

图1-17

2. 设置Premiere编辑环境，如图所示：

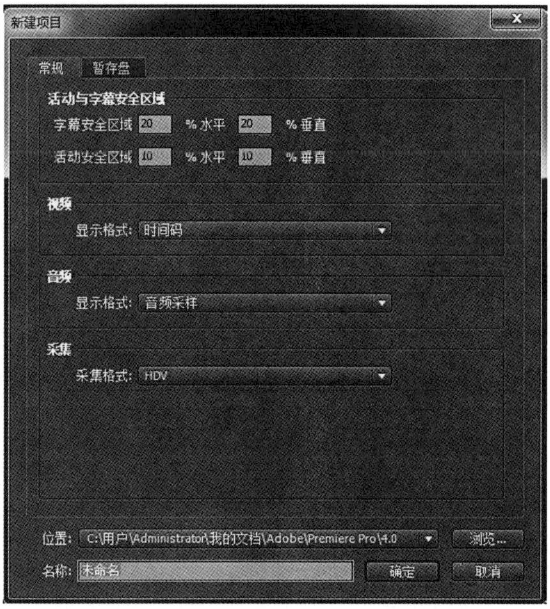

图1-18

3. 弹出新建序列对话框，设置序列属性；如果是高清模式，建议选择HDV 1080i25(50i)；如果是标清模式，建议选择DV-PAL，如图所示：

图1-19

4. 完成剪辑或包装后，点击【文件】/【导出】/【媒体……】，弹出导出设置，如图所示：

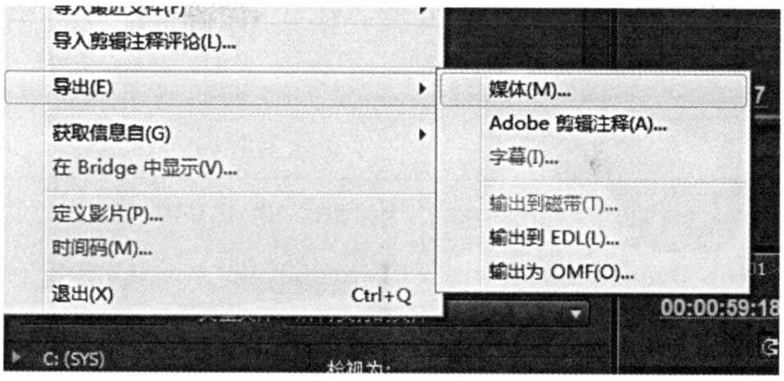

图1-20

5. 弹出导出设置界面，格式设置为【Microsoft avi】，输出名称地址设置为E盘，视频编解码器设置为【Matrox MPEG-2 I-frame】，基本设置中设置“宽度”为1920，“高度”为1080；点击【确定】按钮。

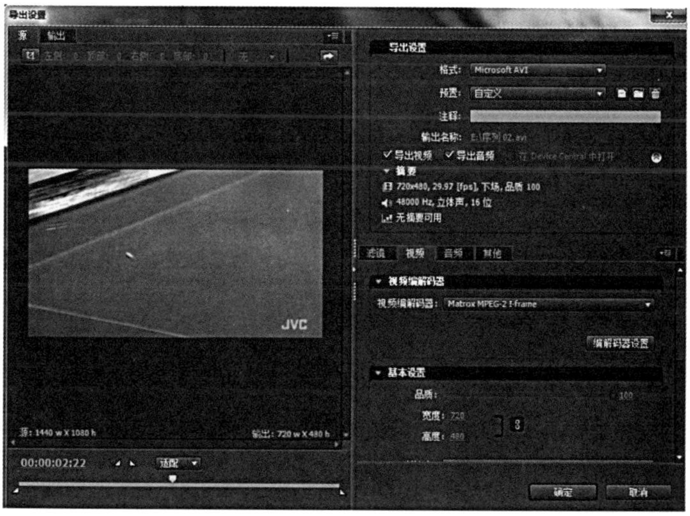

图1-21

6. 此时，弹出Adobe Media Encoder转码器，点击开始列队，输出视频文件。

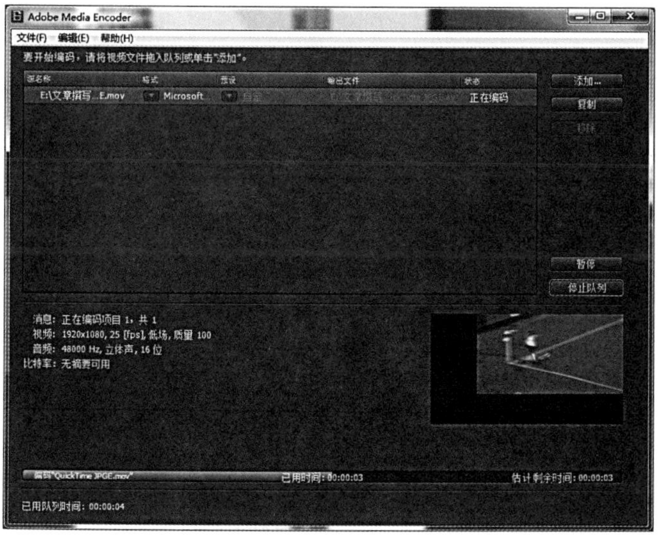

图1-22

建议Premiere软件输出以下列表中的文件编码格式，以确保能与大洋非编相互调用。

文件格式	视频编解码
Microsoft AVI	DV PAL（带通道）、Dvcpro50、Matrox DV DVCAM、Matrox Dvcpro、Matrox Dvcpro HD、Matrox Dvcpro50、Matrox Mpeg-2_i-frame、Matrox Mpeg-2_i-frame+Alpha、Matrox Mpeg-2_i-frameHD、Matrox Mpeg-2_i-frameHD+alpha、Matrox Uncom SD、Matrox Uncom HD、Matrox M-JPEG、Mpeg-4 Video、Uncom UYVY 422 8BIT
P2影片（MXF）	DVCPROHD 1080I 50、DVCPro50PAL、DVCPro25PAL
无压缩 Microsoft AVI	V210、UYVY
QuickTime	Avid DNxHD 120 8bit、Avid dv100、DV PAL、DVCPRO PAL、BMP、动画（带通道）、JPEG2000、MOTION JPEG A、MOTION JPEG B、H264、MPEH-4、JPGE、TGA（带通道）、UNC YUV 10BIT422、UNC YUV 8BIT422、PNG（带通道）
H.264	PAL DV 高质量、1440 x 1080i 25 高质量

1.5 与Edius文件交换

1.5.1 非编输出设置

大洋非编输出格式：建议D^3-Edit 3.0非编输出以下列表中的文件编码格式，以确保能与Edius软件相互调用。

文件格式	视频解码类型
OpenDML_AVI	DV25、DV50、DVHD、DVSD、H264、MPEG2_I、MPEG4、RGB_Unc、YUV_YUYV_M101_10BIT、YUV_YUYV_M101、YUV_YUYV、Wmv、PS_MPEG1、PS_MPEG2_IBP、ISO MP4_H264、ISO MP4_MPEG4、HDV、MXF_AVC_Inc_HD_UYVY、MXF_AVC_Inc_HD_YUYV、MXF_DV25、MXF_DV50、MXF_DVHD、MXF_DVSD、MXF_MPEG2_IBP
MSVFW_AVI	DV25、DV50、DVHD、DVSD、H264、MPEG2_I、MPEG4、YUV_YUYV_M101_10BIT、YUV_YUYV_M101、YUV_YUYV、ES_MPEG2_IBP、ES_MPEG2_I、DVD、3GPP_H263、3GPP_H264、MXF_MPEG2_I

QuickTime_Mov	DVCPAL、DVCProPAL、DVCPRO50、IMX50P、IMX40P、IMX30P、DVCProHD1080_50I、XDCAM HD422 HD1080_50I CBR、1080_50I DNxHD 185 8bit、1080_50I DNxHD 120 8bit、1080_50I DNxHD 185 10bit、1080_50I DNxHD_TR 120 8bit、H264 High p、H264 High 1080、MPEG4 SP、MS V3、MS V2、MS V1、MPEG4 ASP 1080

1.5.2 Edius输出设置

1. 双击Edius启动图标，点击新建预置，弹出预置对话框；并设置编辑环境，给新建预置命名，点击【确定】按钮，如图所示：

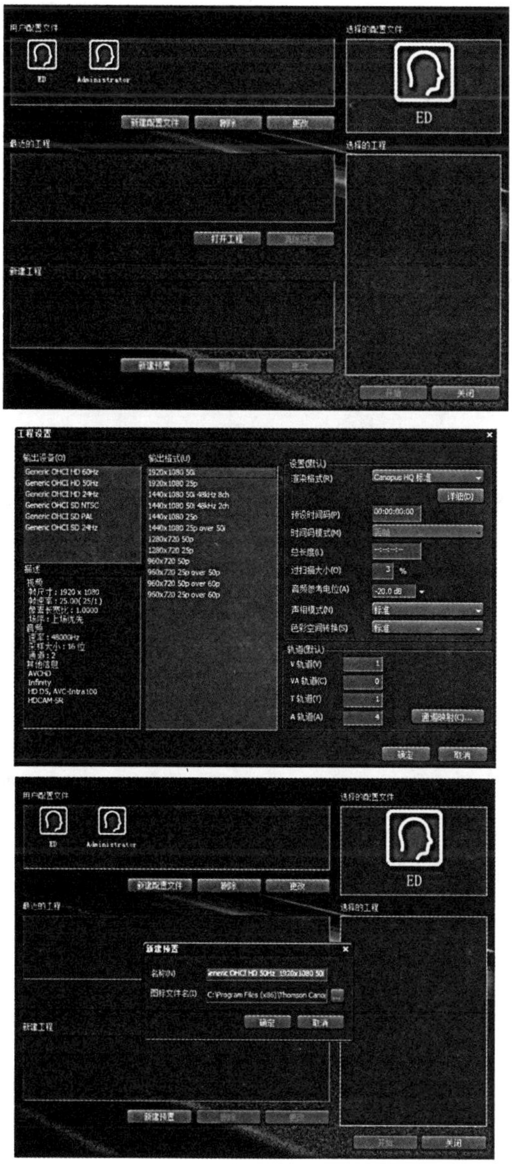

图1-23

2. 点选工程预置，点击开始；弹出工程名称设置，输入工程名称；点击【确认】按钮，进入Edius编辑界面，如图所示：

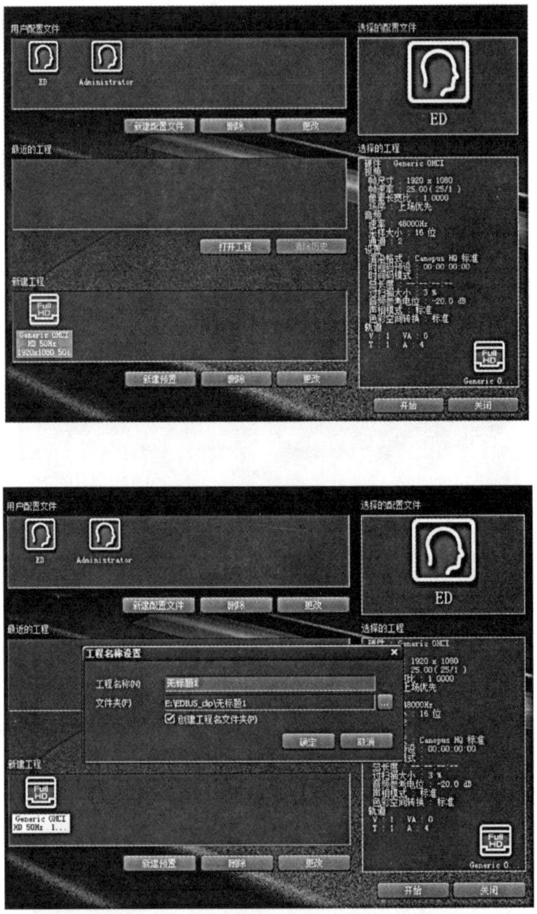

图1–24

3. 当完成节目编辑需要导出给大洋非编，可根据Edius常规输出方式输出；通过键盘给编辑好的节目打入出点，点击【输出】按钮；选择【输出到文件】，如图所示：

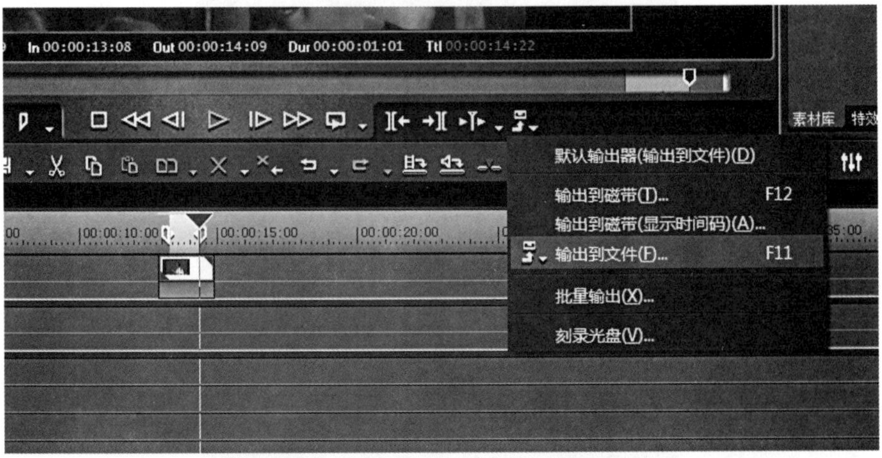

图1–25

4. 弹出【选择输出器插件】窗口，比如要输出一个AVI文件，视频编码是DVCPRO HD，选择AVI文件下的DVCPRO HD，勾选【开启转换】，隐藏的解码格式预置显示出来；或打开【高级】设置，更改需要输出的参数；点击输出或添加到批量输出列表中，如图所示：

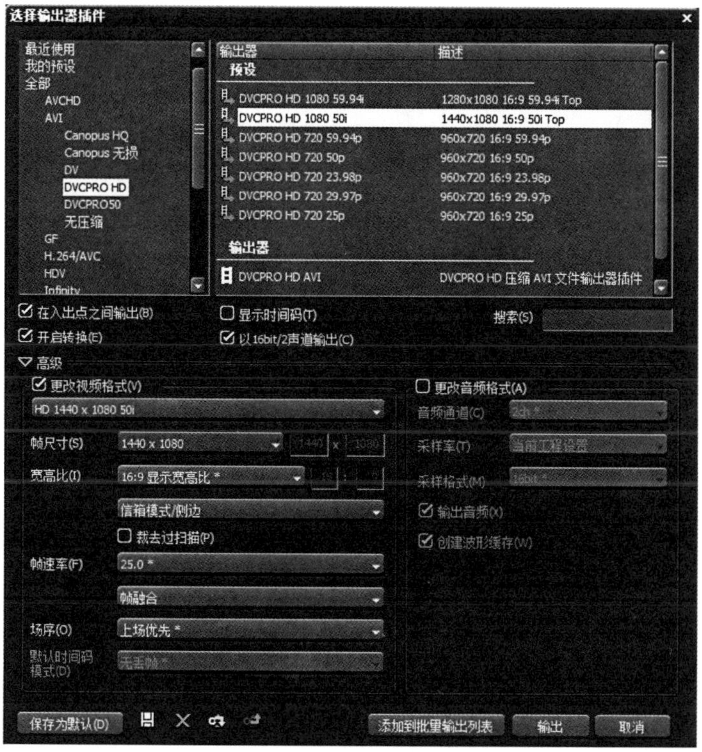

图1-26

5. 输出文件到本地硬盘，打开大洋非编，通过资源管理器导入Edius输出的文件，此外Edius输出的以下文件格式，也能与大洋非编相互调用。

文件格式	视频解码类型
AVI	AVCHD Sony、AVCHD Panasonic HA、AVCHD Canon、H.264/AVC、HDV、Infinity MPEG、Infinity DV、MPEG2、MPEG1、WMV、DV、DVCPRO、DVCPRO 50、DVCPRO HD、无压缩RGB、无压缩 UYVY、无压缩YUV2
MXF	AVCIntra MXF、DV MXF、DVCPRO25/50/HD MXF、MPEG2 MXF、P2 DVCPROHD、P2 AVC-Intra50/100、XDCAM DV、XDCAM HD、XDCAM EX、XDCAM MPEG IMX
QuickTime	QuickTime_Mov、Avid_DNxHD、H264、MPEG4、Avid DVCode、Photo Jpeg、动画

1.6 与FCP文件交换

1.6.1 非编输出设置

大洋非编输出格式：建议D^3-Edit3.0非编输出以下列表中的文件编码格式，以确保能与Fina Cut Pro 7软件相互调用，如果无法输出或FCP无法导入，请安装QuickTime及选购解码器。

文件格式	视频压缩类型
OpenDML_AVI	DV25、DV50、DVSD
MSVFW_AVI	DV25、DV50、DVSD
QuickTime_Mov	DVCProHD1080_50I、XDCAM HD422 HD1080_50I、Avid_DNxHD、H264、MPEG4、DVCPAL、DVCPro50、DVCProPAL、IMX50P、IMX40P、IMX30P
3GPP	3GPP_H263、3GPP_H264
DVD	MPEG2_IBP
ES	ES_MPEG1、ES_MPEG2_IBP
FLV	FLV_SD、FLV
ISO MP4	MP4_H264、MP4_MPEG4
MXF	AVC_Inc_HD、AVID_DNXHD、DV25、DV50、DVHD、DVSD、MPEG2_I_D10、MPEG2_IBP、MPEG2_I、XDCAM_DVSD、XDCAM_MPEG2_I_D10、XDCAM_MPEG2_IBP
PS	MPEG1、MPEG2_IBP
VCD	MPEG1
WMV	Windows_Media

1.6.2 Fina Cut Pro 7输出设置

1. 启动Fina Cut Pro 7后，点击上方菜单【Fina Cut Pro】/【音频/视频设置】，在概要页签中设置序列预置【DVCPRO HD-1080i50】，如图所示：

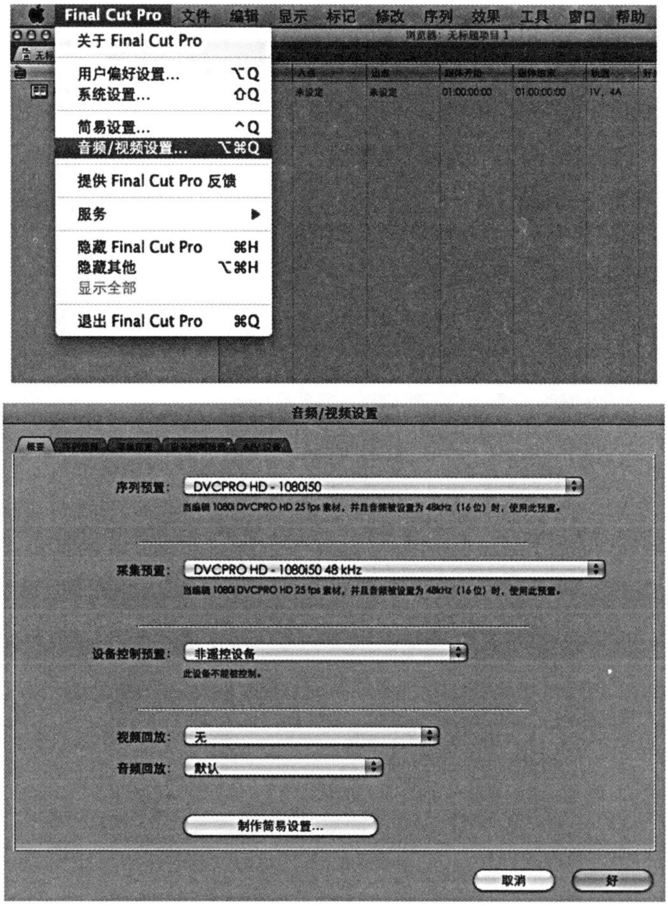

图1—27

2. 在浏览器中导入视音频素材，并拖到创建的时间线上，通过快捷方式设置好入出点，如图所示：

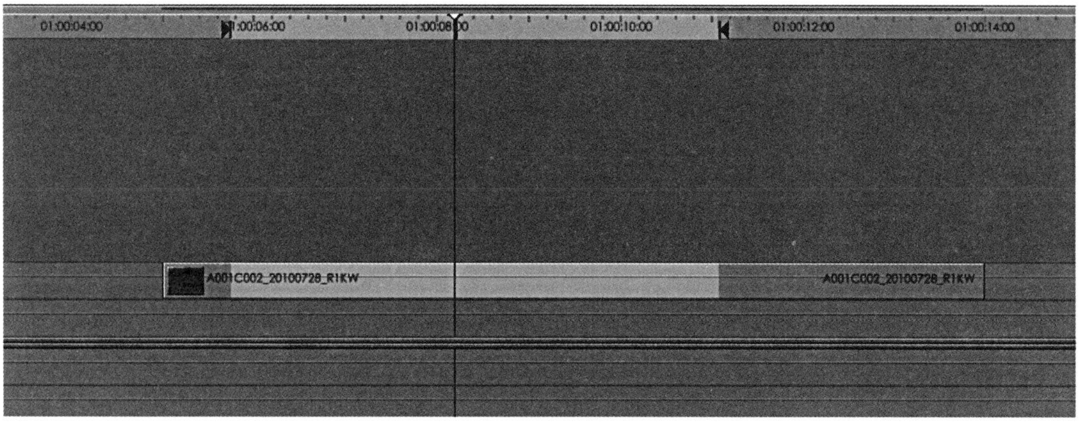

图1—28

3. 点击上方菜单【文件】/【导出】/【使用QuickTime变换……】，弹出存储窗口，如图所示：

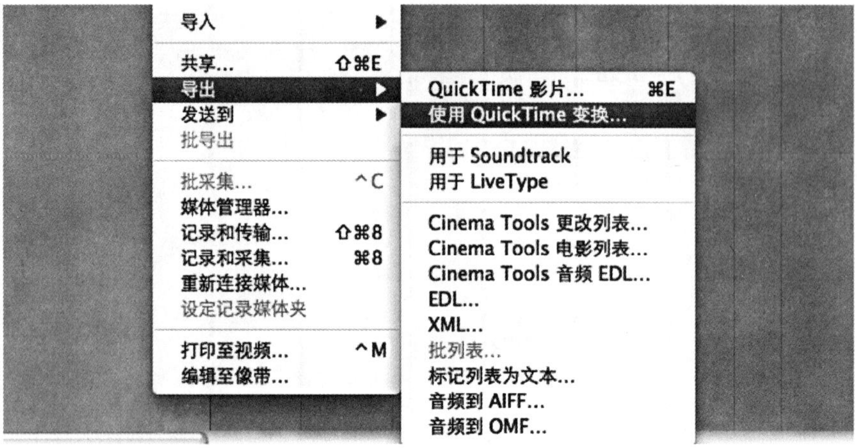

图1-29

4. 格式默认"QuickTime影片"，点击格式后方的"选项"按钮，弹出"影片设置"窗口，如图所示：

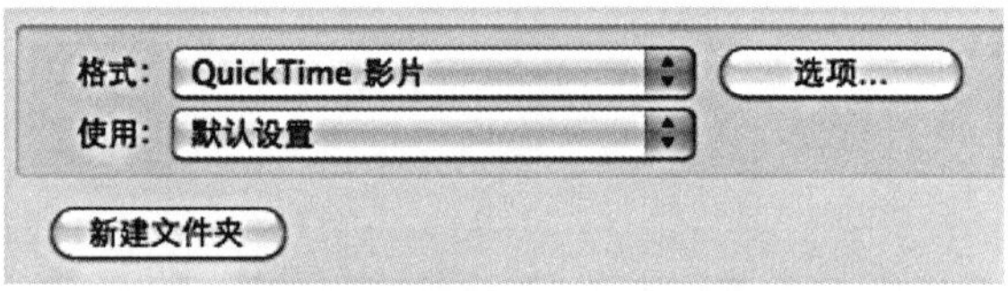

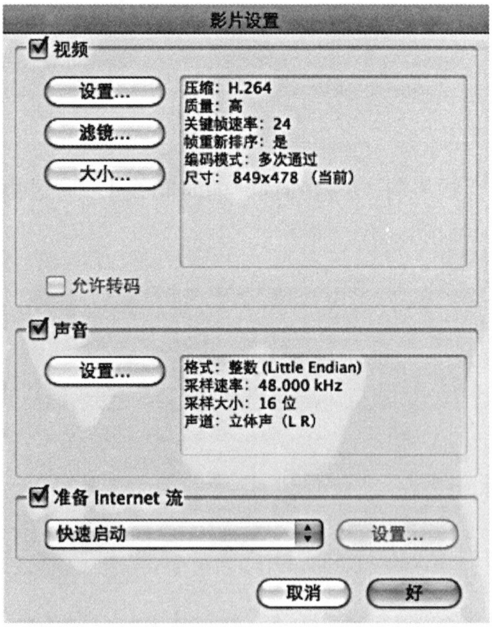

图1-30

5. 点击"设置"按钮，弹出"视频压缩设置"窗口，压缩类型为【DVCPRO HD-1080i50】，帧速率为25帧/秒，如图所示：

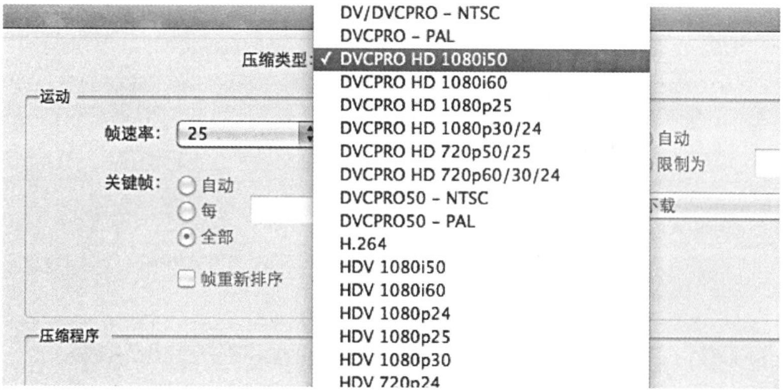

图1-31

6. 回到“影片设置”窗口中，点击“大小”按钮，设置尺寸为【1920x1080 HD】，最后点击确定，如图所示：

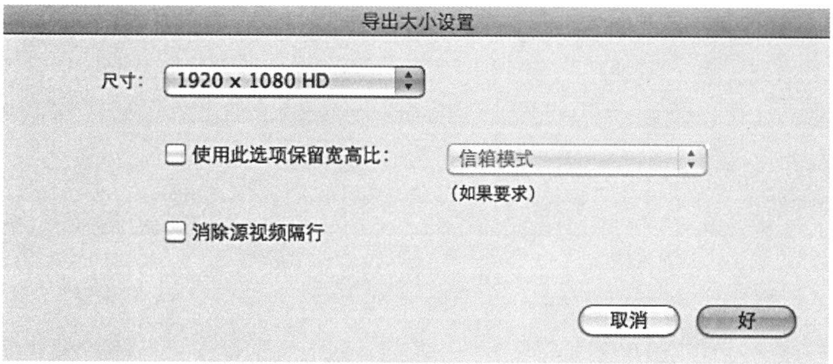

图1-32

7. 回到“存储窗口”中，设置好文件名，点击“存储”按钮即可。

1.6.3 Fina Cut Pro X输出设置

1. 启动Fina Cut Pro X后，点击上方菜单【文件】/【新建项目】，弹出新建项目设置窗口，设置需要输出素材编辑环境，设置如图所示：

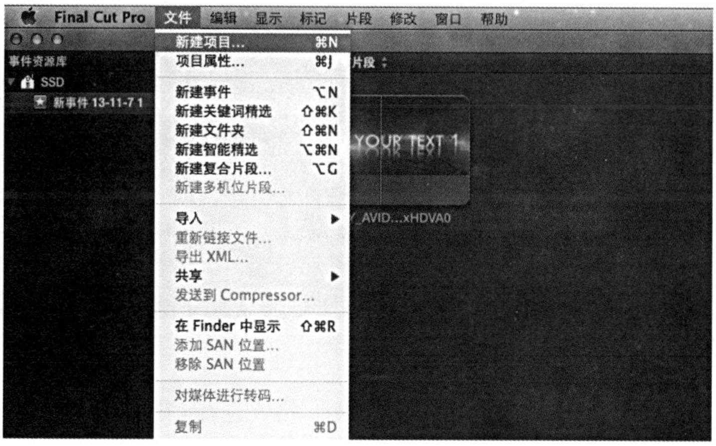

图1-33

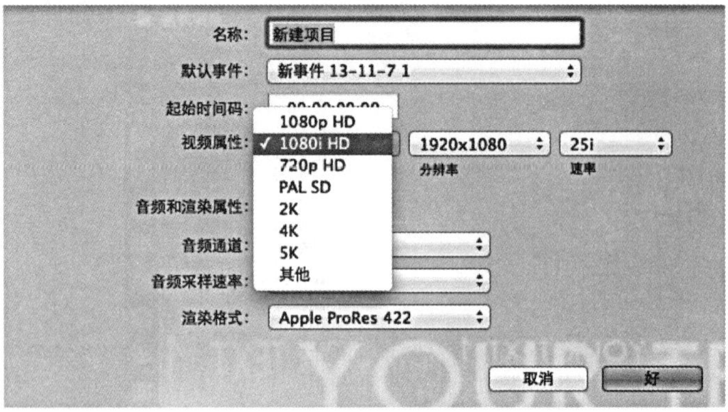

图1-34

2. 导入素材，并拖到时间线上，设置好入出点，点击时间线右边【输出】图标，选择【母版文件】，如图所示：

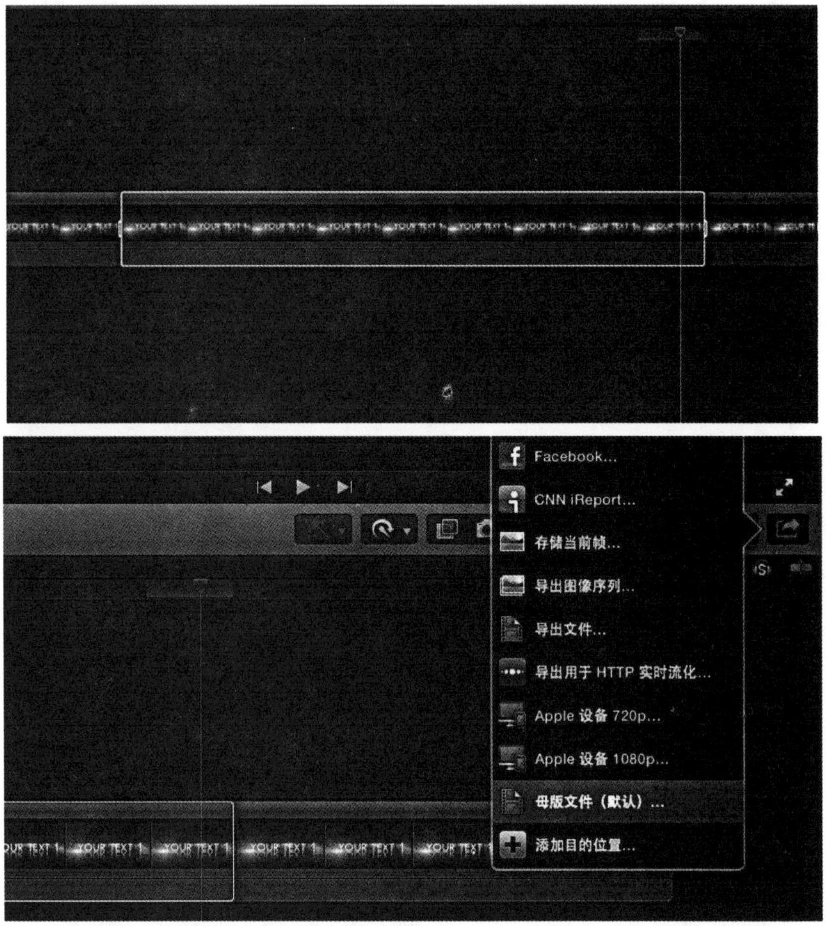

图1-35

3. 弹出【母版文件】对话框，点击【设置】按钮，格式选择【视频和音频】，视频编解码器选择【Apple Pro 422】，如图所示：

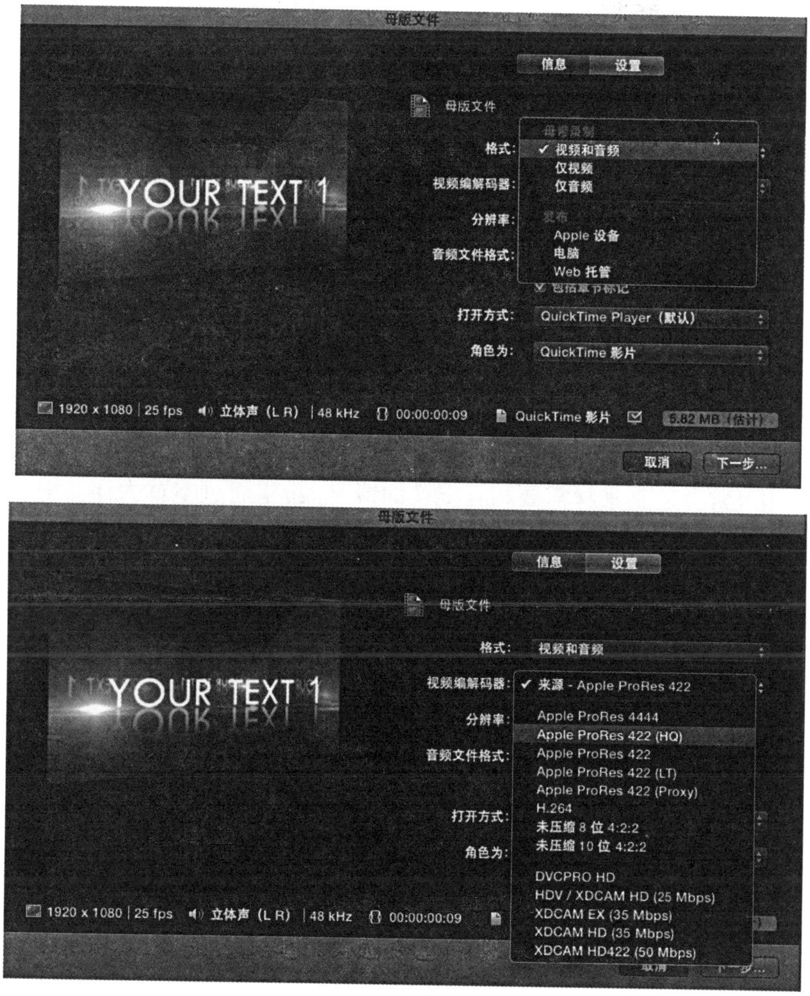

图1-36

4. 点击【下一步】按钮，设置好存储路径及文件名，点击【存储】按钮，输出即可，如图所示；

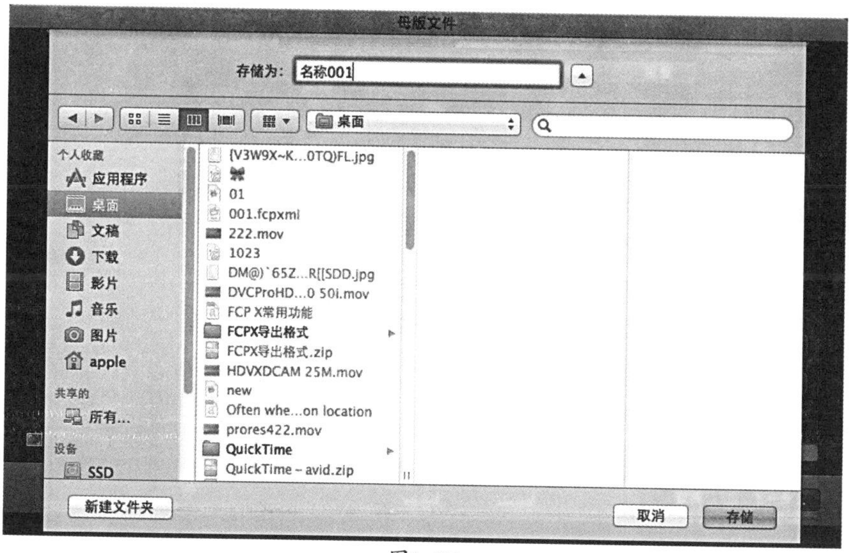

图1-37

根据Fina Cut Pro 7与Fina Cut Pro X安装的编码器情况，输出格式也会不断地增加，建议输出以下QuickTime影片文件格式，以确保能与大洋非编相互调用。

文件格式	视频压缩类型
QuickTime_Mov	Apple Prores 422(HQ)、Apple Prores 422、Avid DNxHD、DV、DV-PAL、DVCPRO、DVCPRO_PAL、DVCPRO50、DVCPRO50_PAL、DVCPRO HD 1080i50、H.264、HDV 1080i50、MPEG IMX 525、Photo - JPEG、XDCAM EX 1080i50、XDCAM HD 1080i50、XDCAM HD422 1080i50、未压缩8位4:2:2、未压缩10位4:2:2

后期制作中经常会遇到素材需要相互交换的情况，希望通过本章大洋非编与其他第三方软件的文件交换使用介绍，大家学会如何设置和输出交换文件，有助于提高工作效率和解决问题的能力。

思考题

1. 从哪里获取编解码器？
2. 如何安装编解码器？
3. 大洋非编有哪些常用格式与第三方软件交换？

第2章　常见问题

2.1 软件启动问题

2.1.1 开启软件提示“请安装加密狗”

图2-1

问题分析：PostPack非编3.0软件采用硬加密方式，即使用硬件加密狗进行授权（加密狗内置在机箱里），此提示说明软件启动过程中未正确识别到加密狗，可能的原因有加密狗未安装（仅限纯软版）、加密狗驱动异常或加密狗损坏。

解决方法：依次按照下面步骤逐一排查。

1. 打开WIN7设备管理器查看加密狗状态，正常情况如下图：

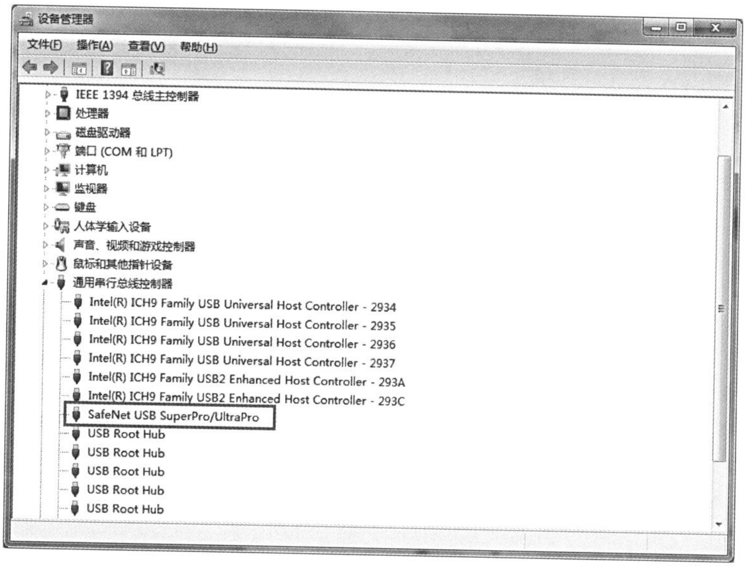

图2-2

2. 如果在设备管理器中看到加密狗有“黄叹号”提示，则说明是加密狗驱动问题，重新安装加密狗驱动即可，驱动路径C:\DaYang\SoftDriver\newdogdriver_new\SuperProNet Combo Installer\ Sentinel System Driver Installer 7.4.2.exe。

3. 如果设备管理器中没有检测到加密狗设备，请先确认是否已经安装加密狗（仅限纯软版），其次可尝试重新插拔加密狗（内置在机箱里），如果仍然检测不到，则有可能是加密狗硬件损毁，需要联系厂商进行更换。

2.1.2 登录软件提示“取得板卡信息失败”

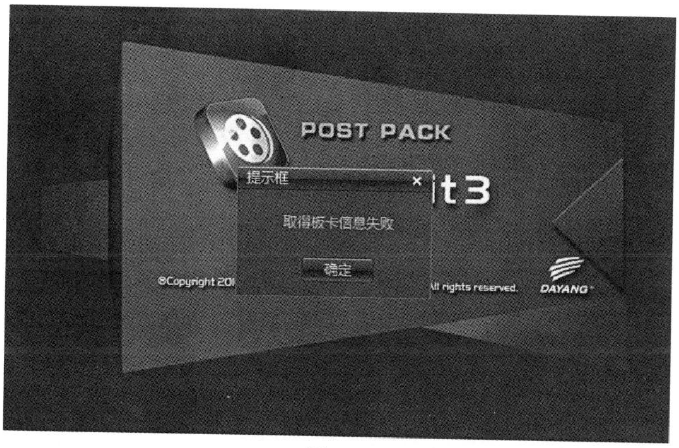

图2-3

问题分析：非编软件通过大洋自产的RedBridge红桥板卡实现信号的输入输出，软件开启时需要加载板卡，有此提示则说明加载板卡失败，可能的原因是插件设置中板卡型号选择错误或者板卡驱动丢失，部分杀毒软件会对大洋板卡驱动进行误杀是驱动丢失的原因之一。

解决方法：依次按照下面步骤逐一排查。

1. 打开WIN7设备管理器查看板卡状态，正常情况如下图：

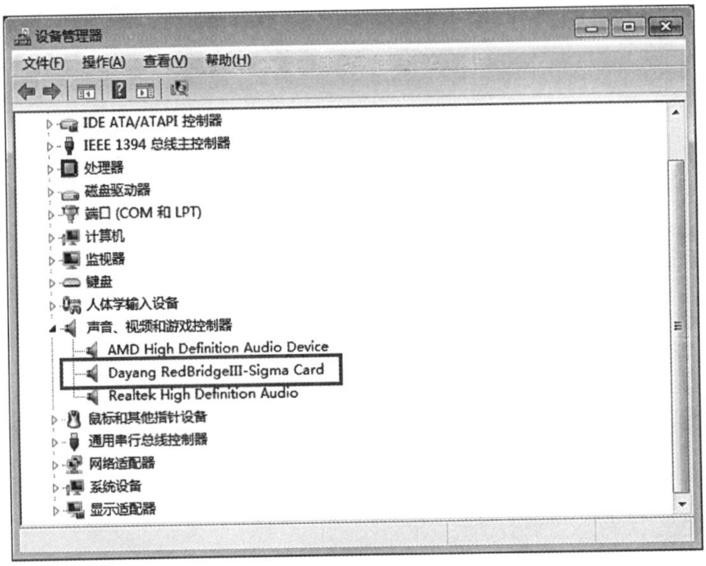

图2-4

2. 如果在设备管理器中看到RedBridgeIII板卡有“黄叹号”提示，则说明没有正确安装驱动或驱动丢失，重新安装板卡驱动，驱动在随机附送的光盘中\Drivers\RBIII_drivers目录下。

3. 如果在设备管理中查看RedBridgeIII板卡驱动正常，进一步查看插件设置是否正常，点击【开始】/【所有程序】/【Dayang】/【设置】/【系统参数设置】，在对话框中选择【插件设置】页签。“系统”选择XEdit，“视频插件”及“音频插件”选择REDBRIDGEIII；若用户使用的为纯软版软件，则后两项都选择SOFTWARE。

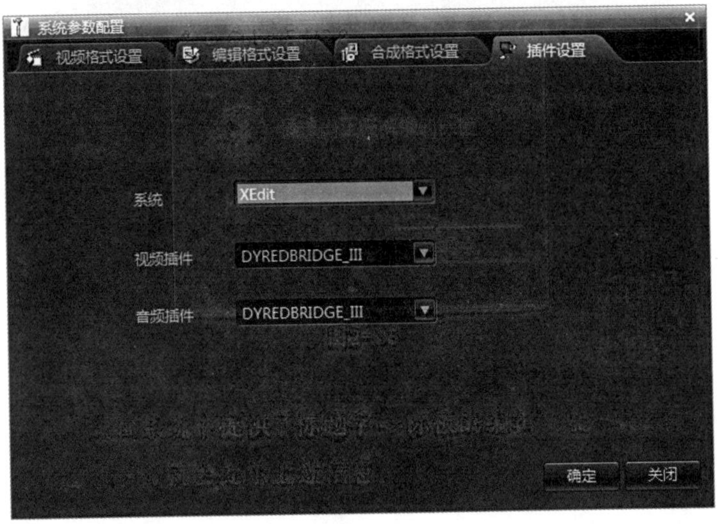

图2-5

2.1.3 开启软件提示“数据连接不成功，是否重新配置数据库？”

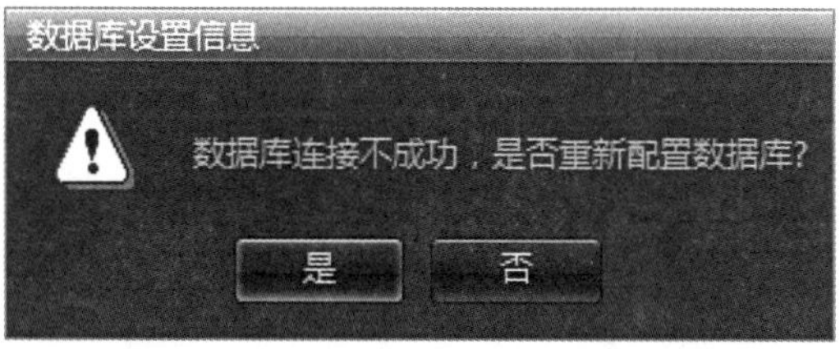

图2-6

问题分析：PostPack3.0软件中的数据信息全部存放在SQLServer数据库中，软件登录时需要调用数据库，出现上图提示则说明数据库的加载不成功，可能原因有数据库连接设置错误、数据库软件工作不正常和数据库文件损坏。

解决方法：依次按照下面步骤逐一排查。

1. 查看数据库连接设置是否正确。在上图界面点击【是】按钮，或者点击【开始】/【所有程序】/【Dayang】/【设置】/【数据库设置】进入到下图界面，查看“资源管理数据库”及“网络管理系统数据库”配置信息，“服务器”应为当前计算机的名称，若更改过计算机名称则此处需要做相应改动，“数据库类型”为SQLSERVER，“数据库名称”分别为大洋commondatabase30和dynetmanage30，“用户名”为sa，“密码”为dayang，配置正确后点击【数据库连接测试】按钮会提示“数据库连接成功”。

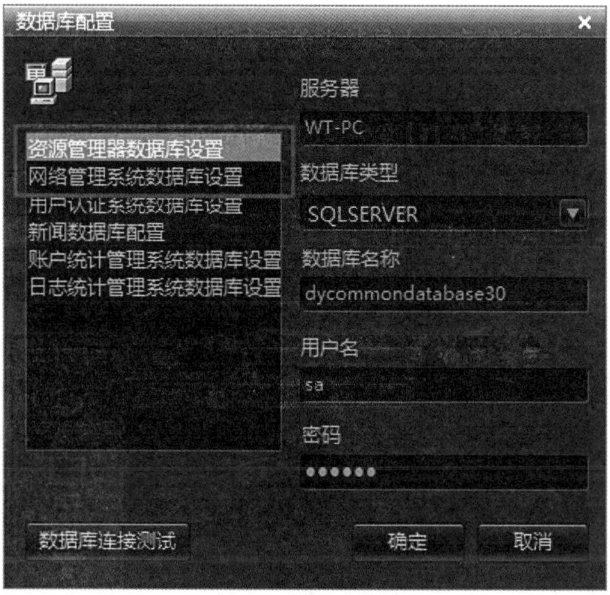

图2-7

2. 若上述配置都正确，仍然提示无法连接，请确认SQLserver2008软件是否能正常工作，没有被意外卸载或数据库被删除的情况。

2.2 素材采集问题

2.2.1 视音频采集无信号

图2-8

问题分析：视音频采集通过传统的视音频线连接录放机和大洋设备进行采集，首先需要正确的连接视音频线，其次需要在软件中设置相应的信号通道，再次需要注意软件制式和信号制式的匹配。

解决方法：依次按照下面步骤逐一排查。

1. 检查大洋设备和录放机之间的连接线，查看视音频线有没有接错、接反或虚接，可将信号线直接连接监视器，来查看输出信号是否正常。

2. 在视音频采集界面选择【参数设置】页签，“Video Input Type”选择对应的视频通道，“音频输入类型”选择对应的音频通道，例如大洋设备和录放机之间视频信号通过SDI线连接，音频走SDI内嵌音频，“视频输入类型”处应相应选择SDI，“音频输入类型”处选择SDI。

图2-9

3. 还有一种没信号的原因是软件制式设置不正确，采集标清信号时需要将软件制式设置为PAL，采集高清时设置为1080/50i，例如录放机给的是一路标清SDI信号，此时如果软件制式设置在高清1080/50i下就会没信号输入，所以首先确定信号来源是高清还是标清，然后将软件设置在对应的制式上。软件制式设置点击WIN7【开始】/【所有程序】/【Dayang】/【设置】/【系统参数设置】/【视频格式设置】页签，国内编辑标清“视频制式”选择PAL，编辑高清选择1080/50i。

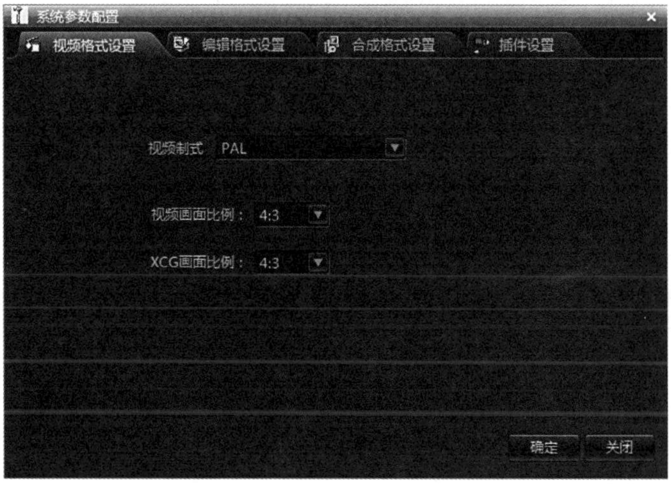

图2-10

2.2.2 视音频采集画面错位抖动（不同步）

图2-11

问题分析：非编单机直连录放机使用一般不需要额外同步，这种情况下软件中锁相方式应选“内同步”，在有统一同步源的环境或内同步无法同步的情况下，需要额外接同步信号，使用同步信号的情况下一般选择“黑场同步BB”。

解决方法：依次按照下面步骤逐一排查。

1. 无同步源的情况下，首先确定同步方式选择是否正确。点击【系统】/【视频参数设置】/【RBIII】页签，“Genlock Type”应选择internal（内同步）。

2. 有同步源的情况下，"Genlock Type"应选择BB。

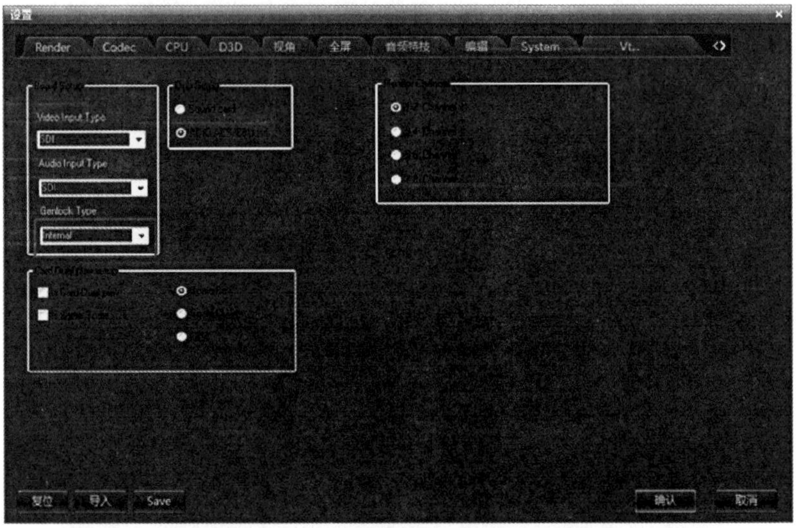

图2-12

2.2.3 1394采集提示"1394设备初始化失败！"

问题分析：正确的1394设备使用方法应该是先连接1394线，再开启1394设备；拔除DV设备前先关闭设备。如果在设备开启的状态下插拔1394线，极有可能损坏DV设备的1394口，请千万注意！

图2-13

解决方法：依次按照下面的步骤逐一排查。

1. 首先连接好1394线，开启采集设备后Windows桌面右下角会提示已插入设备，在设备管理器中也能看到相应设备，如果连接后无提示且设备管理器中无设备，请检查确认1394线已经正确连接，如线缆连接正确但Windows仍然检测不到1394设备，就需要确认录放机/DV的1394口是否损坏。

图2-14

2. 开启1394采集时对Windows显示器颜色有要求，需要在WIN7桌面颜色设置中设置显示器颜色为真彩色32位。

图2-15

3. 确认1394所连接设备已经设置在DV/HDV模式。

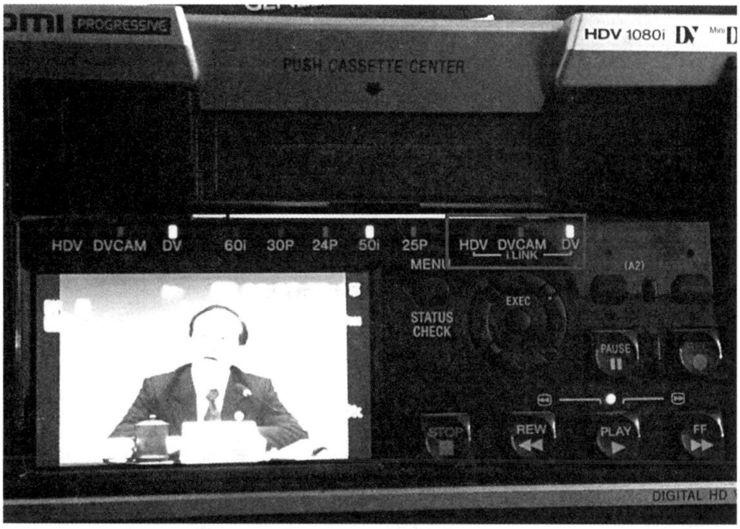

图2-16

4. 1394自带控制协议，确认DV设备已经设置在遥控模式（Remote），如果设备不支持1394遥控，点击WIN7【开始】/【所有程序】/【Dayang】/【设置】/【IEEE1394设置】，取消勾选 “是可控DV设备” 选项。

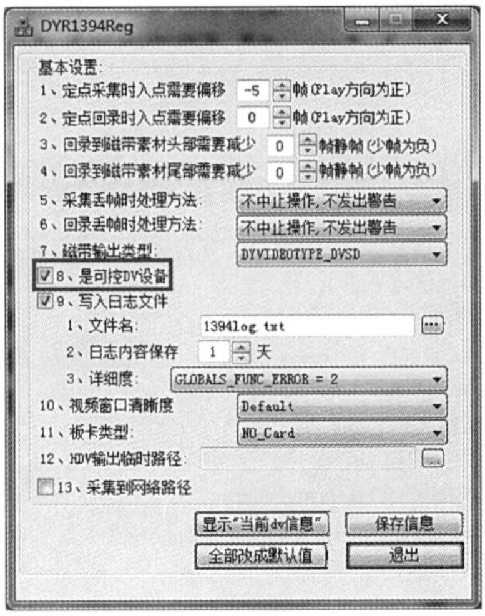

图2-17

2.2.4 采集素材到10分钟左右自动停止

解决方法：MSVFW_AVI格式文件的大小限制是1.99G，如果将采集格式设置成了MSVFW_AVI格式就会导致上述问题，建议采集时使用默认采集格式。

2.2.5 导入TGA序列文件不带通道

解决方法：如果想要TGA序列合成后的文件带通道，那么第三方软件（例如AE）生成的TGA序列文件必须带通道，TGA文件只有保存为32位色才能保留Alpha通道信息，生成TGA序列时选择了16位和24位色会导致Alpha通道信息丢失，导入大洋后自然不带通道。

2.3 素材导入问题

2.3.1 导入素材时打开文件目录无文件显示

图2-18

解决方法：导入素材时打开素材目录却看不到里面的文件，这是因为“文件打开对话框”默认文件类型为：All Supported files，一部分文件格式并未被列入默认支持的格式，所以被屏蔽了，将“文件类型”从All Supported files更改为All files(*.*)即可显示所有文件，另外Post Pack非编3.0软件支持“拖拽导入”的方式，导入素材时直接拖拽文件到资源管理器即可，这样操作更快捷。

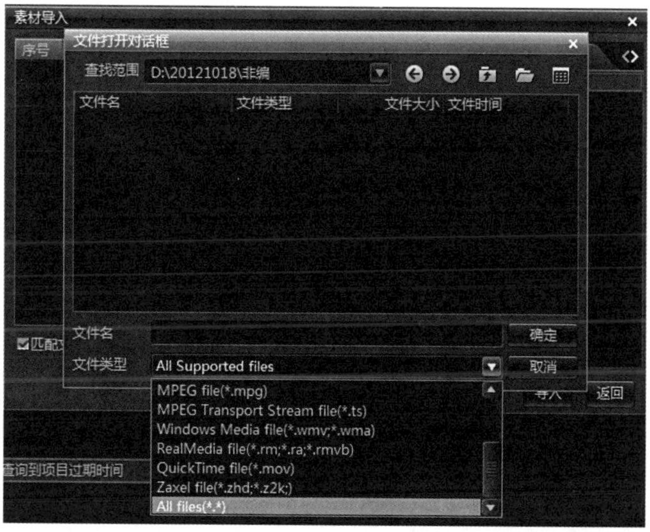

图2-19

2.3.2 导入素材提示“不符合当前编辑格式，导入后在当前格式设置下无法显示！”

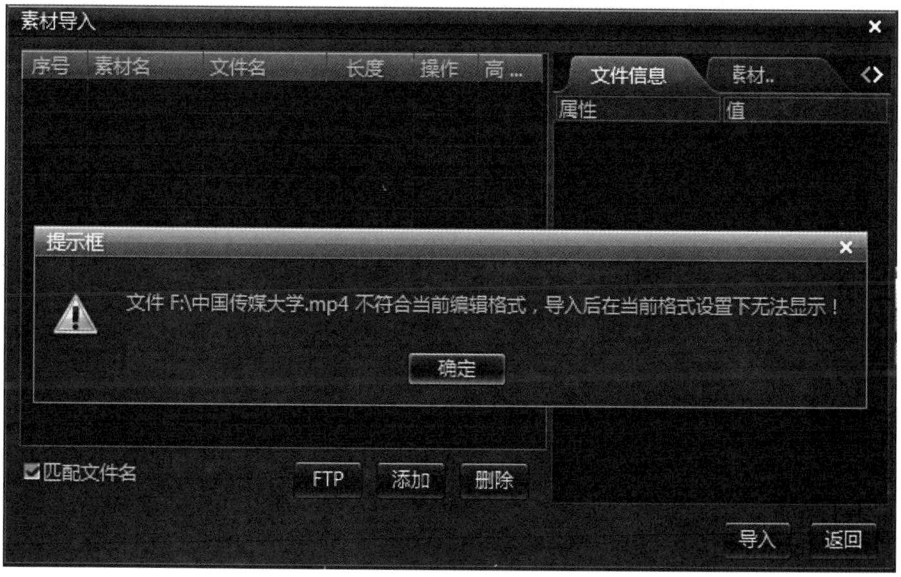

图2-20

解决方法：出现此类提示一般是导入文件的编码格式不规范或制式不对，可通过导入时转码来解决，在导入提示界面点击【确定】按钮，素材进入到导入列表，点击素材右边的【高级】按钮进入到【转码设置】页签，点击【添增】按钮，选择正确的转码格式后点击【导入】即可。

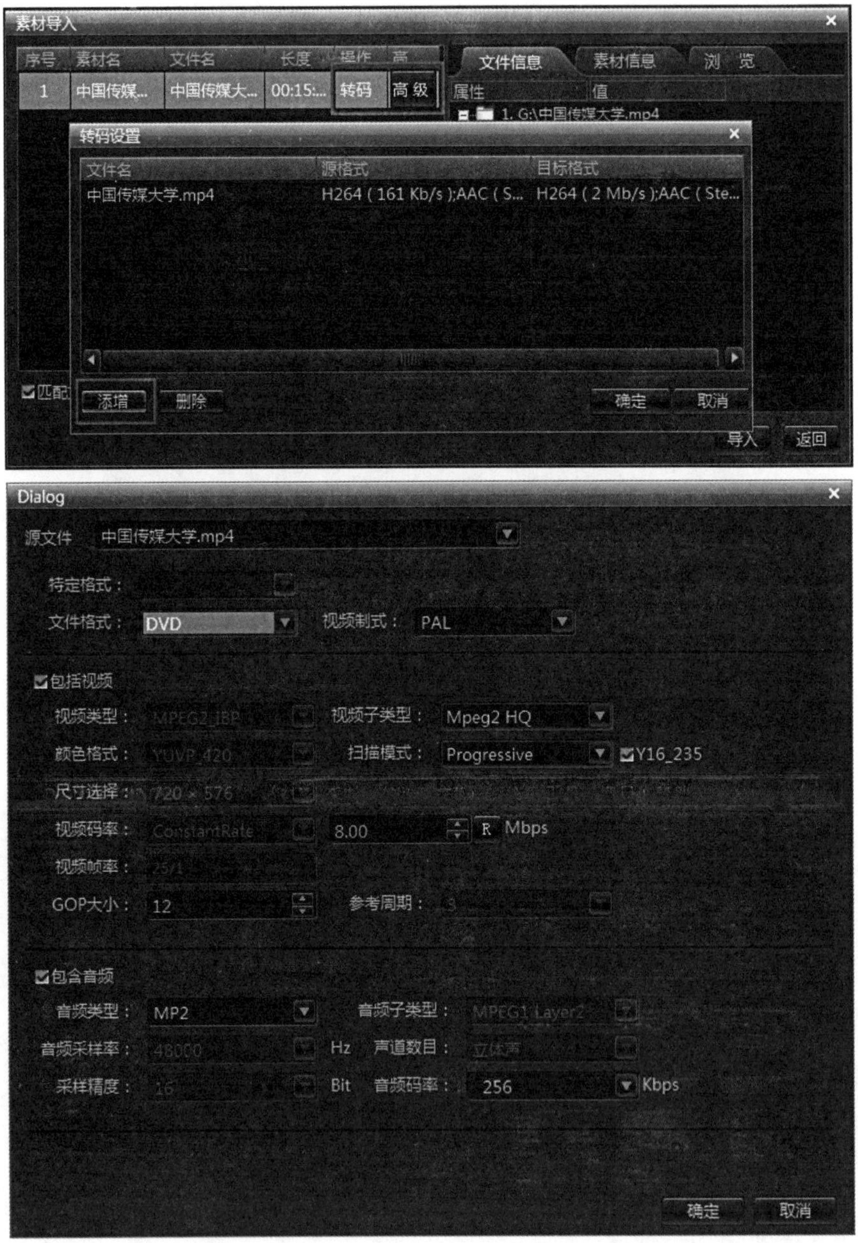

图2-21

2.3.3 导入素材提示“解码错误，此文件被忽略！”

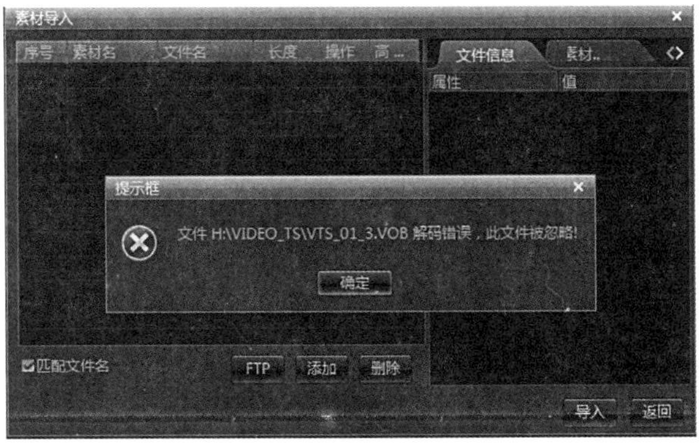

图2-22

解决方法：视频素材的制式和编码格式千差万别，Post Pack非编软件也不能保证全部支持，此种情况只能根据前一章里介绍的知识借助第三方转码软件尝试转码后导入。

2.3.4 无法导入DNxHD、MTS和M2TS格式素材

解决方法：DNxHD格式文件以及部分DV拍摄的后缀为.mts、m2ts素材(音频编码格式为AC3)，由于DNxHD格式文件的解码器以及杜比AC3音频解码器需要额外付专利费用，属于软件选配，如果购买时未选配则需要购买后才能兼容这些格式。

2.3.5 导入图片时只显示图片的局部

解决方法：数码相机拍摄的图片像素远远高于高清视频的分辨率，所以默认设置下导入后只能显示图片的局部，可以在软件中进行相应设置。点击【系统】菜单，选择【用户喜好设置】/【字幕设置】/【导入图片设置】进行设置。

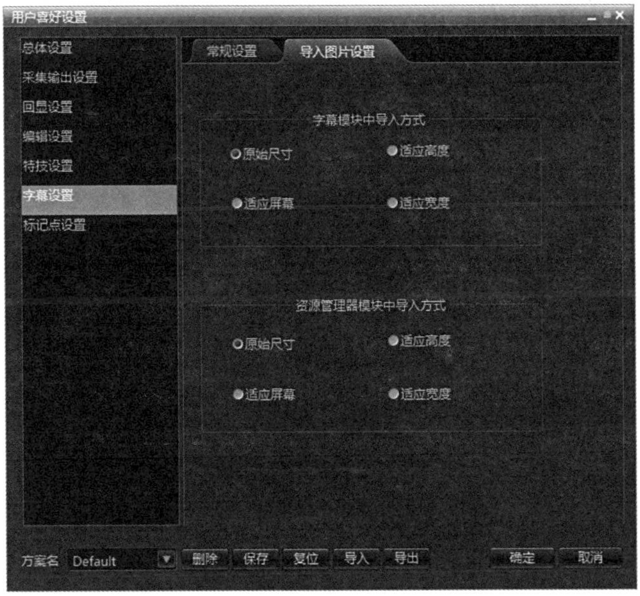

图2-23

2.4 素材“丢失”问题

素材“丢失”一般分为两种情况：一是素材在资源管理器中仍然存在，但回放黑屏无显示，而且故事板上该素材变“斜杠”；第二种是打开资源管理器里面是空的，素材都不见了，针对这两种情况可以按照以下方法进行排查。

2.4.1 故事板上素材显示变斜杠，回放窗及监视器黑屏无显示

问题分析：软件默认的素材存放路径为E:\Clip目录，素材变斜杠说明素材不可用，对应的物理文件丢失或不能正确读取，可能的原因有文件被误删除、素材存放路径被更改或磁盘丢失。

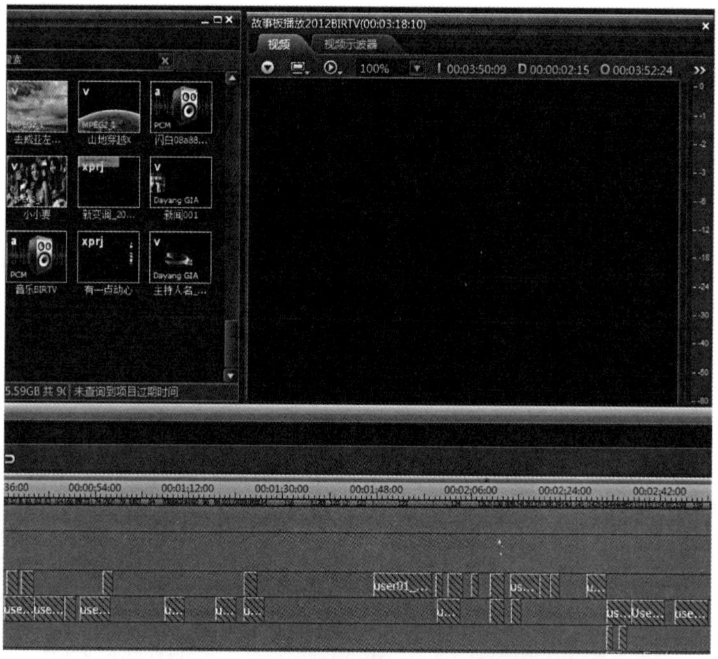

图2-24

解决办法：对照以下两种情况来逐一排查。

1. 如果故事板上个别素材出现黑屏无法浏览，首先在资源管理器中确认该素材是否被删除，如果素材还在，选中该素材点击右键选择【属性】，在【数据文件】界面查看该素材的存放路径，确认物理文件是否还在相应目录下。一般来说如果素材在软件默认的路径（E:/Clip）下被删除的可能性很小，大部分情况是用户在导入素材时采用了“保留”方式，当删除了这些文件或拔除了优盘、移动硬盘后素材就丢失了。

图2-25

2. 如果故事板上大量素材显示变斜杠且资源管理器中素材图标“VA”均变小写，先确认存放素材物理文件的路径是否能访问。默认路径为E:\Clip，目录是否被改名，盘符是否被更改或丢失，若有更改请改回原来目录名称和盘符即可，若磁盘丢失请确认是否为硬件故障，制作时请确认网络存储连接正常。

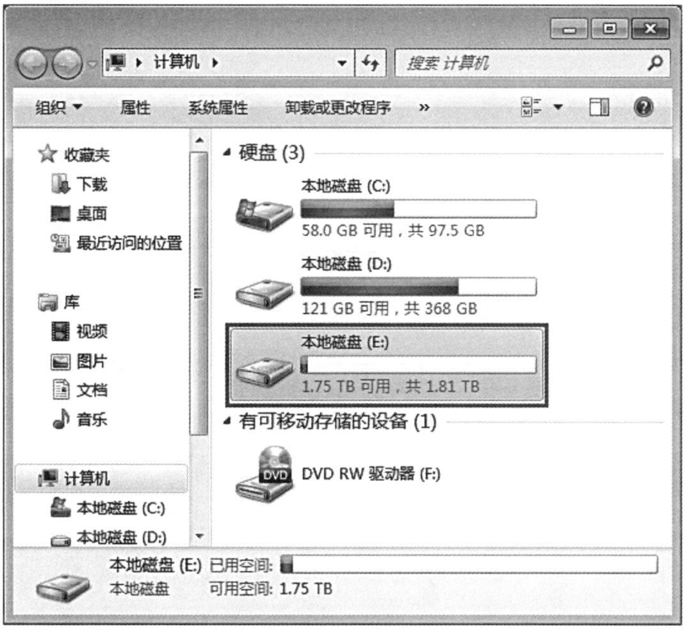

图2-26

2.4.2 进入软件后资源管理器中显示无素材

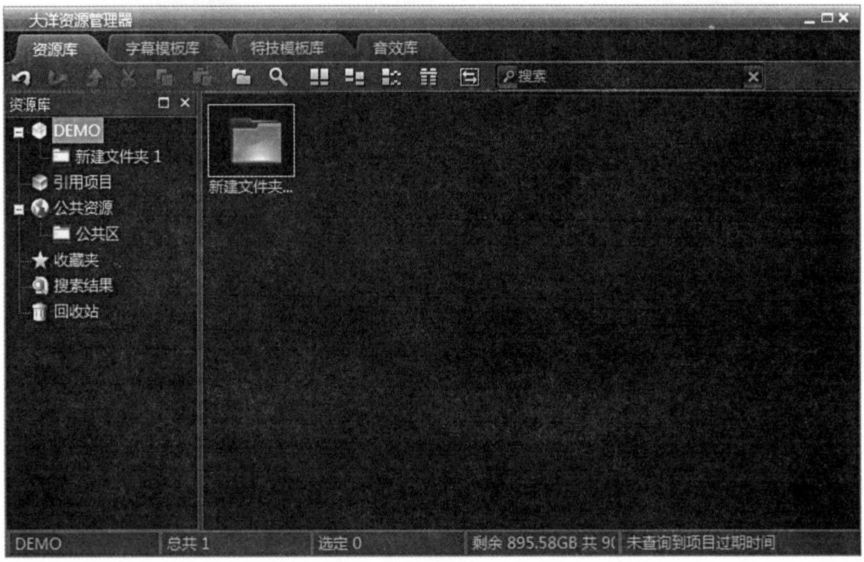

图2-27

问题分析：打开资源管理器时无素材有两种原因：一是软件制式设置不正确，在NTSC下是无法显示PAL制素材的，所以出现素材全部"丢失"的情况；还有一种可能是用户进入了资源管理器的空文件夹并且取消了左侧资源库显示，导致资源管理器里素材"丢失"。

解决方法：依次按照下面步骤逐一排查。

1. 首先查看视频制式选择是否正确，在NTSC制式下是不会显示PAL制素材的，点击WIN7【开始】/【所有程序】/【Dayang】/【设置】/【系统参数设置】/【视频格式设置】页签，国内编辑标清"视频制式"选择PAL，编辑高清选择1080/50i。

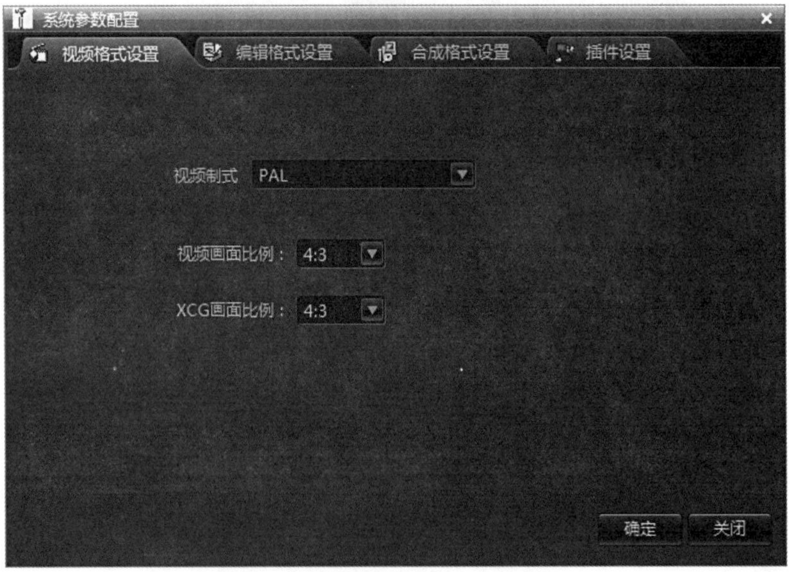

图2-28

2. 如果打开软件资源管理如下图所示，则是因为隐藏了资源库导致，点击【资源库】按钮恢复资源库显示即可。

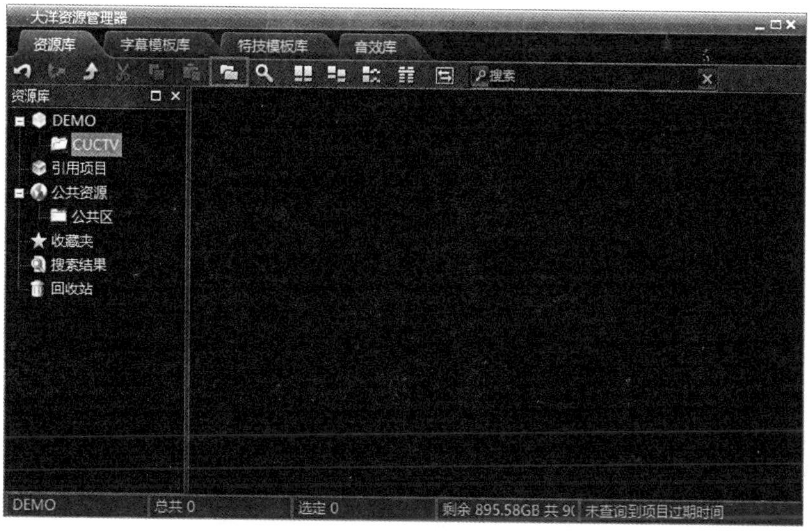

图2-29

2.5 编辑问题

2.5.1 素材无法添加到轨道上

解决方法：素材无法添加到轨道，或是轨道上素材无法移动、删除等，通常和点选了钢笔工具有关。请确认编辑窗下排的钢笔工具是否选中，如果选中则编辑窗处于特技曲线编辑模式，再次点击，则切换回素材编辑的正常编辑状态。

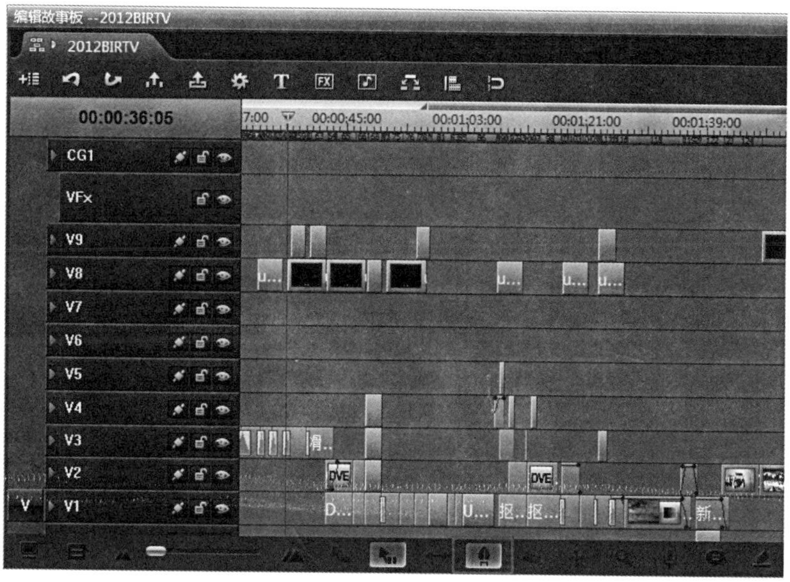

图2-30

2.5.2 编辑过程中死机或软件意外退出

解决方法：编辑过程中突遇停电、死机、软件意外退出等情况，故事板又没保存肯定是最糟糕的，不过不用紧张，PostPack软件提供了完善的备份机制。可依次按照以下步骤恢复。

1. 重新打开故事板后会看到一个恢复列表。

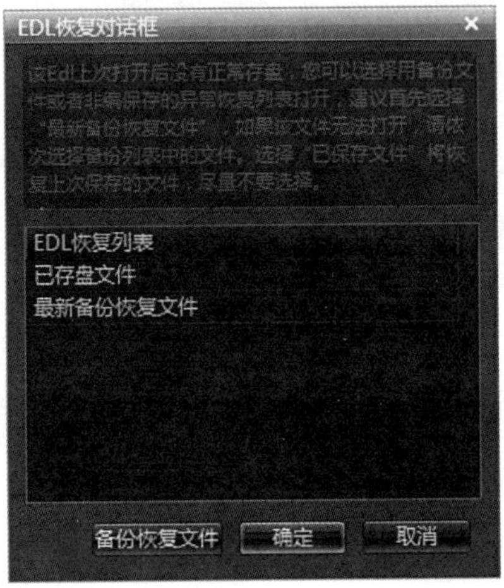

图2-31

2. 先选择最新备份恢复文件，如果打不开请依次从下至上尝试，直到打开故事板为止，确认故事板无误的情况下再关闭对话框。

2.5.3 遥控采集/输出到磁带入点不准

解决方法：故事输出到磁带入点不准可通过软件内置的帧精度调整解决，在故事板输出界面选择【录机参数设置】按钮，调整VTR参数。

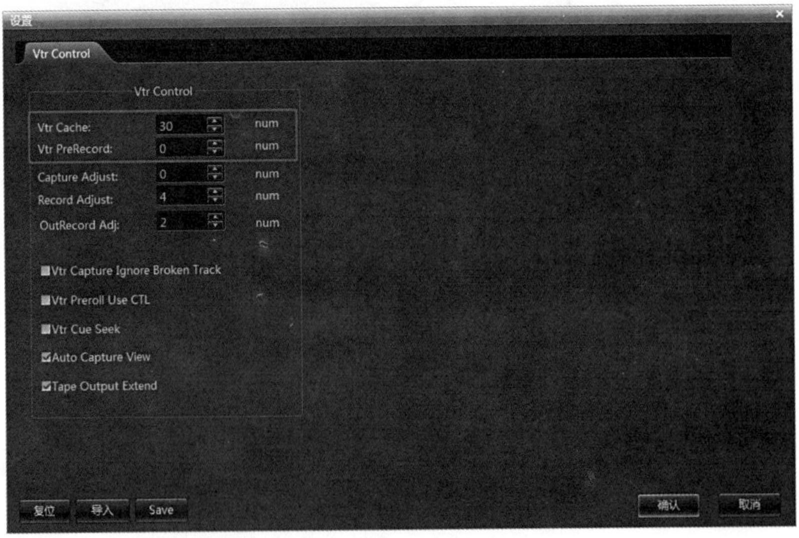

图2-32

2.5.4 如何生成高质量且普通播放器能播放的高清文件

解决方案：具体设置如下，码率要求比较高时建议选择MPEG2_IBP编码，码率要求低时选择H.264，标记区域是需要设置的地方。

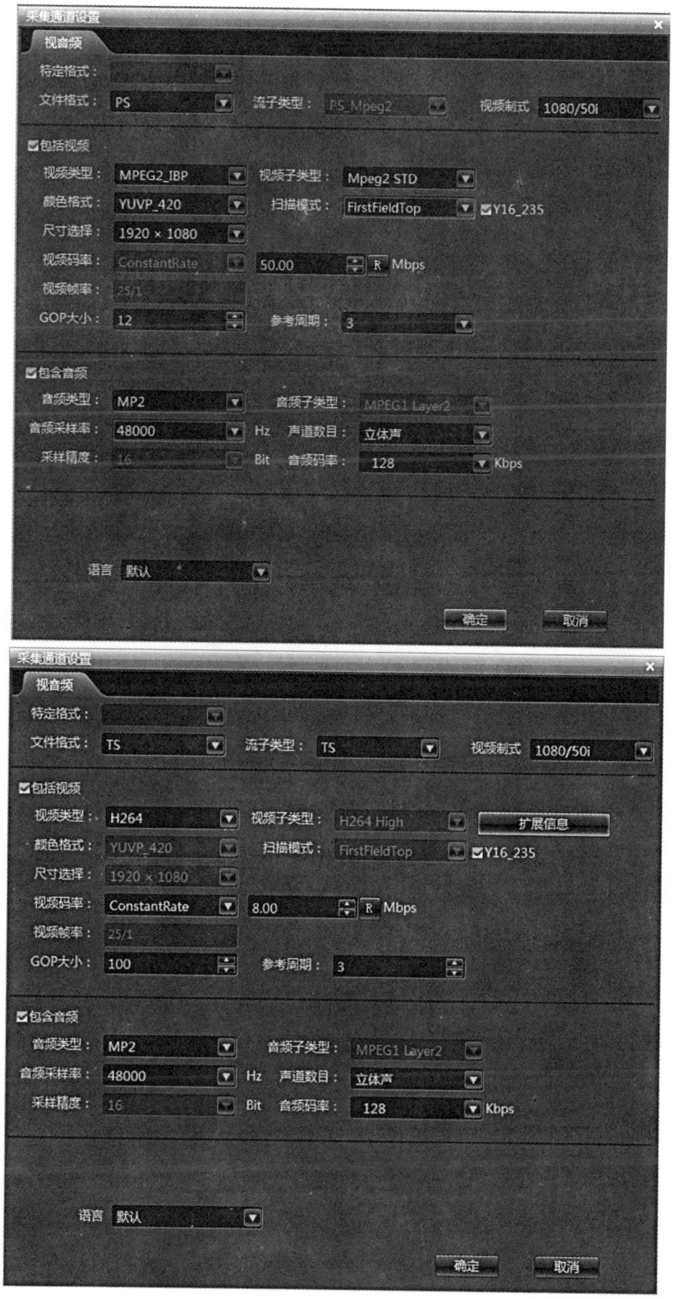

图2-33

2.6 字幕问题

2.6.1 关闭字幕编辑窗口时报“请退出正在编辑的纹理”

问题分析：在字幕编辑系统的下排提供了三维纹理库，当我们选中编辑窗中的三维物件，双击纹理库中图案，纹理会被添加到三维物件表面；而当编辑窗中未选中任何物件，双击纹理库中图案，则是对纹理图案进行编辑，此时如果退出字幕系统则会提示上述信息。

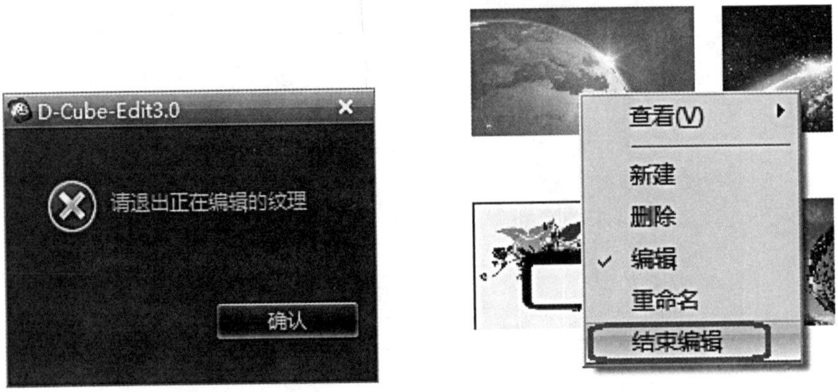

图2-34

解决方法：右键点击纹理库中任意图案，选择“结束编辑”，再关闭字幕系统。

2.6.2 关闭字幕编辑窗口时报“请退出正在编辑的标板”

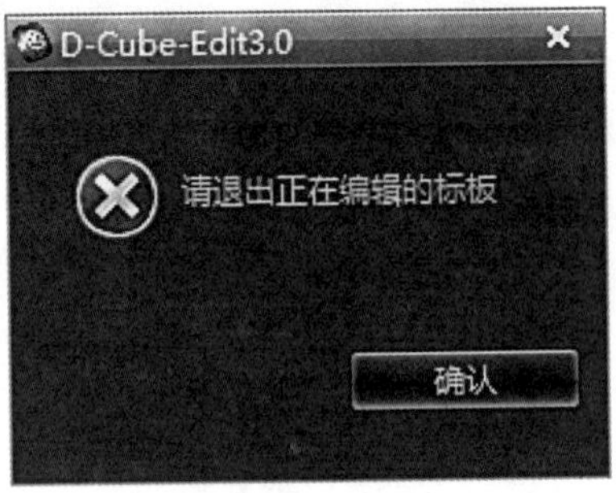

图2-35

问题分析：在字幕编辑系统中提供了标题字->标板的编辑功能，双击标板字幕就进入到了标板编辑状态，此时退出字幕就会提示上述信息。

解决方法：在编辑界面空白处（标记区域）再次双击鼠标左键即可退出编辑状态。

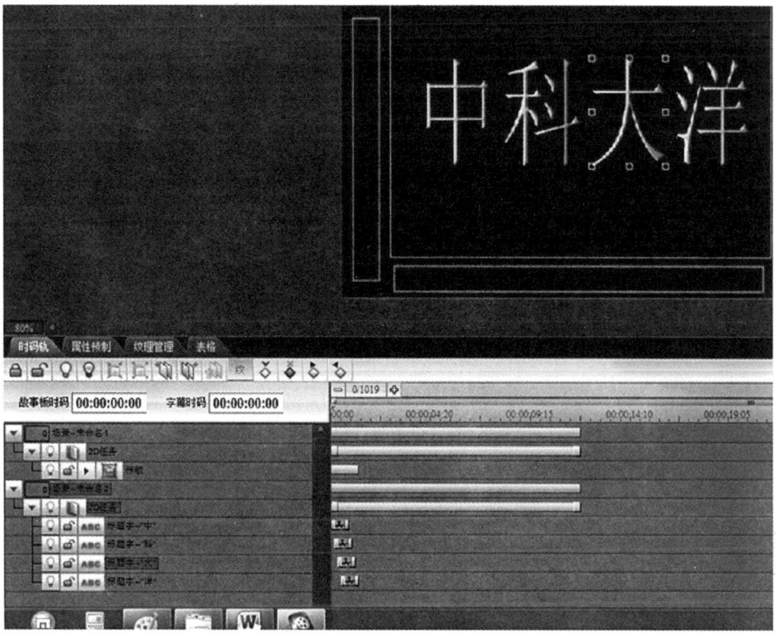

图2-36

2.6.3 在非编3.0中如何导入srt文件和将对白输出成srt文件

解决方案：非编3.0软件从V3.2.1.6版本开始支持导入srt字幕和将对白输出为srt文件，具体操作如下：

1. 导入srt字幕时，在唱词编辑界面选择工具栏中的【打开】按钮，选择srt文件存放目录，选择相应srt文件打开即可。

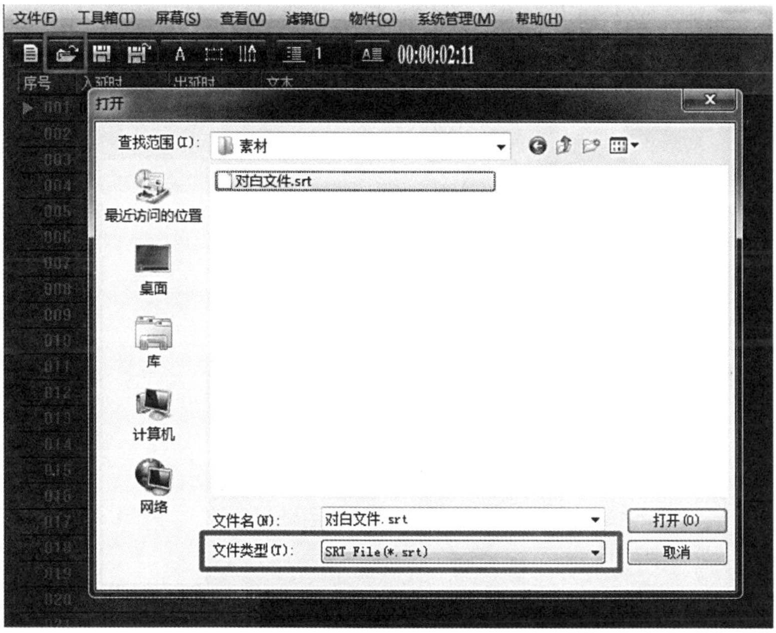

图2-37

2. 对白输出为srt文件时，在唱词编辑界面选择工具栏中的【另存为】按钮，将文件类型选为srt，输入文件名保存即可。

图2-38

2.7 设置问题

2.7.1 设置双屏显示

解决方法：非线性编辑系统一般都采用双显示器以扩大显示范围，可通过Windows设置双屏显示，先正确连接双显示器到大洋主机，在WIN7【桌面】点击右键选择【屏幕分辨率】，选中【显示器2】设置好分辨率后在【多显示器】选项中选择【扩展这些显示】，在弹出的对话框中选择【保留更改】即可实现扩展双屏显示。

图2-39

2.7.2 复位和导入系统优化参数

问题描述：如何复位和导入系统优化参数

解决方法：软件提供了一个非常详细的系统设置选项，可对软件进行深度的设置和更改，在软件出现一些异常情况下，也可以尝试复位和导入系统默认参数，有时有奇效。在软件中点击【系统】菜单选择【视频参数设置】选项，点击【复位】按钮重置系统设置，点击【导入】按钮，选择C:\DaYang\Backup目录下后缀为.dss的配置文件打开则导入系统优化参数。

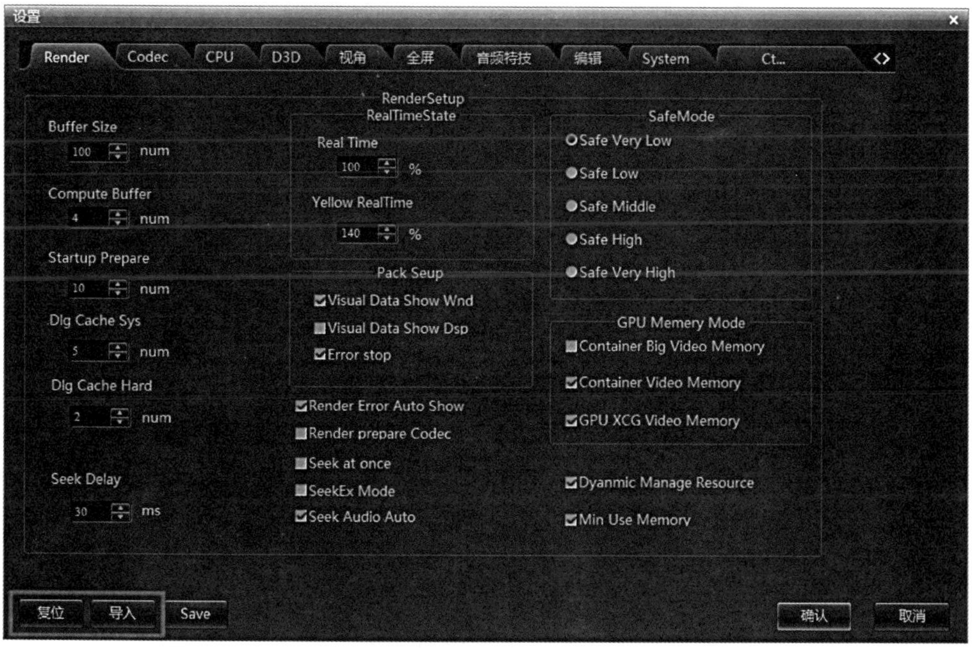

图2-40

2.7.3 设置HDMI预监

问题描述：如何设置HDMI预监

解决方法：大洋部分非编机型提供了HDMI的输出，可以通过HDMI连接液晶电视等显示设备进行预览监看，在大洋软件中点击【系统】菜单，选择【视频参数设置】，在【RBIII】页签勾选如图选项。

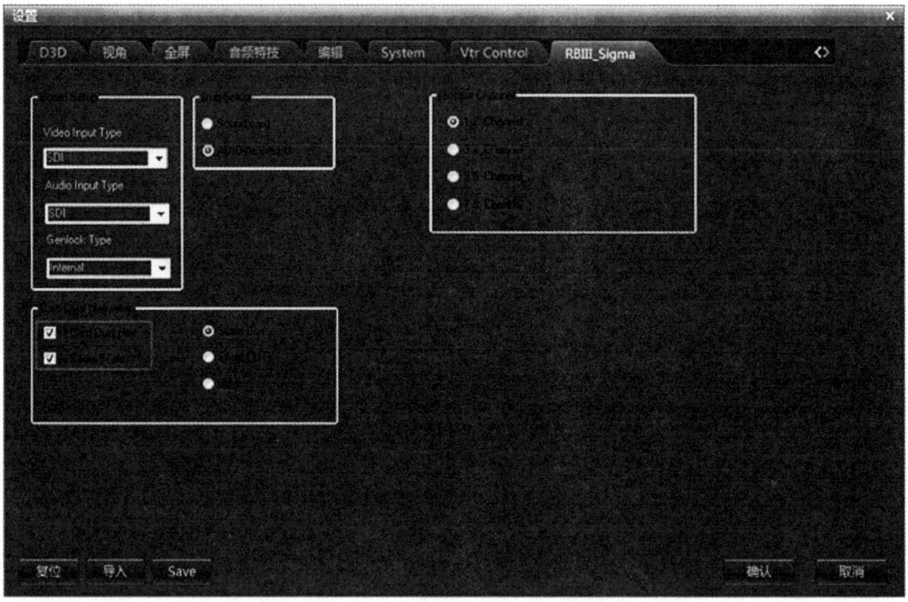

图2-41

2.7.4 如何在非编3.0软件中设置数据库自动备份

问题分析：非编3.0软件可设置对数据库的自动备份，设置后每次退出软件时会自动备份数据库，防止因数据库意外损坏而导致素材丢失。

解决方法：

1. 点击WIN7【开始】/【所有程序】/【Dayang】/【设置】/【非编用户管理】，在【文件】菜单下点击【数据库备份设置】按钮；

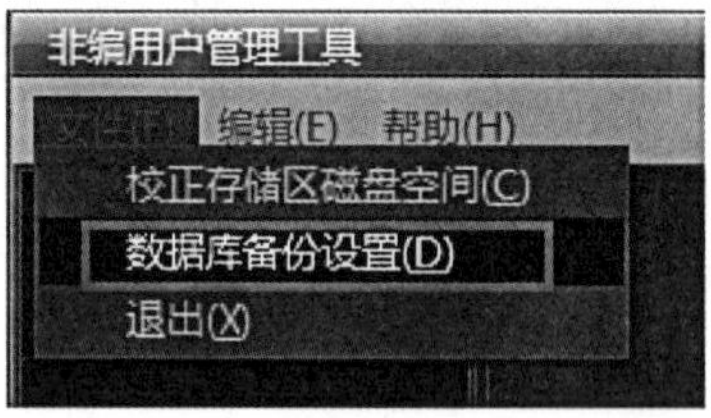

图2-42

2. 勾选【非编退出时自动备份】选项，并设置备份次数和备份路径，如果你希望软件每次备份，取消勾选即可。

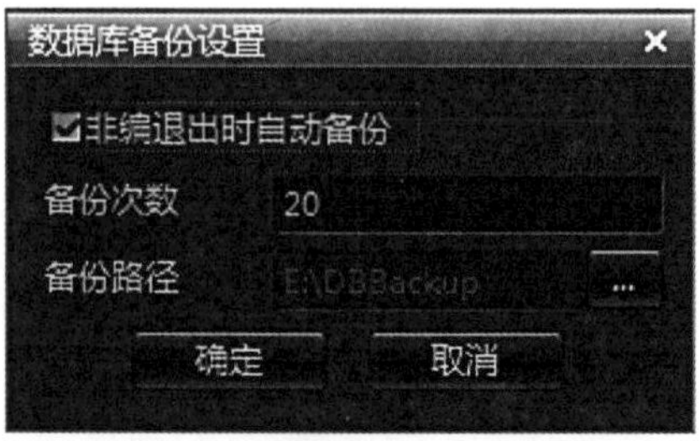

图2-43

2.7.5 如何校正存储空间大小

问题描述：非编3.0软件使用一段时间后，如果提示存储空间不足，但实际物理磁盘又有空间的情况，可以通过“校正存储空间”的功能来消除数据库计算存储空间导致的误差。

解决方法：点击WIN7【开始】/【所有程序】/【Dayang】/【设置】/【非编用户管理】，弹出非编用户管理窗口，在窗口主菜单栏选择【文件】/【校正存储区磁盘空间】。

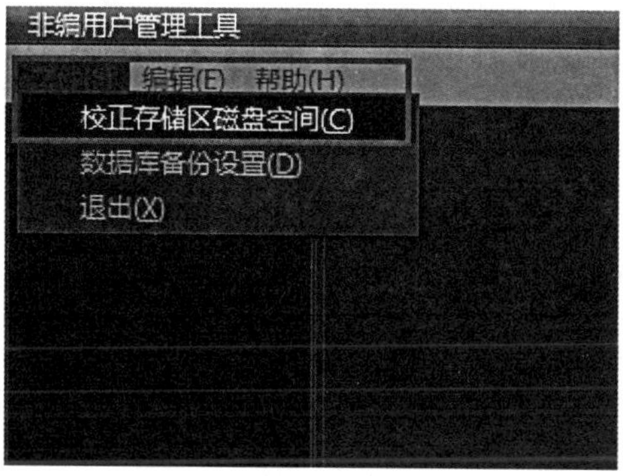

图2-44

此时弹出校正窗口，点击【校正】，计算机将会自动校正磁盘存储空间。校正存储区即可。只能在登录系统前完成该项校正！

图2-45

2.8 其他

2.8.1 更改素材存储路径

问题分析：软件默认素材路径为E:\Clip目录，一般不建议用户进行更改，若E盘已满，用户增加新的素材硬盘，可以通过设置更改素材存放路径。

解决方法：点击WIN7【开始】/【所有程序】/【Dayang】/【设置】/【非编用户管理】/【业务管理】页签，双击“默认栏目”，取消“使用默认路径”选项，重新选择存储路径即可。注意：选择新的存储路径后，新建的项目才会写入新路径，且该路径不能设置在U盘、移动硬盘等移动存储上。

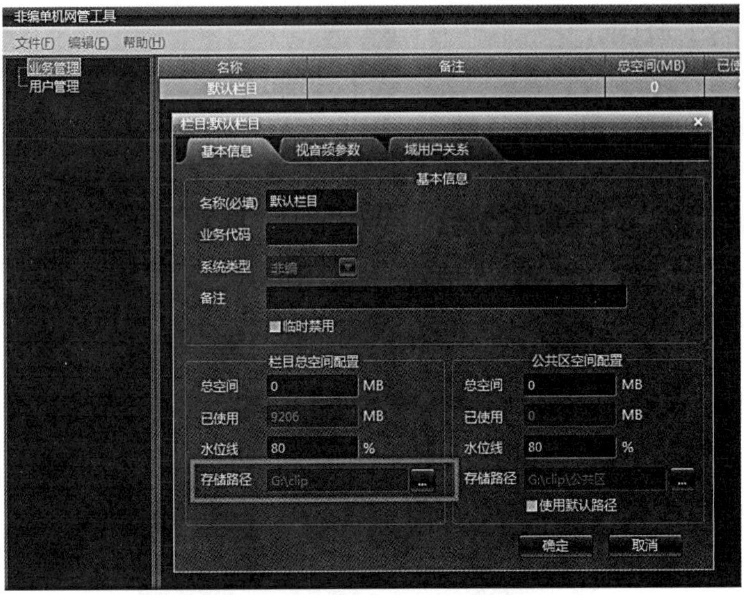

图2-46

2.8.2 素材、故事板及项目的导出与导入

问题分析：软件可以对素材、故事板及项目做导出和导入操作，方便使用者保存、备份和交互。

解决方法：

1. 素材的导出与导入。选中要导出的素材点击鼠标右键选择【导出】按钮，选择存放路径即可，支持批量导出，导出后会在指定的存放路径下产生一个与素材名一致的文件夹，内有素材对应物理文件及保存有素材信息的*.clp文件。导入素材时在资源管理器相应文件夹中点击鼠标右键，在菜单中选择【导入】/【从CLP文件导入】按钮，选择素材文件夹中的*.clp文件完成导入，批量导入选择【批量导入CLP文件】按钮，选取对应素材目录即可。

图2-47

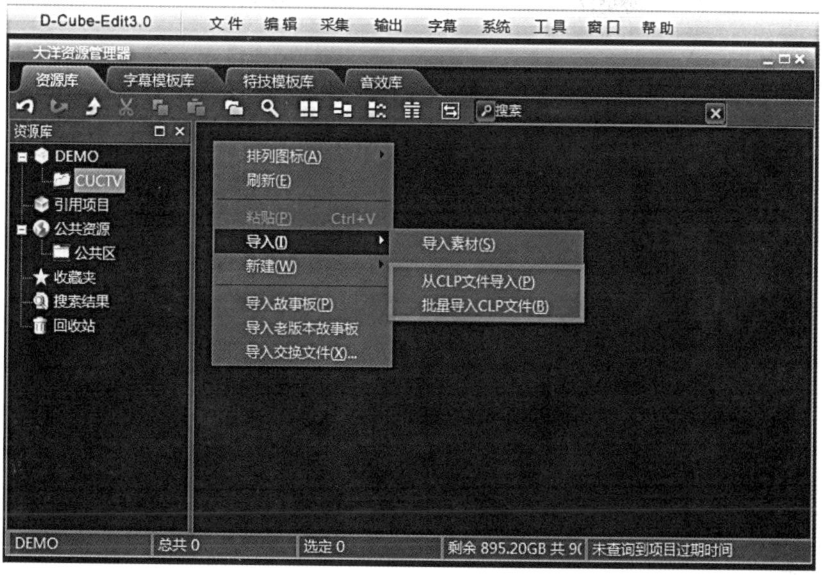

图2-48

2. 故事板导出与导入。选中要导出的故事板，点击鼠标右键选择【导出】，选择存放路径即可，导出后在相应路径会生成与故事板名称一致的文件夹，文件夹内包含故事板用到的所有素材、字幕和后缀为*.edl的故事板文件。导入故事板时在资源管理器相应文件夹中点击右键，在菜单中选择【导入故事板】，选取故事板存放路径下的*.edl文件即可。

图2-49

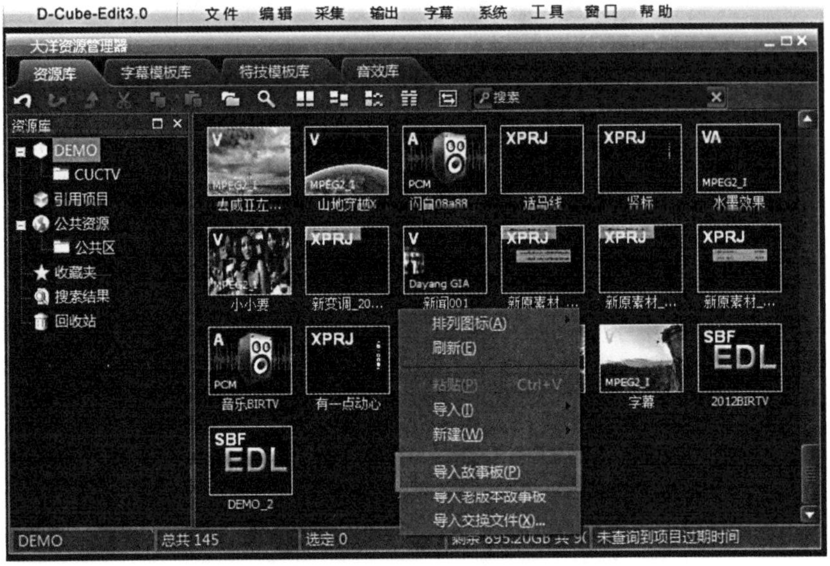

图2-50

3. 项目导出与导入。点击【文件】菜单，选择【导出项目】，选择要导出的项目点击【确定】按钮，选择存放路径即可，导出后在相应路径下会生成与项目名称一致的文件夹，文件夹内包含项目所有的故事板和素材以及后缀为*.proj的项目文件。导入项目点击【文件】菜单，选择【导入项目】菜单，选取项目存放路径下的*.proj的项目文件即可。

注意：不能导出当前正在使用的项目。

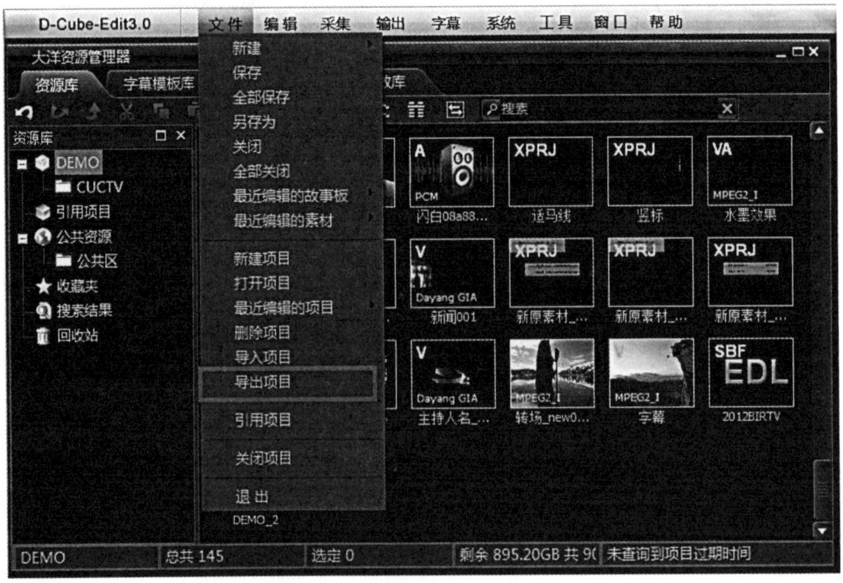

图2-51

图2-52

2.8.3 重装系统前应该如何备份

问题分析：设备使用过程中可能会遇到要重新安装WIN7操作系统和软件的情况，若用户要保留之前软件中的素材和故事板信息，则一定要对软件数据信息备份才可以重装系统，否则安装完成后素材和故事板信息会全部丢失。

解决方法：

1. 备份操作，首先需要备份C:\DaYang下的“Backup”“Work”“Temp”三个目录，如果可以，建议将整个Dayang目录备份；其次需要备份数据库，通过Microsoft SQL Server 2008的数据库备份功能备份所有dy开头的数据库，具体操作见SQLServer说明，若安装的是Microsoft SQL Server 2008 EXPRESS版本，无法通过数据库工具备份数据库，可直接进入C:\Program Files\Microsoft SQL Server\MSSQL10.MSSQLSERVER\MSSQL\DATA目录下，拷贝所有dy开头的文件，完成上述备份后就可以重新安装WIN7操作系统了。

图2-53

2. 还原操作，安装好操作系统和软件后，需要将备份文件还原。首先需要将备份的“Backup”“Work”“Temp”三个文件夹拷贝并替换C:\DaYang目录下的同名文件夹；其次需要还原数据库，数据库的还原仍然通过Microsoft SQL Server 2008的还原功能，若安装的是Microsoft SQL Server 2008 EXPRESS版本，可直接将备份的数据库文件拷贝回C:\Program Files\Microsoft SQL Server\MSSQL10.MSSQLSERVER\MSSQL\DATA目录下，并替换已有的数据库文件，完成上述还原操作后，软件中的素材及故事板与重装系统前是一样的。

2.8.4 查看软件版本

问题描述：如何查看软件版本。

解决方法：点击软件中【帮助】/【关于D-Cube-Edit】即可。

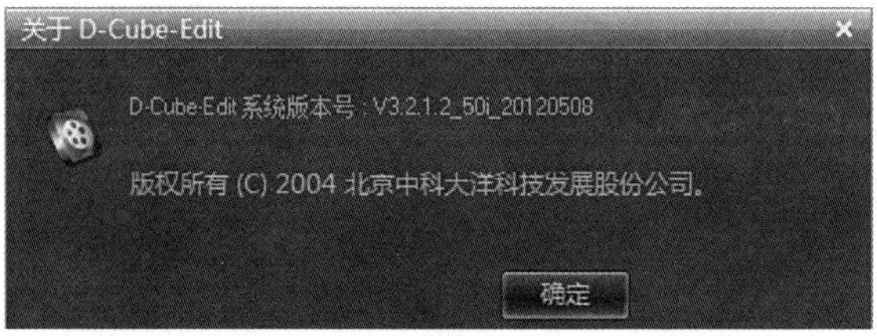

图2-54